凝聚隧道及地下工程领域的

先进理论方法、突破性科研成果、前沿关键技术，

记录中国隧道及地下工程修建技术的创新、进步和发展。

"十四五"
The Fourteenth
Five-Year Plan

"十四五"时期国家重点出版物出版专项规划项目

中国隧道及地下工程修建关键技术研究书系

高黎贡山隧道富水深竖井
建造关键技术研究

谭忠盛　黄明利　张民庆　杨昌宇　王唤龙　等　编著

RESEARCH ON KEY TECHNOLOGIES FOR CONSTRUCTION OF
DEEP WATER-RICH SHAFTS
IN GAOLIGONGSHAN TUNNEL

人民交通出版社

北　京

内 容 提 要

本书依托高黎贡山隧道富水深竖井建设工程实践，聚焦竖井主要穿越富水全风化、强风化花岗岩等硬岩地层的涌水量预测、注浆堵水以及安全支护等核心技术难题，总结提出了富水深竖井建造关键技术。

从工程水文地质条件和竖井设计出发，介绍了富水深竖井抗高水压的支护设计方法；针对富水裂隙花岗岩地层中涌水量预测难题，清晰阐明了裂隙岩体渗流机理和涌水量预测方法、注浆堵水技术和支护受力机理；针对富水深竖井水压大、治理难等工程特点，提出了裂隙岩体高水压大流量注浆堵水技术、富水裂隙岩体衬砌支护技术；并对竖井裂隙岩体水压力折减规律、衬砌荷载计算方法以及衬砌安全性评估方法进行了详细描述。

本书可供隧道与地下工程及相关领域的专业技术人员参考，也可作为高等院校相关专业师生的课外阅读资料。

图书在版编目(CIP)数据

高黎贡山隧道富水深竖井建造关键技术研究 / 谭忠盛等编著. — 北京 : 人民交通出版社股份有限公司, 2024.11. — ISBN 978-7-114-19825-0

Ⅰ. TD261.1

中国国家版本馆 CIP 数据核字第 2024NQ2484 号

Gaoligong Shan Suidao Fushui Shen Shujing Jianzao Guanjian Jishu Yanjiu

书　　名：**高黎贡山隧道富水深竖井建造关键技术研究**
著 作 者：谭忠盛　黄明利　张民庆　杨昌宇　王唤龙　等
责任编辑：谢海龙　李学会
责任校对：赵媛媛　龙　雪
责任印制：刘高彤
出版发行：人民交通出版社
地　　址：(100011)北京市朝阳区安定门外外馆斜街3号
网　　址：http://www.ccpcl.com.cn
销售电话：(010)85285857
总 经 销：人民交通出版社发行部
经　　销：各地新华书店
印　　刷：北京博海升彩色印刷有限公司
开　　本：787 × 1092　1/16
印　　张：17.75
字　　数：430千
版　　次：2024年11月　第1版
印　　次：2024年11月　第1次印刷
书　　号：ISBN 978-7-114-19825-0
定　　价：128.00元
(有印刷、装订质量问题的图书，由本社负责调换)

本书编委会

主　　编：谭忠盛　黄明利

副 主 编：张民庆　杨昌宇　王唤龙　姚夏壹　李家斌

审稿专家：

王永红	李　涛	孙晓静	田四明	刘建兵
郭小雄	唐国荣	马伟斌	贾大鹏	司景钊

编　　委：

杨　旸	李松涛	赵金鹏	崔　莹	梁　晗
姚　岚	丁　勇	李林峰	李宗林	张潇天
廉　明	徐　涛	黎　庶	刘俊成	赵　健
苑宝华	徐红星	汪昆生	焦云洲	朱国伟
王　江	吴　川	高　攀	周振梁	王建西
田彦朝	赵育刚	黄　智	徐　军	温兴明
李　昂	曾　劲	桂林岗	胡金星	蒋佳运
晏佳斌	付兵先	马超峰	李　尧	邹文浩
王志伟	许学良	柴金飞	赵　鹏	常　凯
牛亚彬	安哲立	徐湉源	张金龙	马召辉
彭　旸	王万齐	梁　策	杨　威	李祯怡
尹逊霄	贺晓玲	李　慧	王　超	李达塽
乔方博	郭鹏飞	白　平	江若飞	王荣波
郭　芳	朱　勇	邸　成	张　磊	范圣明
宋智来	朱廷宇	李昕晖	王贵虎	汪海龙

沈　维	尤显明	陈文義	李红军	高存成
张建设	宋法亮	冉海军	马　亮	高广义
王亚锋	李　增	周志辉	刘亚飞	黄守刚
王明生	张晓东	逄文浩	黄浚洪	薛志强
赵潇潇	张　岩	郑建东	陈聪聪	张晓杰
贺　飞	廖小春	刘建锋	张　啸	宁向可
张文艳	张玉香	王亚威	呼瑞红	杜孟超
王瑞兴	高隆钦	黄申硕	王寒冰	马浩杰
王吟泽				

前言

大瑞铁路,是一条连接中国云南大理和瑞丽的电气化客货共线铁路,也是泛亚铁路西线和中缅国际大通道的重要组成部分,其建设不仅可促进中国与东南亚、南亚国家的交流合作,还将对沿线地区的经济发展、民族团结和乡村振兴产生深远影响。大瑞铁路的通车将大大提升两地的交通效率,结束云南保山市、德宏傣族景颇族自治州不通火车的历史,为滇西人民建造一条新的经济动脉。同时,它还将促进云南有效承接经济发达地区的产业转移,形成优势互补、高质量发展的区域经济布局,有力支撑西部大开发。此外,它还有利于加强云南与外界的文化交流,尤其是与东南亚、南亚国家的交流与合作,为推动"一带一路"建设发挥积极作用。

位于云南省保山市龙陵县境内的高黎贡山隧道是大瑞铁路的重点控制性工程,全长34.5km,最大埋深1155m,是目前亚洲在建最长的铁路山岭隧道,共穿越19条断裂带,26种地层,属于Ⅰ级高风险隧道,因为几乎涵盖所有隧道施工不良地质和重大风险,被专家称为隧道建设的"地质博物馆"。由于特殊的地质条件,施工方采取在隧道上方开挖与隧道相连的竖井方式,增加工作面和出渣与进料运输线路;在隧道建成后,竖井还可用作通风。隧道设置1座贯通平行导坑、1座斜井、2座竖井。隧道出口采用TBM法施工,其他工区采用钻爆法开挖。竖井主要穿越全风化、中风化花岗岩地层。地下水类型主要为基岩孔隙水和裂隙水。竖井施工过程中面临的技术难题主要有以下方面：

(1)竖井地处混合花岗岩地层，地下水丰富，开挖揭示围岩破碎、裂隙发育且以高角度为主、走向和连通不规律、裂隙与周边及上部补水渠道畅通、水量大小及位置难以预测，且1号竖井主、副井井筒最大涌水量分别为6270m^3/d和6048m^3/d，施工过程中发生过淹井事故。

(2)竖井深度大，存在大量细小裂隙，裂隙连通性好，普通注浆材料难以注入，注浆堵水困难。

(3)1号副竖井含有3个孔隙水含水层、5个基岩裂隙水含水层，还含有非层状基岩裂隙水，隔水层主要为粉质黏土和完整性较好的混合状花岗岩。考虑到竖井不同深度的衬砌所受水压力和施工风险不同，需要采取不同的支护结构。

(4)竖井地处花岗岩等硬质岩地层，深度达760多米，分布有大量的富水裂隙和孔隙，硬岩开挖进展缓慢，导致在施工前必须对井筒周围地下水进行封堵，同时需要考虑排水，施工难度大，危险性高。

为解决上述技术难题，由北京交通大学、中国铁路建设管理有限公司、云桂铁路云南有限责任公司、中国铁道科学研究院集团有限公司、中国铁路经济规划研究院有限公司、中铁隧道集团有限公司、石家庄铁道大学、中铁工程装备集团有限公司、北京桔灯地球物理勘探股份有限公司等多家单位共同组成科研团队，开展协同攻关，取得了如下成果：

(1)提出了富水花岗岩地层铁路隧道深竖井衬砌分段设计方法。

(2)推导了基于拉普拉斯方程和勒让德方程的竖井涌水量预测方法，提出了基于双重孔隙理论的涌水量预测方法，建立了基于组合赋权法的超前探孔涌水量预测方法。

(3)基于等效连续介质理论，采用裘布依理论公式与数值模拟两种方法，分析了衬砌外水压力折减规律，揭示了富水深竖井裂隙水压力规律。

(4)揭示了富水深竖井衬砌受力机理,提出了富水深竖井衬砌安全性评价新方法。

(5)提出了竖井工作面开挖允许涌水量、超前探孔允许涌水量、注浆检查孔允许涌水量、注浆循环合理长度、注浆材料选用等多项技术标准,完善了富水深竖井注浆堵水技术。

以上述成果为基础,进行了"富水深竖井建造关键技术研究",有效解决了富水花岗岩地层深竖井的涌水量预测、注浆堵水、裂隙水压力折减规律以及支护结构安全性评价等难题,提高了富水硬岩地层隧道施工技术水平,为后续类似工程提供了成果案例及理论支撑。同时,上述成果也可推广至昆渝铁路、滇中引水、川藏铁路等山岭隧道工程,经济和社会效益显著。

本书是高黎贡山隧道富水深竖井建造关键技术研究成果的总结,由谭忠盛、黄明利、张民庆、杨昌宇、王唤龙等编著。全书内容共分6章:第1章介绍了高黎贡山隧道及竖井的基本情况;第2章介绍了高黎贡山隧道竖井设计;第3章重点介绍了基于拉普拉斯方程和勒让德方程的竖井涌水量预测方法、基于双重孔隙理论的涌水量预测方法、基于组合赋权法的超前探孔涌水量预测方法;第4章重点了介绍了高黎山隧道富水深竖井注浆堵水技术;第5章重点介绍了基于等效连续介质理论的水压力规律分析、基于双重介质理论的水压力规律分析、基于介质耦合理论的竖井施工模拟;第6章重点介绍了高黎贡山隧道富水深竖井衬砌荷载计算、竖井衬砌受力监测,以及富水深竖井衬砌安全性评价方法。

本书依托的研究课题得到以下基金的支持:中国国家铁路集团有限公司重大课题"大瑞铁路高黎贡山隧道长大复杂多工况条件下综合修建技术研究"(P2019G055)下的子课题"富水深竖井建造关键技术研究"。该课题为中国铁路建设管理有限公司针对高黎贡山隧道工程重大难点问题申报的中国国家铁路集团有限公司2019年第二批科研开发计划项目,为系统性重大课题之一。

由于作者水平和能力有限，书中难免有疏漏和不妥之处，恳请各位专家和读者给予批评和指正！

作　者

2024年5月

目录

第1章　绪论

竖井是指与地面竖向垂直连通的工作井筒，主要应用于煤炭、冶金等矿产行业。通常情况下，一个生产工区需要设置主井和副井各1座。主井为生产井，主要用于提升矿物、废石；副井为辅助井，主要用于通风、排水、人员上下和材料输送等。随着国民经济的迅速发展，交通基础设施建设加速推进，由此修建了许多长大铁路隧道。作为铁路隧道的重要组成部分，通风系统的建设需重点关注。从技术规范和工程经验来看，为保证特长铁路隧道（10km以上）的通风满足运营和防火要求，通常选择修建竖井来实现分段式通风。

隧道工程一般呈长条状，当地层条件较为稳定，同时隧道长度较大时，一般选择在隧道一侧15～20m距离内修建竖井。近年来，为了推动我国西南部地区的发展，修建的铁路大多需要穿越山岭重丘地区，铁路隧道呈现深埋、长、大的特点，隧道竖井也向着越来越大、越来越深的方向发展，竖井不再只是作为通风设施使用，还兼作运送材料、设备的通道，实现多段同时施工，极大地缩短了工期。但是在隧道竖井施工过程中，也面临诸多挑战。首先，竖井施工涉及深度挖掘，需要克服岩石硬度、地下水位等各种地质条件带来的困难；其次，竖井施工深度大，工作环境恶劣，施工风险相对较高；另外，竖井施工时需要采用专业的技术设备，如爆破、锚杆支护、钻孔灌浆等手段保证结构的安全性和稳定性。由此可以看出，地质条件对竖井施工影响是最关键的，当隧道竖井施工需要穿越多种不良地质分布区时，如深大活动断层带、围岩破碎带、高应力高地温分布带、岩爆分布带以及软岩大变形分布带，将给施工带来巨大困难。另外，目前的铁路隧道竖井设计并没有明确详细的技术规范来参照，尤其是针对特殊不良地质地区，大多还是借鉴矿井建设规范，因此出现了许多井壁片帮、抽帮、突涌水以及坍塌等事故，不仅延误了工期，还造成了人员的伤亡和巨大的经济损失。

竖井在铁路、公路等交通领域应用不多。20世纪80年代，京广铁路衡韶复线大瑶山隧道首次采用竖井，由于效果不佳，之后长时间未得到推广。直至21世纪初，兰新铁路兰武二线乌鞘岭隧道修建了大台竖井、芨芨沟竖井，又对竖井进行了尝试，但应用效果与设计意图仍存在着较大的差距，性价比较低，因此，铁路行业随后很少采用竖井辅助主体工程施工。40年来，铁路行业已竣工的隧道施工竖井仅有3座。公路行业竖井一般用于长大深埋隧道运营期间的通风，未见到辅助主体工程施工竖井的相关案例。典型的铁路和公路隧道竖井统计见表1-1。

典型的铁路和公路隧道竖井　表1-1

序号	行业	线路名称	隧道名称	隧道长度(m)	竖井名称	竖井深度(m)	竖井内径(m)
1	铁路	京广铁路衡韶复线	大瑶山隧道	14295	班古坳竖井	433.2	5.5
2		兰新铁路兰武二线	乌鞘岭隧道	20050	大台竖井	516.4	5.5
3					芨芨沟竖井	466.6	5.1
4	公路	西安—安康高速公路	秦岭终南山隧道	18020	通风竖井	661.1	11.2
5		五台—盂县高速公路	佛岭隧道	8805	通风竖井	525.0	10.5
6		银川—昆明高速公路	米仓山隧道	13800	通风竖井	435.0	9.0
7		南充—大竹—梁平高速公路	华蓥山隧道	8156	通风竖井	461.0	8.0

高黎贡山铁路隧道1号竖井穿越地层包括强风化花岗岩地层，间断出现岩体挤压破碎带、构造影响带，地下水类型为孔隙水及裂隙水，以基岩裂隙水为主，主要赋存于碎裂状的混合花岗岩中，出水段多，掘进过程中易发生片帮、抽帮、突水等事故。本书依托高黎贡山铁路隧道1号竖井工程，通过采用理论分析、数值模拟、现场监测以及工程应用等手段研究了富水深竖井涌水量预测方法、富水深竖井注浆堵水技术、富水深竖井裂隙水压力规律、富水深竖井支护受力机理等内容，以期能在类似工程的施工和设计方面给予一定的指导。

1.1　高黎贡山隧道概况

高黎贡山隧道是我国“中长期铁路网规划”中大瑞(大理—瑞丽)铁路的重点控制性工程，为Ⅰ级高风险隧道。2014年11月进口工区开始施工，2015年12月出口工区、斜井工区和竖井工区开始施工，目前工程处于建设中。

1.1.1　工程概况

高黎贡山隧道位于怒江车站与龙陵车站之间，里程为DK192+302～DK226+840，全长34538m，最大埋深1155m。隧道除洞口车站段为双线及三线大跨外，其余段为两条单线。

隧道进口紧邻怒江特大桥，怒江车站部分进入隧道，结合预留Ⅱ线，进口端形成双线及三线车站隧道498m。出口位于龙陵县南凹子地，龙陵车站部分进入隧道，结合预留Ⅱ线，出口端形成双线车站隧道538m。

隧道位于直线上，线路纵坡为人字坡。进口段除198m车站范围为平坡外，其余均为上坡，最大坡度23.5‰，长度21600m。出口段除240m车站范围为平坡外，其余均为下坡，最大坡度9‰，长度12500m。

1.1.2　辅助坑道

高黎贡山隧道设置贯通平行导坑 1 座、斜井 1 座(主、副井)、竖井 2 座(均为主、副井),设置参数见表 1-2。

高黎贡山隧道辅助坑道设置参数　　表 1-2

辅助坑道名称		位置	长度或深度(m)	与正洞距离	坡度(%)	与线路平面夹角	与线路相交里程	断面尺寸(m)
平行导坑		线路左侧	34593	进口 730m 段 70m,其余段 30m	与正洞一致			6.06×6.05～6.66×6.35
斜井	主井	线路右侧	3850		9.0	78°38′30″	DK199+500	7.7×6.4(双车道)
	副井	线路右侧	3870		8.8	78°38′30″	DK199+530	5.0×6.0(单车道)
1 号竖井	主井	线路右侧	762.59	DK205+080 右侧 30m				直径 6.0
	副井	线路左侧	764.74	DK205+050 左侧 60m				直径 5.0
2 号竖井	主井	线路左侧	640.22	DK205+050 左侧 60m				直径 6.0
	副井	线路右侧	640.36	DK205+080 右侧 30m				直径 5.0

1.1.3　工程地质及水文地质

1)工程地质

高黎贡山隧道工程地质如图 1-1 所示。

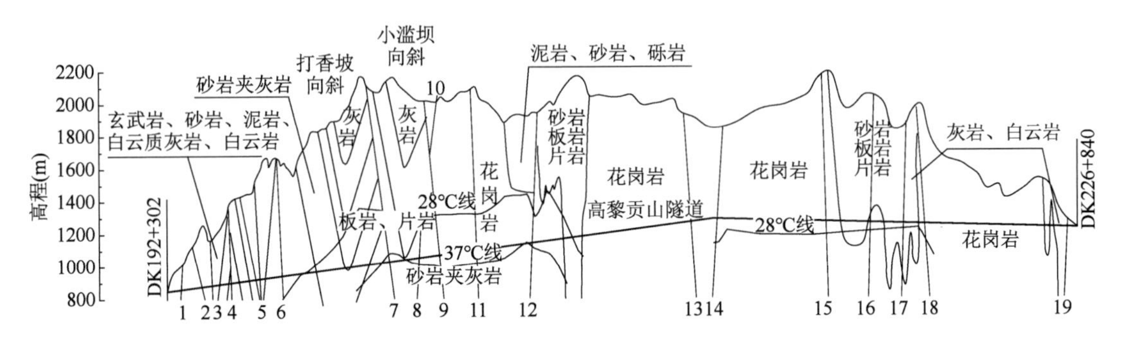

图 1-1　高黎贡山隧道工程地质纵剖面示意图

1-董别断层;2-大山头断层;3-下腊勐断层;4-田头寨—腊勐街断层;5-推测断层;6-帮别—上马头断层;7-矿洞—观音山断层;8-邦迈—邵家寨次级断层;9-邦迈—邵家寨断层;10-镇东断层;11-怒江断裂;12-镇安断裂;13-大坪子田新坡断层;14-勐冒断层;15-傈栗田断层;16-塘房断层;17-老董坡断层;18-广林坡断层;19-凹子地断层

高黎贡山隧道共通过26种地层,其中进口段地层岩性极为复杂,共有岩性18种;出口段地层岩性相对单一,共有岩性8种。高黎贡山隧道通过地层岩性见表1-3。

高黎贡山隧道通过地层岩性 表1-3

位置	地层时代	地层岩性
进口段	侏罗系	玄武岩、砂岩、泥岩、泥灰岩、灰岩
	三叠系	白云岩、白云质灰岩
	奥陶系	砂岩、变质砂岩、灰岩、长石石英砂岩
	寒武系	灰岩、板岩、变质砂岩、粉砂岩、千枚岩、片岩
	燕山期	混合花岗岩
出口段	泥盆系	白云岩、灰岩夹石英砂岩
	志留系	灰岩、白云岩夹砂岩
	寒武系	变质砂岩、千枚岩、片岩
	燕山期	花岗岩

隧道区域共发育19条断层。进口段地质构造极为发育,主要有镇安断裂、怒江断裂等12条断层(裂)。褶皱主要有打香坡向斜和小滥坝向斜。镇安断裂为活动断裂,同时也是导热断裂。另外,邦迈—邵家寨断层、邦迈—邵家寨次级断层、怒江断裂也是导热断层(裂)。出口段地质构造较发育,主要有勐冒断层、傈僳田断层等7条断层,其中勐冒断层为活动断层。高黎贡山隧道断层及主要不良地质问题见表1-4。

高黎贡山隧道断层及主要不良地质问题 表1-4

序号	断层名称	里程	宽度(m)	主要特征	不良地质问题			
					活动断裂	富水	导热水	软岩大变形
1	董别断层	DK192+808~DK192+833	25	顺断层				
2	大山头断层	DK193+659		逆断层				
3	下腊勐断层	DK193+980~DK194+002	22	正断层				■
4	田头寨—腊勐街断层	DK194+642~DK194+732	90	逆断层		■		■
5	推测断层(物探推测)	DK195+796	50~100					
6	帮别—上马头断层	DK196+621~DK196+727	106	逆断层		■		■
7	矿洞—观音山断层	DK200+651~DK200+700	49	逆断层				■
8	邦迈—邵家寨次级断层	DK201+756~DK201+791	35	逆断层		■	■	■
9	邦迈—邵家寨断层	DK202+518~DK202+672	154	逆断层		■	■	■
10	镇东断层(交于地表)	DK202+506~DK202+670	164					
11	怒江断裂	DK203+928~DK204+071	143	逆断层		■	■	■
12	镇安断裂	DK206+041~DK206+190	149	正断层	■	■	■	■
13	大坪子田新坡断层	DK212+031~DK212+198	167					■
14	勐冒断层	DK213+014~DK213+243	229	正断层	■			■
15	傈粟田断层	DK214+831						■
16	塘房断层	DK217+319						■

续上表

序号	断层名称	里程	宽度(m)	主要特征	不良地质问题			
					活动断裂	富水	导热水	软岩大变形
17	老董坡断层	DK220 + 120						■
18	广林坡断层	DK220 + 972						■
19	凹子地断层	DK226 + 490						

注:■-存在。

2)水文地质

根据《铁路工程水文地质勘察规程》(TB 10049—2014),结合高黎贡山隧道的勘察情况、水文地质条件,以及所收集的《区域水文地质普查报告》(腾冲幅、潞西幅),采用径流模数法、降水入渗法、地下水动力学法等综合预测隧道涌水量,正洞正常涌水量为 17.0 万 m^3/d、最大涌水量为 19.2 万 m^3/d。

隧道进口段地下水发育,构造带多为富水构造。出口段地下水较发育,断层一般较为富水,其余地段水量较少。

1.1.4 施工组织

高黎贡山隧道正洞:进口段 DK192 + 302 ~ DK213 + 500、出口段 DK226 + 126 ~ DK226 + 840 采用钻爆法施工,施工长度 21912m;出口段 DK213 + 500 ~ DK226 + 126 采用 TBM 法施工,施工长度 12626m,TBM 直径 9.0m。

平行导坑:进口段 PDK192 + 245 ~ PDK215 + 250、出口段 PDK225 + 943 ~ DK226 + 838 采用钻爆法施工,施工长度 23900m;出口段 PDK215 + 250 ~ PDK225 + 943 采用 TBM 法施工,施工长度 10693m,TBM 直径 5.6m。高黎贡山隧道施工区段划分如图 1-2 所示。

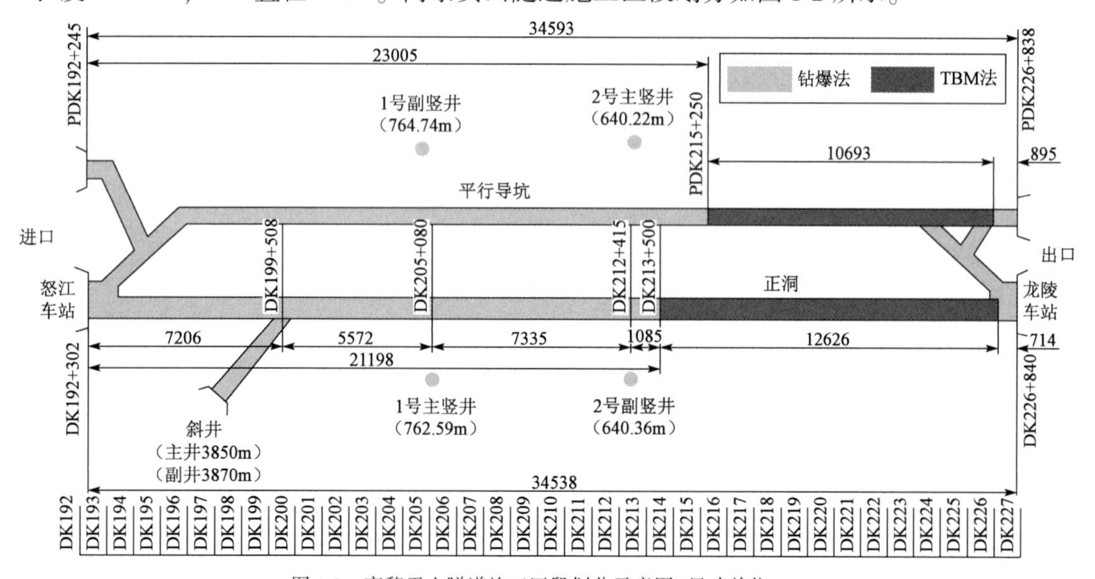

图 1-2 高黎贡山隧道施工区段划分示意图(尺寸单位:m)

1.2 高黎贡山隧道竖井概况

1.2.1 竖井设置

高黎贡山隧道地处混合花岗岩地层，岩质较硬，全长34538m，最大埋深1155m，埋深大、隧道长，且工期紧张，若在隧道中部设置横洞、斜井等辅助坑道，则隧道太长，投资巨大，同时施工进度也难以保障。因此，经多次专家会议论证，在隧道中部设置2座竖井，承担平行导坑和正洞部分施工任务。高黎贡山隧道竖井位置如图1-3所示。

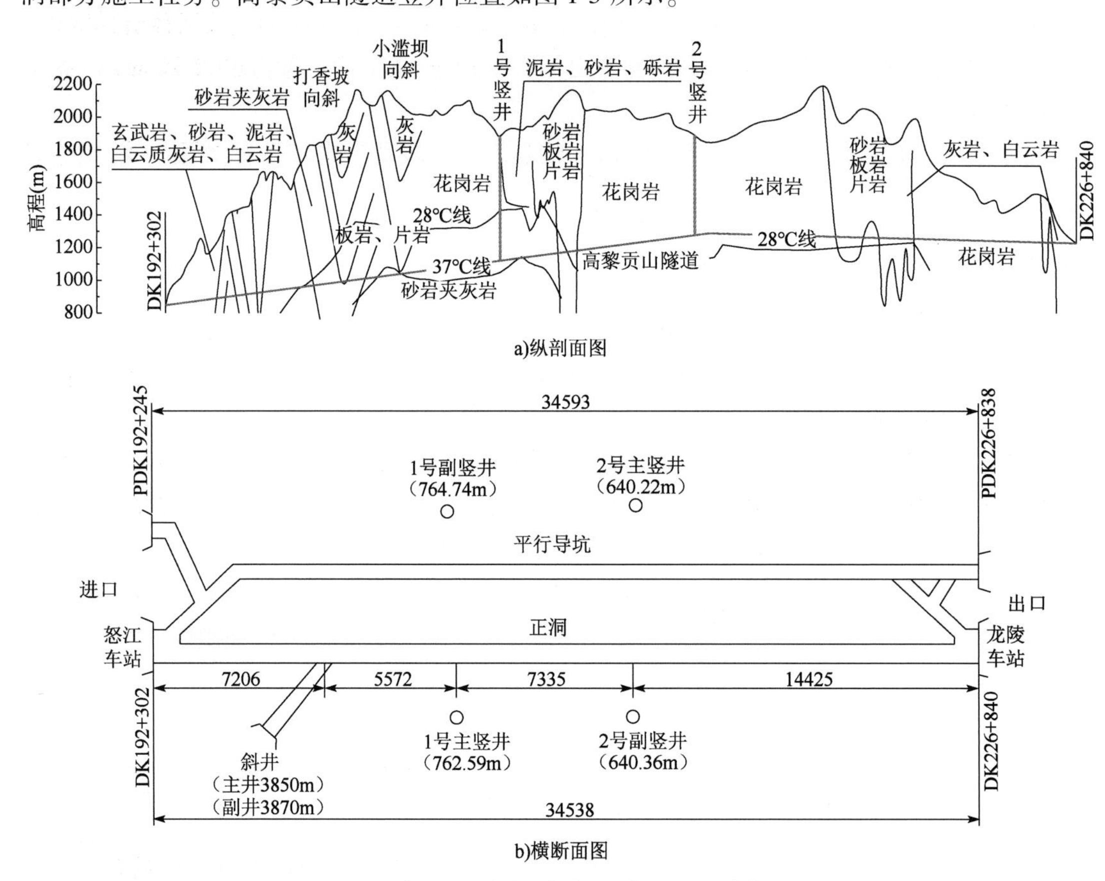

图1-3 高黎贡山隧道竖井位置示意图(尺寸单位:m)

1.2.2 竖井工程地质及水文地质

1)1号竖井工程地质及水文地质

1号竖井位于保山市龙陵县镇安盆地东边缘一碎石公路旁，距离老滇缅公路较近，交通较便利。竖井处于霸王河右岸河阶地之上，属低中山河谷地貌区，海拔介于1845～2010m之间，竖井洞口地势较为平坦。

(1)勘察期间地质状况

为查明1号竖井地质条件,在线路DK205+080右侧30m处主井位置进行了地质钻探,孔口高程1867.492m,孔深766.492m,揭示的地质情况见表1-5。

1号竖井勘察孔工程地质及水文地质主要特征 表1-5

序号	深度(m)	厚度(m)	岩土名称	地层时代	主要特征	岩石可钻性分类	围岩级别	含水特性
1	0.0~2.1	2.1	粉质黏土	Q_4^{al+el}	灰褐色,硬塑,土质不均匀,含5%~10%细角砾,角砾成分为混合花岗岩,粒径2~6mm	Ⅲ	Ⅴ	弱透水性
2	2.1~6.2	4.1	漂石土	Q_4^{al+el}	灰白色、浅褐灰色,中密~密实,饱和,漂石成分为石英岩、混合花岗岩,粒径200~400mm,圆棱状,约占55%。粒间为砾砂及粉质黏土充填,分别约占35%、10%	Ⅷ	Ⅴ	强透水层,渗透系数为15m/d
3	6.2~8.8	2.6	砾砂	Q_4^{al+el}	褐黄灰色,松散~中密,饱和,次棱角状,粒径0.5~5mm,约占70%,粒间为褐黄色粉质黏土充填,约占25%,偶夹有角砾	Ⅲ	Ⅴ	
4	8.8~9.3	0.5	卵石土	Q_4^{al+el}	褐黄色、灰色,中密,饱和。卵石成分主要为石英砂岩,粒径60~70mm,约占55%,粒间为细圆砾及砂土充填,分别约占30%、15%	Ⅴ	Ⅴ	
5	9.3~34.2	24.9	混合花岗岩	γ_m	褐黄色,底部浅灰色,强风化,粗粒,斑状变晶结构,似片麻状构造。节理发育,闭合~微张状为主,沿裂面多见褐黄色铁锰质浸染。岩质软,手捏成砂状。岩芯呈柱状与碎块状相间,柱状节长7~20cm,最长35cm。RQD=30%,完整性差	Ⅵ	Ⅴ	中等透水层,渗透系数为0.006m/d
6	34.2~61.6	27.4	辉绿岩	β_u	深灰绿色,弱风化,辉绿结构,块状结构。节理发育,以闭合~微张状为主,沿裂面多见褐黄色铁锰质浸染,岩质较硬,敲击易碎。岩芯多呈碎块状,粒径2~8cm,间夹有柱状,节长9~20cm。RQD=15%,完整性很差	Ⅵ	Ⅴ	
7	61.6~291.0	229.4	混合花岗岩	γ_m	浅麻灰色夹褐黄色,弱风化,粗粒变晶结构,似片麻状构造。节理较发育,闭合~微张状为主,偶见张开状,大多无充填,沿节理面多见褐黄色铁质浸染。岩质硬,锤击声脆。岩芯呈柱状与碎块状相间,节长14~40cm,最长60cm。RQD=51%,较完整	Ⅵ	Ⅳ	
8	291.0~301.7	10.7			浅麻灰色,弱风化,粗粒变晶结构,似片麻状构造。节理发育,闭合状为主,少量微张状,大多无充填,沿节理面偶见褐红色铁质浸染。岩质硬,岩芯多呈碎块状、饼状,间夹少量柱状,节长8~22cm,最长35cm。RQD=18%,完整性差	Ⅵ	Ⅴ	
9	301.7~312.6	10.9			浅麻灰色,弱风化,粗粒变晶结构,似片麻状构造。节理较发育,闭合状为主,无充填,偶见褐黄色铁质浸染。岩芯多呈柱状,节长12~27cm,最长36cm,夹少量碎块状、饼状、半边状。RQD=75%,完整性较好	Ⅵ	Ⅳ	弱透水层

续上表

序号	深度(m)	厚度(m)	岩土名称	地层时代	主要特征	岩石可钻性分类	围岩级别	含水特性
10	312.6 ~ 324.4	11.8	混合花岗岩	γ_m	浅麻灰色,弱风化,粗粒变晶结构,似片麻状构造。节理很发育,闭合~微张状,偶见张开状,大多无充填,沿裂面见褐黄色铁质浸染。岩芯多呈角砾状、碎块状,下部夹有柱状,节长9~25cm。RQD=5%,完整性很差	Ⅵ	Ⅴ	强透水层,渗透系数为0.38m/d
11	324.4 ~ 424.9	100.5			浅麻灰色,弱风化,粗粒变晶结构,似片麻状构造。节理裂隙较发育,局部发育,闭合状为主,少量微张~张开状,多无充填,沿裂面可见褐黄色铁锰质浸染。岩芯多呈柱状,节长20~70cm,最长200cm。局部岩芯破碎。RQD=80%,完整性较好	Ⅵ	Ⅳ	弱透水层
12	424.4 ~ 434.0	9.1			浅麻灰色,弱风化,粗粒变晶结构,似片麻状构造。其中430.9~433.9m为灰白色石英脉。节理发育,闭合~微张状,无充填,裂面多褐黄色铁质浸染,见黄铁矿晶粒。岩芯多呈碎块状,夹少量柱状,节长8~34cm。RQD=10%,完整性很差	Ⅵ	Ⅴ	中等透水层,渗透系数为0.006m/d
13	434.0 ~ 527.5	93.5			麻灰色,弱风化,粗粒变晶结构,似片麻状结构。其中497.5~498.6m夹有石英脉。节理裂隙较发育,局部发育,闭合状为主,少量微张状,无充填。岩芯多呈柱状,部分呈饼状开裂现象,裂面粗糙。节长22~100cm,最长280cm,夹少量碎块状。RQD=87%,完整性好	Ⅵ	Ⅲ	弱透水层
14	527.5 ~ 535.0	7.5			浅麻灰色,弱风化,粗粒变晶结构,似片麻状结构。垂直节理发育,裂面新鲜。岩质坚硬,性脆。岩芯破碎呈角砾状、半边状、饼状。RQD=0,完整性很差	Ⅵ	Ⅴ	中等透水层,渗透系数为0.006m/d
15	535.0 ~ 548.8	13.8			浅麻灰色,弱风化,粗粒变晶结构,似片麻状构造。节理不发育,岩质硬脆,岩芯呈柱状,节长25~65cm,最长210cm。RQD=90%,完整性很好	Ⅵ	Ⅲ	弱透水层
16	548.8 ~ 575.0	26.2			浅麻灰色,夹灰绿色,弱风化,粗粒变晶结构,似片麻状构造。节理发育,闭合~微张状,沿节理面因蚀变而呈灰绿色。岩质硬脆,岩芯多呈碎块状、角砾状,间夹柱状,节长8~25cm,最长50cm。RQD=15%,完整性差	Ⅵ	Ⅴ	中等透水层,渗透系数为0.006m/d
17	575.0 ~ 602.0	27.0			浅麻灰色,夹灰绿色,弱风化,粗粒变晶结构,似片麻状构造。节理不发育,局部发育,节理面因蚀变而呈灰绿色。岩质硬脆,岩芯大多呈柱状,节长18~80cm,最长220cm,夹有碎块状。RQD=80%,完整性好	Ⅵ	Ⅲ	弱透水层

续上表

序号	深度(m)	厚度(m)	岩土名称	地层时代	主要特征	岩石可钻性分类	围岩级别	含水特性
18	602.0~608.5	6.5	混合花岗岩	γ_m	浅麻灰色,局部因黑云母聚集呈深灰色,弱风化,粗粒变晶结构,似片麻状构造。节理发育,裂面可见黄铁矿晶粒。岩质硬脆,岩芯破碎,呈碎块状、角砾状,偶夹柱状,节长6~11cm,最长30cm。RQD<5%,完整性很差	Ⅵ	Ⅴ	中等透水层,渗透系数为0.006m/d
19	608.5~766.8	158.3			浅麻灰色,夹灰绿色,弱风化,粗粒变晶结构,似片麻状构造。节理较发育,局部发育,闭合状为主,少量微张状,节理面较新鲜,偶可见蚀变现象,见少量黄铁矿晶粒。岩质硬脆,岩芯多呈柱状,节长18~60cm,最长120cm,间夹角砾状、半边状、饼状,部分岩芯有呈饼状开裂现象,裂面粗糙。RQD=70%,完整性较好	Ⅵ	Ⅳ	弱透水层

根据1号竖井工程地质及水文地质条件,预测1号竖井涌水量,见表1-6。

1号竖井预测涌水量 表1-6

工程名称	正常涌水量(m³/d)	最大涌水量(m³/d)
1号主竖井	2090	6270
1号副竖井	2016	6048

勘察期间对弱风化混合花岗岩取样,并进行了室内试验,试验结果见表1-7。

1号竖井弱风化混合花岗岩物理力学指标室内试验结果 表1-7

岩土名称	状态	统计指标	块体密度(g/cm³)		吸水率(%)	抗压强度(MPa)		抗拉强度(MPa)		弹性模量(GPa)	泊松比	纵波速度(m/s)
			天然	饱和		天然	饱和	天然	饱和			
混合花岗岩	弱风化	最大值	2.69	2.67	0.75	108.0	95.8	13.5	6.4	56.6	0.36	4049
		最小值	2.60	2.62	0.23	56.4	40.8	4.1	3.3	31.1	0.13	3226
		平均值	2.64	2.64	0.32	79.5	67.5	7.5	5.2	45.6	0.31	3708
		标准值	2.64	2.64	0.27	72.6	60.8	6.5	4.5	42.0	0.19	3542

根据试验结果,结合以往类似工程经验,1号竖井地层物理力学指标参考值见表1-8。

1号竖井地层物理力学指标参考值 表1-8

序号	地层名称	地层时代	状态或风化程度	天然密度(g/cm³)	黏聚力(kPa)	内摩擦角(°)	基底摩擦系数	边坡坡度		基本承载力(kPa)
								临时	永久	
1	粉质黏土	Q_4^{al+el}	硬塑	1.9	25	22	0.25	1:1	1:1.25	150
2	砾砂	Q_4^{al+el}	稍密	2.0	—	35	0.35	1:1	1:1.25	200
3	卵石土	Q_4^{al+el}	稍密	2.1	—	40	0.35	1:1	1:1.25	350
4	漂石土	Q_4^{al+el}	稍密	2.2	—	45	0.40	1:0.75	1:1	400

续上表

序号	地层名称	地层时代	状态或风化程度	天然密度（g/cm³）	黏聚力（kPa）	内摩擦角（°）	基底摩擦系数	边坡坡度		基本承载力（kPa）
								临时	永久	
5	辉绿岩	β_u	强风化	2.1	20	25	0.30	1∶1	1∶1.25	200
			全风化	2.4	—	45	0.50	1∶0.75	1∶1	350
			弱风化	2.7	—	60	0.60	1∶0.3	1∶0.5	800
6	混合花岗岩	γ_m	强风化	2.1	20	25	0.30	1∶1	1∶1.25	200
			全风化	2.4	—	45	0.50	1∶0.75	1∶1	350
			弱风化	2.7	—	70	0.60	1∶0.3	1∶0.5	800

（2）验证孔地质状况

1号竖井施工前，根据《煤矿井巷工程施工规范》（GB 50511—2010），在线路DK205+065.33里程左侧距离副井井位21.4m处施作验证孔。从验证孔钻探岩芯显示，岩体较完整，局部裂隙较发育，揭示的地层岩性分布情况总体与勘察期间地勘资料差异不大。

对验证孔所揭示的13段124m强风化花岗岩地层，以及5层含水层进行详细工程地质和水文地质描述，见表1-9、表1-10。

1号竖井验证孔强风化层工程地质主要特征 表1-9

序号	强风化层深度（m）	强风化层厚度（m）	主要特征
1	9.30～19.85	10.55	褐黄色，底部浅灰色，强风化，粗粒、斑状变晶结构，似片麻状构造。节理发育，闭合～微张状为主，沿裂隙面多见黄褐色铁锰质浸染。岩质软，手捏可成砂。岩芯呈柱状与碎块相间，柱状节长7～20cm，最长35cm。RQD=30%，完整性差
2	30.00～71.00	41.00	褐黄色，底部浅灰色，强风化为主，部分弱风化，粗粒、斑状变晶结构，块状构造。节理发育，闭合～微张状为主，沿裂隙面多见黄褐色铁锰质浸染。岩质较软～稍硬。岩芯以碎块状为主，部分短柱状，柱状节长7～20cm。岩芯采取率约50%，RQD=20%，完整性较差
3	154.50～156.25	1.75	浅麻灰色，黄褐色，强风化～弱风化，粗粒变晶结构，块状构造。节理裂隙发育，微张状为主，偶见张开状，无充填，裂隙面多见黄褐色锈染。岩芯以块状为主，块径3～8cm。岩体破碎
4	183.50～197.00	13.50	浅麻灰色，黄褐色，强风化～弱风化，粗粒变晶结构，块状构造。节理裂隙发育，微张状为主，偶见张开状，无充填，裂隙面多见黄褐色锈染。岩芯以块状为主，块径3～8cm，少量短柱状。岩体破碎
5	309.00～310.50	1.50	浅麻灰色，黄褐色，强风化～弱风化，粗粒变晶结构，块状构造。节理裂隙发育，闭合～微张状，无充填。岩芯以块状为主，块径3～8cm，部分强风化角砾岩。岩体破碎
6	340.00～352.00	12.00	浅麻灰色，黄褐色，强风化～弱风化，粗粒变晶结构，块状构造。节理裂隙发育，闭合～微张状，无充填。岩芯以碎块状为主，块径3～8cm，部分为强风化。岩体破碎

续上表

序号	强风化层深度(m)	强风化层厚度(m)	主要特征
7	440.60~442.25	1.65	青灰色,强风化~弱风化,粗粒变晶结构,块状构造。节理裂隙发育,闭合~微张状,无充填。岩芯以块状、碎块状为主,块径5~8cm。岩体破碎
8	459.05~461.40	2.35	浅麻灰色,强风化夹弱风化,粗粒变晶结构,块状构造。节理裂隙发育,闭合~微张状,无充填。岩芯以碎块状为主,块径3~5cm。岩体破碎
9	470.95~473.85	2.90	浅麻灰色,强风化,粗粒变晶结构,块状构造。节理裂隙发育,闭合~微张状,无充填。岩芯以碎块状为主,块径2~5cm。岩体破碎
10	493.50~501.30	7.80	浅麻灰色,强风化夹弱风化,粗粒变晶结构,块状构造。节理裂隙发育。岩芯以碎块状、块状为主,部分强风化呈角砾状,块径3~8cm。岩体破碎
11	690.50~702.00	11.50	浅麻灰色,强风化~弱风化,粗粒变晶结构,块状构造。节理裂隙发育,闭合~微张状。岩芯呈碎块状、短柱状,块径3~5cm,柱状岩芯节长5~10cm。岩体破碎
12	724.00~734.00	10.00	浅麻灰色,强风化~弱风化,粗粒变晶结构,块状构造。节理裂隙发育,闭合~微张状。岩芯呈块状,块径3~8cm。岩体破碎
13	742.50~750.00	7.50	

1号竖井验证孔含水层水文地质主要特征 表1-10

序号	含水层深度(m)	含水层厚度(m)	渗透系数(m/d)	最大涌水量(m^3/h)	水压力(MPa)	隔水层厚度(m)
1	154.50~156.25	1.75	5.169	63.71	1.56	—
2	312.60~324.40	11.80	0.380	70.58	—	156.35
3	340.00~343.70	3.70	0.086	5.88	3.34	15.60
4	495.45~498.90	3.45	0.045	4.17	4.87	151.75
5	693.50~694.74	1.24	3.568	17.58	6.91	194.60

根据验证孔揭示的水文地质条件,预测1号主竖井涌水量为5239m^3/d,副井涌水量为5128m^3/d。超过最大涌水量10m^3/h的含水层有3层。

2)2号竖井工程地质及水文地质

2号竖井位于龙陵县黄草坝村南东方向约2.7km山坡顶部,井址附近有国道320线及省道231线通过,交通便利。竖井附近地面高程1800~2000m,相对高差约200m,地形起伏大。区域内多被松散土层覆盖,基岩零星出露,局部陡峭地段出露较好。斜坡地带地表多为松林或杂木,局部平缓处被垦为旱地。自然横坡20°~60°,局部为陡坎、陡壁。

(1)勘察期间地质状况

为查明2号竖井地质条件,在线路DK212+450左侧60m处主井位置进行了地质钻探,孔口高程1912.070m。因受时间影响,孔深110.5m,揭示的地质情况见表1-11。

2 号竖井勘察孔工程地质主要特征　　表 1-11

序号	深度(m)	厚度(m)	岩土名称	地层时代	主要特征
1	0.0~4.3	4.3	粉质黏土	Q_4^{dl+el}	棕黄色,硬塑状,土质不纯,含有 2% 角砾,黏性一般,岩芯呈土柱状
2	4.3~51.1	46.8	花岗岩	γ_5^3	灰色,灰褐色,全风化,原岩结构完全风化,4.3~31.0m 岩芯呈土状、颗粒状,31.0~51.1m 岩芯呈颗粒状。岩芯采取率 95%
3	51.1~100.0	48.9			灰色,强风化,中~粗粒结构,块状构造,主要矿物成分为黑云母、石英等,风化强烈,节理裂隙发育,岩质软,遇水后手搓呈松散的颗粒状。岩芯采取率 95%
4	100.0~110.5	10.5			灰白色,弱风化,中~粗粒结构,块状构造,主要矿物成分为黑云母、石英等,裂隙发育,岩质新鲜坚硬,岩芯呈柱状,一般节长 10~40cm,最长达 80cm。岩芯采取率 95%,RQD=46%

根据 2 号竖井工程地质及水文地质条件,预测 2 号竖井涌水量见表 1-12。

2 号竖井预测涌水量　　表 1-12

工程名称	正常涌水量(m^3/d)	最大涌水量(m^3/d)
2 号主竖井	2006	6018
2 号副竖井	1946	5838

为取得 2 号竖井岩石力学参数,勘察期间对花岗岩取样,并进行了室内试验,试验结果见表 1-13。

2 号竖井花岗岩物理力学指标室内试验结果　　表 1-13

岩土名称	状态	统计指标	块体密度(g/cm^3)		吸水率(%)	抗压强度(MPa)		抗拉强度(MPa)		弹性模量(GPa)	泊松比 μ_{50}	纵波速度(m/s)
			天然	饱和		天然	饱和	天然	饱和			
花岗岩	弱风化	最大值	2.7	2.8	1.9	102.0	91.0	9.5	7.7	58	0.4	6711
		最小值	2.5	2.6	0.1	21.9	13.6	1.1	1.8	14	0.1	1687
		平均值	2.6	2.7	0.5	58.6	46.3	5.4	4.2	35	0.2	3450
		标准值	2.6	2.7	0.5	62.8	50.7	5.9	4.8	38	0.2	3561

根据岩石试验结果,并结合以往类似工程经验,2 号竖井岩土层物理力学指标参考值见表 1-14。

2 号竖井岩土层物理力学指标参考值　　表 1-14

序号	岩土名称	地层时代	状态或风化程度	天然密度(g/cm^3)	黏聚力(kPa)	内摩擦角(°)	基底摩擦系数	边坡坡度		基本承载力(kPa)
								临时	永久	
1	粉质黏土	Q_4^{dl+el}	硬塑	1.9	20	25	0.25	1:1	1:1.25	180
2	混合花岗岩	γ_5^3	强风化	2.1	20	25	0.30	1:1	1:1.25	200
			全风化	2.4	—	40	0.50	1:0.75	1:1	350
			弱风化	2.7	—	70	0.60	1:0.3	1:0.5	800

(2)验证孔地质状况

2号竖井施工前,根据《煤矿井巷工程施工规范》(GB 50511—2010),在勘察孔附近施作验证孔。验证孔工程地质主要特征见表1-15。

2号竖井验证孔工程地质主要特征 表1-15

序号	深度(m)	厚度(m)	主要特征
1	0~40.01	40.01	粉质黏土、漂石土及砾砂混合物,土质不均,灰褐色,局部呈浅褐色,松散~中密
2	40.01~107.00	66.99	浅灰色花岗岩,以强风化为主,较软岩,花岗岩呈粗粒、片麻状结构,风化面呈黄褐色,岩体破碎,节理裂隙发育
3	107.00~204.15	97.15	浅灰色花岗岩,弱~强风化,较软岩~较硬岩,花岗岩呈粗粒、片麻状结构,风化面呈黄褐色,岩体较破碎~破碎,节理裂隙较发育
4	204.15~302.20	98.05	浅灰色花岗岩,以弱风化为主,较硬岩,花岗岩呈粗粒、片麻状结构,风化面呈黄褐色,岩体较破碎,节理裂隙较发育
5	302.20~652.39	350.19	浅灰色花岗岩,弱~强风化,较软岩~较硬岩,花岗岩呈粗粒、片麻状结构,风化面呈黄褐色,岩体较破碎~破碎,节理裂隙较发育

2号竖井验证孔揭示:

①井筒岩体受构造挤压影响,完整性差,间断为挤压破碎带、构造影响带,部分岩芯如图1-4所示。

图1-4 2号竖井验证孔部分岩芯

②构造影响带共14处,总厚度63.2m,含水层7层,分布深度位于80~580m,地层涌水量大。2号竖井含水层分布及涌水量预测见表1-16。

2号竖井含水层分布及涌水量预测 表1-16

含水层序号	起止深度(m)	厚度(m)	最大涌水量(m^3/h)	渗透系数(cm/s)	水压力(MPa)	隔水层厚度(m)
1	81.05~86.05	5.00	1.25	5.56×10^{-5}	0.62	
2	91.35~97.05	5.70	1.50	5.21×10^{-5}	0.74	5.20

续上表

含水层序号	起止深度(m)	厚度(m)	最大涌水量(m^3/h)	渗透系数(cm/s)	水压力(MPa)	隔水层厚度(m)
3	107.00～135.65	28.65	1.88	8.10×10^{-6}	1.12	9.95
4	270.25～302.20	31.95	71.92	1.83×10^{-4}	2.77	134.60
5	318.90～431.85	112.95	14.00	5.79×10^{-6}	4.05	16.70
6	471.25～478.80	7.55	7.42	4.51×10^{-5}	4.47	39.40
7	568.60～579.75	11.15	43.79	1.71×10^{-4}	5.46	89.80

1.3 高黎贡山隧道竖井工程特点及主要挑战

1.3.1 工程特点

(1)竖井深

高黎贡山隧道1号副竖井深度764.74m,是目前交通领域最深的竖井。交通领域典型竖井设计参数见表1-17。

交通领域典型竖井设计参数　表1-17

序号	行业	隧道名称	竖井名称	竖井深度(m)	竖井内径(m)	竖井出渣能力(万t/a)
1	铁路	高黎贡山隧道	1号副竖井	764.74	5.0	
2	铁路	高黎贡山隧道	1号主竖井	762.59	6.0	75
3	公路	秦岭终南山隧道	通风竖井	661.10	11.2	
4	铁路	高黎贡山隧道	2号副竖井	640.36	5.0	
5	铁路	高黎贡山隧道	2号主竖井	640.22	6.0	75
6	公路	佛岭隧道	通风竖井	525.00	10.5	
7	铁路	乌鞘岭隧道	大台竖井	516.44	5.5	45
8	铁路	乌鞘岭隧道	芨芨沟竖井	466.60	5.1	45
9	公路	华蓥山隧道	通风竖井	461.00	8.0	
10	公路	米仓山隧道	通风竖井	435.00	9.0	
11	铁路	大瑶山隧道	班古坳竖井	433.20	5.5	30

(2)水量大

竖井施工中,根据煤炭、冶金等矿产行业经验,当工作面涌水量≥10m^3/h时,将严重影响开挖进度,必须采用注浆等措施进行堵水。国内外典型高压富水深竖井涌水量统计见表1-18。

国内外典型高压富水深竖井涌水量统计 表 1-18

序号	国家	工程名称	竖井参数		最大涌水量(m^3/h)		水压力(MPa)	地质条件
			直径(m)	深度(m)	超前探孔	工作面		
1	中国	江门中微子实验站基建工程竖井	5.0	556	430	(1720)	4	花岗岩
2	中国	铜陵有色金属公司冬瓜山铜矿竖井	5.6	1195	(321)	1285	8	大理岩
3	中国	高黎贡山隧道 1 号主竖井	6.0	763	112	(452)	7	花岗岩
4	中国	高黎贡山隧道 1 号副竖井	5.0	765	95	(380)	7	花岗岩
5	苏联	贝阿铁路北木伊斯克隧道 2 号竖井	7.5	335	85	(340)	3	花岗岩
6	赞比亚	谦比希铜矿主竖井	6.5	1260	(75)	300	1.6	泥质白云岩、泥质岩
7	中国	楚雄郝家河铜矿深部技改工程主竖井	5.6	722	(40)	160	6	长石石英砂岩、泥岩
8	中国	铜山口铜矿主井	4.5	599	(20)	81	2.2	灰岩
9	中国	金星岭竖井	5.0	379	(20)	79	0.2	白云岩
10	中国	新疆 KS 隧洞 S2 竖井	7.2	687	19	(76)	2.0	花岗岩
11	中国	高黎贡山隧道 2 号主竖井	6.0	640	(18)	72	2.7	花岗岩
12	中国	山东莱州仓上金矿寺庄矿区主竖井	4.0	455	(16)	63	2.7	—
13	中国	湖南宝山矿区箕斗井	4.5	832	7	(28)	0.2	断层带
14	中国	云南澜沧老厂铅矿深部资源主探矿竖井	5.5	960	(3)	13	—	安山岩、玄武质凝灰岩

注:由于工程措施不同,有的采用超前探孔确定涌水量,有的采用工作面涌水量测定,为使两者基本统一,采用超前探孔最大涌水量的 4 倍等同于工作面突发涌水量进行换算。换算值采用括号表示。

高黎贡山隧道 1 号竖井施工中,超前探孔最大涌水量为 $112m^3/h$,如图 1-5 所示。该涌水量为目前已统计的国内外竖井施工期间涌水量的第 3 位,处理难度极大。

图 1-5 高黎贡山隧道 1 号竖井超前探孔涌水现场

1.3.2 主要挑战

高黎贡山竖井修建过程中面临的主要挑战如下：

(1)竖井地处混合花岗岩地层,地下水丰富,开挖揭示围岩破碎、裂隙发育且以高角度为主、走向和连通不规律、裂隙与周边及上部补水渠道畅通、水量大小及位置难以预测,且1号竖井主、副井井筒最大涌水量分别为6270m^3/d和6048m^3/d,施工过程中发生过淹井事故。

(2)竖井深度大,存在大量细小裂隙,裂隙连通性好,普通注浆材料难以注入,注浆堵水困难。

(3)1号副竖井含有3个孔隙水含水层,5个基岩裂隙水含水层,除此之外还含有非层状基岩裂隙水,隔水层主要为粉质黏土和完整性较好的混合状花岗岩,考虑到竖井不同深度的衬砌所受水压力和施工风险不同,需要采取不同的支护结构。

(4)竖井地处花岗岩等硬质岩地层,深度达760多米,分布有大量富水裂隙和孔隙,硬岩开挖进展缓慢,导致在施工前必须对井筒周围的地下水进行封堵,同时需要考虑排水,施工难度大,危险性高。

1.4 主要创新成果

历经数年科研攻关,高黎贡山隧道修建取得了以下主要创新成果：

(1)提出了富水花岗岩地层铁路隧道深竖井衬砌分段设计方法。

(2)推导了基于拉普拉斯方程和勒让德方程的竖井涌水量预测方法,提出了基于双重孔隙理论的涌水量预测方法,建立了基于组合赋权法的超前探孔涌水量预测方法。

(3)提出了竖井工作面开挖允许涌水量、超前探孔允许涌水量、注浆检查孔允许涌水量、注浆循环合理长度、注浆材料选用等多项技术标准,完善了富水深竖井注浆堵水技术。

(4)基于等效连续介质理论,采用裘布依理论公式与数值模拟两种方法,分析了衬砌外水压力折减规律,揭示了富水深竖井裂隙水压力规律。

(5)揭示了富水深竖井衬砌受力机理,提出了富水深竖井衬砌安全性评价新方法。

上述创新成果构建了铁路隧道高压富水深竖井安全建造技术体系,为高黎贡山隧道富水深竖井的安全建设提供了技术支撑,也为今后类似竖井工程的建设提供了借鉴。

第2章　竖井设计

竖井在煤炭、冶金等矿产行业应用广泛，技术成熟，中国煤炭建设协会发布了国家标准《煤炭工业矿井设计规范》(GB 50215—2015)。铁路、公路等交通领域竖井应用较少，技术相对不太成熟，目前尚没有相应的设计标准和技术规范。

2.1　矿山竖井设计

煤矿、冶金等矿产行业通常将竖井称为矿井。新中国第1座竖井是东山竖井，1950年9月20日破土动工，1955年9月15日建成。该竖井位于我国东北黑龙江省鹤岗市东部的鹤矿集团益新煤矿(原称新一煤矿)，由苏联煤矿工业部矿井设计总局列宁格勒设计院负责规划设计，鹤岗矿务局建井工程处负责施工，苏方委派以鲍格莫洛夫为组长的苏联专家组来到鹤岗现场指导施工。主竖井深182.1m、副井深166.2m，均由混凝土和钢筋混凝土砌筑而成，设计生产能力90万t/a，服务年限69年，总投资4678.9万元。

2.1.1　矿井分类

矿井设计主要根据其生产能力确定，煤矿矿井分类见表2-1。

煤矿矿井分类　　表2-1

矿井类别	小型	中型	大型	特大型
生产能力(万t/a)	9、15、21、30	45、60、90	120、150、180、240	300、400、500、500以上

2.1.2　矿井设计影响因素

矿井设计时，主要统筹考虑生产布局、地形条件、地质条件、工程投资、环保要求、经济需求六个重要影响因素。

(1)生产布局

矿井设计时，首先应综合考虑生产布局，宜设置在储量中央或靠近中央的位置，从而使两侧可采储量基本平衡。

矿井井口位置应与矿区总体规划的交通运输、供电、水源等布局相协调,从而有利于生产。

矿产行业的矿区通常由多个井田组成,大型矿井井田走向长度一般不小于8km,中型矿井井田走向长度不小于4km。井田划分主要受矿区地质条件、开采强度、深浅部各矿井关系、井口与工业场地位置等因素影响。在地形地貌较为复杂的地区,井口与工业场地的位置选择有时会成为井田划分的决定性因素。

(2)地形条件

矿井设计时,井口位置应尽量选择在地面平坦的地方,结合生产布局,充分利用地形条件,尽量减少井口场地工程,同时,井口位置应避开地面滑坡、岩石崩塌、泥石流等危险地区。

矿井井口高程应满足防洪设计标准,若附近有河流或水库时,应考虑决堤威胁和防范措施。

(3)地质条件

矿井设计时,应尽量避开或减少穿越工程地质和水文地质较为复杂的地层或地段,井底车场应布置在地质条件和水文条件较好的地层中,不受底部承压水的威胁。

(4)工程投资

矿井设计时,应根据其功能要求采用合理的投资。

(5)环保要求

矿井设计时,应结合生产布局,充分利用地形条件,尽量少占或不占良田,井口和工业场地位置应符合环境保护要求。

(6)经济需求

矿井设计时,一般会靠近初期达产采区,以尽快形成生产能力,创造效益。

2.2 铁路隧道竖井设计

由于铁路隧道与矿井建设存在着较大的差异,因此,铁路隧道竖井的位置选择和设计原则与矿井相比,既有相似之处,也有不同的地方。

2.2.1 铁路隧道竖井位置选择的特点

矿井设计时,主要考虑生产布局相对集中的特点,采取“环区域选择”,因此竖井位置选择余地较大。铁路隧道竖井设计时,主要受线路走向控制和工期要求影响,采取“沿线路选择”,竖井位置选择余地相对较小。但无论什么性质的竖井,井位小区域的工程地质和水文地质条件都是竖井选择的主要控制因素。与矿井相比,铁路隧道竖井具有以下特点:

(1)受隧道主体工程控制,竖井只能沿铁路线路走向,在其两侧小范围区域内比选。

(2)受辅助功能需要控制,竖井一般位于隧道中部或隧道施工组织关键区段的中部,竖井往往处于高山区,隧道埋深大。

(3)受其作用和性质控制,竖井选择更加重视规模、深度和井口临时工程条件等。

2.2.2　铁路隧道竖井位置选择的影响因素

铁路隧道选择竖井,主要是由于隧道工期、运营通风等需要。一般情况下,只有当受地形地质条件控制无法设置横洞或斜井等辅助坑道,设置其他辅助坑道不能满足工期要求、经济性极差时才会选择竖井,因此,铁路隧道竖井功能是辅助性质的。

对于辅助正洞施工、兼顾运营通风的竖井,其位置主要根据隧道工期和施工组织安排,沿着隧道线路走向在一定范围内选择,而运营通风需要往往不能决定竖井位置。完全用于运营通风的竖井,由于其通风方案配置、建井方案等因素,竖井位置相对灵活。

由于铁路隧道竖井的辅助功能性质,在沿着隧道线路走向一定范围内选择竖井时,更重视的是建井条件,主要考虑竖井参数、地质条件、防洪要求、环境因素四个方面。

(1)竖井参数

竖井的深度和规模是控制铁路隧道竖井位置的重要因素。铁路隧道竖井主要辅助正洞施工,井下的施工走向、工作面高程和施工任务早已确定,因此,在地质条件相同的情况下,竖井位置选择主要考虑竖井的深度和规模。由于主体工程隧道的高程已经确定,沿线位走向选择竖井时,竖井深度越小、建井时间越短,越容易发挥竖井对主体工程的辅助功能,其技术经济性也更为合理。

(2)地质条件

隧道竖井应尽量避开或少穿越地质条件复杂的地层或地段,这与矿井的选址要求是一致的。矿藏资源赋存的地层条件在井田范围相对固定,主要为沉积岩、变质岩及第三系地层,地层条件上具有较为明显的地下水分层发育特点。而铁路隧道竖井通过的地层条件可能是多样的,如不同地质时代、不同地质单元等,可能遭遇的地质问题或水文条件相对更为复杂。

(3)防洪要求

井口位置应尽量远离自然冲沟、河流,应避开水库影响区域。但由于铁路隧道竖井往往是在山区困难地形条件下设置,在综合考虑地质条件、建井规模、场地、交通等条件下,竖井往往会选在自然槽谷区,因此井口位置确定应满足防洪要求。

(4)环境因素

井口地形条件,既有交通、电力条件是井位选择的考虑因素。对于矿山建设而言,井口场地、交通、电力条件等都是永久工程,是与矿山同步规划建设的。铁路隧道竖井的辅助功能性质,决定竖井选择时更重视地形条件、既有交通和电力条件,应尽量减少大临工程,确保技术经济合理性。

2.2.3　铁路隧道竖井位置的设计原则

综合考虑铁路隧道竖井位置选择的各种影响因素,用于辅助隧道正洞或平行导坑施工的铁路隧道竖井,且采用普通凿井法施工时,竖井位置选择应遵循以下设计原则:

1)充分考虑区域水文地质条件及工程地质条件

竖井宜选择在具有明显地下水分层性质的地层,应尽量选择在贫水层,通过的弱~强富水层应尽量短。竖井选在单一地层时,应结合岩层性质、区域地质构造及构造活动情况,综合判识地下水的水文地质条件，并结合井底车场、竖井断面大小等合理确定井位。竖井位置应避开断层构造，并尽量远离断层构造，应避免选在岩溶或岩溶水发育的可溶岩地层及可能发生软岩大变形的地段，应避免穿过可能发生软岩大变形的地层。

2）重视局部地形条件

铁路隧道需要设置深水井及辅助正洞的施工地段都位于山区，地形条件复杂，井口地质条件也较为复杂，竖井位置选择时，除考虑交通、电力条件外，还应重视局部地形条件的影响，并符合以下原则：

（1）井口地形要尽量开阔，尽量避免设置在狭窄区域或方向不利的狭窄槽谷区域，以有利于控制场坪处理、防护等工程规模，且可减小井口地质围岩条件相对较差段的长度和范围。

（2）井口应尽量远离自然沟渠和河流。在自然沟渠和河流附近的井位，可能其建设条件相对较好，竖井深度相对较小，但是，对井口高程设计要求高；此外，地表水可能下渗，影响建井期间的处理。若选择在沟谷、临河等附近，必须进行水文地质分析，判断地表水和地下水的关系、地表工程防治措施的有效性，并进行技术经济比较。

3）合理确定井位和隧道的平面关系

确定竖井和隧道主体工程的平面关系时应满足以下要求：

（1）竖井中线和隧道中线平面距离不宜小于 30m，结合井口地形条件、地表既有构筑物分布、场坪防护工程等，经技术经济比较后可适当加大距离。

（2）重视井位，尤其是井底车场的工程地质和水文地质条件。在软弱地层中，井底车场的洞室和通道功能区相互影响，可能会成为竖井和隧道平面关系确定的关键因素。

高黎贡山隧道竖井中线与隧道中线或平行导坑中线的间距按 30m 控制，虽然有利于井口场坪面积、防护工程等控制，但也对井底车场功能区布置造成影响，加上竖井井底洞室多、通道多，工程施工相互干扰，极易产生洞室效应。

2.2.4 铁路隧道竖井提升能力计算

竖井提升能力计算时，主要考虑井下生产能力（出渣总量）、一次提升时间等因素。

（1）竖井井下生产能力

竖井井下每天生产能力（出渣总量）计算公式为：

$$Q_{渣} = S \cdot L \cdot N \cdot k \tag{2-1}$$

式中：$Q_{渣}$——竖井每天生产能力或出渣总量（m^3/d）；

S——竖井开挖断面面积（m^2）；

L——竖井每循环开挖进尺（m/循环）；

N——竖井每天开挖循环数（循环/d）；

k——岩石虚方系数，一般取 1.5。

（2）竖井一次提升时间

竖井一次提升时间计算公式为：

$$t = \frac{H}{v} + t_0 \tag{2-2}$$

式中：t——竖井一次提升时间（s）；

H——竖井井底至井口的垂直深度(m);

v——平均提升速度(m/s),提升机设计提升速度为6.0m/s,一般取3.0m/s;

t_0——竖井井下空车、入重车时间和井口出重车、进空车时间(s),一般取40s。

(3)竖井提升能力

竖井每天提升能力计算公式为:

$$Q_{井} = C\frac{3600T}{t} \tag{2-3}$$

式中:$Q_{井}$——竖井每天提升能力(m^3/d);

C——斗车容积(m^3);

T——每天提渣时间(h/d),一般取16h/d。

(4)竖井提升能力检算

竖井提升能力与预期出渣总量应满足下式:

$$\frac{Q_{井}}{Q_{渣}} \geqslant 1.2 \tag{2-4}$$

2.3 铁路隧道竖井工程案例

2.3.1 大瑶山隧道班古坳竖井

大瑶山隧道位于广东省乐昌市境内,京广铁路衡韶段复线工程罗家渡至永济桥区间,进口里程DK1988+150,出口里程DK2002+445,全长14295m,是当时国内在建的最长双线铁路隧道。为确保隧道工期,在隧道中部班古坳地区设置竖井。

1)竖井设计

隧道竖井和矿井相比,服务年限区别较大。矿井服务年限一般为数十年至100年,而隧道竖井在不作为永久结构使用的情况下,其服务年限一般为3~5年。班古坳竖井从建成到隧道完工按施工组织安排为3年。因此,竖井设计应根据实际需要综合考虑。

竖井主要参考冶金、煤矿等行业部门经验,并结合铁路隧道使用竖井的特点进行设计。竖井距离隧道中线22.92m,井深433.2m,里程为DK1993+960.48,距隧道进口5810.48m,距隧道出口8484.52m。

基于当时竖井设计理念,班古坳竖井设计为混合单井,即提升和通风采用一个井来负担。竖井直径5.5m,竖井施工阶段采用双吊桶提升,隧道施工阶段改用单层单车双罐笼提升,相当于生产能力(出渣量)为30万t/a的矿井,不均衡系数为1.2。竖井功能设计见表2-2。

大瑶山隧道班古坳竖井功能设计　　表2-2

序号	功能设计	竖井施工阶段	隧道施工阶段
1	提升	双吊桶提升	单层单车双罐笼提升
2	地面出渣	人推0.75m^3斗车运输,井场卸渣	电瓶车牵引1.7m^3矿车经翻车机倒入汽车转运出渣
3	排水	吊、卧泵两级排水	井底卧泵站一级排水

续上表

序号	功能设计	竖井施工阶段	隧道施工阶段
4	通风	1 台 28kW 轴流风机、ϕ600mm 风管压入式通风	2 台 110kW 轴流风机、ϕ1000mm 管道巷道混合通风
5	换装	三次换装	不换装
6	井筒结构	井口固定盘及测量架，腰泵站固定盘	井口托轨梁、罐道梁、稳罐梁，井底托轨梁、托罐盘等
7	井架结构	过卷平台、倒渣台、溜渣槽	拉紧平台、窜绳平台，罐道支架

竖井井筒由井颈(又称锁口)、井身、马头门、井底水窝四部分组成，设计参数见表 2-3。

大瑶山隧道班古坳竖井井筒设计参数 表 2-3

序号	井筒部位	深度(m)	高程(m)	衬砌方式	主要功能
1	井颈	12	600 ~ 588	C15 混凝土	固定井口工作盘和井口其他设施
2	井身	393.2	588 ~ 194.8	C20 混凝土，厚度 12cm	设腰泵站和避险洞，避险洞距井底轨面 40m，可容纳 80 人，当发生险情后，人员可以从固定在井壁上的安全梯进入避险洞，乘罐笼出井
3	马头门	16	194.8 ~ 178.8	C15 混凝土	广州方向高 6.5m，北京方向高 5.0m，大型隧道施工机械由广州方向的马头门进入隧道
4	井底水窝	12	178.8 ~ 166.8	C20 混凝土，厚度 12cm	将井筒渗漏水截流入井窝后抽至水仓排出地面。井窝内安设罐道绳和防撞绳的固定装置与重锤块及托罐盘等

2)竖井设计优化

与矿井相比，班古坳竖井进行了以下 9 个方面的优化：

(1)取消了井底排水管子道及井底通风管子道，风水管路直接从马头门经井筒引出地面。

(2)井底水窝深度由 19m 缩短为 12m，取消了井底水窝泵房，水泵放在水窝内工作盘上。

(3)取消了井底刚性罐道。

(4)改井底托台为托罐盘。

(5)取消了井底安全绕道，改为防护棚。

(6)取消了井底安全门，改设简易栏杆。

(7)井底洞室为适应隧道用竖井的使用特点进行了必要的简化。

(8)取消井筒梯子间，在距井底 40m 处设避险洞。

(9)部分设备由井壁固定改为天轮悬吊。

3)竖井施工

班古坳竖井 1982 年 1 月开工，1985 年 2 月建成，历时 38 个月，平均建井进度 31.8m/月。其中临时悬吊设备凿井 3 个月，辅助工程施工及设备安装 23 个月，机械化凿井 12 个月。

2.3.2 乌鞘岭隧道大台竖井和芨芨沟竖井

乌鞘岭隧道共设置了 2 座竖井，分别为大台竖井和芨芨沟竖井，两座竖井均采用混合单井。

大台竖井位于乌鞘岭岭脊地段，距离 F7 断层 500m，井口距离隧道左线 25m，井深 516.44m，直径 5.5m，竖井贯通后主要承担井下平行导坑施工。茇茇竖井位于乌鞘岭隧道 5 号斜井的轴线上，距右线隧道交点里程 YDK169 + 700 处 223.92m，井深 466.6m，直径 5.1m，解决了 5 号斜井右线隧道施工通风问题，并加快了 5 号斜井施工进度。

(1)竖井设计

大台竖井是当时国内铁路隧道最深的施工竖井。井口地面高程 3021.9m，井场坡面呈 25°～30°，被第四系冰溶冻土覆盖，覆盖层厚度 45～60m，为含少量渗透水的千枚岩碎屑堆积、坡积体，干燥时为流散状，遇水软化呈流塑状，极不稳定。第四系以下为志留系下统板岩夹千枚岩，层厚 20～25m。竖井围岩级别为Ⅳ、Ⅴ级，其中Ⅳ级围岩 410m，Ⅴ级围岩 106.14m。设计锁口段 0～2.5m 为 155cm 厚 C25 钢筋混凝土，井筒采用锚、喷、网及混凝土衬砌联合支护。

(2)竖井提升能力检算

大台竖井完成后，主要承担隧道平行导坑兰州和武威两个方向的开挖。根据隧道施工组织安排，兰州方向每天计划开挖 3 个循环，2.5m/循环，即 7.5m/d；武威方向每天计划开挖 1 个循环，2.5m/循环，即 2.5m/d；合计 10m/d，即 300m/月。

采用公式计算得竖井井底每天生产能力(出渣总量)为 450m^3，竖井一次提升时间为 207.8s，竖井每天提升能力为 554.4m^3。经检算，竖井提升能力满足隧道设计出渣要求。

(3)竖井施工

大台竖井主要施工机械配置：FJD-6 型六臂伞钻、HZ-6 中心回转抓岩机、2JK-3.5 及 JK-2.0 型提升机各 1 套、3.0m^3和 1.5m^3吊桶、MJY 型整体金属刃角下行模板。

大台竖井 2003 年 3 月开工，2003 年 11 月 28 日建成，历时 9 个月，平均建井进度 57.4m/月。竖井施工进度见表 2-4。

乌鞘岭隧道大台竖井施工进度统计 表 2-4

时间	施工进度(m/月)	时间	施工进度(m/月)
2003 年 3 月	9.0	2003 年 8 月	73.0
2003 年 4 月	16.0	2003 年 9 月	85.3
2003 年 5 月	4.0	2003 年 10 月	96.3
2003 年 6 月	72.0	2003 年 11 月	100.86
2003 年 7 月	59.2		

2.4 高黎贡山隧道竖井设计

高黎贡山隧道设置 2 座竖井，承担着平行导坑和正洞部分施工任务。竖井均采用主、副井设置，平面位置如图 1-3 所示。

2.4.1 竖井井筒设计

主井直径 6.0m，功能主要为出渣、出污风，井筒内布置 2 个 400cm(长)×146cm(宽)×

295cm(高)的单层单车罐笼出渣,采用钢丝绳罐道。

副井直径5.0m,功能主要为进料、进新风、排水、人员进出并兼做安全出口,井筒内布置1个400cm(长)×146cm(宽)×295cm(高)的单层单车罐笼,以及排水管、梯子梁、动力电缆、溜灰管。

竖井井筒布置如图2-1所示。

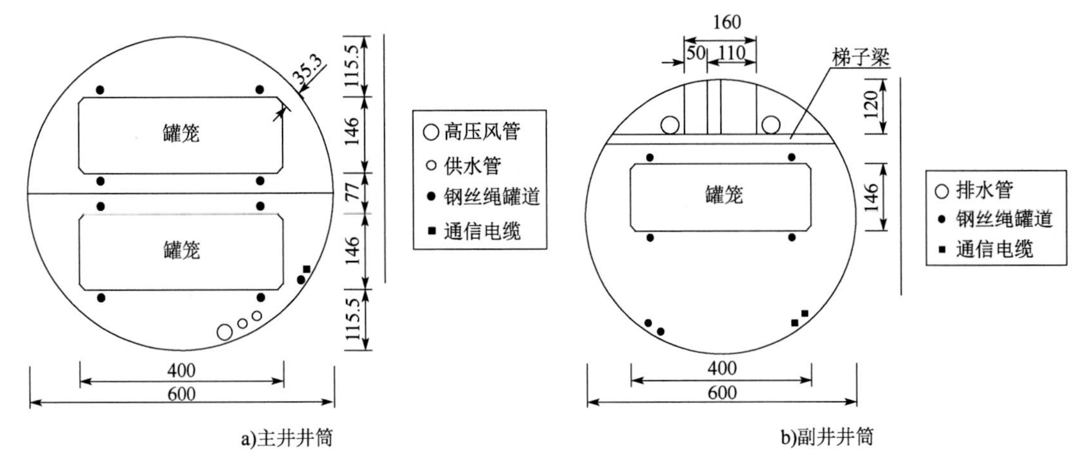

图2-1　竖井井筒平面布置示意图(尺寸单位:cm)

2.4.2　竖井设计参数

竖井设计参数见表2-5。

竖井设计参数　　表2-5

工程名称		位置	直径(m)	井深(m)	井口高程(m)	井底高程(m)	井筒参数			
							井颈深度(m)	井身深度(m)	马头门深度(m)	井底水窝深度(m)
1号竖井	主井	线路DK205+080 右侧30m	6.0	762.59	1868.25	1105.66	4	719.59	20	19
	副井	线路DK205+050 左侧60m	5.0	764.76	1870.25	1105.49	4	721.76	20	19
2号竖井	主井	线路DK212+435 左侧60m	6.0	640.22	1900.25	1260.03	4	597.22	20	19
	副井	线路DK212+415 右侧30m	5.0	640.36	1900.25	1259.89	4	597.36	20	19

2.4.3　竖井衬砌结构参数

竖井采用模筑混凝土或钢筋混凝土衬砌,井筒共设计6种衬砌类型,根据井身岩层物理力学指标、埋深等因素确定。竖井衬砌结构参数见表 2-6。

竖井衬砌结构参数　　　　表 2-6

序号	衬砌类型	衬砌厚度(cm)	衬砌型号	适用范围
1	ZJA 型	200	C35 钢筋混凝土	井口锁口圈
2	ZJB 型	85	C35 混凝土	井筒表土层
3	ZJC 型	40	C35 混凝土	井筒深度 < 500m 基岩段
4	ZJD 型	45	C35 混凝土	井筒深度≥500m 基岩段
5	ZJE 型	70	C35 钢筋混凝土	井筒马头门地段
6	ZJF 型	65	I16 环形钢架 + C35 混凝土	竖身破碎围岩地段

2.4.4　竖井提升能力

竖井建成后承担着 3 个工作面开挖任务，Ⅱ、Ⅲ级围岩按 105m/月进度考虑，开挖断面面积为 $52m^2$，虚方系数取 1.5，岩石虚方重度取 2.5t/m^3，经计算得出提升能力为 61425t/月，即 737100t/a，因此，高黎贡山隧道竖井相当于生产能力为 75 万 t/a 的矿井。

2.5　本 章 小 结

针对富水花岗岩地层深大竖井设计难题，采用案例调研、理论计算和工程应用等手段研究了隧道竖井的设计，主要得出以下结论：

(1)通过调研分析得出，矿井设计主要统筹考虑生产布局、地形条件、地质条件、工程投资、环保要求、经济需求 6 个重要影响因素。

(2)由于铁路隧道竖井的辅助功能性质，在沿着隧道线路走向一定范围内选择竖井时，更重视的是建井条件，主要考虑因素为竖井参数、地质条件、防洪要求、环境因素。

(3)为了保证竖井衬砌能够应对各种复杂地层，根据井身岩层物理力学指标、埋深等因素，提出了 ZJA 型、ZJB 型、ZJC 型、ZJD 型、ZJE 型、ZJF 型 6 种竖井衬砌类型。

(4)提出了竖井设计提升能力计算公式和竖井提升能力验算公式，为隧道竖井奠定了基础。

第3章 富水深竖井涌水量预测

在竖井建设过程中,地下水对竖井的正常施工影响很大,特别是富水深竖井,由于受竖井空间约束,施工中伴随着地下水的大量涌入,极易造成涌水淹井灾害,因此施工前必须对竖井涌水量进行较为准确的预测,采取必要的工程措施,从而保证竖井的正常施工安全。

3.1 涌水量预测方法

涌水量预测通常采用预测模型法和数值模拟法两种。

3.1.1 预测模型法

预测模型法是利用地下水动力学知识,通过数学方法,推导出隧道或竖井的涌水量与所在区域地下水环境、岩体渗透率等条件的相互关系,得出相应解析式,从而定量预测隧道或竖井的涌水量。主要方法有地下水均衡法、降水入渗法、径流模数法、水文地质比拟法、铁路经验公式法、解析法等。

1)地下水均衡法

根据工程施工中地下水的流入和流出关系,推导出工程施工涌水量,从而给出工程的总近似涌水量。当地下水情况较为简单和稳定时,采用该方法较为合适。但由于施工过程采取降水抽干措施,使得地下水头发生剧烈变化,从而使均衡条件发生破坏,导致该方法的预测准确率存在较大偏差。尽管存在各方面不足,但该方法的优势在于查明地下水补给的具体来源后,能够给出工程的最大涌水量。因此,在采用其他方法求得涌水量后,可利用该方法进行补充,从而减小涌水量预测误差。

地下水均衡法涌水量计算公式为:

$$Q_a - Q_b = \mu \Delta H \frac{F}{t} \tag{3-1}$$

式中:Q_a——地下水总补给量(万 m^3/a);

Q_b——地下水总排泄量(万 m^3/a);

μ——潜水位变幅带含水层给水度;

ΔH——计算时段始末地下水位差值(m)；

F——均衡区计算面积(km^2)；

t——计算时段(a)。

2)降水入渗法

降水入渗法是根据隧址区的年均降水量、集水面积,以及地形地貌、工程地质和水文地质等条件选取合适的降水入渗系数经验值,计算出隧道通过含水体地段的正常涌水量。该方法适用于埋深较小的越岭隧道。降水入渗法涌水量计算公式为:

$$Q = 2.74\alpha WA \tag{3-2}$$

式中:Q——隧道通过含水体地段的正常涌水量(m^3/d)；

α——降水入渗系数；

W——年降水量(mm)；

A——隧道集水面积(km^2)。

3)径流模数法

当隧道穿越多个地表流域区域时,可采用地表径流模数类比地下径流模数。径流模数法首先利用降水补给的泉流量或地下水域补给的径流流量,求出工程经过的地面径流模数,类比地面,地下径流模数近似等于地面径流模数,然后利用求得的工程集水面积,便能大致预测出隧道涌水量。径流模数法涌水量计算公式为:

$$Q = MA = \frac{Q'}{F}A \tag{3-3}$$

式中:Q——隧道稳定涌水量(m^3/d)；

M——地下径流模数[$m^3/(d \cdot km^2)$]；

A——隧道通过含水岩体地段的集水面积(km^2)；

Q'——隧道对应地表沟谷、河流的枯水期流量(m^3/d)；

F——枯水期流量测点相对应的汇水面积(km^2)。

4)水文地质比拟法

当新建隧道周围有既有隧道时,可采用水文地质比拟法进行涌水量预测,计算公式为:

$$\begin{cases} Q = Q'\dfrac{Fs}{F's'} \\ F = BL \\ F' = B'L' \end{cases} \tag{3-4}$$

式中:Q——新建隧道通过含水体地段的正常涌水量或最大涌水量(m^3/d)；

Q'——既有隧道通过含水体地段的正常涌水量或最大涌水量(m^3/d)；

F——新建隧道通过含水体地质的面积(m^2)；

F'——既有隧道通过含水体地质的面积(m^2)；

s——新建隧道通过含水体中自静止水位计起的水位降深(m)；

s'——既有隧道通过含水体中自静止水位计起的水位降深(m)；

B——新建隧道洞身横断面周长(m)；

B'——既有隧道洞身横断面周长(m);

L——新建隧道通过含水体长度(m);

L'——既有隧道通过含水体长度(m)。

5)铁路经验公式法

铁路经验公式法计算公式为:

$$Q_{max}=0.0255+1.9224KHL \tag{3-5}$$

式中:Q_{max}——预测隧道通过含水体的可能最大涌水量(m^3/d);

K——岩体渗透系数(m/d);

H——含水层原始静水位至隧道底板的垂直距离(m);

L——隧道通过含水层的长度(m)。

6)解析法

目前,国内外地下水运动有两个较为著名的理论,一个是以裘布依(Dupuit,法国水利学家)公式为代表的稳定流理论,另一个是以泰斯公式为代表的非稳定流理论。学术界大部分涌水量计算公式都是在这两个公式的基础上提出的,并被广泛应用,如大岛洋志法、古德曼法、佐藤邦明非稳定流法等。

(1)大岛洋志法

大岛洋志法涌水量计算公式为:

$$Q_{max}=\frac{2\pi mK(H-r)L}{\ln\frac{4(H-r)}{d}} \tag{3-6}$$

式中:Q_{max}——预测隧道通过含水体的可能最大涌水量(m^3/d);

K——岩体渗透系数(m/d);

H——含水层原始静水位至隧道底板的垂直距离(m);

L——隧道通过含水层的长度(m);

r——隧道洞身横断面等价圆半径(m);

d——隧道洞身横断面等价圆直径(m),$d=2r$;

m——转换系数,一般取0.86。

(2)古德曼法

古德曼法涌水量计算公式为:

$$Q_{max}=\frac{2\pi KH_0}{\ln\frac{4H_0}{d}} \tag{3-7}$$

式中:Q_{max}——预测隧道通过含水体的可能最大涌水量(m^3/d);

K——岩体渗透系数(m/d);

H_0——含水层原始静水位至隧道洞身横断面等效圆中心的距离(m);

d——隧道洞身横断面等价圆直径(m)。

(3)佐藤邦明非稳定流法

佐藤邦明非稳定流法涌水量计算公式为:

$$Q_{\max} = \frac{2\pi mKH_0}{\ln\left[\tan\frac{\pi(2H_0 - r)}{4h_0} \cdot \cot\frac{\pi r}{4h_c}\right]} \tag{3-8}$$

式中：$Q_{\max}$——预测隧道通过含水体的可能最大涌水量(m^3/d)；

K——岩体渗透系数(m/d)；

m——转换系数；

H_0——含水层原始静水位至隧道洞身横断面等效圆中心的距离(m)；

h_c——含水体厚度(m)；

h_0——隧道底板至下伏隔水层的距离(m)；

r——隧道洞身横断面等价圆半径(m)。

3.1.2　数值模拟法

随着计算机技术的进步,采用数值模拟法进行涌水量计算得到了快速发展。何智等采用数值模拟软件 GMS 对工程实例进行分析,得出在竖井涌水量预测方面数值方法的精度更高。刘基等以现有理论为基础,以含水层和钻孔之间的水力联系为耦合联系点,构建了相应模型进行模拟,模拟效果较好。唐玉川等以实测涌水量数据为依据,通过模拟方法得到计算涌水量数据,通过模型输入参数和输出结果建立神经网络,发现该神经网络的精度很高,从而避免传统模型试算的烦琐。王珑霖等同时计算了冻土、冻融地区矿井涌水量的数值解与解析解,发现数值解的精度明显更高,为青海地区矿井开采提供了依据。王建秀等提出了一种新方法用来计算深埋隧道涌水量,模拟结果反映此方法与其他方法结合,能够更准确地反映隧道涌水量。程香港等基于流固耦合方法,建立了相应裂隙渗流模型,预测了矿坑的涌水量。

3.2　裂隙岩体渗流理论

流体在土体孔隙、岩体裂隙或溶洞中的流动现象极其复杂。由于孔隙或裂隙的分布缺乏规律性,一般无法研究和确定个别孔隙或裂隙中流体的运动特征,而且这样做也没有太高的实用价值。因此,在研究渗流问题时,通常不直接研究个别流体质点的运动规律,而是研究流体在土体或岩体中的平均运动,即具有平均性质的渗透规律。这种方法实质上是采用与真实水流属于同一流体的、充满整个含水层的假想水流来代替仅仅在孔隙或裂隙中运动的真实水流,并通过对这一假想水流的研究来达到了解真实水流平均渗透规律的目的,显然这种假想水流应具有下列性质：

(1)通过任意断面的流量与真实水流通过同一断面的流量相等。

(2)在某断面上的压力或水头应等于真实水流的压力或水头。

(3)在任意土体或岩体体积内所受到的阻力应等于真实水流所受到的阻力。

满足上述条件的假想水流称为渗透水流,一般简称渗流。渗透水流所占的空间区域称为渗流场。它最基本的表征量为流速和水头,前者是矢量,后者是标量。它们都是空间坐标系 x、y、z 和时间 t 的函数。

3.2.1 渗流分类

渗流分类有多种方法，主要有时效性分类、空间关系分类、压力状态分类、饱和状态分类等。

(1)按时效性分类

按渗流要素随时间的变化，渗流可分为稳定流和非稳定流。一般认为，稳定流的运动要素仅随空间坐标而变化，与时间无关；非稳定流的运动要素同时随空间坐标和时间坐标的变化而变化。渗流运动要素的变化是绝对的，不变是相对的，无论是在天然条件下还是在人为影响下，渗流运动要素都是不断变化的，这是绝对的现象，实际上所有的渗流都是非稳定流。但在某些条件下、某段时间内也会出现运动要素相对不变的情形，所以研究稳定流也有现实的重要意义。

(2)按空间关系分类

按运动要素与空间坐标的关系，渗流理论上可分为一维、二维、三维运动，实际上都是三维渗流。

(3)按压力状态分类

按有压和无压状态，渗流可分为承压渗流和无压渗流。当含水层存在不透水的顶板且含水层的水头高于它的顶板时，称为承压含水层。无压含水层的顶部是水的自由表面，即潜水面，在那里水的压力等于大气压力。承压渗流的上部边界为顶板，是固定不变的。无压渗流的上部边界是自由水面，是经常变化的，所以无压渗流比有压渗流的处理要复杂，要进行迭代计算。

(4)按饱和状态分类

按饱和状态，渗流可分为饱和流与非饱和流。广义的地下水垂直分布可分为两个带，一个是非饱和带，另一个是饱和带。非饱和带是指地下水面以上地带，在该带也可以发生水的运动，通常把非饱和带和带中水的运动称为非饱和流动。

3.2.2 渗流基本理论

渗流基本定律是达西定律，表达式如下：

$$v = KJ = K\frac{\Delta H}{\Delta L} \tag{3-9}$$

式中：v——渗流速度(m/d)；

K——渗透系数，也称水力传导系数(m/d)，反映土的透水性质的比例系数；

J——水力梯度；

ΔH——地下水渗透方向上的水头损失(m)；

ΔL——与 ΔH 相对应的渗透路径长度(m)。

达西定律是研究渗流的最基本方程之一，最初由试验得出，用于研究均质不可压缩流体的一维运动。

3.2.3　渗流方程

渗流方程包括连续性方程和渗流微分方程两种。

1）连续性方程

连续性方程是质量守恒定律在渗流问题中的具体应用，它表明流体在渗透介质的流动过程中，其质量既不能增加也不能减少。若把流体假定为不可压缩的均质液体，且在渗流过程中渗透介质的孔隙保持不变，则渗流的连续性方程为：

$$\frac{\partial v_x}{\partial x}+\frac{\partial v_y}{\partial y}+\frac{\partial v_z}{\partial z}=0 \tag{3-10}$$

式中：v_x——X 方向渗流速度（m/s）；

v_y——Y 方向渗流速度（m/s）；

v_z——Z 方向渗流速度（m/s）。

在各向同性土体情况下，三维渗流的连续性方程将变为如下形式：

$$\frac{\partial h^2}{\partial x^2}+\frac{\partial h^2}{\partial y^2}+\frac{\partial h^2}{\partial z^2}=0 \tag{3-11}$$

式中：h——水头高度（m）。

对于均匀的各向异性土体，三维渗流的连续性方程为：

$$K_x\frac{\partial h^2}{\partial x^2}+K_y\frac{\partial h^2}{\partial y^2}+K_z\frac{\partial h^2}{\partial z^2}=0 \tag{3-12}$$

式中：K_x——X 方向渗透系数（m/s）；

K_y——Y 方向渗透系数（m/s）；

K_z——Z 方向渗透系数（m/s）。

2）渗流微分方程

当含水层中各点的水头不随时间变化时为稳定流，否则就是非稳定流，多数情况下我们所遇到的都是非稳定流。稳定流的理论由来已久，而非稳定流理论则是从 19 世纪 20 年代末才开始发展。1928—1931 年，学者们根据试验提出了渗流非稳定过程的存在，在固体热传导理论的基础上，美国人泰斯提出了第一个实用的地下水径向非稳定流公式——泰斯公式，该公式将时间作为变量，体现出了稳定流和非稳定流的根本区别。

（1）稳定渗流的微分方程

考虑各向同性的非均质介质，稳定渗流的微分方程式为：

$$\frac{\partial h}{\partial x}\left(K_x\frac{\partial h}{\partial x}\right)+\frac{\partial h}{\partial y}\left(K_y\frac{\partial h}{\partial y}\right)+\frac{\partial h}{\partial z}\left(K_z\frac{\partial h}{\partial z}\right)=0 \tag{3-13}$$

对于各向同性的均匀介质，可得：

$$\frac{\partial h^2}{\partial x^2}+\frac{\partial h^2}{\partial y^2}+\frac{\partial h^2}{\partial z^2}=0 \tag{3-14}$$

上述公式为拉普拉斯方程式，当结合一定的边界条件时，可求出一个定解。

（2）非稳定渗流的微分方程

考虑介质和水体的压缩性，非稳定渗流的连续性方程为：

$$-\left(\frac{\partial v_x}{\partial x}+\frac{\partial v_y}{\partial y}+\frac{\partial v_z}{\partial z}\right)=\rho g\left(\alpha+\beta_{\mathrm{n}}\right)\frac{\partial H}{\partial t} \tag{3-15}$$

式中：ρ——流体密度(kg/m)；

g——重力加速度(m/s^2)；

α——固体体积压缩系数；

β_{n}——水体积压缩系数；

H——总水头高度(m)；

t——渗流时间(s)。

非均质各向同性介质的非稳定流微分方程式为：

$$\frac{\partial h}{\partial x}\left(K_x\frac{\partial h}{\partial x}\right)+\frac{\partial h}{\partial y}\left(K_y\frac{\partial h}{\partial y}\right)+\frac{\partial h}{\partial z}\left(K_z\frac{\partial h}{\partial z}\right)=S_{\mathrm{t}}\frac{\partial H}{\partial t} \tag{3-16}$$

式中：S_{t}——单位储存量或比储水系数(1/L)，即单位体积的饱和土体内下降1个单位水头时，由于土体压缩和水的膨胀所释放出来的储存水量，不同的土质有着不同的S_{t}值。

3.2.4 渗流定解问题

每一流动过程都是在限定的空间流场内发生的，沿着这些流场边界起支配作用的条件被称为边界条件，在研究开始时流场内的整个流动状态或流动支配条件被称为初始条件，边界条件和初始条件统称为定解条件，定解条件和微分方程组成了描述地下水流运动的数学模型，因此定解条件对流动起到决定性作用。求解稳定渗流方程时，只需要列出边界条件，此时的问题常称为边值问题。求解非稳定渗流方程时，需要同时列出初始条件和全过程的边界条件。

1)边界条件

边界条件有水头边界条件、流量边界条件、混合边界条件三类。

(1)水头边界条件

水头边界条件是第一类边界条件，它是在边界上给定位势函数或水头的分布。考虑到非稳定渗流边界与时间有关，可将此类边界条件写为：

$$H(x,y,z,t)_{\Gamma_1}=h_1(x,y,z,t) \tag{3-17}$$

式中：$H(x,y,z,t)_{\Gamma_1}$——边界Γ_1上某点水头；

$h_1(x,y,z,t)$——边界Γ_1上该点已知水头。

对于稳定渗流场而言，淹没于水中的边界、自由面边界等均为第一类边界条件。

(2)流量边界条件

流量边界条件是第二类边界条件，它是在边界上给定位势函数或水头的法向导数。考虑到边界条件与时间有关，可将此类边界条件写为：

$$\left(K_n\frac{\partial H}{\partial n}\right)_{\Gamma_2}=q_0(x,y,z,t) \tag{3-18}$$

式中：K_n——法向渗透系数(m/s)；

q_0——单位面积上通过边界的法向流量(m/s)。

对于非稳定渗流，变动的自由面边界除应符合第一类边界条件外，还应满足第二类边界条件的流量补给关系。

(3)混合边界条件

混合边界条件是第三类边界条件，它是指含水层边界的内外水头差和交换的流量之间保持一定的线性关系，即：

$$H + \alpha \frac{\partial H}{\partial n} = \beta \tag{3-19}$$

式中：H——边界上某点处的水头(m)；

α——水头 H 和其沿边界法线方向变化率$\frac{\partial H}{\partial n}$之间的相对重要性或权重；

β——表示边界中除 H 和$\frac{\partial H}{\partial n}$的其他部分。

2)初始条件

所谓初始条件，就是给定 $t=0$ 时刻的渗流场内各点的水头值，即：

$$H(x,y,z,t)_{t=0} = h_0(x,y,z) \tag{3-20}$$

3.2.5　单裂隙水流运动立方定律及修正

1)立方定律

描述单裂隙渗流最常用、最简单的数学模型是立方定律，即将裂隙简化为一对相距一定距离的光滑平行板，如果要模拟具有稍微复杂的几何形状的单裂隙内的渗流，需要使用 Rcynolds 方程或 Stokes 方程，而这些方程均能完全描述粗糙裂隙中渗流的 Navier-Stokes 方程在某种条件下的简化形式。假定裂隙壁不透水，流体具有常黏滞度，且不可压缩，根据动量和质量守恒，可以得出描述流体流动最一般的微分方程(即 Navier-Stokes 方程)为：

$$\rho\, v_i \frac{\partial v_i}{\partial x_j} = \mu \frac{\partial^2 v_i}{\partial x_i x_j} - \frac{\partial \rho}{\partial x_j} \tag{3-21}$$

$$\frac{\partial v_i}{\partial x_i} = 0 \tag{3-22}$$

式中：ρ——流体密度(kg/m)；

v_i——流体在 i 方向的速度分量(m/s)；

μ——流体的动力黏度(Pa · s)。

在粗糙裂隙这样复杂的几何形状下是很难求解的，因此需要对 Navier-Stokes 方程进行简化。简化可以在 3 个相继的层次下进行。如果层流的速度较慢，则裂隙中的惯性力相当小。假定裂隙内的惯性力与黏滞力和压力相比可以忽略，则得到第 1 层次的简化：

$$\mu \frac{\partial^2 v_i}{\partial x_i x_j} - \frac{\partial \rho}{\partial x_j} = 0 \tag{3-23}$$

此方程与上述公式一起构成一个线性方程组，称为 Stokes 方程或蠕变方程。Stokes 方程与非线性的 Navier-Stokes 方程相比更容易求解。Navier-Stokes 方程和 Stokes 方程均是三维的渗流描述方程，计算量相当大。考虑到裂隙岩体渗流的特点，与其他三个维度相比，其余两个尺寸要小得多，因此一些学者假定粗糙裂隙中的渗流接近二维，这样控制方程就变成 Reynolds 方程。假定裂隙壁近似垂直于坐标轴面，并假定裂隙开度的变化平缓，则垂直于裂隙壁的流速接近 0。这样，流场中的黏滞力将主要受平行于裂隙壁的剪切力支配，即：

$$\frac{\partial^2 v_i}{\partial x_i x_j} - \frac{\partial^2 v_i}{\partial x_j^2} = 0 \tag{3-24}$$

$$\mu \frac{\partial^2 v_i}{\partial x_i^2} - \frac{\partial \rho}{\partial x_j} = 0 \tag{3-25}$$

在局部开度上积分，得：

$$V_i = \frac{\gamma b^2}{12\mu} \frac{\partial H}{\partial x_i} V \tag{3-26}$$

根据该公式，流体在局部裂隙空间流量与局部开度的立方成比例，即认为立方定律被假定在局部是正确的。最简单的情况是假设裂隙具有常开度，认为裂隙中心面是平面，裂隙开度的变化相对于其平均值可以忽略，这样裂隙就被概化为一对平行板。假定平行板裂隙形状为矩形，其两个相对边界分别为流入和流出边界，另两个边界为不透水边界，则裂隙内的渗流场将变成唯一的，这样上式就变为：

$$V = \frac{\gamma b^2}{12\mu} \frac{H_i - H_0}{L} \tag{3-27}$$

式中：V——液体通过平行板间的体积流量（m^3/s）；

b——裂隙的常数开度；

γ——压力梯度（Pa/m）；

$\frac{H_i - H_0}{L}$——施加于整个裂隙上的水力梯度；

L——平行板在流体方向的距离（m）。

这就是平行板间渗流的立方定律。立方定律是一个简单的线性流定律，预测流量与裂隙开度的立方成正比，这已经得到试验的验证。

立方定律是岩体裂隙渗流的基本理论。然而平行板假设只是粗糙的近似，实际天然裂隙表面与平行板相差甚远，或者是非平行的，或者是平行裂隙表面会在变形过程中变成楔形，并且裂隙表面是粗糙不平的，裂隙面的粗糙性无论是对其水力特性还是对其力学特性都有重要的影响，如图 3-1、图 3-2 所示。很多学者都对此进行了大量的试验和理论研究，主要有以下两种思路和方法：一种认为立方定律仍成立，但需要进行修正；另一种是把粗糙裂隙看成变隙宽裂隙，对其水流运动进行精细的试验和数值模拟，以揭示一些水流运动更为复杂的现象。

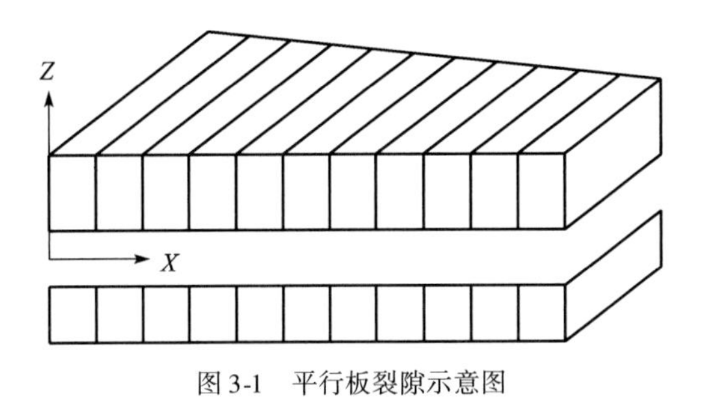

图 3-1　平行板裂隙示意图

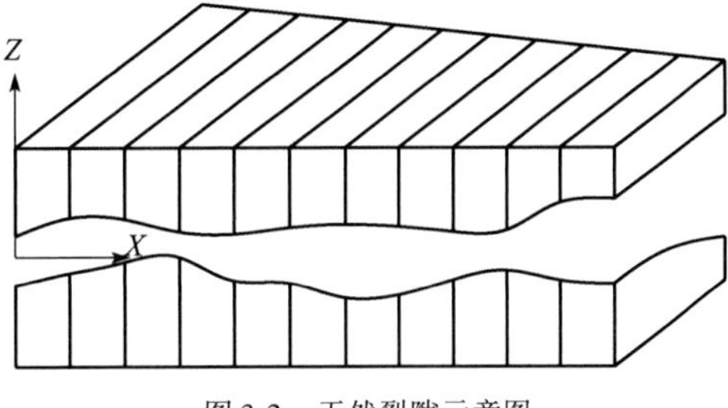

图 3-2　天然裂隙示意图

2）立方定律修正

岩石中实际裂隙的壁面是粗糙的，若将由光滑平行板缝隙层流流态导出的立方定律应用于实际裂隙，则需要对立方定律进行修正。实际裂隙起伏不平有许多凸体，致使水流为曲线而不是直线，与光滑平行板模型中的水流相比，流线长度加长，使得在同一水力梯度下同一隙宽的粗糙裂隙比光滑裂隙通过的流量要小，即阻力系数加大。苏联学者进行了粗糙裂隙水力试验，发现裂隙面的凸起度（又称不平整度或起伏差）与隙宽的比值对裂隙过流能力有较大影响。将立方定律加入一个粗糙度修正系数 c，则：

$$q = \frac{gb^2}{12\mu c} J_{\mathrm{f}} \tag{3-28}$$

根据试验结果，认为修正系数与相对起伏差有关，计算公式为：

$$c = 1 + \left(\frac{\Delta}{a}\right)^{1.5} \tag{3-29}$$

式中：$\frac{\Delta}{a}$——相对起伏差。

Louis 根据自己的试验资料，建议 c 值按下式计算：

$$c = 1 + 8.8\left(\frac{\Delta}{2a}\right)^{1.5} \tag{3-30}$$

1975 年，苏联学者给出了粗糙度修正系数的新公式：

$$c = 1 + \frac{6(\lambda_2 - 1)}{a} \tag{3-31}$$

式中：λ_2——裂隙面曲面面积与其投影面积之比。

除了上述修正公式外，Nenzil、Tsang、Waish、Barton、Elsworth 和 Goodman 通过大量试验，得到机械隙宽度、等效水力隙宽与节理粗糙度系数之间的经验关系式为：

$$b_{\mathrm{k}} = \frac{\mathrm{JRC}^{2.5}}{\left(\frac{b_{\mathrm{m}}}{b_{\mathrm{h}}}\right)^2} \tag{3-32}$$

式中：b_{k}——节理粗糙度系数的一个变量；

JRC——节理粗糙度系数；

b_{m}——机械隙宽度（μm），指裂隙面发生的最大闭合变形量；

b_{h}——等效水力隙宽（μm），即流体实际通过岩体节理的有效宽度。

3.2.6 渗透系数和给水度

裂隙岩体渗流问题数学模型的建立,关键是要确定裂隙岩体系统的两个重要渗流参数:渗透系数、给水度(储水系数)。

1)渗透系数

渗透系数是岩体水力学的一个基本参数,确定渗透系数的方法有实验室法、现场测试法和反演法。

实验室的人为裂隙与天然裂隙存在差异,试验岩块应力的释放以及不同等级裂隙渗透性的不可比拟,使得室内试验结果往往不能很好地满足工程应用的要求。目前工程上广泛采用的还是现场测试法,它又分为现场间接测试法和现场直接测试法两种。

现场间接测试法是根据现场抽水试验资料,按一定的概化模型反求裂隙岩体的渗透系数。但使用的概化模型不能反映裂隙岩体渗透性的非均匀性和各向异性。为避免这一缺陷,一些学者提出了渗透张量的概念,将裂隙岩体的渗透系数用二维或三维渗透张量表示。只要测得岩体中各组裂隙走向、倾向、倾角以及裂隙的宽度和间距等,就可以求得其渗透张量。然而实际岩体中,除其中每组裂隙内所有裂隙的空间方位基本一致并能测定外,裂隙的宽度和裂隙的间距是很难测准的,特别是裂隙的粗糙度、充填情况等更是无法测定,而它们对岩体的渗透性影响又很大,因此完全依靠通过裂隙宽度、间距及其方位的统计来求得渗透张量的方法,其精度和可靠度并不高。由于现场压水试验可以直接将裂隙的全部影响因素反映出来,因而被广泛采用。现场压水试验法包括单孔压水试验法和改进单孔压水试验法,1972 年 Louis 提出了三段压水试验法、Schneebeli 的层状岩体群孔试验法。

地质钻孔是工程地质勘探的基本手段。钻孔压水试验可测量不同孔深的单位吸水率,可以此大致按渗透性大小确定岩石分区。钻孔内的地下水位是所研究岩体范围内水文地质、几何物理条件的宏观反映。反演法由各钻孔地下水位线反求渗透参数,该方法能够反映大范围内岩体渗透系数特征的平均值,用它进行渗流分析往往较为可靠。由于各类岩石的渗透张量未知,反分析的难度很大,目前尚未提出较好的具体方法,因而只能采用正算试凑的方法。为减少反分析的工作量,通常采用其他方法预先确定反求参数的大致范围。

2)给水度(储水系数)

给水度反映了裂隙岩体系统含水层的地下水体储存能力,其定义为单位水头的升高或降低在单位面积含水层中所增加或从中释放出的水体体积,它是衡量裂隙岩体系统含水层渗流特性的又一重要水力参数。对于潜水含水层,称为裂隙岩体系统的给水度,当水位下降时,从含水层释放出的水量绝大部分是含水层重力疏干的水量,其值仅与水位波动带的裂隙岩体系统岩性有关。对于承压含水层,称为裂隙岩体系统储水系数,当水位降低时,水体和含水层介质发生弹性形变,从而释放出水体,其值与整个含水层的岩性相关。

根据非稳定流理论,含水层给水度(储水系数)采用下式计算:

$$\mu(S)=\mu_s M=\gamma M(\alpha n+\beta) \tag{3-33}$$

$$\alpha=-\frac{1}{U_w}\frac{\partial U_w}{\partial p}=\frac{1}{\rho}\frac{\partial \rho}{\partial p} \tag{3-34}$$

$$\beta = -\frac{1}{U_b}\frac{\partial U_b}{\partial \sigma'} = \frac{1}{1-n}\frac{\partial n}{\partial p} \tag{3-35}$$

式中:μ_s——比弹性给水度或比弹性储水系数;

M——含水层厚度(m);

γ——水的重度(N/m^3);

n——含水层的空隙度,包括孔隙度和裂隙度;

α——水体压缩系数;

β——含水层的弹性压缩系数;

U_w——压力改变条件下含水层中水体体积(m^3);

U_b——压力改变条件下介质体积(m^3);

p——作用在水体上的压力或应力(MPa);

σ'——作用在含水层固体骨架上的压力或应力(MPa);

ρ——水体的密度(kg/m^3)。

3.2.7 渗透张量

正确选取岩体渗流有关参数是渗流计算分析中的重要环节。若选用参数不当,即便数值计算或模拟试验精度再高,计算分析结果也是不可靠的,从而导致确定的渗流控制方案不安全或过于浪费。我国从事裂隙岩体渗流研究并形成独到见解、方法的学者相对较少,因而渗透张量这一与裂隙岩体渗流密切相关的概念并不广为人知。渗透张量的概念提出至今仍没有明确的定义,某些相关论文则存在概念模糊不清的现象,有些只是提法上的混淆,有些则导致了结果的错误。

等效连续介质模型将岩石裂隙中的水流等效平均到整个岩体中,再将其视为具有对称渗透张量的各向异性连续介质体,这样的等效仅是流量等效,这种模型采用孔隙介质渗流的分析方法,使用上很方便。渗透张量是岩石作为等效连续渗透介质的重要参数,在渗流理论及渗流控制研究过程中,渗流场分析的正确与否取决于控制方程中的各项参数,其中渗透系数或渗透张量最为重要。

1)渗透张量

达西定律包含的渗透系数取决于砂渗透性的比例常数。20 世纪 40 年代,由于渗透系数的概念和定义相当混乱,美国曾组成专门委员会对渗透系数的物理基础进行讨论,对它的物理意义进行明确,其表达式为:

$$K = cd^2\frac{g\rho}{\mu} \tag{3-36}$$

式中:K——渗透系数(m/s);

c——颗粒形状结构系数;

d——颗粒平均直径(mm);

g——重力加速度(m/s^2);

ρ——液体密度(kg/m^3);

μ——液体动力黏滞系数(Pa·s)。

2)达西定律

在各向同性介质中,达西定律表达式为:

$$v = KJ = K\frac{\Delta H}{\Delta L} \tag{3-37}$$

$$J = -\Delta H = -\left(\frac{\partial H}{\partial x}i + \frac{\partial H}{\partial y}j + \frac{\partial H}{\partial z}k\right) \tag{3-38}$$

对于光滑、等宽、无限延伸的单个裂隙中的层流运动,达西定律表达式为:

$$\bar{v}_{\mathrm{f}} = -K_{\mathrm{f}}\bar{J}_{\mathrm{f}} = -\frac{gb^2}{12\mu}\bar{J}_{\mathrm{f}} \tag{3-39}$$

各向异性多孔介质中,达西定律表达式为:

$$\begin{cases}(v_{\mathrm{J}x})_x = -K_{xx}\dfrac{\partial H}{\partial x}i \\ (v_{\mathrm{J}x})_y = -K_{xy}\dfrac{\partial H}{\partial x}j \\ (v_{\mathrm{J}x})_z = -K_{xz}\dfrac{\partial H}{\partial x}k \\ (v_{\mathrm{J}y})_x = -K_{yx}\dfrac{\partial H}{\partial x}i \\ (v_{\mathrm{J}y})_y = -K_{yy}\dfrac{\partial H}{\partial x}j \\ (v_{\mathrm{J}y})_z = -K_{yz}\dfrac{\partial H}{\partial x}k \\ (v_{\mathrm{J}z})_x = -K_{zx}\dfrac{\partial H}{\partial x}i \\ (v_{\mathrm{J}z})_y = -K_{zy}\dfrac{\partial H}{\partial x}j \\ (v_{\mathrm{J}z})_z = -K_{zz}\dfrac{\partial H}{\partial x}k\end{cases} \tag{3-40}$$

式中,K_{ij}是矢量$(v_{ij})_i$的坐标与矢量J_j的坐标时间的比例系数$(i,j = x,y,z)$,其意义是表示在i坐标轴方向上施加的单位水力梯度在坐标轴方向上产生的渗流速度v,设v在三个坐标轴上的分矢量分别为v_x、v_y、v_z,则

$$\begin{cases}v_x = (v_{\mathrm{J}x})_x + (v_{\mathrm{J}y})_x + (v_{\mathrm{J}z})_x \\ v_y = (v_{\mathrm{J}x})_y + (v_{\mathrm{J}y})_y + (v_{\mathrm{J}z})_y \\ v_z = (v_{\mathrm{J}x})_z + (v_{\mathrm{J}y})_z + (v_{\mathrm{J}z})_z\end{cases} \tag{3-41}$$

综合上式写成矩阵形式为:

$$\begin{Bmatrix}v_x \\ v_y \\ v_z\end{Bmatrix} = -\begin{bmatrix}K_{xx} & K_{xy} & K_{xz} \\ K_{yx} & K_{yy} & K_{yz} \\ K_{zx} & K_{zy} & K_{zz}\end{bmatrix}\begin{Bmatrix}\dfrac{\partial H}{\partial x} \\ \dfrac{\partial H}{\partial y} \\ \dfrac{\partial H}{\partial z}\end{Bmatrix} = \begin{bmatrix}K_{xx} & K_{xy} & K_{xz} \\ K_{yx} & K_{yy} & K_{yz} \\ K_{zx} & K_{zy} & K_{zz}\end{bmatrix}\begin{Bmatrix}J_x \\ J_y \\ J_z\end{Bmatrix} \tag{3-42}$$

3.2.8　主渗透系数

对于二维空间,渗透张量各渗透系数随坐标轴转动而变化,转化关系为:

$$K_{rs} = \alpha_{ri}\alpha_{sj}K_{ij} \tag{3-43}$$

式中:α_{ri}——r 轴与 i 轴夹角的余弦。

将坐标系 $X'OY'$ 逆时针转动 α 角到坐标系 $X'OY'$,由坐标转化关系式得:

$$\begin{Bmatrix} K_{x'x'} \\ K_{y'y'} \\ K_{z'z'} \end{Bmatrix} = \begin{bmatrix} \cos^2\alpha & \sin^2\alpha & \sin2\alpha \\ \sin^2\alpha & \cos^2\alpha & -\sin2\alpha \\ -\frac{1}{2}\sin2\alpha & \frac{1}{2}\sin2\alpha & \cos2\alpha \end{bmatrix} \begin{Bmatrix} K_{xx} \\ K_{yy} \\ K_{zz} \end{Bmatrix} \tag{3-44}$$

令:

$$\tan2\alpha = \frac{2K_{xy}}{K_{xx} - K_{yy}} \tag{3-45}$$

式中: α——渗透张量的主方向;

$K_{x'x'}$、$K_{y'y'}$——主渗透系数,记作K_1、K_2。

$$\begin{cases} K_1 = \dfrac{K_{xx} + K_{yy}}{2} + \sqrt{\left(\dfrac{K_{xx} - K_{yy}}{2}\right)^2 + K_{xy}^2} \\ K_2 = \dfrac{K_{xx} + K_{yy}}{2} - \sqrt{\left(\dfrac{K_{xx} - K_{yy}}{2}\right)^2 + K_{xy}^2} \end{cases} \tag{3-46}$$

对于三维问题,设斜面法线方向为主方向,流速方向与主方向相同,其大小取决于该方向的渗透系数K_n和水力梯度J_n,则由斜面流出四面体的流量为:

$$Q = \mu_n \times \Delta A = -K_n J_n l^2 \Delta A \tag{3-47}$$

由 X 方向流入微元体的流量为:

$$Q_x = \mu_{nx}\Delta A_x = -(K_{xx}J_x + K_{xy}J_y + K_{xz}J_z)\Delta Al \tag{3-48}$$

由上面公式可得 X 方向连续流量方程为:

$$\begin{cases} K_x = K_{xx}l + K_{xy}m + K_{xz}n \\ K_y = K_{xy}l + K_{yy}m + K_{yz}n \\ K_z = K_{xz}l + K_{yz}m + K_{zx}n \end{cases} \tag{3-49}$$

即:

$$\begin{cases} (K_{xx} - K_n)l + K_{xy}m + K_{xz}n = 0 \\ K_{xy}l + (K_{yy} - K_n)m + K_{yz}n = 0 \\ K_{xz}l + K_{yz}m + (K_{zx} - K_n)n = 0 \end{cases} \tag{3-50}$$

即:

$$\begin{vmatrix} K_{xx} - K_n & & \\ & K_{yy} - K_n & \\ & & K_{zz} - K_n \end{vmatrix} = 0 \tag{3-51}$$

显然方向余弦不全为零,若上面方程组有解,那么必有:

$$\begin{cases}(K_{xx}-K_1)l_1+K_{xy}m_1+K_{xz}n_1=0\\K_{xy}l_1+(K_{yy}-K_1)m_1+K_{yz}n_1=0\\{l_1}^2+{m_1}^2+{n_1}^2=1\end{cases} \tag{3-52}$$

一般来说,渗流场的水力梯度并不与裂隙面平行,可以分解为平行于裂隙面的分矢量与垂直于裂隙面的分矢量,关系式为:

$$\overrightarrow{n_f}=\cos\alpha_1\overrightarrow{e_1}+\cos\alpha_2\overrightarrow{e_2}+\cos\alpha_3\overrightarrow{e_3} \tag{3-53}$$

式中:$\overrightarrow{n_f}$——垂直于裂隙面的单位矢量;

$\cos\alpha_i$——与坐标夹角的余弦,$i=1,2,3$;

$\overrightarrow{e_i}$——坐标轴上的单位矢量,$i=1,2,3$。

J_i在三个坐标轴上的投影分别是J_1、J_2、J_3,则:

$$\vec{J}=J_1\overrightarrow{e_1}+J_2\overrightarrow{e_2}+J_3\overrightarrow{e_3} \tag{3-54}$$

将上面公式代入下式:

$$u_i=\sum\frac{a}{b}u_\beta=-K_{ij}J_j \tag{3-55}$$

得:

$$u=-k\{[J_1(1-\cos\alpha_1\cos\alpha_1)-J_2\cos\alpha_2\cos\alpha_1-J_3\cos\alpha_3\cos\alpha_1]\overrightarrow{e_1}+[-J_1\cos\alpha_1\cos\alpha_2+J_2(1-\cos\alpha_2\cos\alpha_2)-J_3\cos\alpha_3\cos\alpha_2]\overrightarrow{e_2}+[-J_1\cos\alpha_1\cos\alpha_3-J_2\cos\alpha_2\cos\alpha_3-J_3(1-\cos\alpha_3\cos\alpha_3)]\overrightarrow{e_3}\} \tag{3-56}$$

根据张量定义,上式中的 9 个张量可构成一个二阶张量,且为对称张量,则:

$$[K]=\begin{bmatrix}K(1-\cos\alpha_1\cos\alpha_1) & -K\cos\alpha_2\cos\alpha_1 & -K\cos\alpha_3\cos\alpha_1\\-K\cos\alpha_1\cos\alpha_2 & K(1-\cos\alpha_2\cos\alpha_2) & -K\cos\alpha_3\cos\alpha_2\\-K\cos\alpha_1\cos\alpha_3 & -K\cos\alpha_2\cos\alpha_3 & K(1-\cos\alpha_3\cos\alpha_3)\end{bmatrix} \tag{3-57}$$

上式表示了具有 1 组裂隙的裂隙岩体渗透张量和裂隙产状、裂隙宽度及间距之间的关系。当裂隙岩体具有几组不同的裂隙组时,可得:

$$\bar{u}=\begin{bmatrix}\sum_{i=1}^{n}K_i(1-\alpha_{1i}\alpha_{1i}) & \sum_{i=1}^{n}K_i\alpha_{2i}\alpha_{1i} & \sum_{i=1}^{n}K_i\alpha_{3i}\alpha_{1i}\\\sum_{i=1}^{n}K_i\alpha_{1i}\alpha_{2i} & \sum_{i=1}^{n}K_i(1-\alpha_{2i}\alpha_{2i}) & \sum_{i=1}^{n}K_i\alpha_{3i}\alpha_{2i}\\\sum_{i=1}^{n}K_i\alpha_{1i}\alpha_{3i} & \sum_{i=1}^{n}K_i\alpha_{2i}\alpha_{3i} & \sum_{i=1}^{n}K_i(1-\alpha_{3i}\alpha_{3i})\end{bmatrix} \tag{3-58}$$

对于各种宽度和间距的裂隙组,以及各种裂隙分布情况,上式仍然成立,只是渗透张量中各分量的计算方法不同而已,计算公式为:

$$K_1=\frac{g\ (\delta_{11})^3}{12\ v_mL\cos\theta_1}+\frac{g\ (\delta_{12})^3}{12\ v_mL\cos\theta_1}+\cdots+\frac{g\ (\delta_{1m})^3}{12\ v_mL\cos\theta_1}=\frac{g\sum_{t=1}^{m}(\delta_{1t})^2}{12\ v_mL\cos\theta_1} \tag{3-59}$$

式中:t——裂隙编号;

m——裂隙总数量。

3.3　高黎贡山隧道竖井涌水量设计预测

针对 1 号竖井,勘察设计阶段采取现场抽水试验,采用裘布依公式进行竖井涌水量预测。

3.3.1　测试方法

采用绳索取芯钻具进行组合钻孔。首先采用 ϕ146mm 无芯钻头钻进至基岩,然后下置 ϕ146mm 套管并固管,最后采用 ϕ94mm 钻头取芯钻进至终孔。利用钻孔进行物探测井,并对各含水层进行逐层抽水试验。地质勘察钻孔及试验测试如图 3-3 所示。

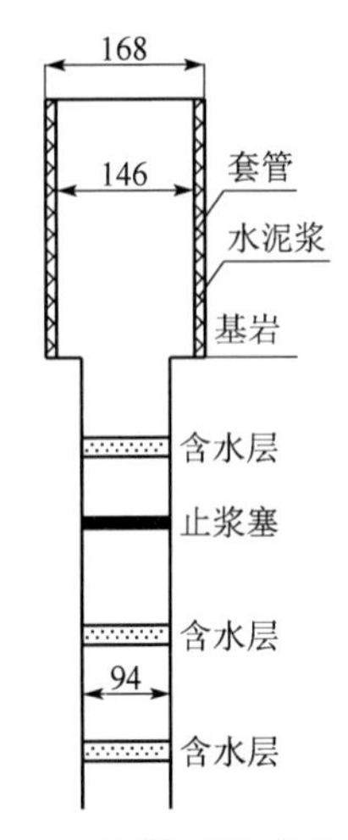

图 3-3　地质勘察钻孔及试验测试示意图（尺寸单位:mm）

3.3.2　工艺流程

施工工艺流程:无芯钻进至基岩→扩孔→下管→固管→取芯钻进至终孔→物探测井→扩孔→止水→洗井→抽水试验→用水泥浆封闭第 1 个含水层→下止浆塞至第 2 个含水层底部→逐层进行抽水试验。

物探法测井主要包括视电阻率法、自然电位法、自然伽马法、伽马-伽马法等。

3.3.3　岩芯

地质勘察钻孔岩芯如图 3-4 所示。

a)　b)　c)

d)　e)　f)

图　3-4

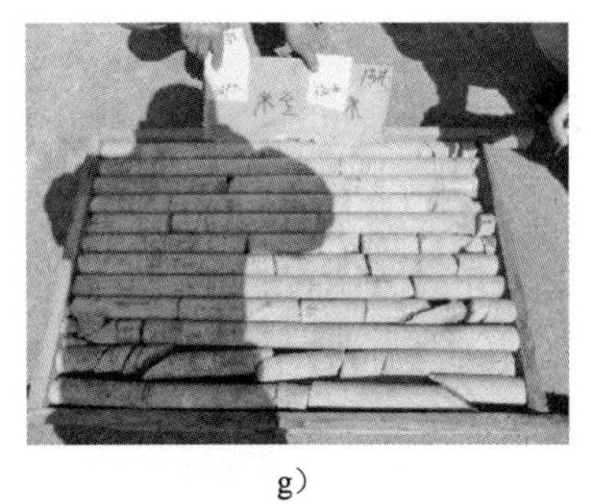
g)

h)

i)

图 3-4 地质勘察钻孔岩芯

3.3.4 涌水量预测

水文地质参数采用裘布依稳定流公式计算,计算模型如图 3-5 所示,计算公式为:

$$Q = 2.73\frac{KMS}{\lg\frac{R}{r}} \tag{3-60}$$

$$R = 10S\sqrt{K} \tag{3-61}$$

式中:Q——稳定段平均涌水量(m^3/d);

K——渗透系数(m/d);

M——含水层厚度(m);

S——稳定段平均水位降深(m);

R——影响半径(m);

r——抽水段钻孔半径(m)。

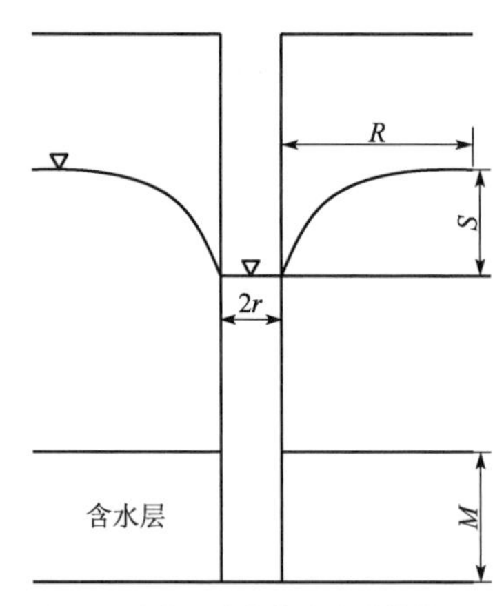

图 3-5 稳定流裘布依公式计算模型图

实际工程涌水量预测时,将承压转化为无压,计算模型如图 3-6 所示,计算公式为:

$$Q = 1.366\frac{K[(2H-M)M-h^2]}{\lg\frac{R}{r_{井}}} \tag{3-62}$$

式中:Q——稳定段平均涌水量(m^3/d);

K——渗透系数(m/d);
H——静止水位高度(m);
h——井内水位高度(m);
M——含水层厚度(m);
R——影响半径(m);
$r_{井}$——竖井半径(m)。

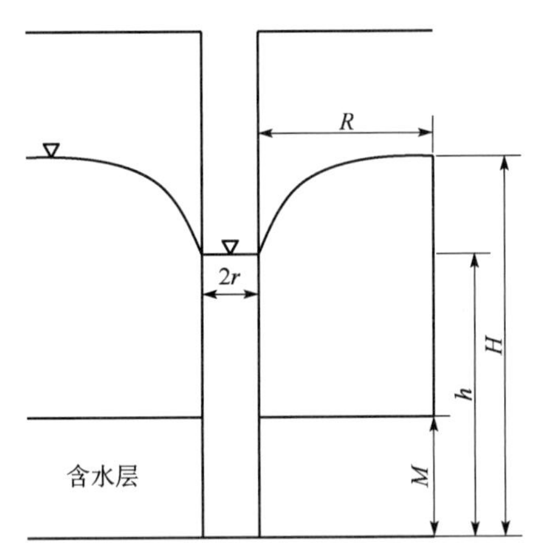

图3-6　承压转化为无压后稳定流裘布依公式计算模型图

3.3.5　涌水量预测成果

1)水文地质参数

通过现场抽水试验,采用稳定流公式计算水文地质参数,计算结果见表3-1。

1号竖井现场抽水试验数据表　　表3-1

含水层名称	含水层深度(m)	降深(m)	水量(L/s)	单位涌水量[L/(s·m)]	含水层厚度(m)	渗透系数(m/d)	影响半径(m)	稳定段平均涌水量(m^3/d)
四含水层	3.03~694.75	98.12	0.0113	0.0001	1.25	0.321	555.92	26.29
三含水层	9.45~498.90	98.75	0.0053	0.0001	3.45	0.048	216.35	12.14
二含水层	9.33~343.70	98.73	0.0073	0.0001	3.70	0.064	249.77	17.07
一含水层	0~156.25	71.36	0.1596	0.0022	1.75	3.53	1340.73	269.27

2)涌水量预测

将承压转化为无压,预测竖井各含水层涌水量,结果见表3-2。

1号竖井涌水量预测结果　　表3-2

含水层深度(m)	渗透系数(m/d)	静止水位高度(m)	井内水位高度(m)	井降(m)	影响半径(m)	竖井半径(m)	含水层厚度(m)	承压转无压平均涌水量(m^3/d)
3.03~694.75	0.321	691.72	0	691.72	3919.07	3.3	1.25	246.40
9.45~498.90	0.048	489.45	0	489.45	1072.33	3.3	3.45	94.19

续上表

含水层深度（m）	渗透系数（m/d）	静止水位高度（m）	井内水位高度（m）	井降（m）	影响半径（m）	竖井半径（m）	含水层厚度（m）	承压转无压平均涌水量（m^3/d）
9.33～343.70	0.064	334.37	0	334.37	845.90	3.3	3.70	83.30
0～156.25	3.53	156.25	0	156.25	2935.67	3.3	1.75	889.14
合计								1313.03

3.4　基于拉普拉斯方程和勒让德方程的竖井涌水量预测方法研究

从高黎贡山隧道1号竖井实际施工情况来看，实际涌水量要比原设计的预测涌水量大。分析认为，高黎贡山隧道1号竖井地质属于陡倾大裂隙，因此，承压含水层水压力基本等同于静水压力，这在现场实际水压力测试时得到了印证，如图3-7所示。

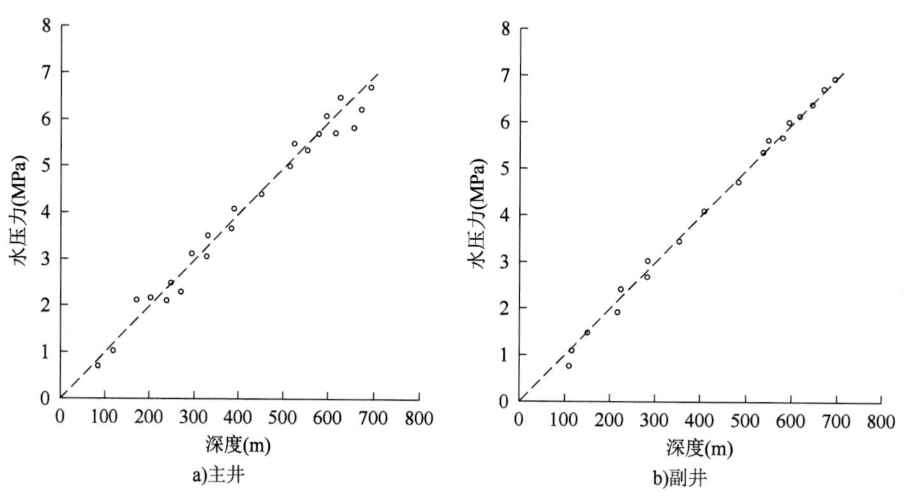

图3-7　1号竖井静水压力随深度的变化曲线

针对高黎贡山隧道1号竖井陡倾大裂隙地层，随着竖井的开挖，非含水层内裂隙水压力仍等同于同深度静水压力，不同含水层之间一定存在着裂隙连通通道。采用裘布依稳定流公式计算涌水量时（图3-8），忽略了上下含水层的越流补充，因而计算值偏小。实际上，通过高黎贡山隧道竖井陡裂隙岩体实测水压力来看，上下含水层是相通的（图3-9），为此，基于拉普拉斯方程和勒让德方程对陡倾裂隙岩体涌水量预测公式进行推导。

3.4.1　基本假设

基于拉普拉斯方程和勒让德方程对陡倾裂隙岩体涌水量预测公式进行推导时，做了如下假设：

（1）岩层为均匀的多孔介质。

(2)渗水符合达西定律,即某方向的渗流速度与水力坡度呈正比。

(3)岩层的渗透系数各方向相同。

(4)流动为稳定流。

(5)根据相关资料,认为影响半径为静止水面至井底距离的 2 倍。

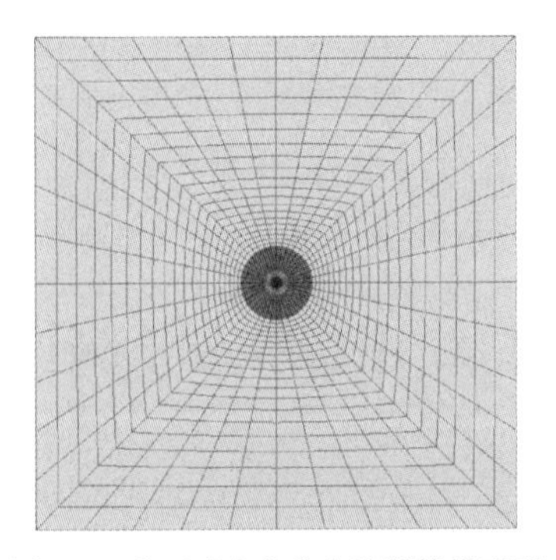

图 3-8　基于裘布依稳定流计算模型图

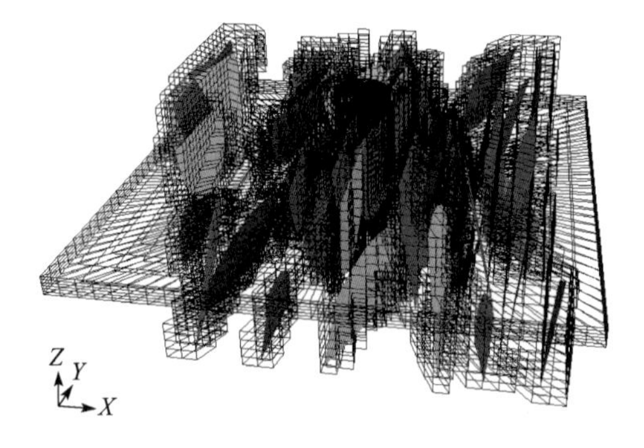

图 3-9　陡倾裂隙计算模型图

3.4.2　公式推导

利用拉普拉斯方程的球坐标与柱坐标变换,以勒让德方程的通解与级数解为基础,考虑下降漏斗的球不对称性,对竖井涌水量进行公式推导。

设流动通道中有微分单元,边长为 dx、dy、dz,流速v_x、v_y、v_z是坐标的函数。流入单元的流速为v_x、v_y、v_z,流出单元的流速为$\frac{\partial v_x}{\partial x}\mathrm{d}x + v_x$、$\frac{\partial v_y}{\partial y}\mathrm{d}y + v_y$、$\frac{\partial v_z}{\partial z}\mathrm{d}z + v_z$。

认为流动通道内的流体不能被压缩,此单元体流入的流量等于流出的流量,即:

$$v_x\mathrm{d}y\mathrm{d}z + v_y\mathrm{d}x\mathrm{d}z + v_z\mathrm{d}x\mathrm{d}y = \left(\frac{\partial v_x}{\partial x}\mathrm{d}x + v_x\right)\mathrm{d}y\mathrm{d}z + \left(\frac{\partial v_y}{\partial y}\mathrm{d}y + v_y\right)\mathrm{d}x\mathrm{d}z + \left(\frac{\partial v_z}{\partial z}\mathrm{d}z + v_z\right)\mathrm{d}x\mathrm{d}y \tag{3-63}$$

即:

$$\frac{\partial v_x}{\partial x} + \frac{\partial v_y}{\partial y} + \frac{\partial v_z}{\partial z} = 0 \tag{3-64}$$

引入达西定律,得:

$$\frac{\partial^2 H}{\partial x^2} + \frac{\partial^2 H}{\partial y^2} + \frac{\partial^2 H}{\partial z^2} = 0 \tag{3-65}$$

采用球坐标表示,得:

$$\frac{1}{r^2}\frac{\partial}{\partial r}\left(r^2\frac{\partial H}{\partial r}\right) + \frac{1}{r^2\sin\theta}\frac{\partial}{\partial\theta}\left(\sin\theta\frac{\partial H}{\partial\theta}\right) + \frac{1}{r^2\sin\theta}\frac{\partial^2 H}{\partial\varphi^2} = 0 \tag{3-66}$$

认为竖井开挖渗流场关于 Z 轴对称,即:

$$\frac{1}{r^2}\frac{\partial}{\partial r}\left(r^2\frac{\partial H}{\partial r}\right) + \frac{1}{r^2\sin\theta}\frac{\partial}{\partial\theta}\left(\sin\theta\frac{\partial H}{\partial\theta}\right) = 0 \tag{3-67}$$

令 $H(r,\theta)=N(r)\zeta(\theta)=N(r)\psi(\theta)$，两次分离变量得：

$$r^2\frac{d^2N}{dr^2}+2r\frac{dN}{dr}-(l+1)lN=0 \tag{3-68}$$

$$\frac{1}{\sin\theta}\frac{d}{d\theta}\left(\sin\theta\frac{d\psi}{d\theta}\right)+(l+1)l\psi=0 \tag{3-69}$$

令 $n=\cos\theta$，上式可转化为勒让德方程：

$$(1-n^2)\frac{d^2P(n)}{dn^2}-2n\frac{dP(n)}{dn}+l(l+1)P(n)=0 \tag{3-70}$$

则 H 的通解为：

$$H=\sum_{l=0}^{+\infty}\left(w_lr^l+\frac{z_l}{r^{l+1}}\right)P_l(n)=\sum_{l=0}^{+\infty}\left(w_lr^l+\frac{z_l}{r^{l+1}}\right)\frac{1}{2^ll!}\frac{d^l(n^2-1)^l}{d\,n^2}\quad(l=0,1,2,3,\cdots,n) \tag{3-71}$$

在影响范围内与影响范围外有以下两个方程成立：

$$H_1=\sum_{l=0}^{+\infty}\left(g_lr^l+\frac{h_l}{r^{l+1}}\right)P_l(n)\quad(l=0,1,2,3,\cdots,n) \tag{3-72}$$

$$H_2=\sum_{l=0}^{+\infty}\left(o_lr^l+\frac{q_l}{r^{l+1}}\right)P_l(n)\quad(l=0,1,2,3,\cdots,n) \tag{3-73}$$

又$\lim\limits_{r\to\infty}\theta=90°\Rightarrow\lim\limits_{r\to\infty}b=\lim\limits_{r\to\infty}\cos\theta=0$，并且在 r 较大时，认为满足裘布依假设，即$H|_{r\to\infty}=\frac{Q}{2\pi k}\ln r\sin\theta+a$ 成立，Q 为每延米井流量。则下式成立：

$$\lim_{r\to\infty}H_1\approx\lim_{r\to\infty}\left[\sum_{l=0}^{+\infty}(g_lr^l)P_l(n)\right]=\frac{Q}{2\pi k}\ln r\sin\theta+a\quad(l=0,1,2,3,\cdots,n) \tag{3-74}$$

左右除以 r，得：

$$\begin{aligned}\lim_{r\to\infty}\sum_{l=0}^{+\infty}(g_lr^{l-1})P_l&=\lim_{r\to\infty}\left[\frac{g_0}{r}+g_1P_1(n)+g_2r\,P_2(n)+\cdots+g_lr^{l-1}P_l(n)\right]\\&=\lim_{r\to\infty}\left[\frac{g_0}{r}+g_1\cos\theta+g_2r\,P_2(n)+\cdots+g_lr^{l-1}P_l(n)\right]=\lim_{r\to\infty}\left[\frac{Q}{2\pi k}\left(\frac{\ln r\sin\theta}{r^2}\right)+\frac{a}{r^2}\right]\end{aligned} \tag{3-75}$$

式(3-75)右侧趋于0，左边第一项$\lim\limits_{r\to\infty}g_1\cos\theta\to0$，但剩余项存在无限大值 r，并且它的阶都不一样，因此若使等式两边都趋于0，则有：

$$\sum_{l=2}^{+\infty}(g_lr^{l-1})P_l(n)=0\quad(l=0,1,2,3,\cdots,n) \tag{3-76}$$

即：

$$\begin{aligned}\sum_{l=0}^{+\infty}(g_lr^l)P_l&=g_0+g_1r\cos\theta+[g_2r\,P_2(n)+\cdots+g_lr^{l-1}P_l(n)]r\\&=g_0+g_1r\cos\theta=\frac{Q}{2\pi K}\ln r\sin\theta+a\quad(l=0,1,2,3,\cdots,n)\end{aligned} \tag{3-77}$$

在影响范围内，当半径 r 较小时，H 是趋于0的，显然 $q=0$ 恒成立，即：

$$H_2=\sum_{l=0}^{+\infty}\left(o_lr^l\right)P_l(n)\quad(l=0,1,2,3,\cdots,n) \tag{3-78}$$

假设降水影响半径为 $2s_w$，对于球面上则有 $H_1 = H_2$、$v_1 = v_2$，即：

$$g_0 P_0(b) + \frac{\frac{Q}{2\pi K}\ln(r\sin\theta) + a - g_0}{\cos\theta} P_1(n) + \sum_{l=0}^{+\infty}\left(\frac{h_l}{r^{l+1}}\right)P_1(n) = \sum_{l=0}^{+\infty}(o_l r^l)P_1(n) \tag{3-79}$$

$$\frac{Q}{2\pi K\cos\theta}\frac{1}{r}P_1(n) - \sum_{l=0}^{+\infty}\left[\frac{(r+1)h_l}{r^{l+2}}\right]P_1(n) = \sum_{l=0}^{+\infty}(l o_l r^{l-1})P_1(n) \tag{3-80}$$

即：

$$\begin{cases} \dfrac{\frac{Q}{2\pi k}\ln(r\sin\theta) + a - g_0}{\cos\theta} + \dfrac{h_1}{r^2} = o_1 r \\ \dfrac{Q}{2\pi K\cos\theta}\dfrac{1}{r} - \dfrac{2h_1}{r^3} = o_1, g_0 + \dfrac{h_0}{r} = o_0 \\ H_0 = \dfrac{Q}{2\pi K}\ln(r\sin\theta) + a, -\dfrac{h_0}{r^2} = 0 \\ g_n = o_n = 0, n \neq 1 \end{cases} \tag{3-81}$$

即：

$$\begin{cases} g_0 = o_0 \\ h_1 = \dfrac{Q}{6\pi K\cos\theta}r^2 - \dfrac{H_0 - a_0}{3\cos\theta}\cdot r^2 \\ o_1 = \dfrac{2(H_0 - a_0)}{3r\cos\theta} + \dfrac{Q}{6\pi K r\cos\theta} \end{cases} \tag{3-82}$$

即：

$$H = o_0 + o_1 r P_1(n) = o_0 + o_1 r\cos\theta \tag{3-83}$$

又因为全水头等于位置水头、压力水头、速度水头的和，即：

$$\begin{cases} g_0 = o_0 = \dfrac{P}{\rho g} + z_v \\ o_1 = \dfrac{2(H_0 - g_0)}{3r\cos\theta} + \dfrac{Q}{6\pi K r\cos\theta} = \dfrac{2M}{3r\cos\theta} + \dfrac{Q}{6\pi K r\cos\theta} = 1 \end{cases} \tag{3-84}$$

假设水头坡降在 $\Delta\theta = \theta_1 - \theta_2 \to 0$ 时，认为坡降线斜率近似等于球心线的斜率从 $\arctan\dfrac{M}{2H_0}$ 到 $\arctan\dfrac{M}{r_w}$ 变化，竖井轴线的夹角假设能很好地反映出坡降线距离降水井越近速率越大的规律，即 $h = \cos\theta = \dfrac{dh}{dr}$ 时，有下式：

$$\frac{2M}{3} + \frac{Q}{6\pi K} = r\frac{dh}{dr} \tag{3-85}$$

分离变量并利用边界条件得：

$$H_0 - h_w = \left(\frac{2M}{3} + \frac{Q}{6\pi K}\right)\ln\frac{\sqrt{R^2 + M^2}}{\sqrt{r_w^2 + M^2}} \tag{3-86}$$

式中：Q——水深H_0处每延米井流量[$m^3(d \cdot m)$]；

M——含水层厚度(m)；

K——渗透系数(m/d)；

r_w——毛洞半径(m)；

H_0——地下总水头高度(m)。

因为稳定流的位置水头、速度水头相同，所以上式简化为：

$$\rho g(H_0 - h_w) = P_0 - P_w = \rho g\left(\frac{2M}{3} + \frac{Q}{6\pi K}\right)\ln\frac{\sqrt{R^2 + M^2}}{\sqrt{r_w^2 + M^2}} \tag{3-87}$$

同理，总的承压完整井稳定流涌水量为：

$$\rho g(H_0 - h_w) = P_0 - P_w = \rho g\left(\frac{2M}{3} + \frac{Q}{6\pi K}\right)\ln\frac{\sqrt{R^2 + M^2}}{\sqrt{r_w^2 + M^2}} \tag{3-88}$$

认为衬砌内径R_0处的水压为0，衬砌外径R_1处的水压为P_c，注浆圈半径R_z处的水压为P_z，注浆圈半径$2H$处的水压为$P_z = \rho gh$，衬砌、注浆圈、岩石圈的渗透系数分别为K_c、K_z、K_r，因此下式成立：

衬砌：

$$\rho g(H_2 - H_1) = P_c - 0 = \rho g\left(\frac{2M}{3} + \frac{Q}{6\pi K_c}\right)\ln\frac{\sqrt{R_1^2 + M^2}}{\sqrt{r_w^2 + M^2}} \tag{3-89}$$

注浆圈：

$$\rho g(H_3 - H_2) = P_z - P_c = \rho g\left(\frac{2M}{3} + \frac{Q}{6\pi K_z}\right)\ln\frac{\sqrt{R_z^2 + M^2}}{\sqrt{R_1^2 + M^2}} \tag{3-90}$$

岩石圈：

$$\rho g(H_4 - H_3) = \rho gh - P_z = \rho g\left(\frac{2M}{3} + \frac{Q}{6\pi K_r}\right)\ln\frac{\sqrt{(2H)^2 + M^2}}{\sqrt{R_z^2 + M^2}} \tag{3-91}$$

联立上式得：

$$\begin{aligned}\rho g(H_4 - H_1) = \rho gh &= \rho g\left(\frac{2M}{3} + \frac{Q}{6\pi K_r}\right)\ln\frac{\sqrt{(2H)^2 + M^2}}{\sqrt{R_z^2 + M^2}} + \rho g\left(\frac{2M}{3} + \frac{Q}{6\pi K_c}\right)\ln\frac{\sqrt{R_1^2 + M^2}}{\sqrt{r_w^2 + M^2}} + \\ &\rho g\left(\frac{2M}{3} + \frac{Q}{6\pi K_z}\right)\ln\frac{\sqrt{R_z^2 + M^2}}{\sqrt{R_1^2 + M^2}} = \frac{2M}{3}\rho g\ln\frac{\sqrt{(2H)^2 + M^2}}{\sqrt{R_0^2 + M^2}} + \\ &\frac{Q\rho g}{6\pi}\left[\frac{1}{K_r}\ln\frac{\sqrt{(2H)^2 + M^2}}{\sqrt{R_z^2 + M^2}} + \frac{1}{K_c}\ln\frac{\sqrt{R_1^2 + M^2}}{\sqrt{R_0^2 + M^2}} + \frac{1}{K_z}\ln\frac{\sqrt{R_z^2 + M^2}}{\sqrt{R_1^2 + M^2}}\right]\end{aligned} \tag{3-92}$$

即承压完整井稳定流涌水量预测公式为：

$$Q = 6\pi\frac{H_4 - H_1 - \dfrac{2M}{3}\ln\dfrac{\sqrt{(2H)^2 + M^2}}{\sqrt{R_0^2 + M^2}}}{\dfrac{1}{K_r}\ln\dfrac{\sqrt{(2H)^2 + M^2}}{\sqrt{R_z^2 + M^2}} + \dfrac{1}{K_c}\ln\dfrac{\sqrt{R_1^2 + M^2}}{\sqrt{R_0^2 + M^2}} + \dfrac{1}{K_z}\ln\dfrac{\sqrt{R_z^2 + M^2}}{\sqrt{R_1^2 + M^2}}} \tag{3-93}$$

式中：H_4——岩石圈外水头高度(m)；

H_1——衬砌内侧水头高度(m)；

H——总水头高度(m)；

M——含水层厚度(m)；

Q——水深H_0处每延米井流量($m^3/d \cdot m$)；

R_0——衬砌内径(m)；

R_1——衬砌外径(m)；

R_z——注浆圈半径(m)；

K_r——岩石渗透系数(m/d)；

K_c——衬砌渗透系数(m/d)。

对于毛洞开挖，即$R_0 = R_1 = R_z$，则上式可表达为：

$$Q = 6\pi \frac{H_4 - H_1 - \dfrac{2M}{3}\ln \dfrac{\sqrt{(2H)^2 + M^2}}{\sqrt{R_0^2 + M^2}}}{\dfrac{1}{K_r}\ln \dfrac{\sqrt{(2H)^2 + M^2}}{\sqrt{R_z^2 + M^2}}} = 6\pi K_r \left[\frac{H_4 - H_1}{\ln \dfrac{\sqrt{(2H)^2 + M^2}}{\sqrt{R_0^2 + M^2}}} - \frac{2M}{3} \right] \tag{3-94}$$

对于注浆开挖，则有$R_0 = R_1$，则上式可表达为：

$$Q = 6\pi \frac{H_4 - H_1 - \dfrac{2M}{3}\ln \dfrac{\sqrt{(2H)^2 + M^2}}{\sqrt{R_0^2 + M^2}}}{\dfrac{1}{K_r}\ln \dfrac{\sqrt{(2H)^2 + M^2}}{\sqrt{R_z^2 + M^2}} + \dfrac{1}{K_z}\ln \dfrac{\sqrt{R_z^2 + M^2}}{\sqrt{R_0^2 + M^2}}} \tag{3-95}$$

考虑裘布依假设下的潜水井计算公式为：

$$h_1^2 - h_2^2 = \frac{Q}{\pi K}\ln \frac{r_1}{r_2} \tag{3-96}$$

联立以上公式，可得：

$$\begin{cases} H_0 - M = \left(\dfrac{2M}{3} + \dfrac{Q}{6\pi KM}\right)\ln \dfrac{\sqrt{R^2 + M^2}}{\sqrt{a^2 + M^2}} \\ M_1^2 - 0 = \dfrac{Q}{\pi K}\ln \dfrac{a}{r_w} \end{cases} \tag{3-97}$$

导出毛洞开挖承压-潜水稳定流涌水量计算公式为：

$$H_0 - M = \left(\frac{2M}{3} + \frac{Q}{6\pi KM}\right)\ln \frac{\sqrt{R^2 + M^2}}{\sqrt{e^{2\left(\frac{M^2\pi K}{Q} + \ln r_w\right)} + M^2}} \tag{3-98}$$

注浆开挖承压-潜水稳定流涌水量计算公式为：

$$H_0 - M = \frac{Q}{6\pi M}\left[\frac{1}{K_r}\ln \frac{\sqrt{\left(2H_0\right)^2 + M^2}}{\sqrt{R_z^2 + M^2}} + \frac{1}{K_z}\ln \frac{\sqrt{R_z^2 + M^2}}{\sqrt{e^{2\left(\frac{M^2\pi K}{Q} + \ln r_w\right)} + M^2}}\right] + \frac{2M}{3}\ln \frac{\sqrt{\left(2H_0\right)^2 + M^2}}{\sqrt{e^{2\left(\frac{M^2\pi K}{Q} + \ln r_w\right)} + M^2}}$$

$$\left[R_z > \sqrt{e^{2\left(\frac{M^2\pi K}{Q} + \ln r_w\right)}}\right] \tag{3-99}$$

式中：H_0——地下水头总高度(m)；

M——含水层厚度(m)；

Q——水深H_0处每延米井流量(m^3/d·m)；

K_r——岩石渗透系数(m/d)；

K_z——注浆圈渗透系数(m/d)；

K——渗透系数(m/d)；

r_w——毛洞半径(m)；

R_z——注浆圈半径(m)。

3.4.3 公式应用

针对高黎贡山隧道1号主竖井，分别采用新推导公式与勘察设计原公式计算竖井涌水量，对比结果见表3-3。

新推导公式与勘察设计原公式涌水量计算结果对比表 表3-3

含水层编号	隔水底板深度(m)	渗透系数(m/d)	含水层厚度(m)	原公式预测涌水量(m^3/d)	新推导公式预测涌水量(m^3/d)	新推导公式预测涌水量：原公式预测涌水量
1	156.25	3.53	1.75	889.1	3690.3	4.2
2	343.70	0.064	3.70	83.3	238.0	2.9
3	498.90	0.048	3.45	94.2	267.5	2.8
4	694.75	0.321	1.25	246.4	818.1	3.3
合计				1313.0	5013.9	3.8

根据计算结果，绘制涌水量对比图，如图3-10所示。

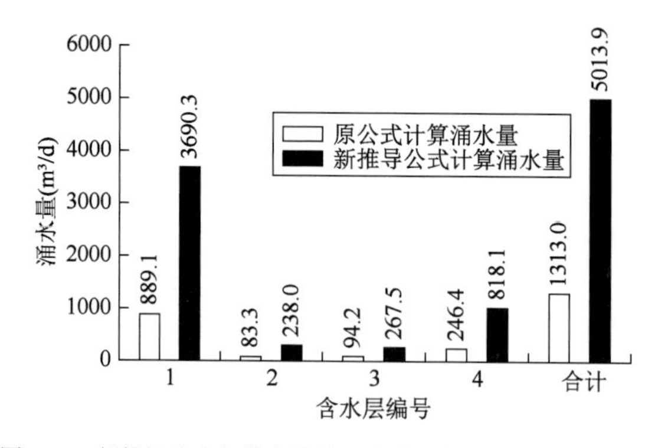

图3-10 新推导公式与勘察设计原公式涌水量计算结果对比图

从对比结果来看，新推导公式计算的涌水量为原公式计算涌水量的2.8~4.2倍，平均约3.5倍，其计算结果与实际更相符，也更趋向于安全。

3.5 基于双重孔隙理论的涌水量预测方法研究

裂隙岩体具有多相性、不连续性、各向异性的特征，与其他材料相比，裂隙岩体受结构面纵横切割，是具有一定结构面的多裂隙体，因此，裂隙岩体的力学特性和渗透特性十分复杂。

裂隙岩体中存在着大量的孔隙和裂隙，这些缺陷不但大大改变了岩体的物理和化学性质，也严重影响着岩体的渗透特性。一方面，地下水给岩体施加动水压力和静水压力，从而改变岩体的应力状态，引起岩体物理力学性质的改变；另一方面，受围岩应力作用，裂隙发生变化，从而改变了水流的运移通道，进而改变了裂隙岩体的渗透系数和渗透力。这种相互影响，称之为裂隙岩体的渗流-应力耦合作用。

裂隙岩体介质破坏的直接原因是岩体中原生节理裂隙或新生裂隙的扩展或滑移，即裂隙岩体损伤。裂隙岩体中的渗透水压力与岩体中的节理裂隙相互作用，从而改变了其原有的应力状态，导致原生节理裂隙或新生裂隙的扩展，这是引起此类岩石介质失稳破坏的主要原因。

基于双重孔隙理论的涌水量预测是通过运用渗流-应力-损伤耦合模型，构建离散裂隙网络模拟裂隙岩体的裂隙和水流状态，然后通过数值模拟预测涌水量。

3.5.1 围岩渗流-应力-损伤三场耦合

1）裂隙岩体断裂

工程上根据结构的受力方式，将裂纹分为张开型（Ⅰ型）、滑移型（Ⅱ型）、撕裂型（Ⅲ型）三种。

工程结构受到水压力作用，使得裂纹的尖端强度因子变大，从而使裂纹起裂更加容易，因此，建立一个考虑水压力的裂隙起裂判据至关重要。在水压力条件下，裂纹表面同时受到法向应力（σ）和切向应力（τ）的作用，因此，裂纹扩展应为Ⅰ-Ⅱ复合型裂纹。

根据最大周向应力理论，裂纹的延展方向为最大周向应力值的方向，在最大周向应力值达到临界应力值时发生裂纹延展。

对于Ⅰ-Ⅱ复合型裂纹，分别将Ⅰ型、Ⅱ型裂纹的尖端应力分量进行叠加，略去高阶小量，采用极坐标变化得：

$$\begin{cases}\sigma_{rr}=\dfrac{1}{2}\times\dfrac{1}{\sqrt{2\pi r}}\left[K_{\mathrm{I}}(3-\cos\theta)\cos\dfrac{\theta}{2}+K_{\mathrm{II}}(3\cos\theta-1)\sin\dfrac{\theta}{2}\right]\\ \sigma_{\theta\theta}=\dfrac{1}{2}\times\dfrac{1}{\sqrt{2\pi r}}\cos\dfrac{\theta}{2}\left[K_{\mathrm{I}}(1+\cos\theta)-3K_{\mathrm{II}}\sin\theta\right]\\ \tau_{r\theta}=\dfrac{1}{2}\times\dfrac{1}{\sqrt{2\pi r}}\cos\dfrac{\theta}{2}\left[K_{\mathrm{I}}+K_{\mathrm{II}}(3\cos\theta-1)\right]\end{cases} \tag{3-100}$$

式中：θ——裂纹断裂角度（°）。

最大轴向应力准则认为,裂纹的扩展方向为$\sigma_{\theta\theta\max}$所对应的$\theta$方向,并满足:

$$\begin{cases}\dfrac{\partial\sigma_{\theta\theta}}{\partial\theta}=0\\ \dfrac{\partial^2\sigma_{\theta\theta}}{\partial\theta^2}<0\end{cases}\tag{3-101}$$

对式(3-100)的第2式微分后得:

$$\frac{\partial\sigma_{\theta\theta}}{\partial\theta}=-\frac{3}{2}\times\frac{1}{\sqrt{2\pi r}}\cos\frac{\theta}{2}\left[K_{\mathrm{I}}\sin\theta+K_{\mathrm{II}}(3\cos\theta-1)\right]\tag{3-102}$$

$$\frac{\partial^2\sigma_{\theta\theta}}{\partial\theta^2}=\frac{3}{4}\times\frac{1}{\sqrt{2\pi r}}\left\{\frac{1}{2}\sin\frac{\theta}{2}\left[K_{\mathrm{I}}\sin\theta+K_{\mathrm{II}}(3\cos\theta-1)\right]-\cos\frac{\theta}{2}(K_{\mathrm{I}}\cos\theta-3K_{\mathrm{II}}\sin\theta)\right\}\tag{3-103}$$

将式(3-102)代入式(3-101)得:

$$\cos\frac{\theta}{2}\left[K_{\mathrm{I}}\sin\theta+K_{\mathrm{II}}(3\cos\theta-1)\right]=0\tag{3-104}$$

若$\cos\dfrac{\theta}{2}=0$,即$\theta=\pm\pi$,$\sigma_{\theta\theta}=0$。代入式(3-103)发现$\dfrac{\partial^2\sigma_{\theta\theta}}{\partial\theta^2}=0$,这与式(3-101)矛盾。所以$\theta$取决于方程:

$$K_{\mathrm{I}}\sin\theta+K_{\mathrm{II}}(3\cos\theta-1)=0\tag{3-105}$$

求此方程得:

$$\theta_0=\begin{cases}0 & K_{\mathrm{II}}=0\\ 2\arctan\dfrac{1\pm\sqrt{1+8(K_{\mathrm{II}}/K_{\mathrm{I}})^2}}{4(K_{\mathrm{II}}/K_{\mathrm{I}})} & K_{\mathrm{II}}\neq0\end{cases}\tag{3-106}$$

通过应力分析得到$\sigma_{\theta\theta}$分布图,使Ⅰ-Ⅱ复合型裂纹$\sigma_{\theta\theta}$取极大值的范围为$\theta_0\leqslant0$,即:

$$\theta_0=\begin{cases}0 & (K_{\mathrm{II}}=0)\\ 2\arctan\dfrac{1-\sqrt{1+8(K_{\mathrm{II}}/K_{\mathrm{I}})^2}}{4(K_{\mathrm{II}}/K_{\mathrm{I}})} & (K_{\mathrm{II}}\neq0)\end{cases}\tag{3-107}$$

为了验证θ_0是否满足式(3-101)的第2个条件,由式(3-105)得:

$$\frac{K_{\mathrm{I}}}{K_{\mathrm{II}}}=-\frac{3\cos\theta_0-1}{\sin\theta_0}\tag{3-108}$$

因为$K_{\mathrm{I}}/K_{\mathrm{II}}>0$,$\sin\theta<0$,即$3\cos\theta_0-1>0$,$|\theta_0|<70°32'$,所以:

$$\frac{\partial^2\sigma_{\theta\theta}}{\partial\theta^2}=-\frac{3}{4}\times\frac{K_{\mathrm{I}}\cos\dfrac{\theta}{2}}{\sqrt{2\pi r}}\times\frac{3-\cos\theta_0}{3\cos\theta_0-1}<0\tag{3-109}$$

θ_0满足要求,即:

$$\begin{cases}\sigma_{\theta\theta\max}=\dfrac{1}{2}\times\dfrac{1}{\sqrt{2\pi r}}\cos\dfrac{\theta_0}{2}\left[K_{\mathrm{I}}(1+\cos\theta_0)-3K_{\mathrm{II}}\sin\theta_0\right]\\ \theta_0=2\arctan\dfrac{1-\sqrt{1+8(K_{\mathrm{II}}/K_{\mathrm{I}})^2}}{4(K_{\mathrm{II}}/K_{\mathrm{I}})}\quad K_{\mathrm{II}}\neq0\end{cases}\tag{3-110}$$

由最大周向应力可知断裂判据为：

$$\sigma_{\theta\theta\max}=\sigma_{\theta\theta c} \tag{3-111}$$

对于Ⅰ-Ⅱ复合型裂纹，一般采用等效Ⅰ型裂纹进行分析，即$K_{\mathrm{I}}=K_{\mathrm{Ic}}$，$K_{\mathrm{II}}=0$，$\theta_0=0$，代入式(3-110)的第2式得：

$$\sigma_{\theta\theta c}=\frac{K_{\mathrm{Ic}}}{\sqrt{2\pi r}} \tag{3-112}$$

代入式(3-110)得：

$$\begin{cases}K_{\mathrm{Ic}}=\dfrac{1}{2}\cos\dfrac{\theta_0}{2}\cdot\left[K_{\mathrm{I}}(1+\cos\theta_0)-3K_{\mathrm{II}}\sin\theta_0\right]\\ \theta_0=2\arctan\dfrac{1-\sqrt{1+8(K_{\mathrm{II}}/K_{\mathrm{I}})^2}}{4(K_{\mathrm{II}}/K_{\mathrm{I}})}K_{\mathrm{II}}\neq0\end{cases} \tag{3-113}$$

将Ⅰ-Ⅱ复合型裂纹看成无限大岩体内的一个深埋三维裂纹，其尖端强度因子为：

$$\begin{cases}K_{\mathrm{I}}=\dfrac{2\sqrt{\pi r}}{\pi}\sigma\\ K_{\mathrm{II}}=\dfrac{2\sqrt{\pi r}}{\pi}\tau\end{cases} \tag{3-114}$$

即：

$$\begin{cases}K_{\mathrm{I}}=\dfrac{2\sqrt{\pi r}}{\pi}\left(\dfrac{\sigma_1+\sigma_3}{2}-\dfrac{\sigma_1-\sigma_3}{2}\cos2\alpha-P_{\mathrm{f}}\right)\\ K_{\mathrm{II}}=\dfrac{2\sqrt{\pi r}}{\pi}\left[\dfrac{\sigma_1-\sigma_3}{2}\sin2\alpha-(\sigma-P_{\mathrm{f}})\tan\varphi-c\right]\end{cases} \tag{3-115}$$

综上所述，Ⅰ-Ⅱ复合型裂纹断裂判据为：

$$\begin{cases}K_{\mathrm{Ic}}=\dfrac{1}{2}\times\cos\dfrac{\theta_0}{2}\left[K_{\mathrm{I}}(1+\cos\theta_0)-3K_{\mathrm{II}}\sin\theta_0\right]\\ \theta_0=2\arctan\dfrac{1-\sqrt{1+8(K_{\mathrm{II}}/K_{\mathrm{I}})^2}}{4(K_{\mathrm{II}}/K_{\mathrm{I}})}\quad(K_{\mathrm{II}}\neq0)\\ K_{\mathrm{I}}=\dfrac{2\sqrt{\pi r}}{\pi}\left(\dfrac{\sigma_1+\sigma_3}{2}-\dfrac{\sigma_1-\sigma_3}{2}\cos2\alpha-P_{\mathrm{f}}\right)\\ K_{\mathrm{II}}=\dfrac{2\sqrt{\pi r}}{\pi}\left[\dfrac{\sigma_1-\sigma_3}{2}\sin2\alpha-(\sigma-P_{\mathrm{f}})\tan\varphi-c\right]\\ \sigma=\dfrac{\sigma_1+\sigma_3}{2}-\dfrac{\sigma_1-\sigma_3}{2}\cos2\alpha\end{cases} \tag{3-116}$$

式中：K_{Ic}——Ⅰ型裂纹断裂韧度；

K_{I}——Ⅰ型裂纹应力强度因子；

K_{II}——Ⅱ型裂纹应力强度因子；

θ_0——起裂角(°)，小于70°32′；

r——裂纹扩展半径(m)；

α——裂隙面与最大主应力的夹角(°)；

φ——内摩擦角(°);

c——黏聚力(MPa);

σ_1——最大主应力(MPa);

σ_3——最小主应力(MPa);

P_f——地层压力(MPa)。

2)裂纹扩展

裂纹扩展过程中裂纹尖端强度因子与起裂判据并不一致,基于假设,将翼裂纹与原生裂隙采用 $2L$ 长度的直裂隙代替,如图 3-11 所示。

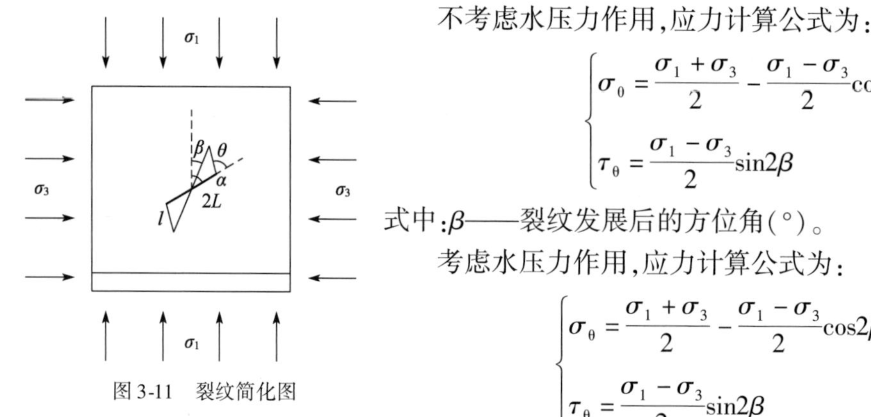

图 3-11 裂纹简化图

不考虑水压力作用,应力计算公式为:

$$\begin{cases} \sigma_0 = \dfrac{\sigma_1 + \sigma_3}{2} - \dfrac{\sigma_1 - \sigma_3}{2}\cos 2\beta \\ \tau_\theta = \dfrac{\sigma_1 - \sigma_3}{2}\sin 2\beta \end{cases} \tag{3-117}$$

式中:β——裂纹发展后的方位角(°)。

考虑水压力作用,应力计算公式为:

$$\begin{cases} \sigma_\theta = \dfrac{\sigma_1 + \sigma_3}{2} - \dfrac{\sigma_1 - \sigma_3}{2}\cos 2\beta - P_w \\ \tau_\theta = \dfrac{\sigma_1 - \sigma_3}{2}\sin 2\beta \end{cases} \tag{3-118}$$

式中:P_w——水压力(MPa)。

由图 3-11 可知:

$$L = \sqrt{l^2 + a^2 + 2al\cos\theta} \tag{3-119}$$

式中:L——裂隙一半长度(m);

l——翼裂隙长度(m);

a——主裂隙长度(m)。

裂纹扩展判据为:

$$\begin{cases} K_{\mathrm{Ic}} = \dfrac{1}{2}\cos\dfrac{\theta_0}{2}\left[K_{\mathrm{I}}(1 + \cos\theta_0) - 3K_{\mathrm{II}}\sin\theta_0\right] \\ \theta_0 = 2\arctan\dfrac{1 - \sqrt{1 + 8(K_{\mathrm{II}}/K_{\mathrm{I}})^2}}{4(K_{\mathrm{II}}/K_{\mathrm{I}})} K_{\mathrm{II}} \neq 0 \\ K_{\mathrm{I}} = \left(\dfrac{\sigma_1 + \sigma_3}{2} - \dfrac{\sigma_1 - \sigma_3}{2}\cos 2\beta - P_w\right)\sqrt{\pi L} \\ K_{\mathrm{II}} = \dfrac{\sigma_1 - \sigma_3}{2}\sin 2\beta\sqrt{\pi L} \\ L = \sqrt{l^2 + a^2 + 2al\cos\theta} \end{cases} \tag{3-120}$$

3)渗流-应力耦合

裂隙岩体由岩石裂隙介质和岩块孔隙介质组成,裂隙介质导水、孔隙介质储水,采用狭义双重空隙介质模型进行分析研究,可做如下假设:

①水是不可以压缩的,岩块能够压缩。

②岩体与裂隙之间的水力交换是单向不可逆的,水只能从岩体向裂隙流动,为饱和水。

③岩块介质内孔隙均匀分布,水的流动为各向同性。

④岩石裂隙介质渗透率较大、孔隙率较小,岩块孔隙介质渗透率较小、孔隙率较大。

⑤裂隙岩体内水流速度较慢,符合达西流动规律。

对于狭义双重空隙介质模型,有如下关系:

(1)运动方程

$$\begin{cases}\vec{v}_{\mathrm{f}} = -\dfrac{1}{\mu}k_{\mathrm{f}}\nabla P_{\mathrm{f}} \\ \vec{v}_{\mathrm{m}} = -\dfrac{1}{\mu}k_{\mathrm{m}}\nabla P_{\mathrm{m}}\end{cases} \tag{3-121}$$

式中:$\vec{v}_{\mathrm{f}}$——裂隙的渗流速度(m/s);

k_{f}——裂隙的渗流系数;

∇P_{f}——裂隙的水力梯度(MPa/m);

$\vec{v}_{\mathrm{m}}$——孔隙的渗流速度(m/s);

k_{m}——孔隙的渗流系数;

∇P_{m}——孔隙的水力梯度(MPa/m);

μ——流体黏度。

(2)窜流方程

$$q = \frac{\alpha\rho\, k_{\mathrm{m}}}{\mu}(P_{\mathrm{m}} - P_{\mathrm{f}}) \tag{3-122}$$

式中:q——流量($\mathrm{m^3/d}$);

ρ——流体密度($\mathrm{kg/m^3}$);

α——流动系数或窜流系数;

P_{f}——裂隙的压力(MPa);

P_{m}——孔隙的压力(MPa)。

(3)状态方程

$$\begin{cases}\varphi_{\mathrm{f}} = \varphi_{\mathrm{f0}} + c_{\varphi\mathrm{f}}(P_{\mathrm{f}} - P_i) \\ \varphi_{\mathrm{m}} = \varphi_{\mathrm{m0}} + c_{\varphi\mathrm{m}}(P_{\mathrm{m}} - P_i)\end{cases} \tag{3-123}$$

式中:φ_{f}——裂隙的孔隙度,为裂隙体积与总体积比值;

φ_{f0}——裂隙的初始孔隙度;

φ_{m}——孔隙的孔隙度,为孔隙体积与总体积比值;

φ_{m0}——孔隙的初始孔隙度;

$c_{\varphi\mathrm{f}}$——裂隙的压缩系数;

$c_{\varphi\mathrm{m}}$——孔隙的压缩系数;

P_i——任意一点 i 的压力(MPa)。

考虑水的不可压缩性,计算公式为:

$$\begin{cases}\varphi_{\mathrm{f}}\rho=\varphi_{\mathrm{f0}}\rho\left[1+\dfrac{c_{\varphi\mathrm{f}}}{\varphi_{\mathrm{f0}}}(P_{\mathrm{f}}-P_{i})\right]\\ \varphi_{\mathrm{m}}\rho=\varphi_{\mathrm{m0}}\rho\left[1+\dfrac{c_{\varphi\mathrm{m}}}{\varphi_{\mathrm{m0}}}(P_{\mathrm{m}}-P_{i})\right]\end{cases}\tag{3-124}$$

对时间求偏微分得：

$$\begin{cases}\dfrac{\partial\varphi_{\mathrm{f}}\rho}{\partial t}=\varphi_{\mathrm{f0}}\rho\dfrac{c_{\varphi\mathrm{f}}}{\varphi_{\mathrm{f0}}}\dfrac{\partial P_{\mathrm{f}}}{\partial t}=\rho\, c_{\varphi\mathrm{f}}\dfrac{\partial P_{\mathrm{f}}}{\partial t}\\ \dfrac{\partial\varphi_{\mathrm{m}}\rho}{\partial t}=\varphi_{\mathrm{m0}}\rho\dfrac{c_{\varphi\mathrm{m}}}{\varphi_{\mathrm{m0}}}\dfrac{\partial P_{\mathrm{m}}}{\partial t}=\rho\, c_{\varphi\mathrm{m}}\dfrac{\partial P_{\mathrm{m}}}{\partial t}\end{cases}\tag{3-125}$$

(4)连续方程

$$\begin{cases}\dfrac{\partial(\varphi_{\mathrm{f}}\rho)}{\partial t}+\mathrm{div}(\rho\,\vec{v}_{\mathrm{f}})-q=0\\ \dfrac{\partial(\varphi_{\mathrm{m}}\rho)}{\partial t}+\mathrm{div}(\rho\,\vec{v}_{\mathrm{m}})+q=0\end{cases}\tag{3-126}$$

对于各向同性介质,对流项可以化简为：

$$\begin{cases}\mathrm{div}(\rho\,\vec{v}_{\mathrm{f}})=-\dfrac{k_{\mathrm{f}}}{\mu}\rho\,\mathrm{div}(\mathrm{grad}\,P_{\mathrm{f}})\\ \mathrm{div}(\rho\,\vec{v}_{\mathrm{m}})=-\dfrac{k_{\mathrm{m}}}{\mu}\rho\,\mathrm{div}(\mathrm{grad}\,P_{\mathrm{m}})\end{cases}\tag{3-127}$$

由质量守恒定律和达西定律得：

$$\mathrm{div}\,\vec{v}_{\mathrm{m}}=\frac{\partial^2 v_x}{\partial x^2}+\frac{\partial^2 v_y}{\partial y^2}+\frac{\partial^2 v_z}{\partial z^2}=0\tag{3-128}$$

即：

$$\begin{cases}c_{\varphi\mathrm{f}}\dfrac{\partial P_{\mathrm{f}}}{\partial t}-\dfrac{k_{\mathrm{f}}}{\mu}\mathrm{div}(\mathrm{grad}\,P_{\mathrm{f}})=\dfrac{\alpha\,k_{\mathrm{m}}}{\mu}(P_{\mathrm{m}}-P_{\mathrm{f}})\\ c_{\varphi\mathrm{m}}\dfrac{\partial P_{\mathrm{m}}}{\partial t}=-\dfrac{\alpha\,k_{\mathrm{m}}}{\mu}(P_{\mathrm{m}}-P_{\mathrm{f}})\end{cases}\tag{3-129}$$

因$\boldsymbol{\Phi}_{\mathrm{f}}\ll\boldsymbol{\Phi}_{\mathrm{m}}$、$c_{\Phi\mathrm{f}}\ll c_{\Phi\mathrm{m}}$,所以公式可简化为：

$$\begin{cases}\dfrac{k_{\mathrm{f}}}{\mu}\mathrm{div}(\mathrm{grad}\,P_{\mathrm{f}})=-\dfrac{\alpha\,k_{\mathrm{m}}}{\mu}(P_{\mathrm{m}}-P_{\mathrm{f}})\\ c_{\varphi\mathrm{m}}\dfrac{\partial P_{\mathrm{m}}}{\partial t}=-\dfrac{\alpha\,k_{\mathrm{m}}}{\mu}(P_{\mathrm{m}}-P_{\mathrm{f}})\end{cases}\tag{3-130}$$

对上式的第1式微分得：

$$\frac{k_{\mathrm{f}}}{\mu}\frac{\partial}{\partial t}[\mathrm{div}(\mathrm{grad}\,P_{\mathrm{f}})]=-\frac{\alpha\,k_{\mathrm{m}}}{\mu}\left(\frac{\partial P_{\mathrm{m}}}{\partial t}-\frac{\partial P_{\mathrm{f}}}{\partial t}\right)\tag{3-131}$$

即：

$$\frac{\partial P_{\mathrm{m}}}{\partial t}=-\frac{k_{\mathrm{f}}}{\alpha\,k_{\mathrm{m}}}\frac{\partial}{\partial t}[\mathrm{div}(\mathrm{grad}\,P_{\mathrm{f}})]+\frac{\partial P_{\mathrm{f}}}{\partial t}\tag{3-132}$$

联立式(3-130)和式(3-132)得：

$$c_{\varphi m}\frac{\partial P_f}{\partial t}-\operatorname{div}\left[\frac{k_f}{\mu}(\operatorname{grad}P_f)+\frac{k_f}{\alpha k_m}c_{\varphi m}\frac{\partial(\operatorname{grad}P_f)}{\partial t}\right]=0 \tag{3-133}$$

则双重介质的单相渗流方程为：

$$\begin{cases}c_{\varphi f}\dfrac{\partial P_f}{\partial t}-\dfrac{k_f}{\mu}[\operatorname{div}(\operatorname{grad}P_f)]=\dfrac{\alpha k_m}{\mu}(P_m-P_f)\\ c_{\varphi m}\dfrac{\partial P_f}{\partial t}-\operatorname{div}\left[\dfrac{k_f}{\mu}(\operatorname{grad}P_f)+\dfrac{k_f}{\alpha k_m}c_{\varphi m}\dfrac{\partial(\operatorname{grad}P_f)}{\partial t}\right]=0\end{cases} \tag{3-134}$$

Warren-Root 给出了 α 的计算式：

$$\alpha=\frac{4n(n+2)}{L^2} \tag{3-135}$$

式中：n——正交裂缝组数，取整数；

L——岩块的特征长度(m)。

Kazemi 给出了 α 的计算式：

$$\alpha=4\left(\frac{1}{L_x^2}+\frac{1}{L_y^2}+\frac{1}{L_z^2}\right) \tag{3-136}$$

式中：L_x、L_y、L_z——基质岩石在 X、Y、Z 方向上的长度(m)。

受应力场的变化影响，裂隙的渗透系数和孔隙率会不断变化，有学者提出渗透系数、孔隙率与裂隙面所受的有效应力呈指数关系：

$$\begin{cases}k_f=\dfrac{\rho g\lambda\ b_0^2}{\mu}e^{-\alpha(\sigma-P_f)}\\ n_f=n_0e^{-\alpha(\sigma-P_f)}\end{cases} \tag{3-137}$$

所以裂隙渗流-应力耦合方程为：

$$\begin{cases}c_{\varphi f}\dfrac{\partial P_f}{\partial t}-\dfrac{k_f}{\mu}[\operatorname{div}(\operatorname{grad}P_f)]=\dfrac{\alpha k_m}{\mu}(P_m-P_f)\\ c_{\varphi m}\dfrac{\partial P_f}{\partial t}-\operatorname{div}\left[\dfrac{k_f}{\mu}(\operatorname{grad}P_f)+\dfrac{k_f}{\alpha k_m}c_{\varphi m}\dfrac{\partial(\operatorname{grad}P_f)}{\partial t}\right]=0\\ k_f=\dfrac{\rho g\lambda\ b_0^2}{\mu}e^{-\alpha(\sigma-P_f)}\\ n_f=n_0e^{-\alpha(\sigma-P_f)}\end{cases} \tag{3-138}$$

需要注意的是，FLAC3D 对于裂隙位移是从实体单元角度考虑的，从应变推导应力，若简单考虑单元体的压缩，不能正确反映裂隙面的实际位移。同样，裂隙面上所受到的正应力存在误差，因此应根据实际裂隙面位移情况对正应力进行修正。裂隙在法向应力与切向应力作用下，裂隙面(单面)产生的张开位移与切向位移如下：

$$
\begin{cases}
u_x = \dfrac{4(1-v^2)\rho g\, J_{\mathrm{frx}}}{\pi E(2-v)}\cos\delta\displaystyle\int_0^{\frac{\pi}{2}}\sqrt{1-\frac{R^2}{r^2}\sin^2\alpha\, d_\alpha} \\
u_y = \dfrac{4(1-v^2)\rho g\, J_{\mathrm{fry}}}{\pi E(2-v)}\sin\delta\displaystyle\int_0^{\frac{\pi}{2}}\sqrt{1-\frac{R^2}{r^2}\sin^2\alpha\, d_\alpha\, d_\alpha} \\
u_z = \dfrac{4(1-v^2)\rho g(H+\Delta H)r}{\pi E}\sin\delta\displaystyle\int_0^{\frac{\pi}{2}}\sqrt{1-\frac{R^2}{r^2}\sin^2\alpha\, d_\alpha}
\end{cases}
\tag{3-139}
$$

式中：δ——裂隙面与 X 轴的夹角(°)；

ΔH——速度水头(m)。

不考虑裂隙之间的相互作用,仅考虑裂隙面上的位移,不对裂隙压力造成的远处岩体位移进行修正。裂隙受到静水压以及动水压作用下,裂隙面上不同位置的位移是不一样的,一般认为圆心处位移最大,圆周处位移最小。通过简化,为了工程安全,考虑极限变形形态,裂隙面取最大位移值,为：

$$
\begin{cases}
u_x = \dfrac{2(1-v^2)\rho g\, J_{\mathrm{frx}}}{E(2-v)}\cos\delta \\
u_y = \dfrac{2(1-v^2)\rho g\, J_{\mathrm{fry}}}{E(2-v)}\sin\delta \\
u_z = \dfrac{2(1-v^2)\rho g(H+\Delta H)r}{E}
\end{cases}
\tag{3-140}
$$

假设裂隙呈圆盘状,以圆盘中心为坐标原点建立直角坐标系,裂隙面的法向方向为 Z 轴,裂隙走向为 X 轴,倾向为 Y 轴。采用相机坐标系与世界坐标系之间的转换关系进行三轴坐标转换,认为裂隙倾角为 α,裂隙倾向方位角为 β,全局坐标系与局部坐标系的关系为：

$$
\begin{cases}
x' = x\cos\beta - y\cos\alpha\sin\beta + z\sin\alpha\sin\beta \\
y' = x\sin\beta + y\cos\alpha\cos\beta - z\sin\alpha\cos\beta \\
z' = y\sin\alpha + z\cos\alpha
\end{cases}
\tag{3-141}
$$

对裂隙面的位移进行分解：

$$
\begin{cases}
\Delta u_{zx} = \dfrac{\Delta b}{2}\sin\alpha\sin\beta \\
\Delta u_{xx} = \Delta u_x\cos\beta \\
\Delta u_{yx} = -\Delta u_y\cos\alpha\sin\beta \\
\Delta u_{zy} = -\dfrac{\Delta b}{2}\sin\alpha\cos\beta \\
\Delta u_{xy} = \Delta u_x\sin\beta \\
\Delta u_{yy} = \Delta u_y\cos\alpha\cos\beta
\end{cases}
$$

$$\begin{cases}\Delta u_{zz}=\dfrac{\Delta b}{2}\cos\alpha\\ \Delta u_{xz}=0\\ \Delta u_{yz}=\Delta u_{y}\sin\alpha\end{cases}\tag{3-142}$$

在渗流-应力耦合条件下,裂隙面上的任意一点的位移为:

$$\begin{cases}\Delta x=\Delta u_{xx}+\Delta u_{yx}+\Delta u_{zx}=\Delta u_{x}\cos\beta-\Delta u_{y}\cos\alpha\sin\beta+\dfrac{\Delta b}{2}\sin\alpha\sin\beta\\ \Delta y=\Delta u_{xy}+\Delta u_{yy}+\Delta u_{zy}=\Delta u_{x}\sin\beta+\Delta u_{y}\cos\alpha\cos\beta-\dfrac{\Delta b}{2}\sin\alpha\cos\beta\\ \Delta z=\Delta u_{xz}+\Delta u_{yz}+\Delta u_{zz}=\Delta u_{y}\sin\alpha+\dfrac{\Delta b}{2}\cos\alpha\end{cases}\tag{3-143}$$

即:

$$\begin{bmatrix}\Delta x\\ \Delta y\\ \Delta z\end{bmatrix}=\begin{bmatrix}\Delta u_{x}\\ \Delta u_{y}\\ \Delta u_{z}\end{bmatrix}\begin{bmatrix}\cos\beta & -\cos\alpha\sin\beta & \sin\alpha\sin\beta\\ \sin\beta & \cos\alpha\cos\beta & -\sin\alpha\cos\beta\\ 0 & \sin\alpha & \cos\alpha\end{bmatrix}\tag{3-144}$$

采用式(3-142)对 FLAC3D 裂隙面节点位移进行修正。

4)渗流-损伤耦合

隧道开挖扰动会使岩体周围应力场发生变化,裂隙内部损伤会随着开挖的进行逐渐增大。裂隙损伤不但改变了岩体的力学参数,同时还影响着岩体的渗透性。同样,岩体渗透性的改变会影响流体场的变化,从而影响力学场的变化,使得岩体损伤发生变化。

岩体损伤是一个过程,在这个过程中岩体渗透系数是变化的,可将岩体损伤过程中的渗透系数定义为岩体动态渗透系数,岩体损伤对岩体动态渗透系数的影响关系为:

$$K_{\mathrm{d}}=\xi K_{0}\tag{3-145}$$

式中:K_{d}——岩体损伤后的渗透系数,即岩体动态渗透系数;

K_{0}——初始渗透系数;

ξ——渗透系数突跃系数。

岩体渗透系数突跃系数与损伤变量有关,一般情况下取值为:

$$\xi=\begin{cases}1 & (D=0)\\ 10 & (0<D<1)\\ 10^{4} & (D=1)\end{cases}\tag{3-146}$$

式中:D——损伤变量。

考虑损伤效应的岩体本构模型计算公式为:

$$\varepsilon=\frac{\sigma}{E}=\frac{\sigma}{(1-D)E_{0}}\tag{3-147}$$

式中:ε——岩体应变;

σ——岩体抗压强度(MPa);

E——岩体弹性模量(MPa);

E_{0}——岩体初始弹性模量(MPa);

D——损伤变量，取值在[0,1]之间。

对于损伤变量的计算，采用 M-C 准则进行岩体拉剪状态判断。

在单元剪切应力达到 M-C 的损伤阈值时，计算公式为：

$$F=\sigma_1-\sigma_3\frac{1+\sin\varphi}{1-\sin\varphi}\geqslant f_c \tag{3-148}$$

式中：σ_1——最大主应力(MPa)；

σ_3——最小主应力(MPa)；

φ——内摩擦角(°)；

f_c——岩体单轴抗压强度(MPa)。

此时的损伤变量值为：

$$D=\begin{cases}0 & (\bar{\varepsilon}\leqslant\varepsilon_{t0})\\ 1-\dfrac{\sigma_i}{E_0\bar{\varepsilon}} & (\varepsilon_{t0}<\bar{\varepsilon}\leqslant\varepsilon_{tu})\end{cases} \tag{3-149}$$

式中：σ_i——残余损伤强度(MPa)。

当岩体抗拉强度达到岩体损伤阈值时，即：

$$-f_t\geqslant\sigma_3 \tag{3-150}$$

此时损伤变量为：

$$D=\begin{cases}0 & (\bar{\varepsilon}\leqslant\varepsilon_{t0})\\ 1-\dfrac{\sigma_i}{E_0\bar{\varepsilon}} & (\varepsilon_{t0}<\bar{\varepsilon}\leqslant\varepsilon_{tu})\\ 1 & (\bar{\varepsilon}>\varepsilon_{tu})\end{cases} \tag{3-151}$$

因此，渗流-损伤耦合方程为：

$$K_d=\begin{cases}K_0 & E=E_0 & D=0\\ 10\,K_0 & E=(1-D)E_0 & 0<D<1\\ 10^4K_0 & E=0 & D=1\end{cases} \tag{3-152}$$

5）渗流-应力-损伤耦合

综合上述研究成果，渗流-应力-损伤耦合方程为：

$$\begin{cases}c_{\varphi f}\dfrac{\partial P_f}{\partial t}-\dfrac{k_f}{\mu}[\mathrm{div}(\mathrm{grad}\,P_f)]=\dfrac{\alpha\,k_m}{\mu}(P_m-P_f)\\ c_{\varphi m}\dfrac{\partial P_f}{\partial t}-\mathrm{div}\left[\dfrac{k_f}{\mu}(\mathrm{grad}\,P_f)+\dfrac{k_f}{\alpha\,k_m}c_{\varphi m}\dfrac{\partial(\mathrm{grad}\,P_f)}{\partial t}\right]=0\\ k_f=\dfrac{\rho g\lambda\,b_0^2}{\mu}\mathrm{e}^{-\alpha(\sigma-P_f)}\\ n_f=n_0\mathrm{e}^{-\alpha(\sigma-P_f)}\\ K_d=K_0,E=E_0\quad(D=0)\\ K_d=10\,K_0,E=(1-D)E_0\quad(0<D<1)\\ K_d=10^4K_0,E=0\quad(D=1)\end{cases} \tag{3-153}$$

此时损伤变量为：

$$D=\begin{cases}0 & (\bar{\varepsilon}\leqslant\varepsilon_{\mathrm{t0}})\\ 1-\dfrac{\sigma_i}{E_0\bar{\varepsilon}} & (\varepsilon_{\mathrm{t0}}<\bar{\varepsilon}\leqslant\varepsilon_{\mathrm{tu}})\\ 1 & (\bar{\varepsilon}>\varepsilon_{\mathrm{tu}})\end{cases}\tag{3-154}$$

3.5.2　FLAC3D 6.0 平台开发

1)基本理论

开发基于 FLAC3D 5.01 平台,利用 FLAC3D 强大差分计算、离散、阻尼原理,实现二次开发。因为 FLAC3D 内置语言与理论有差异,所以基于 Fish 语言对提出的渗流-应力-损伤耦合方程进行修正,使其能够适用于 FLAC3D。

在 FLAC3D 内流体的质量平衡方程为：

$$q_{\mathrm{v}}-q_{\mathrm{i}}=\frac{\partial\xi}{\partial t}\tag{3-155}$$

式中：q_{v}——流体体积源强度；

q_{i}——比流量[$\mathrm{m^3/(s\cdot m)}$]；

ξ——多孔材料每单位体积中流体含量的变化或流体体积的变化。

连续性方程为：

$$\frac{1}{M}\frac{\partial p}{\partial t}+\frac{n}{s}\frac{\partial s}{\partial t}=\frac{1}{s}\frac{\partial\xi}{\partial t}-\alpha_{\mathrm{b}}\frac{\partial\varepsilon}{\partial t}+\beta\frac{\partial T}{\partial t}\tag{3-156}$$

联立上式,忽略温度影响,认为是饱和渗流,得：

$$\frac{\partial p}{\partial t}=M\left(q_{\mathrm{v}}-q_{\mathrm{i}}-\alpha_{\mathrm{b}}\frac{\partial_{\varepsilon}}{\partial_{\mathrm{t}}}\right)\tag{3-157}$$

式中：M——比奥模量(MPa)；

ε——体积应变；

α_{b}——比奥系数。

需要注意的是,FLAC3D 内的裂隙是采用实体单元模拟的,因此,裂隙面上节点的位移,实际上是通过裂隙单元在力的作用下根据本构方程计算得到的应力,再通过虚功原理计算得到速度与应变。这与实际的裂隙面位移是不符的,因此需要修正,此处采用相机坐标系与世界坐标系的转换进行计算。对于裂隙面上的节点进行位移替换,替换位移为：

$$\begin{cases}x=x_0+\Delta x\\ y=y_0+\Delta y\\ z=z_0+\Delta z\end{cases}\tag{3-158}$$

2)FLAC3D6.0 安装包

FLAC3D6.0 安装包自带本构二次开发插件,因此基于此插件进行 C++ 二次开发将十分方便。因为高黎贡山隧道竖井地层为陡倾裂隙,其倾角接近 90°,采用 Fish 编程的计算量太大,所以将裂纹断裂判据融入本构模型中将极大地节省计算量,基于 C++ 插件可以将计算速度提高至 FLAC3D 同一运行量级。认为在达到岩体断裂韧度时,岩体发生损伤,应力与强度均降低。

采用陈育民、王涛等建议的方法,基于 visual studio 2010 软件进行二次开发,生成. dll 文件并放于 FLAC3D 的 CMODEL 文件夹中,如图 3-12 所示。

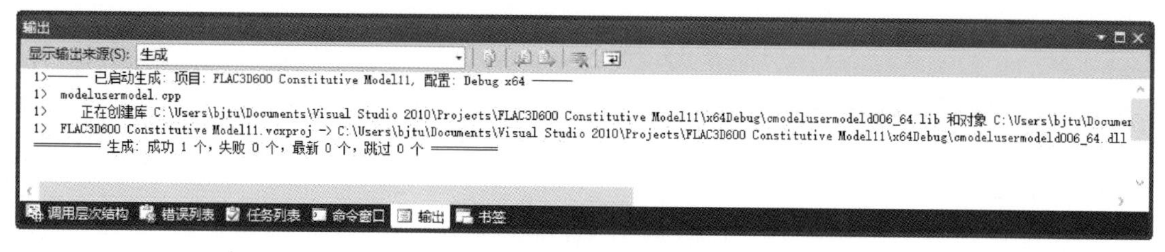

图 3-12 .dll 文件生成图

3)岩体弹脆性损伤本构

对于岩石、陶瓷、混凝土等材料,莫尔-库仑等本构模型不再适用,考虑弹脆性特征,采用弹脆性本构,其一维图形如图 3-13 所示。

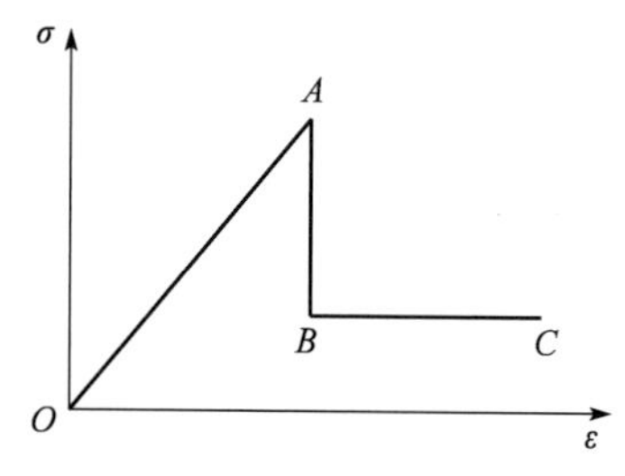

图 3-13 弹脆性本构应力-应变曲线

裂纹断裂后,便会产生损伤效应。当单元发生拉伸破坏后,其力学参数会弱化,从而对周围单元造成影响,使得周围单元状态受到影响,发生破坏后形成裂纹。这样能有效模拟出裂隙岩体等各向异性介质的破坏过程,将复杂过程简单化。

根据 Mazars 提出的方法,对于三维状态下的损伤可以采用等效应变来表示$\overline{\varepsilon}$:

$$\overline{\varepsilon} = \sqrt{\varepsilon_1^2 + \varepsilon_2^2 + \varepsilon_3^2} \tag{3-159}$$

剪切破坏损伤变量:

$$D = \begin{cases} 0 & (\overline{\varepsilon} \leqslant \varepsilon_{t0}) \\ 1 - \dfrac{\sigma_i}{E_0 \overline{\varepsilon}} & (\varepsilon_{t0} < \overline{\varepsilon} \leqslant \varepsilon_{ju}) \end{cases} \tag{3-160}$$

拉伸破坏本构方程:

$$\sigma_{ij} = \begin{cases} 2G\,\varepsilon_{ij} + \lambda\,\delta_{ij}\varepsilon_{kk} & (\overline{\varepsilon} \leqslant \varepsilon_{t0}) \\ \dfrac{\sigma_i}{\varepsilon E_0'}(2G\,\varepsilon_{ij} + \lambda\,\delta_{ij}\varepsilon_{kk}) & (\varepsilon_{t0} < \overline{\varepsilon} \leqslant \varepsilon_{tu}) \\ 0 & (\overline{\varepsilon} > \varepsilon_{tu}) \end{cases} \tag{3-161}$$

拉伸破坏损伤变量:

$$D = \begin{cases} 0 & (\overline{\varepsilon} \leqslant \varepsilon_{t0}) \\ 1 - \dfrac{\sigma_i}{E_0 \overline{\varepsilon}} & (\varepsilon_{t0} < \overline{\varepsilon} \leqslant \varepsilon_{tu}) \\ 1 & (\overline{\varepsilon} > \varepsilon_{tu}) \end{cases} \tag{3-162}$$

式中:σ_i——残余损伤强度(MPa);

ε_{t0}——损伤阈值,即起裂判据达到断裂韧度;

ε_{ju}——极限剪切应变；

ε_{tu}——极限拉伸应变。

以上本构可以退化验证至莫尔-库仑本构，在以C++平台引入断裂判据的基础上，基于Fish语言判断岩体破坏状态以及循环遍历赋值来模拟岩体弹脆性损伤破坏特性，这种以材料参数弱化来模拟损伤的方法已有文献验证。

4）模型建立

利用已有文献进行对比，分别建立两种模型：

（1）15°裂隙岩体模型：模型尺寸为100cm×1cm×50cm，预制单裂隙，以空单元表示，长度24cm，张开度2cm，倾角15°。

（2）30°裂隙岩体模型：模型尺寸为100cm×1cm×50cm，预制单裂隙，以空单元表示，长度24cm，张开度2cm，倾角30°。

利用FLAC3D及MIDAS交叉建模，如图3-14所示。

边界条件：上下边界采用位移加载，加载速率5×10^{-8}m/s，左、右、前、后为自由面。

验证模型材料参数见表3-4。

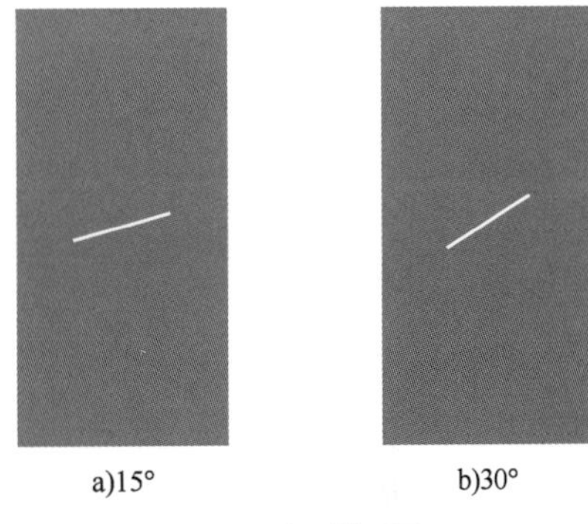

图3-14　验证模型图

验证模型材料参数表　　表3-4

参数名称	弹性模量（GPa）	泊松比	黏聚力（MPa）	内摩擦角（°）	抗拉强度（MPa）	体积模量（GPa）	剪切模量（GPa）
参数值	0.15	0.25	2	45	1	0.1	0.06

已有文献对比了莫尔-库仑本构、应变软化本构在裂隙岩体单轴压缩模拟过程中的不同。文中在弹脆性损伤本构基础上引入断裂判据，从而能够更详细地描述裂隙岩体的损伤特性。针对以上不同本构的适用性，采用文献单轴压缩模型进行分析，不同颜色表示的单元状态对比结果如图3-15所示。

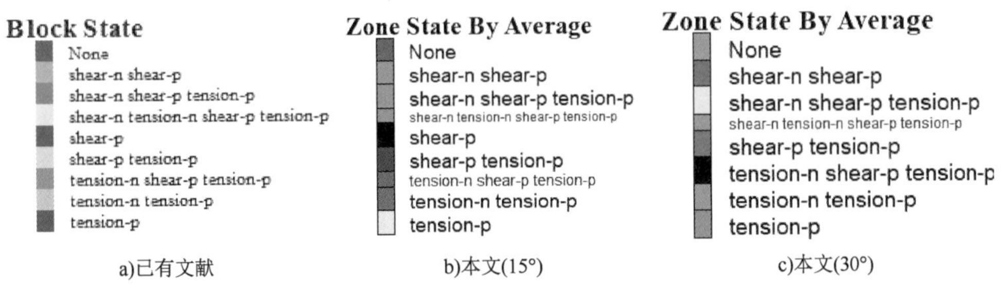

图3-15　不同颜色表示的单元状态对比图

5）模拟计算

15°裂隙岩体模型单轴压缩对比如图3-16所示。

30°裂隙岩体模型单轴压缩对比如图3-17所示。

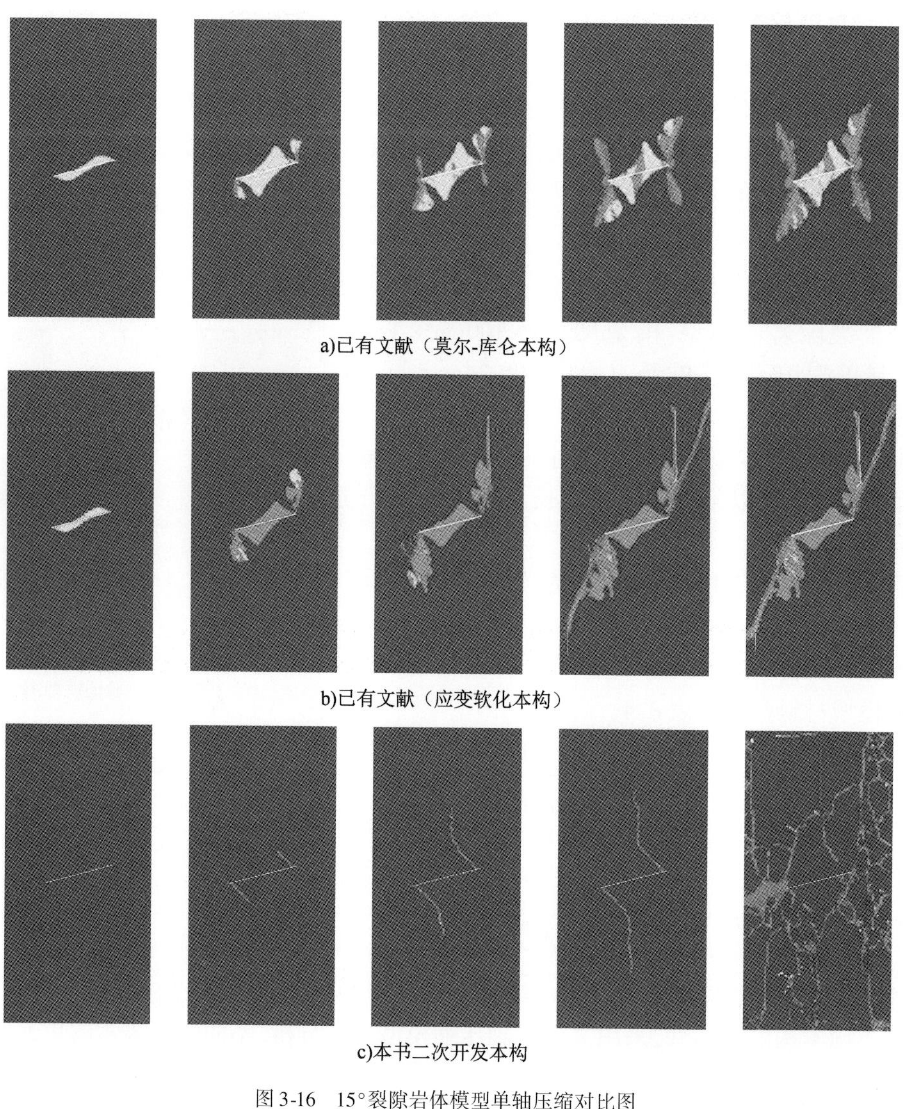

a)已有文献（莫尔-库仑本构）

b)已有文献（应变软化本构）

c)本书二次开发本构

图 3-16　15°裂隙岩体模型单轴压缩对比图

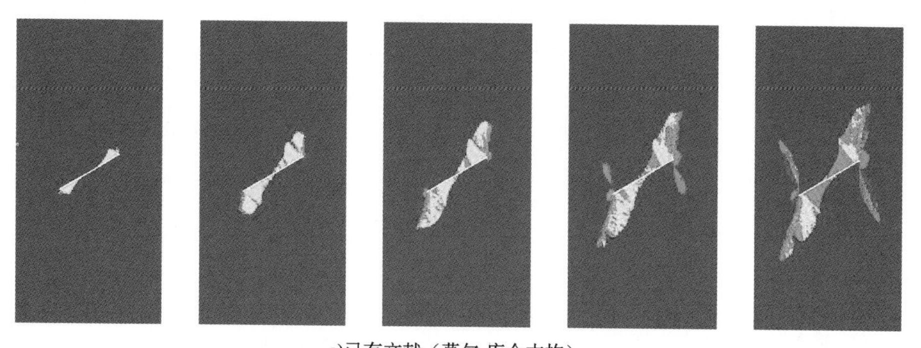

a)已有文献（莫尔-库仑本构）

图　3-17

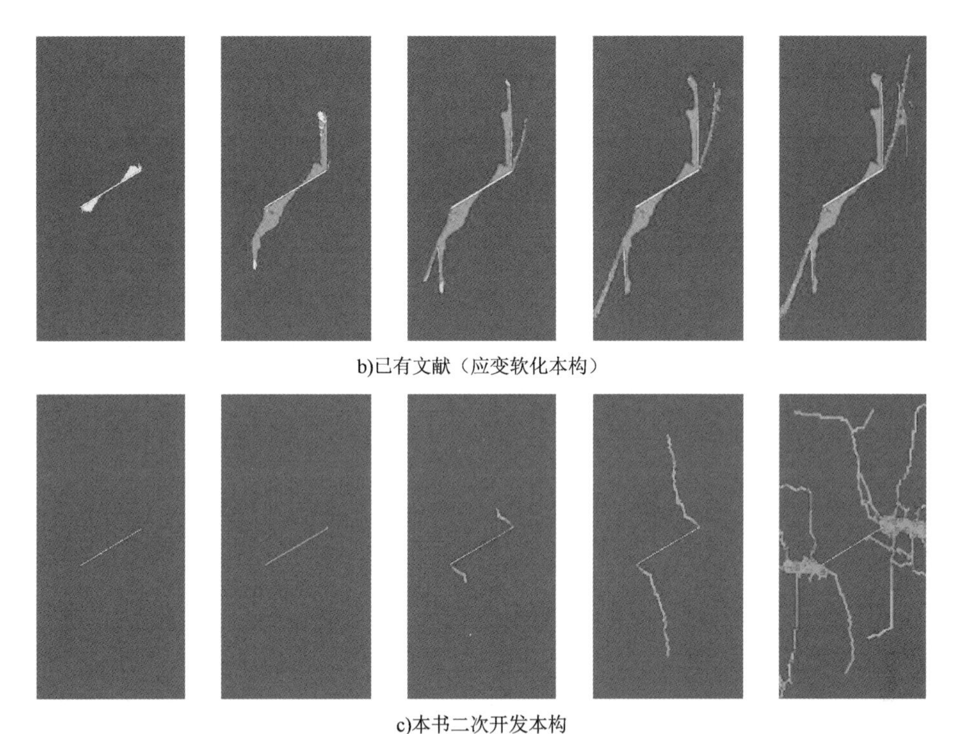

b)已有文献（应变软化本构）

c)本书二次开发本构

图 3-17　30°裂隙岩体模型单轴压缩对比图

从图 3-16、图 3-17 中可以看出：

(1)含预制裂隙的试件在单轴试验中破坏阶段为无裂纹压缩→端部应力集中产生裂纹→端部裂纹向两端延伸→上下贯穿破坏，符合一般规律。但在已有文献莫尔-库仑本构、应变软化本构模拟中，预制裂隙端部均产生大片塑性区，这与已有文献中室内单轴试验结果不同。

(2)与已有文献相比，本书中二次开发结果端部裂纹条理明显，无明显塑性区，更符合已有文献结果，从而验证了二次开发的正确性。

6)小结

针对 FLAC3D 在模拟裂隙水渗流方面的不足，基于双重介质单相渗流理论及断裂力学、损伤力学等理论进行渗流-应力-损伤三场耦合理论推导，得到以下成果：

(1)基于断裂力学，引入裂纹起裂判据，给出饱水状态下的裂纹尖端强度因子，推导了裂纹开挖过程中的判据。

(2)基于双重介质理论，采用单相流动假设推导了相应方程，结合连续性方程通过差分方法进行分析。

(3)基于损伤力学，考虑岩石不同损伤状态下的强度参数以及水文参数变化，给出不同损伤变量下的水文参数和强度参数取值。

(4)采用相机坐标系以及世界坐标系的转换方法，结合裂隙面的位移解析解，通过 Fish 编程进行面位移状态更新。

(5)基于立方定律，对于裂隙介质随开度的变化给出了理论公式，同时采用 Fish 进行编程，使得裂隙渗透系数能够随时更新。

3.5.3 构建离散裂隙网络

蒙特·卡罗法也称统计模拟法,是20世纪40年代中期随着科学技术的发展和电子计算机的发明而被提出的一种以概率统计理论为指导的计算方法。

蒙特·卡罗法的理论依据是大数定律和中心极限定理。大数定律于1713年由瑞士科学家伯努利提出,它是概率论历史上的第一个极限定理,后人称之为"大数定律"。在随机事件的大量重复出现中,往往呈现几乎必然的规律,这个规律就是大数定律。通俗地说,这个定理是在试验不变的条件下,重复试验多次,随机事件的频率近似于它的概率。偶然中包含着某种必然。例如抛硬币,当我们不断地抛,抛上千次,甚至上万次,会发现正面或者反面向上的次数都会接近一半。中心极限定理是指概率论中讨论随机变量序列部分和分布渐近于正态分布的一类定理。这个定理是数理统计学和误差分析的理论基础,指出了大量随机变量近似服从正态分布的条件,它是概率论中最重要的一类定理,有广泛的实际应用背景。在自然界与生产中,一些现象受到许多相互独立的随机因素的影响,如果每个因素所产生的影响都很微小,则总的影响可以看作是服从正态分布的。

蒙特·卡罗法的基本思想是当所求解问题是某种随机事件出现的概率,或者是某个随机变量的期望值时,通过某种"实验"的方法,以这种事件出现的频率估计这一随机事件的概率,或者得到这个随机变量的某些数字特征,并将其作为问题的解。自蒙特·卡罗法被提出以来,其在金融学、宏观经济学、计算物理学等领域得到了广泛应用。在岩石力学方面,多采用蒙特·卡罗法生成在统计意义上与实际岩石裂隙拥有相同分布的随机裂隙网络,其主要过程为:

(1)采集岩石裂隙几何参数。通过实地测量,采用恰当的勘测方法采集数据,确定优势裂隙组数,获得各组裂隙的几何参数,如裂隙迹长、倾角、倾向等。

(2)统计分析裂隙数据。通过对裂隙几何参数进行统计分析,拟合出裂隙几何参数分布的概率密度函数,以及分布函数的参数。

(3)生成随机裂隙网络。根据拟合出来的概率密度函数,首先采用蒙特·卡罗法生成符合特定分布的随机数,然后采用随机数生成在统计意义上与实际岩体裂隙拥有相同分布的随机裂隙网络。

1)采集岩石裂隙几何参数

由于岩石裂隙往往数量众多,且大小不一、形态各异,所以通常情况下并不能逐个进行测量,只能进行相对不多的采集测量。高黎贡山隧道主要采用现场勘察孔芯进行观察测量,然后根据统计分析理论求出其统计规律。统计分析的裂隙主要为4级结构面,主要原因是这类结构面在地质上分布广泛,且长度在几十厘米到十几米之间。对于3级及以上的结构面,由于数量较少,且长度能达到几百米以上,通常可以通过具体测量确定其实际的几何参数,在进行模拟时往往作为确定性模型进行处理。

(1)岩石裂隙几何参数

岩石裂隙几何参数主要包括裂隙产状、裂隙形状及尺寸、裂隙间距或频率、裂隙隙宽等。

①裂隙产状

描述裂隙产状的方法主要有两种:一是采用裂隙的方向(法线方向)表示其产状,如

图 3-18 所示。描述时采用右手坐标系，OX 指向东，OY 指向北，OZ 指向上，法线方向用球面坐标（ϕ_n，θ_n）表示，ϕ_n 为其在 XOY 面上投影的方向角，θ_n 为倾斜角，即裂隙法线与 OZ 轴的夹角。二是采用走向 ϕ_s、倾向 ϕ_d、倾角 θ_d 表示，也可以只用方位角 ϕ_d、倾角 θ_d 两个参数表示裂隙的产状。

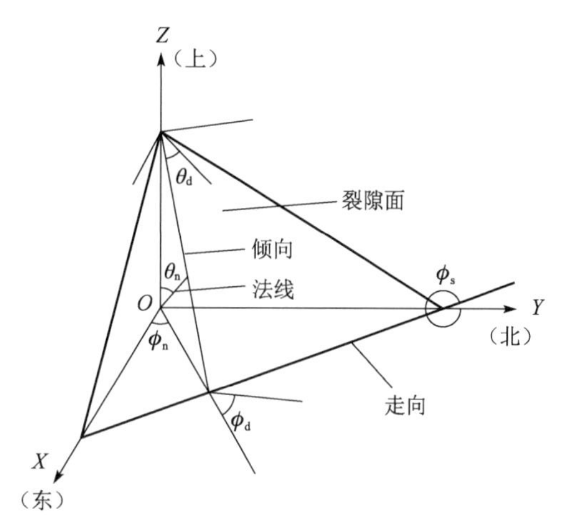

图 3-18　裂隙产状示意图

②裂隙形状及尺寸

通常情况下，裂隙的形状是千变万化的，考虑到裂隙形成过程中的力学作用，可以认为裂隙呈椭圆形或者圆形，对于层状岩体裂隙其形状也呈多边形。当裂隙发育较好且相互切割时，也会形成多边形。考虑到裂隙生成的先后次序，通常先生成椭圆形或圆形裂隙，后生成裂隙的扩展受到先生成裂隙的限制，则会产生不规则多边形及弓形裂隙。采集裂隙数据的工作，通常只能在岩石出露面、地下洞室或边坡开挖面上进行。裂隙面与开挖面的交线称为迹线。所谓裂隙尺寸，是指通过迹长的测量与概率统计的方法求得裂隙迹长或其半径的统计参数。

③裂隙间距或频率

裂隙间距是指同一组裂隙相邻两条裂隙之间的垂直距离，通常用均值表示统计意义上的平均间距。工程中常采用频率的方法来描述裂隙密度。裂隙频率有几种定义：一是指线频率，即与某一方向单位长度测线相交的同一组裂隙的数目；二是指面频率，即某一平面单位面积上与同一组裂隙迹长相交的数目；三是指体积频率，即单位体积内所包含的与同一组裂隙相交的数目。

④裂隙隙宽

由于裂隙隙宽测量起来相对困难，所以在裂隙网格中，一般假定所有裂隙的隙宽相同，这也为后续的建模及计算提供了方便。

(2)岩石裂隙测量方法

岩石裂隙的调查与测量是地质勘查工作的一部分，主要目的是通过各种勘察手段取得有代表性的裂隙几何参数的统计样本，以便进一步做统计分析，得出关于裂隙各几何参数的统计概念。岩石裂隙的测量方法主要有钻孔法、测线法及测窗法三种。

①钻孔法

钻孔法是地质勘查中最常用、最重要的方法。该方法通过钻取岩体内部一段岩芯，可以获得大量的地质信息，其中涉及岩石裂隙的信息主要有：a. 表征裂隙密度的 RQD 值；b. 裂隙的产状、填充物情况以及裂隙的粗糙度；c. 裂隙隙宽的粗略估计。由于地质钻孔直径较小，一般为 50～100mm，因此，并不能获得较为全面的裂隙尺寸信息。经过改良，开发出定向取芯地质钻孔、印模地质钻孔、压模地质钻孔等钻孔测量方法，这在一定程度上满足了测量要求。

②测线法

测线法是指在岩石中勘测平洞的开挖岩面的垂直壁面底部布置一条测线，对与测线相交的裂隙迹线，逐个测量其倾角、迹长、间距等参数，并对其进行统计分析，得出裂隙统计意义上的尺寸参数。裂隙迹长与测线的位置关系主要有四种：一是与测线相交，且两端点均可见，称为全迹长,如图3-19中的 cd;二是与测线相交,且只有一端点可见,称为半迹长,如图3-19中的 bi;三是与测线相交,且两端点均不可见;四是与测线不相交,不在测量范围内。

③测窗法

由于测线法受勘测平洞高度限制,有时并不能表露裂隙全迹长,只能测得部分迹长。当有条件找到较为开阔的岩面,如大面积出露岩面、边坡开挖面,可圈定一个矩形范围,作为测窗,从而测量裂隙迹长。该测量方法即称为测窗法,如图3-20所示。

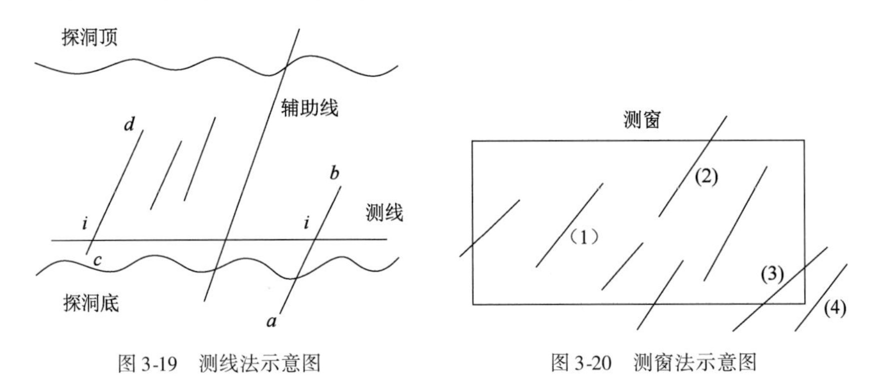

图3-19 测线法示意图　　图3-20 测窗法示意图

裂隙与测窗的位置关系主要有四种:一是裂隙在测窗内,如图3-20中(1);二是裂隙与测窗有一个交点,如图3-20中(2);三是裂隙与测窗有两个交点,如图3-20中(3);四是裂隙在测窗外,如图3-20中(4)。对于前三类裂隙,逐个测量其迹长、倾角、间距,并统计裂隙数目,从而为后续的统计分析做准备。

2)裂隙数据的统计分析与方法

现场采集裂隙几何参数后,通过对数据进行统计分析,便可拟合出裂隙几何参数的分布概率密度函数以及分布函数的参数。在已知分布函数的情况下,通过对勘测数据进行统计分析,求得分布函数的参数,如均值、方差等,便可确定岩石裂隙的分布规律。需要注意的是,采用不同的勘测方式,其统计分析方法也不相同,下面对测线法实测数据的统计分析方法作简单介绍。

(1)裂隙迹长

岩体内所有裂隙在测线所在平面内的投影长度为总体迹长,设总体迹长概率密度函数为 $f(l)$,则总体迹长均值为:

$$u_l = \int_0^\infty lf(l)\,\mathrm{d}l \tag{3-163}$$

式中:u_l——总体迹长均值(m)。

裂隙迹线越长,与测线相交的概率密度就越大,所以与测线相交的全迹长概率密度函数为:

$$h(l) = klf(l) \tag{3-164}$$

式中:k——常数。

由于:

$$\int_0^\infty h(l)\,\mathrm{d}l = 1 \tag{3-165}$$

$$\int_0^{\infty} klf(l)\,\mathrm{d}l = 1 \tag{3-166}$$

可得：

$$k = \frac{1}{u_l} \tag{3-167}$$

则：

$$h(l) = \frac{lf(l)}{u_l} \tag{3-168}$$

全迹长均值为：

$$u_{\mathrm{h}l} = L_0 h(l)\,\mathrm{d}l = \frac{1}{u_{l0}} l^2 f(l)\,\mathrm{d}l = u_l + \frac{\sigma^2}{u_l} \tag{3-169}$$

式中：$u_{\mathrm{h}l}$——全迹长均值（m）；

σ^2——$f(l)$相对于均值的二次矩，即方差。

假设迹长服从负指数分布：

$$f(l) = \frac{1}{u_l}\mathrm{e}^{-\frac{1}{u_l}} \tag{3-170}$$

则全迹长分布函数为：

$$h(l) = \frac{1}{u_l^2} l\,\mathrm{e}^{-\frac{a}{u_l}} \tag{3-171}$$

全迹长均值为：

$$u_{\mathrm{h}l} = \int_0^{\infty} lh(l)\,\mathrm{d}l \tag{3-172}$$

则：

$$u_l = \frac{u_{\mathrm{h}l}}{2} \tag{3-173}$$

即总体迹长均值为全迹长均值的一半。

（2）裂隙倾角

裂隙倾角的统计分析与迹长及频率相比相对简单，只需将同组所有与测线相交的裂隙进行统计，在已知分布规律的条件下求出分布函数的参数即可。需要注意的是，裂隙倾角指的是某一组裂隙的倾角，不同组裂隙其倾角不同。

（3）裂隙频率

测线法计算裂隙频率的方法是：首先在岩石出露面画一条测线，并画一条与之平行的平行线，通常两线之间的距离较小，如图3-21所示。根据此组裂隙与测线的夹角，以及测得裂隙与测线相交的数目，可计算出裂隙面密度为：

$$w = \frac{1}{ld}\frac{nd}{\cos\gamma} = \frac{n}{l\cos\gamma} \tag{3-174}$$

式中：w——裂隙面密度（$\mathrm{kg/m^2}$）；

l——测线长度（m）；

d——测线与平行线之间的距离（m）；

γ——裂隙与测线的夹角(°);

n——裂隙与测线相交的数目。

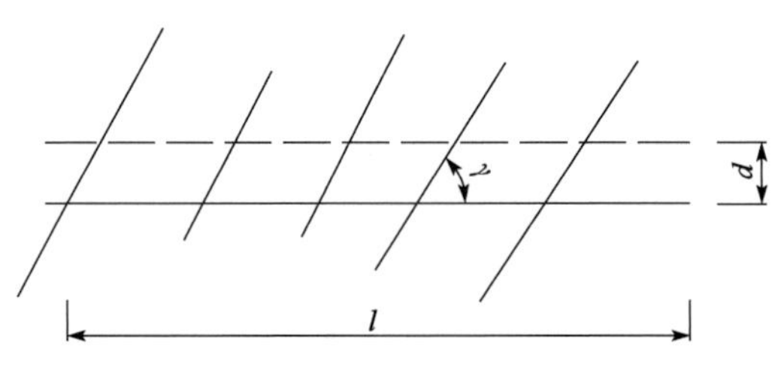

图 3-21 测线法计算示意图

已知总体迹长均值,假设研究区域为矩形,可求得裂隙中点单位面积频率为:

$$f = \frac{w}{u_l} \tag{3-175}$$

式中:f——裂隙中点单位面积频率。

3)生成随机裂隙网格

通过现场采集裂隙数据,对其进行统计分析,得出裂隙几何参数的分布函数及参数,便可生成符合特定分布规律的随机裂隙网络。蒙特·卡罗法生成随机裂隙网络主要分为两步:一是生成服从(0,1)区间均匀分布的随机数 R,二是利用随机数 R 生成服从特定分布(均匀分布、负指数分布、正态分布等)的随机数,用此随机数作为裂隙几何参数绘制随机裂隙网络。

(1)均匀分布随机数

数学上生成服从(0,1)均匀分布随机数的方法很多,如同余法、线性同余法、平方取中法、反馈位移寄存器法等。由于线性同余法简单方便、适用性强,生成的随机数稳定且性能良好,成为目前最常用的随机数生成方法,下面简单介绍线性同余法。

如果两个整数 a、b 分别除以正整数 m 后所得的余数相同,则称 a、b 关于 m 同余,可以记作:

$$a = b(\mathrm{mod}\ m) \tag{3-176}$$

线性同余法生成随机数的具体公式为:

$$x_i = (ax_{i-1} + c)(\mathrm{mod}\ m) \tag{3-177}$$

式中 a、c、x 均为正整数。当给定初始值x_0时,即可得到正整数数列$\{x_i\}$,将数列除以 m,得到数列$\{u_i\}$,则$\{u_i\}$即为服从(0,1)均匀分布的随机数数列。

需要注意的是,当给定相同的初始值x_0时,生成的随机数数列也是相同的,这样的随机数称为伪随机数。伪随机数并不是真正意义上的随机数,但在一般工程应用上能够满足要求。

(2)各种特定分布随机数的生成

①均匀分布

设均匀分布概率密度函数为:

$$f(x) = \frac{axb}{a-b} \tag{3-178}$$

累积概率密度函数为:

$$F(x) = \int_0^x f(t)\,\mathrm{d}t = \frac{x-a}{b-a} \tag{3-179}$$

由于累积概率密度函数为(0,1)区间随 x 变化的随机数,令其为 R,反算随机自变量 x 为:

$$x = R(b - a) + a \tag{3-180}$$

即不同的随机数 R 求得的 x 服从(a,b)区间的均匀分布。求得的 x 越多,规律性越明显。

②负指数分布

设 x 服从负指数分布,则概率密度为:

$$f(x) = \frac{1}{u}\mathrm{e}^{-\frac{x}{u}} \tag{3-181}$$

其中 u 为 x 的数学期望,即均值。

累积概率密度函数为:

$$F(x) = \int_0^x f(t)\mathrm{d}t = 1 - \mathrm{e}^{-\frac{x}{u}} \tag{3-182}$$

由于累积概率密度函数为(0,1)区间的随机数,令其为 R,反算随机自变量 x 为:

$$x = -u\ln(1 - R) \tag{3-183}$$

即不同的随机数 R 求得的 x 服从负指数分布,求得的 x 越多,规律性越明显。

③正态分布

设 x 服从标准正态分布,记作 $x - N(0,1)$,其均值为 u,方差为 σ,则概率密度为:

$$f(x) = \frac{1}{\sqrt{2\pi}}\mathrm{e}^{-\frac{x^2}{2}} \tag{3-184}$$

累积概率密度函数为:

$$F(x) = \int_{-\infty}^{x} \frac{1}{\sqrt{2\pi}}\mathrm{e}^{-\frac{x^2}{2}}\mathrm{d}x \tag{3-185}$$

由于 $F(x)$ 不可积分,所以不能反算自变量,但可以采用中心极限定理近似计算自变量。

设R_1、…、R_n为 n 个(0,1)区间的随机数,则其均值 $E = \frac{1}{2}$、方差 $D = \frac{1}{12}$。当 n 足够大时,函数的分布接近标准正态分布 $N(0,1)$。再通过 $N(0,1)$ 可求出均值为 u、方差为 σ 的正态分布随机变量。通常为了方便计算,n 取 12。

$$\eta_n = \sqrt{\frac{12}{n}}\left(\sum_{i=1}^{n}R_i - \frac{n}{2}\right) \tag{3-186}$$

$$x = \sigma\eta_n + u \tag{3-187}$$

4)三维随机裂隙网格 FLAC3D 实现

下面具体介绍有限差分软件 FLAC3D 中的实现方法。根据对岩体裂隙几何分布的研究成果以及工程实践可知,岩体裂隙的几何参数一般服从某一种或几种概率密度分布。一般来说,裂隙中心点位置服从均匀分布,迹长服从负指数分布或对数正态分布,产状(二维裂隙网络用裂隙的倾角描述)通常服从单变量或双变量 Fisher 分布、双变量正态分布或对数正态分布等。

FLAC3D 程序中内嵌 DFN 程序所有随机数(裂隙参数)的生成及处理均可在 Fish 环境下完成,首先通过蒙特·卡罗法生成服从特定分布的裂隙参数,即裂隙中心点、裂隙倾角、倾向和裂隙迹长,在 FLAC 环境下利用 DFN 生成器进行进一步的离散生成离散裂隙网络,主要步骤如下。

(1)确定研究域尺寸及坐标系位置

影响二维随机裂隙网络模型尺寸的主要因素有两个:一是竖井位置及尺寸;二是裂隙尺寸,即平均迹长。一般情况下,为了尽量减少模型的尺寸效应,通常模型尺寸取开挖直径的3~5倍。

(2)确定裂隙倾向

裂隙倾角服从正态分布,均值为u,方差为σ,计算公式为:

$$\theta = \sqrt{\frac{12}{n}}\left(\sum_{i=1}^{n} R_i - \frac{n}{2}\right)\sigma + u \tag{3-188}$$

对上式进行简化,令$n=12$,并在Fish环境下生成12个服从(0,1)区间均匀分布的随机数$R_1 \sim R_{12}$,将已知参数及随机数代入上式便可求得近似服从正态分布的倾向。

(3)确定裂隙倾角

裂隙倾角服从正态分布,均值为u,方差为σ,计算公式为式(3-188)。

(4)确定裂隙迹长

裂隙迹长服从负指数分布,均值为u,计算公式为:

$$L = -u\ln(1-R) \tag{3-189}$$

在Fish环境下生成服从(0,1)区间均匀分布的随机数R,并将已知参数及随机数R代入上式,即可求得裂隙迹长。

经过上述步骤,便可求得一条裂隙的两个端点,在PFC环境下用crack命令连接两端点即为一条服从特定分布的随机裂隙。最后通过裂隙密度参数求出研究域内每组裂隙的总条数,采用循环命令重复进行上述步骤,便可求出所有随机裂隙。需要注意的是,随机裂隙及裂隙参数是在统计意义上服从特定的分布,因此生成的随机裂隙越多,其规律性越明显,单个或极少数裂隙并不具备特定分布规律。例如高黎贡山隧道竖井采用数据生成的二维随机裂隙网络图,如图3-22所示。

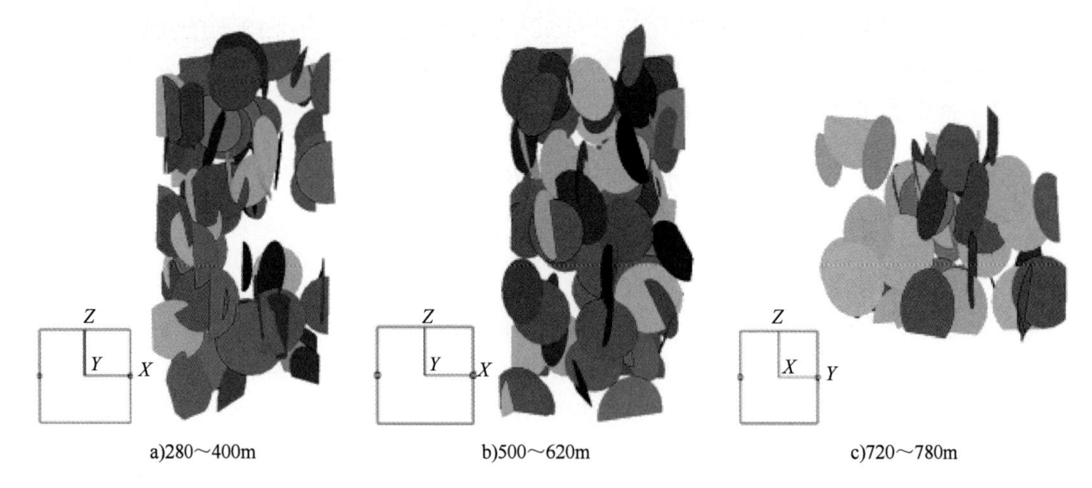

图3-22　高黎贡山隧道竖井不同深度的离散裂隙网络图

5)小结

针对离散裂隙网络构建,首先通过现场勘察以及钻孔试验得到现场裂隙组数据,然后通过蒙特·卡洛法构建离散裂隙组的数据模板,之后通过 FLAC3D 5.01 内置 DFN 插件进一步离散到具体的离散裂隙组数据,最后通过与 MIDAS 软件的前处理功能进行耦合生成实体单元裂隙网络。

3.5.4 数值模拟

1)高黎贡山隧道竖井裂隙统计

针对高黎贡山隧道竖井,钻孔取芯和现场勘察地质照片如图 3-23 所示。

图 3-23　高黎贡山隧道竖井钻孔取芯和现场勘察地质照片

经统计分析,研究域内共有 3 组裂隙,各组裂隙几何参数分布情况及相关参数见表 3-5。

高黎贡山隧道竖井裂隙统计分析表　　表 3-5

裂隙组	倾角(°)		倾向(°)		迹长(m)		密度(条/10^{-5}m^2)
	正态分布		正态分布		正态分布		
	均值	方差	均值	方差	均值	方差	
1	79.00	11.03	133.00	9.00	36.00	10.00	7
2	82.10	8.13	161.06	11.71	33.90	11.71	7
3	89.33	6.10	33.61	9.90	26.10	6.60	7

2)模型建立

采用狭义双重空隙介质理论,认为高黎贡山竖井的陡倾大裂隙岩体由裂隙介质与孔隙介质组成。一个模型内赋予两种不同的水文参数,水在孔隙介质中的流动认为是非均质各向同性。两种介质均采用实体单元模拟。竖井直径6m,衬砌厚度0.45m,开挖深度约770m,注浆范围取0.5R(R为竖井开挖半径)。因此,模型尺寸为1500m×1500m×770m,其中230m×230m×770m为裂隙计算区,此区域外采用等效连续介质模型。

通过FLAC3D的随机离散裂隙网络生成插件生成3组不同的裂隙,建立实体三维差分模型,如图3-24所示。

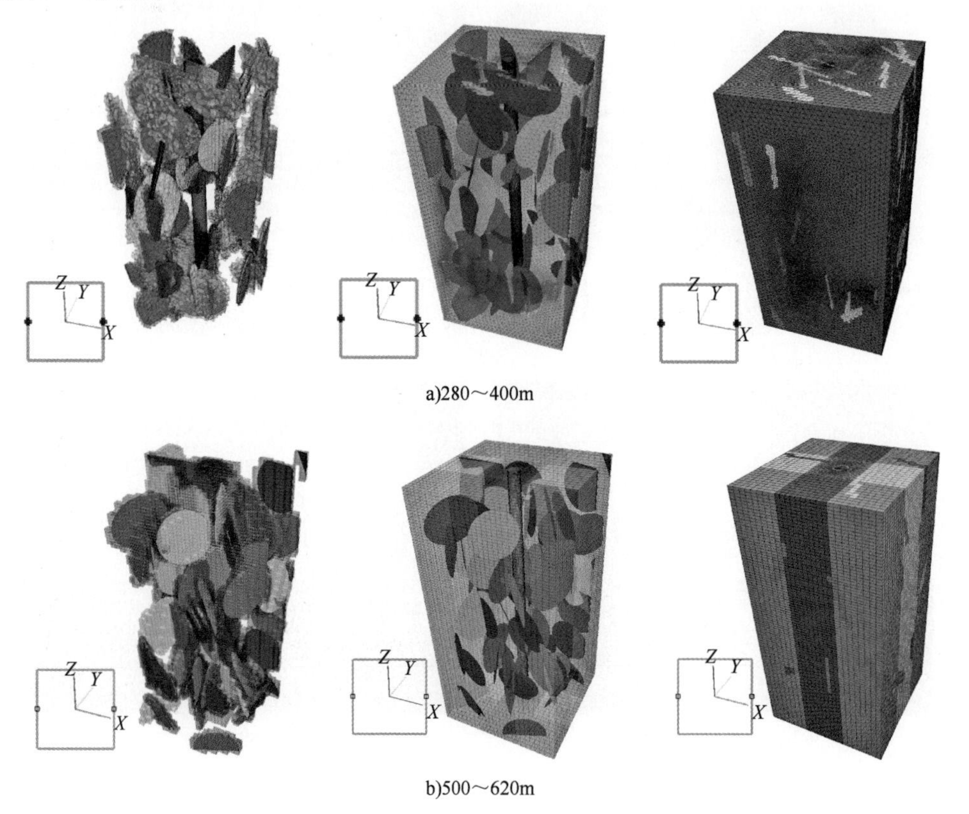

a)280～400m

b)500～620m

图3-24　裂隙模型图

钻孔揭示高黎贡山隧道竖井主要为花岗岩地质,风化及裂缝填充程度不同,因此对模型的地质参数与水文参数进行简化,见表3-6。对4个含水层采用钻探资料,对另外地层的渗透系数采用经验选用,对裂隙介质的参数认为力学参数降低1个量级、渗透参数增大1个量级,对注浆加固强度增大1个量级、渗透系数降低1个量级。含水层边界为透水边界,另外区域认为是不透水边界,裂隙贯穿隔水板使得掌子面开挖过程中的水压力基本等于重度和高度的乘积。

模型参数表　　表3-6

深度(m)	弹性模量(GPa)	泊松比	黏聚力(MPa)	内摩擦角(°)	抗拉强度(MPa)	密度($\times10^6 g/m^3$)	渗透系数($\times10^{-6}m/s$)
0~156	0.43	0.29	6	31	12	2.12	0.066
156~158	0.43	0.29	6	31	12	2.12	40.96

续上表

深度（m）	弹性模量（GPa）	泊松比	黏聚力（MPa）	内摩擦角（°）	抗拉强度（MPa）	密度（$\times10^6 g/m^3$）	渗透系数（$\times10^{-6}m/s$）
158～344	0.56	0.27	7	41	7	2.13	0.036
344～348	0.56	0.27	7	41	7	2.13	0.741
348～440	0.63	0.31	4	36	9	2.43	21
440～499	0.86	0.28	9	33	16	2.42	0.026
499～503	0.86	0.28	9	33	16	2.42	0.56
503～695	0.90	0.29	11	32	22	2.46	0.016
695～697	0.90	0.29	11	32	22	2.46	3.72
697～770	0.90	0.29	11	32	22	2.46	0.016

3.5.5　数值模拟结果分析

为了详细研究节理发育较好区域的涌水量变化规律，取280～400m、500～620m两段的模型进行重点分析，模拟计算结果见表3-7。

数值模拟结果　　表3-7

深度（m）	工作面涌水量（m^3/d）		井壁涌水量（m^3/d）		总涌水量（m^3/d）		深度（m）	工作面涌水量（m^3/d）		井壁涌水量（m^3/d）		总涌水量（m^3/d）	
	注浆前	注浆后	注浆前	注浆后	注浆前	注浆后		注浆前	注浆后	注浆前	注浆后	注浆前	注浆后
280	309	174	299	126	608	300	500	370	198	532	257	902	455
284	327	180	305	128	632	308	504	548	244	881	321	1429	565
288	335	182	334	136	669	318	508	387	193	596	282	983	475
292	341	184	355	141	696	325	512	360	205	634	298	994	503
296	347	185	423	155	770	340	516	382	213	665	318	1047	531
300	350	188	315	128	665	316	520	369	212	677	323	1046	535
304	350	189	312	128	662	317	524	363	207	644	323	1007	530
308	347	189	330	137	677	326	528	374	218	746	344	1120	562
312	344	188	330	139	674	327	532	400	218	703	323	1103	541
316	448	200	354	145	802	345	536	429	230	700	326	1129	556
320	669	249	326	137	995	386	540	426	224	644	316	1070	540
324	747	261	329	136	1076	397	544	441	224	711	332	1152	556
328	1008	275	336	136	1344	411	548	548	253	1203	413	1751	666
332	757	216	337	137	1094	353	552	1084	314	1093	407	2177	721
336	539	187	330	132	869	319	556	598	242	872	355	1470	597
340	395	185	335	140	730	325	560	525	221	823	340	1348	561
344	324	179	333	142	657	321	564	482	216	808	335	1290	551
348	336	183	335	145	671	328	568	479	221	773	329	1252	550
352	356	192	340	145	696	337	572	496	216	791	343	1287	559
356	379	202	324	135	703	337	576	488	233	805	352	1293	585
360	375	204	350	148	725	352	580	499	230	820	361	1319	591
364	402	212	343	147	745	359	584	511	233	828	369	1339	602
368	379	206	345	148	724	354	588	499	250	846	378	1345	628
372	380	205	339	149	719	354	592	493	259	820	361	1313	620
376	379	197	354	151	733	348	596	511	250	846	375	1357	625
380	379	204	363	155	742	359	600	545	268	843	378	1388	646
384	391	203	354	149	745	352	604	603	302	820	369	1423	671
388	600	236	357	155	957	391	608	606	311	1003	439	1609	750
392	443	226	382	171	825	397	612	621	314	918	407	1539	721
396	380	207	380	169	760	376	616	516	268	927	407	1443	675

1)工作面涌水量变化规律

根据模拟结果,绘制工作面涌水量变化曲线,如图3-25所示。

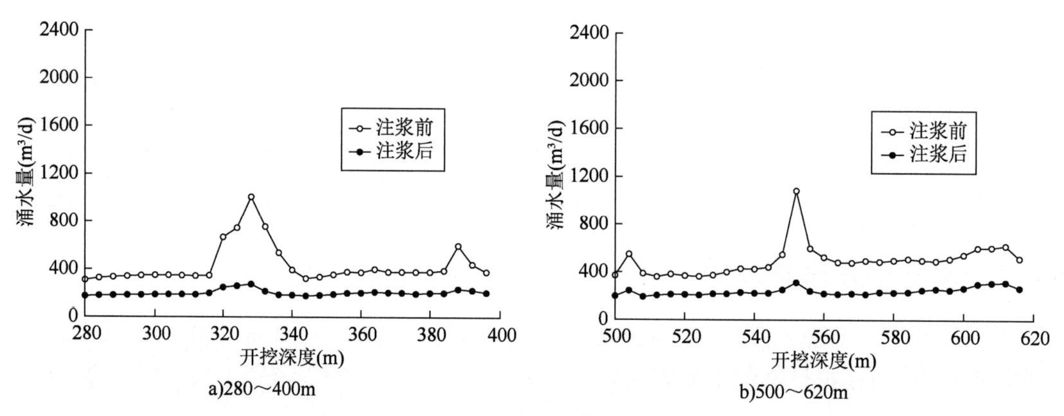

a)280～400m b)500～620m

图3-25 工作面涌水量变化曲线

从图中可以看出:

(1)若不进行超前注浆堵水,开挖过程中节理面裸露,涌水量将成倍增加,最大涌水量将增加到半个数量级。

(2)随着工作面开挖推进,经过富水裂隙区后,工作面涌水量将逐渐回落至正常值,并与竖井开挖深度成正比。

(3)模拟结果表明注浆堵水效果明显。工作面通过采取超前注浆堵水措施,开挖时涌水量大大减少,涌水量随竖井开挖基本呈稳定增加趋势,增加幅度较小。

(4)280～400m和500～620m两段通过工作面超前注浆堵水后,开挖过程中,280～400m段堵水率明显比500～620m段高。这说明,随着竖井开挖深度的增加,工作面堵水难度加大,涌水量变化率会增大。

2)井壁涌水量变化规律

根据模拟结果,绘制井壁涌水量变化曲线,如图3-26所示。

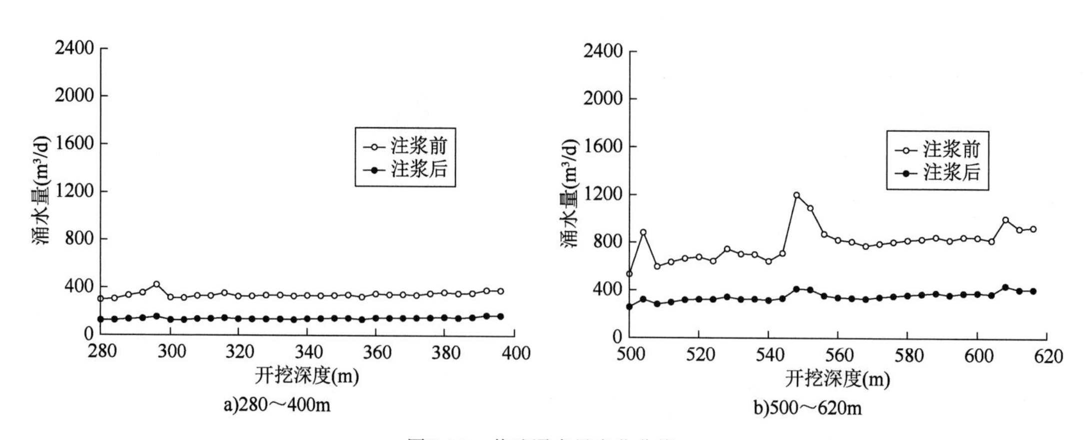

a)280～400m b)500～620m

图3-26 井壁涌水量变化曲线

从图中可以看出：

(1)井壁涌水量基本上随开挖深度的增加而增加，开挖深度越深，涌水量增加越大，这主要是因为随着开挖深度增加水压力升高。

(2)若不进行超前注浆堵水，开挖过程中随着节理面裸露，井壁涌水量有一定程度的增加，但增加幅度相对小于工作面涌水量的增加幅度。

(3)280 ~400m 井壁涌水量小于工作面涌水量，500 ~620m 井壁涌水量大于工作面涌水量。随着开挖深度增加，井壁涌水量占总涌水量的比例由 50% 逐渐增加到 70% 左右，涌水量占比明显增大。

(4)模拟结果表明注浆堵水效果明显。工作面通过采取超前注浆堵水措施，开挖时井壁涌水量大大减少，涌水量随竖井开挖基本呈稳定增加趋势，增加幅度较小。

3)总涌水量变化规律

根据模拟结果，绘制竖井总涌水量变化曲线，如图 3-27 所示。

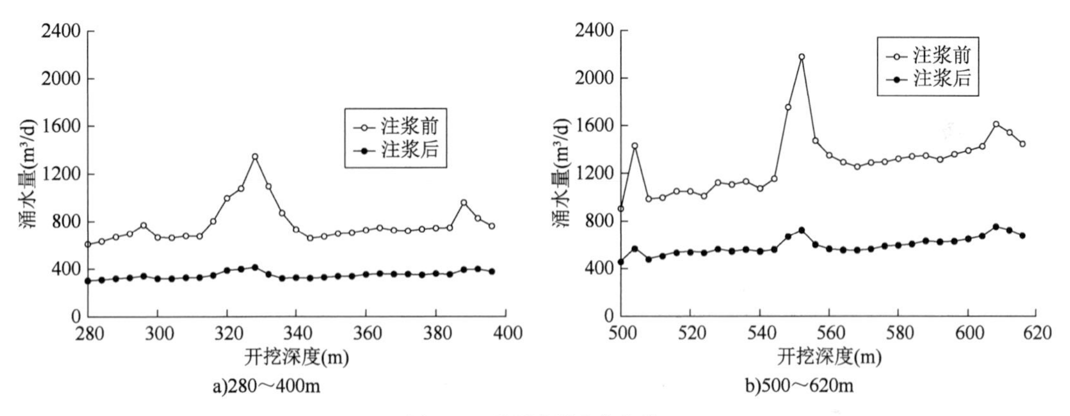

图 3-27　总涌水量变化曲线

从图中可以看出：

(1)针对富水裂隙区进行注浆，可以明显避免由于节理面裸露导致涌水量迅速增加而引起的淹井风险。

(2)开挖揭露裂隙区时，竖井总涌水量增加 2 ~3 倍；通过裂隙区后竖井总漏水量趋于正常，总涌水量与开挖深度成正比。

(3)随着竖井开挖深度的增加，竖井内总涌水量的变化范围逐渐增大，500 ~620m 的变化范围为 280 ~400m 的 1.3 倍，这与该段裂隙发育程度增加，以及水压力增大有着一定的关系。

3.6　基于组合赋权法的超前探孔涌水量预测方法研究

超前探孔法已经普遍应用于铁路隧道超前地质预报中。施工前，通常在掌子面布置一定数量的超前探孔，根据探孔的单孔涌水量，以及测试所获得的水压值，确定下一步技术方案。如宜万铁路根据超前探孔的单孔涌水量和水压确定注浆方案，见表 3-8。

宜万铁路隧道工程注浆方案选择表　　表 3-8

方案编号	适用地质条件	方案主要内容
方案一	(1)可溶岩与非可溶岩接触带,断层破碎带及向斜、背斜核部,施工中可能发生严重突水涌泥地段; (2)物探异常地段,超前探孔单孔涌水量≥$40m^3/h$; (3)实测水压≥2MPa	全断面超前帷幕注浆,注浆加固范围为开挖工作面及开挖轮廓线外正洞 8m、平行导洞 5m。一次注浆段长度根据现场情况确定
方案二	(1)可溶岩与非可溶岩接触带,断层破碎带及向斜、背斜核部,施工中可能发生较严重突水涌泥地段; (2)物探异常地段,超前探孔单孔涌水量≥$40m^3/h$; (3)实测水压为 1~2MPa	全断面超前帷幕注浆,注浆加固范围为开挖工作面及开挖轮廓线外正洞 5m、平行导洞 3m。一次注浆段长度根据现场情况确定
方案三	(1)一般富水地段,岩体较完整,能保证开挖安全; (2)物探异常地段,超前探孔涌水量为 2~$40m^3/h$,开挖后大面积渗水; (3)实测水压<1MPa	径向注浆方案,注浆加固范围为开挖轮廓线外正洞 5m、平行导洞 3m。一次注浆段长度根据现场情况确定
方案四	(1)一般富水地段,岩体较完整,能保证开挖安全; (2)局部出水; (3)初期支护完成后不能满足设计的允许排水标准	局部注浆和局部补充注浆。注浆位置根据现场情况确定
方案五	充填型溶洞,充填介质为粉质黏性土、淤泥质黏性土,溶洞发育深度超过 5m 以上	基底加固注浆,注浆范围根据现场情况确定

超前探孔单孔涌水量采用 $40m^3/h$ 的判定依据主要是根据现场经验,一般探孔直径为 90mm,探孔深度 30m,当探孔涌水量为 $40m^3/h$,基本表现为不喷水状态,动水压力基本为 0。当然,也可以采用公式进行动水压力计算。

$$Q = 3600Sv \tag{3-190}$$

$$S = \frac{1}{4}\pi D^2 \tag{3-191}$$

$$v = \mu\sqrt{\frac{2P}{\rho}} \tag{3-192}$$

式中:Q——探孔单孔涌水量(m^3/h);

S——探孔过水面积(m^2);

v——探孔内水的流速(m/s);

D——探孔的过水直径(m);

μ——流量系数,取 0.6~0.65,一般取 0.6;

P——水压力(Pa);

ρ——流体重度（N/m³），水取 10000N/m³。

由以上公式可推导出：

$$P = 1.737 \times 10^{-3}\frac{Q^2}{D^4} \tag{3-193}$$

当采用超前探孔直径为90mm时，水压力单位取MPa，上式可简化为：

$$Q = 137.4\sqrt{2P} \tag{3-194}$$

$$P = 2.65 \times 10^{-5} Q^2 \tag{3-195}$$

采用以上公式，当超前探孔涌水量为40m³/h时，可计算出动水压力约为0.04MPa，这和现场观察到的探孔不喷水现象是一致的。

隧道采取超前帷幕注浆后，需要采用钻检查孔的方法确定注浆加固和堵水效果。检查孔出水量标准通常采用0.2L/(m·min)。宜万铁路齐岳山隧道通过F11断层时，经过大量试验验证，将检查孔出水量标准调整为2L/(m·min)。

综合以上超前探孔和检查孔出水量标准，通常是采用经验法给定的，目前仍缺少理论依据。特别是当现场采取多个探孔时，由于地层的各向异性，裂隙发育程度不同，从而使各探孔涌水量存在一定的差异，这种情况下如何选取地层渗透系数进行涌水量计算？取极大值、极小值，还是平均值？针对这些问题，目前仍缺少理论研究。因此，需要通过理论研究明确这些取值问题。

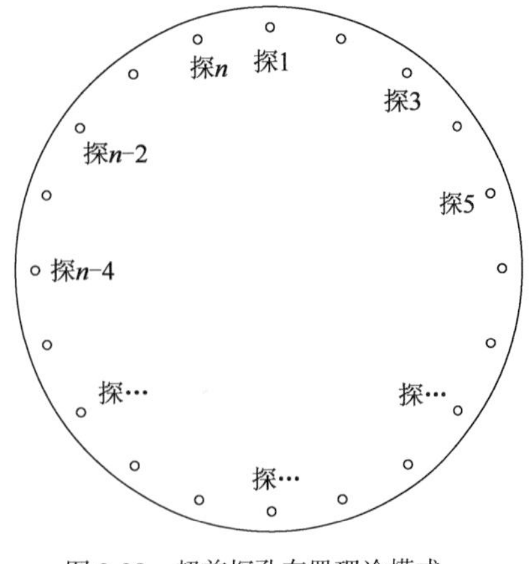

图3-28　超前探孔布置理论模式

3.6.1　超前探孔布置

为取得较为准确的地层渗透参数，理论上宜在隧道周边均匀布置n个超前探孔，如图3-28所示。

超前探孔数量越多，预报结果越准确，但过多的超前探孔会造成时间浪费和经济损失，因此，现场通常会结合实际地质情况，并考虑施工方便，采用3～6个超前探孔，如图3-29所示。当地质较复杂时取小值，当地质复杂或注浆效果检查时取大值。

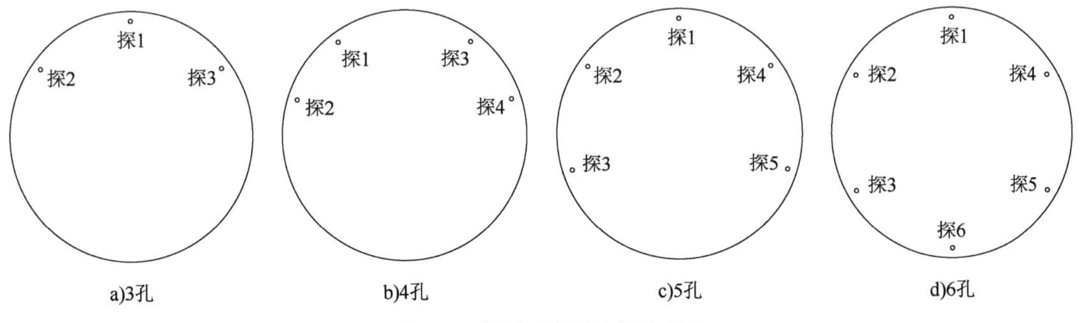

图3-29　隧道超前探孔布置示意图

3.6.2 组合赋权法的权重计算

采取多个超前探孔进行涌水量预测时，由于地层存在各向异性，裂隙发育程度不同，从而使各探孔位置的渗透系数也不相同，各探孔单孔涌水量也会不同，这时，就会有五种取值可能：极小值、极大值、中间值、极值均值、平均值。采用组合赋权法进行各种取值的权重计算，是判定取值合理性的一种重要方法。

组合赋权法涵盖主观赋权法、客观赋权法以及二者相结合的方式。常见的主观赋权法包含专家评判法、层次分析法(AHP)等；常见的客观赋权法有粗糙集法、变异系数法、相关系数法、熵权法、坎蒂雷赋权法等。主观赋权法的弊端是过度依赖专家意见；客观赋权法的弊端是过分倚重统计或数学定量方法，忽视了评价指标的主观定性分析。科学的途径是将主、客观赋权法相结合，通常采用乘法或线性综合法。

在综合评价过程中，权重的确定至关重要，对最终结果有决定性影响。目前多数采用主、客观相结合的组合赋权法，其中主观赋权法以层次分析法应用最多，客观赋权法常用熵权法、粗糙集法。客观赋权法完全依赖样本数据，样本变化会致权重改变。从统计规律看，样本容量增加，权重变化应趋小并最终稳定，但实际评价难以使样本数足够大，故需将评价系统视作不确定性系统，利用已知信息挖掘规律，获得近似值。主观权重法人为因素强，客观权重法过度依赖样本，二者皆有信息损失。组合赋权法旨在减少信息损失，使结果接近实际。目前，组合赋权法核心在于确定两种方法的权重分配，相关研究虽多，但多数方法数学推导烦琐，应用性差，缺乏可操作性，关于如何准确进行组合赋权，尚无良好方法。

在实际隧道施工中，当通过超前探孔确定隧道前方为富水条件时，为保证施工安全，首先采用超前帷幕注浆法进行堵水和加固，然后再进行隧道开挖，因此，无法得到富水条件下隧道毛洞开挖时的涌水量。为了能取得研究成果，采用宜万铁路齐岳山隧道 F11 断层帷幕注浆成果作为样本进行研究。研究时，采用主观赋权法和客观赋权法相结合的组合赋权法，采用层次分析法计算主观权重，采用熵权法计算客观权重，采用主客观综合复权法计算综合权重。

1)层次分析法(AHP)分析

层次分析法由美国学者萨蒂(T. L. Saaty)提出，他认为这种方法能对系统进行分析，找到基本因素与影响因素从而进行决断。层次分析法模型的建模过程如图 3-30 所示，包括明确影响因素、建立层次分析模型、构建判断矩阵、权重计算并检验、确定优选方案。

(1)明确影响因素

对一个问题进行分析时，首先要明确影响因素，影响因素的选择与层次分析法体系的准确性有着很大的相关性。

(2)建立层次分析模型

层次分析模型是问题的核心，如何从不同的方向入手将问题说明白与之密切相关。模型一般分为三层，即目标层、准则层、方案层。目标层一般为一个因素，即分析问题。准则层可以有多层，但是要注意各层之间的上下级关系，不能搞混。方案层为最底层，一般不能过多。

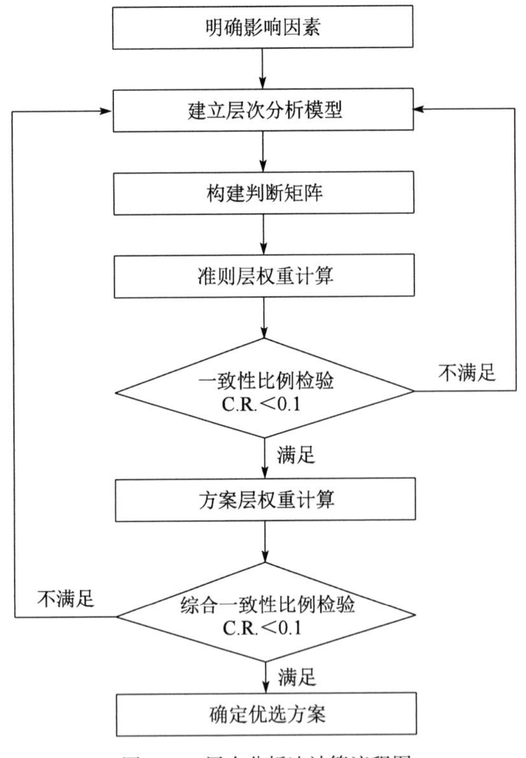

图3-30　层次分析法计算流程图

(3)构建判断矩阵

层次分析模型建立后，各级元素的上下级关系已经确定，因此需要利用判决矩阵确定各因素的权重值。若相对于最高层，准则层元素为B_{ij}，则准则层元素便可以利用矩阵$[a_{ij}]_{l\times n}$来表示，a_{ij}表示B_i与B_j相比对于最高层的重要程度，采用1～9标度法进行表示，见表3-9。

标度法判断表　　表3-9

标度	含义
1	两者一样重要
3	前者比后者稍微重要
5	前者比后者明显重要
7	前者比后者强烈重要
9	前者比后者极端重要
2、4、6、8	上述判断中间值

矩阵应满足：①$a_{ij}>0$；②$a_{ij}=\dfrac{1}{a_{ji}}$；③$a_{ii}=1$。

(4)一致性比例检验

一致性指标计算公式为：

$$\text{C. I.}=\frac{\lambda_{\max}-n}{n-1} \tag{3-196}$$

式中：C. I. ——一致性指标；

λ_{max}——矩阵$[a_{ij}]_{l\times n}$的最大特征向量；

n——矩阵$[a_{ij}]_{l\times n}$的阶。

平均随机一致性指标采用 R. I. 表示，其取值见表 3-10。

R. I. 取值表

表 3-10

维数	1	2	3	4	5	6	7	8	9	10	11	12	13	14	15
R. I.	0	0	0.52	0.89	1.12	1.26	1.36	1.41	1.46	1.49	1.52	1.54	1.56	1.58	1.59

一致性比例计算公式为：

$$\text{C. R.} = \frac{\text{C. I.}}{\text{R. I.}} \tag{3-197}$$

式中：C. R. ——一致性比例；

C. I. ——一致性指标；

R. I. ——平均随机一致性指标。

当 C. R. <0.1 时，可认为判断符合误差。

(5)权重计算

若 n 阶矩阵的判断向量为 $\boldsymbol{w}=(w_1, w_2, \cdots, w_n)^{\mathrm{T}}$，则判断矩阵有以下关系：

$$\boldsymbol{C}=\begin{bmatrix} 1 & B_{12} & \cdots & B_{1j} \\ \dfrac{1}{B_{12}} & 1 & \cdots & B_{2j} \\ \cdots & \cdots & \cdots & \cdots \\ \dfrac{1}{B_{1j}} & \dfrac{1}{B_{2j}} & \cdots & 1 \end{bmatrix}=\begin{bmatrix} \dfrac{1}{w_1} & \dfrac{1}{w_2} & \cdots & \dfrac{1}{w_n} \end{bmatrix}\begin{bmatrix} w_1 \\ w_2 \\ \cdots \\ w_n \end{bmatrix} \tag{3-198}$$

若已知上一层 $\boldsymbol{C}$ 的权重，便能通过下式计算出 B 层第 i 个元素相对于评价体系的权重值。

$$b_i=\sum_{j=1}^{n} a_i b_{ij} \tag{3-199}$$

2)*层次分析法(AHP)模型计算*

以齐岳山隧道 F11 断层超前帷幕注浆成果资料为样本，通过上述流程进行 AHP 模型计算。研究中，目标层为超前帷幕注浆检查孔渗透系数计算值如何选用。

超前帷幕注浆结束后施作检查孔，根据检查孔出水量可计算出各检查孔的渗透系数，计算公式为：

$$K=0.527\omega\lg\left(\frac{1.32l}{r}\right) \tag{3-200}$$

$$\omega=\frac{Q}{P} \tag{3-201}$$

$$Q=\frac{q}{l} \tag{3-202}$$

式中：K——检查孔渗透系数(m/d)；

q——检查孔出水量(L/mim)；

Q——检查孔延米出水量[L/(mim · m)]；

ω——检查孔单位出水量[$L/(mim \cdot m^2)$];

l——检查孔深度(m);

r——检查孔半径(m);

P——检查孔水压力[水头压力高度(m)]。

从公式中可以看出,检查孔渗透系数和检查孔延米出水量呈正比关系,因此,通过分析检查孔延米出水量即可得到检查孔渗透系数。

假设超前帷幕注浆后施作了 N 个检查孔,将各个检查孔延米出水量进行排序,那么存在 $Q_{极小值}$、$Q_{极大值}$、$Q_{中间值}$、$Q_{极值均值}$、$Q_{均值}$。

准则层为:

$$\begin{cases} A_1 = Q_{极值} - Q_{实际} \\ A_2 = Q_{中值} - Q_{实际} \\ A_3 = Q_{均值} - Q_{实际} \end{cases} \tag{3-203}$$

方案层为:

$$\begin{cases} B_1 = Q_{极小值} - Q_{实际} \\ B_2 = Q_{极大值} - Q_{实际} \\ B_3 = Q_{中间值} - Q_{实际} \\ B_4 = Q_{极值均值} - Q_{实际} \\ B_5 = Q_{均值} - Q_{实际} \end{cases} \tag{3-204}$$

层次模型如图 3-31 所示。

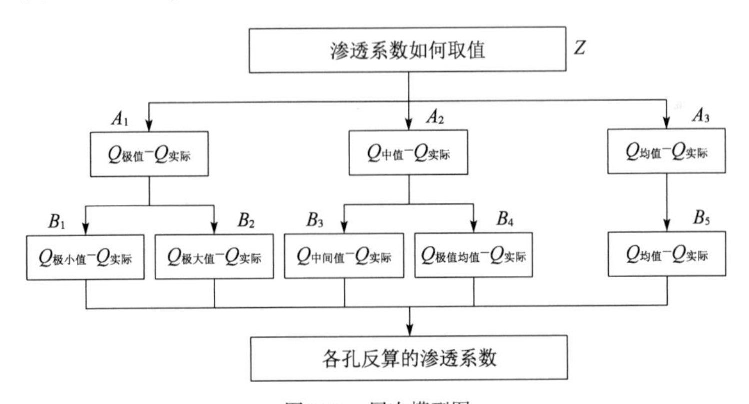

图 3-31　层次模型图

通过问卷、邮件等方式对领域专家进行咨询,采用 9 标度法进行打分,构建判决矩阵见表 3-11 ~ 表 3-13。

Z-A 判决矩阵　　表 3-11

Z	A_1	A_2	A_3	w_i	C. R.
A_1	1	17/4	7/20	0.315678	0.075738277
A_2	4/17	1	1/3	0.118374	
A_3	20/7	3	1	0.565948	

A_1-B 判决矩阵 表 3-12

A_1-B	B_1	B_2	w_i	C. R.
B_1	1	26/8	0.764705882	0
B_2	8	1	0.235294118	

A_2-B 判决矩阵 表 3-13

A_2-B	B_1	B_2	w_i	C. R.
B_1	1	7/2	0.777778	0
B_2	2/7	1	0.222222	

采用公式$b_i = \sum_{j=1}^{n} a_i b_{ij}$计算$B_1$、$B_2$、$B_3$、$B_4$、$B_5$得：

$[B_1 \quad B_2 \quad B_3 \quad B_4 \quad B_5] = [0.241401 \quad 0.074277 \quad 0.092068 \quad 0.026305 \quad 0.565948]$

综合一致性评价比例为：

$$\text{C. R.} = \frac{\sum_{i-1}^{n} w_i \text{C. I.}_i}{\sum_{i-1}^{n} w_i \text{R. I.}_i} = \frac{w_1 \text{C. I.}_1 + w_2 \text{C. I.}_2 + \cdots + w_n \text{C. I.}_n}{w_1 \text{R. I.}_1 + w_2 \text{R. I.}_2 + \cdots + w_n \text{R. I.}_n} = 0.055083 < 0.1$$

3）熵权法分析

熵一般用来度量数据的不确定性。信息量越大，数据误差越小，熵值越小，反之亦然。所以通过熵值可以评价数据的离散程度，进而确定指标权重。

（1）数据标准化

每个样本有 5 个二级指标。

齐岳山隧道 F11 断层沿隧道纵向宽度 253m，采取超前帷幕注浆进行加固和堵水，正洞实施 13 个循环，平行导坑实施 15 个循环，有大量的样本数据可以采用。统计采用 6 个循环超前帷幕注浆结束后的 15 组检查孔出水量数据，见表 3-14 ~ 表 3-19。

正洞 DK365 +333 ~ DK365 +313 段超前帷幕注浆检查孔出水量统计表 表 3-14

检查孔编号	检查孔延米出水量[L/(min·m)]	
	18m 处	20m 处
检 1	1.27	1.42
检 2	0.61	3.78
检 3	0.74	2.72
检 4	0.00	1.47
检 6	1.16	3.41

注：水压力 1.7MPa。

正洞 DK365 +320 ~ DK365 +292.5 段超前帷幕注浆检查孔出水量统计表 表 3-15

检查孔编号	检查孔延米出水量[L/(min·m)]	
	25m 处	28m 处
检 1	1.33	1.19
检 2	1.60	2.98

续上表

检查孔编号	检查孔延米出水量[L/(min·m)]	
	25m处	28m处
检3	1.00	2.38
检4	0.67	8.93
检5	0.80	2.98
检6	1.00	2.38
检7	1.33	2.98
检8	1.67	2.98

注:水压力1.2MPa。

正洞DK365+300~DK365+275段超前帷幕注浆检查孔出水量统计表 表3-16

检查孔编号	检查孔延米出水量[L/(min·m)]	
	25m处	28m处
检1	0.33	0.40
检2	0.80	1.00
检3	0.33	0.40
检4	0.26	0.30
检5	0.53	0.55

注:水压力1.2MPa。

正洞DK365+280~DK365+250段超前帷幕注浆检查孔出水量统计表 表3-17

检查孔编号	检查孔延米出水量[L/(min·m)]	
	25m处	28m处
检1	0.63	0.68
检2	0.03	0.04
检3	0.05	0.08
检4	0.69	0.72
检5	0.63	0.75

注:水压力0.3MPa。

平行导坑PDK365+335~PDK365+308段超前帷幕注浆检查孔出水量统计表 表3-18

检查孔编号	检查孔延米出水量[L/(min·m)]				
	15m处	18m处	21m处	24m处	27m处
检1	0.89	1.30	1.19	1.11	1.08
检2	0.29	1.02	0.86	1.94	1.78
检4	0.44	1.11	1.66	2.50	2.48
检5	0.00	0.36	0.79	1.11	1.00

注:水压力0.8MPa。

平行导坑 PDK365 +327.5 ~ PDK365 +312.5 段超前帷幕注浆检查孔出水量统计表 表 3-19

检查孔编号	检查孔延米出水量[L/(min · m)]	
	13m 处	15m 处
检 1	1.50	1.67
检 2	1.00	1.11
检 3	0.25	0.33
检 4	0.50	0.55
检 5	0.12	0.10

注:水压力 0.9MPa。

采用计算公式反算各检查孔的渗透系数,计算方案层数据见表 3-20 ~ 表 3-25。

正洞 DK365 +333 ~ DK365 +313 段超前帷幕注浆检查孔渗透系数方案层数据表 表 3-20

项目	检查孔渗透系数(m/h)	
	18m 处	20m 处
最小值	0	0.000609
最大值	0.000534	0.001622
中间值	0.000311	0.001167
极值均值	0.000267	0.001116
均值	0.000318	0.001099

正洞 DK365 +320 ~ DK365 +292.5 段超前帷幕注浆检查孔渗透系数方案层数据表 表 3-21

项目	检查孔渗透系数(m/h)	
	25m 处	28m 处
最小值	0.000425	0.000754
最大值	0.001058	0.005658
中间值	0.000738	0.001888
极值均值	0.000741	0.003206
均值	0.000744	0.002123

正洞 DK365 +300 ~ DK365 +275 段超前帷幕注浆检查孔渗透系数方案层数据表 表 3-22

项目	检查孔渗透系数(m/h)	
	25m 处	28m 处
最小值	0.000165	0.000191
最大值	0.000507	0.000634
中间值	0.000209	0.000253
极值均值	0.000336	0.000412
均值	0.000285	0.000336

正洞 DK365 +280 ~ DK365 +250 段超前帷幕注浆检查孔渗透系数方案层数据表 表 3-23

项目	检查孔渗透系数(m/h)	
	25m 处	28m 处
最小值	0.000076	0.000103
最大值	0.001749	0.001940
中间值	0.001597	0.001759
极值均值	0.00091	0.001022
均值	0.001029	0.001174

平行导坑 PDK365 +333 ~ PDK365 +308 段超前帷幕注浆检查孔渗透系数方案层数据表 表 3-24

项目	检查孔渗透系数(m/h)				
	15m 处	18m 处	21m 处	24m 处	27m 处
最小值	0	0.000322	0.000727	0.001022	0.000921
最大值	0.000768	0.001162	0.001528	0.002301	0.002283
中间值	0.000315	0.000952	0.000943	0.001404	0.001316
极值均值	0.000384	0.000742	0.001128	0.001661	0.001602
均值	0.000349	0.000847	0.001036	0.001533	0.001459

平行导坑 PDK365 +327.5 ~ PDK365 +312.5 段超前帷幕注浆检查孔渗透系数方案层数据表 表 3-25

项目	检查孔渗透系数(m/h)	
	25m 处	28m 处
最小值	0.000089	0.000075
最大值	0.001118	0.001244
中间值	0.000373	0.000410
极值均值	0.000603	0.000660
均值	0.000502	0.000560

采用理论公式计算渗透系数,计算方案层数据见表 3-26 ~ 表 3-31。

正洞 DK365 +333 ~ DK365 +313 段超前帷幕注浆检查孔渗透系数方案层数据表(理论) 表 3-26

项目	检查孔渗透系数(m/h)	
	18m 处	20m 处
最小值	1.872764	4.306544
最大值	3.775255	11.46391
中间值	2.199755	8.249155
极值均值	2.824010	7.885221
均值	2.621870	7.763912

正洞 DK365 + 320 ~ DK365 + 292.5 段超前帷幕注浆检查孔渗透系数方案层数据表(理论)

表 3-27

项目	检查孔渗透系数(m/h)	
	25m 处	28m 处
最小值	2.108451	3.744861
最大值	5.255393	28.10219
中间值	3.666188	9.377887
极值均值	3.681922	15.92353
均值	3.697657	10.54226

正洞 DK365 + 300 ~ DK365 + 275 段超前帷幕注浆检查孔渗透系数方案层数据表(理论)

表 3-28

项目	检查孔渗透系数(m/h)	
	25m 处	28m 处
最小值	0.818205	0.944083
最大值	2.517554	3.146942
中间值	1.038491	1.258777
极值均值	1.667879	2.045512
均值	1.416124	1.667879

正洞 DK365 + 280 ~ DK365 + 250 段超前帷幕注浆检查孔渗透系数方案层数据表(理论)

表 3-29

项目	检查孔渗透系数(m/h)	
	25m 处	28m 处
最小值	0.092334	0.125632
最大值	2.123685	2.355601
中间值	1.939016	2.135745
极值均值	1.108009	1.240617
均值	1.249588	1.425924

平行导坑 PDK365 + 333 ~ PDK365 + 308 段超前帷幕注浆检查孔渗透系数方案层数据表(理论)

表 3-30

项目	检查孔渗透系数(m/h)				
	15m 处	18m 处	21m 处	24m 处	27m 处
最小值	0.371054	1.064812	2.405825	3.380337	3.045348
最大值	2.540293	3.845146	5.055278	7.613371	7.552464
中间值	1.041806	3.150062	3.121482	4.644156	4.354848
极值均值	1.455674	2.454978	3.730552	5.496854	5.298906
均值	1.248742	2.802521	3.426017	5.070505	4.826877

平行导坑 PDK365 + 327.5 ~ PDK365 + 312.5 段超前帷幕注浆检查孔渗透系数方案层数据表(理论)　表 3-31

项目	检查孔渗透系数(m/h)	
	25m 处	28m 处
最小值	0.336311	0.280258
最大值	4.203872	4.680311
中间值	1.401291	1.541421
极值均值	2.270091	2.480284
均值	1.888941	2.107541

(2)归一化处理

采用下式构造矩阵:

$$\boldsymbol{X}=[x_{ij}]_{n\times l}=\begin{bmatrix} x_{11} & x_{12} & \cdots & x_{1j} \\ x_{21} & x_{22} & \cdots & x_{2j} \\ \cdots & \cdots & \cdots & \cdots \\ x_{nl} & x_{n2} & \cdots & x_{ij} \end{bmatrix} \tag{3-205}$$

采用越小越优指标对矩阵进行归一化处理,公式为:

$$r_{ij}=\frac{x_{i\max}-r_{ij}}{x_{i\max}-r_{i\min}}+0.01 \tag{3-206}$$

式中:$x_{i\max}$——矩阵 $\boldsymbol{x}$ 第 i 个指标的最大值;

$x_{i\min}$——矩阵 $\boldsymbol{x}$ 第 i 个指标的最小值。

计算得:

$$\boldsymbol{x}=\begin{bmatrix} 0.637589 & 1.010000 & 0.751765 & 0.924059 & 0.832829 \\ 0.650028 & 0.755402 & 0.226910 & 0.665284 & 0.418938 \\ 0.947072 & 0.987526 & 1.010000 & 0.987518 & 0.980273 \\ 0.766494 & 0.990118 & 0.943878 & 1.010000 & 0.984379 \\ 0.948119 & 0.919966 & 0.841895 & 0.885965 & 0.825475 \\ 0.614486 & 0.781686 & 0.453540 & 0.676995 & 0.489960 \\ 0.575836 & 0.723010 & 0.363836 & 0.609731 & 0.396233 \\ 0.843346 & 0.978268 & 0.964246 & 0.998694 & 1.010000 \\ 0.899288 & 0.937695 & 0.990581 & 0.945921 & 0.925839 \\ 0.714462 & 0.868307 & 0.622471 & 0.826152 & 0.681477 \\ 0.010000 & 0.010000 & 0.010000 & 0.010000 & 0.010000 \\ 1.010000 & 0.996861 & 0.988758 & 0.986846 & 0.975766 \\ 1.006176 & 0.990530 & 0.973288 & 0.980633 & 0.969658 \end{bmatrix}$$

(3)冗余度及信息熵计算

比重计算公式为:

$$u_{ij}=\frac{r_{ij}}{\sum_{i=1}^{l}r_{ij}} \tag{3-207}$$

计算得：

$$\boldsymbol{x}=\begin{bmatrix}0.053096 & 0.070447 & 0.061737 & 0.065384 & 0.065711\\ 0.054132 & 0.052689 & 0.018634 & 0.047074 & 0.033055\\ 0.078869 & 0.068880 & 0.082944 & 0.069874 & 0.077344\\ 0.063831 & 0.069061 & 0.077514 & 0.071465 & 0.077668\\ 0.078956 & 0.064167 & 0.069139 & 0.062689 & 0.065131\\ 0.051172 & 0.054522 & 0.037246 & 0.047902 & 0.038658\\ 0.047954 & 0.050430 & 0.029879 & 0.043143 & 0.031263\\ 0.070231 & 0.068234 & 0.079186 & 0.070665 & 0.079690\\ 0.074890 & 0.065404 & 0.081349 & 0.066931 & 0.073049\\ 0.059498 & 0.060564 & 0.051119 & 0.058456 & 0.053769\\ 0.000833 & 0.000697 & 0.000821 & 0.000708 & 0.000789\\ 0.084109 & 0.069531 & 0.081199 & 0.069827 & 0.076989\\ 0.083791 & 0.069089 & 0.079929 & 0.069387 & 0.076507\end{bmatrix}$$

信息熵计算公式为：

$$e_i=-\frac{1}{\ln l}\sum_{j=1}^{l}u_{ij}\ln u_{ij} \tag{3-208}$$

计算得：

$$[e_1\quad e_2\quad e_3\quad e_4\quad e_5]=[0.967225\quad 0.896304\quad 0.878790\quad 0.894513\quad 0.887143]$$

信息熵冗余度计算公式为：

$$f_j=1-\boldsymbol{e}_j \tag{3-209}$$

计算得：

$$[f_1\quad f_2\quad f_3\quad f_4\quad f_5]=[0.032775\quad 0.103696\quad 0.121210\quad 0.105487\quad 0.112857]$$

(4)权重计算

权重计算公式为：

$$w_i^2=\frac{f_j}{\sum_{j=1}^{n}f_j} \tag{3-210}$$

计算得：

$$[w_1^2\quad w_2^2\quad w_3^2\quad w_4^2\quad w_5^2]=[0.068852\quad 0.217838\quad 0.254630\quad 0.221599\quad 0.237081]$$

4)主客观综合赋权法分析

不管是主观还是客观，单方面的权重描述都是片面的，必须将两者结合起来，因此采用主客观综合赋权法进行综合权重计算。

假设：

$$w_i = a_1 w_i + a_2 w_i^2 \quad (i = 1, 2, \cdots, n) \tag{3-211}$$

其中,$a_1^2 + a_2^2 = 1$,$a_1 \geqslant 0$,$a_2 \geqslant 0$。a_1、a_2代表主客观权重的重要性。

采用线性加权模型,即:

$$Z_j = \sum_{j}^{n} w_i r_{ij} \tag{3-212}$$

采用主客观综合评价的区分度最大原则,构造线性模型如下:

$$\max N = \sum_{i=1}^{5} \sum_{j=1}^{15} (a_1 w_i + a_2 w_i^2) r_{ij} \tag{3-213}$$

不妨设:

$$\begin{cases} q = \sum_{i=1}^{5} \sum_{j=1}^{15} w_i r_{ij} \\ p = \sum_{i=1}^{5} \sum_{j=1}^{15} w_i^2 r_{ij} \end{cases} \tag{3-214}$$

则:

$$\max N = a_1 q + a_2 p \tag{3-215}$$

利用拉格朗日极值定理进行计算,构造拉格朗日函数为:

$$N = a_1 q + a_2 p - c(a_1^2 + a_2^2 - 1) \tag{3-216}$$

令:

$$\begin{cases} \dfrac{\partial N}{\partial a_1} = 0 \\ \dfrac{\partial N}{\partial a_2} = 0 \\ \dfrac{\partial N}{\partial c} = 0 \end{cases} \tag{3-217}$$

即:

$$\begin{cases} a_1 = \dfrac{q}{\sqrt{p^2 + q^2}} \\ a_2 = \dfrac{p}{\sqrt{p^2 + q^2}} \end{cases} \tag{3-218}$$

将上式代入并进行归一化处理,得:

$$\begin{cases} w'_1 = \dfrac{w_1}{w_1 + w_2} \\ w'_2 = \dfrac{w_2}{w_1 + w_2} \end{cases} \tag{3-219}$$

计算结果见表3-32。

权重计算结果表 表3-32

指标	B_1	B_2	B_3	B_4	B_5
主观权重	0.241401	0.074277	0.092068	0.026305	0.565948
客观权重	0.068852	0.217838	0.254630	0.221599	0.237081
综合权重	0.144141	0.155198	0.183699	0.136386	0.380576

通过综合权重分析，隧道施工中当各超前探孔涌水量离散性不大时，反算求得的渗透系数取值顺序为：均值 > 中间值 > 极大值 > 极小值 > 极值均值，如图3-32所示。其中，均值计算综合权重约为0.4，其他在0.1～0.2之间，相差不大。

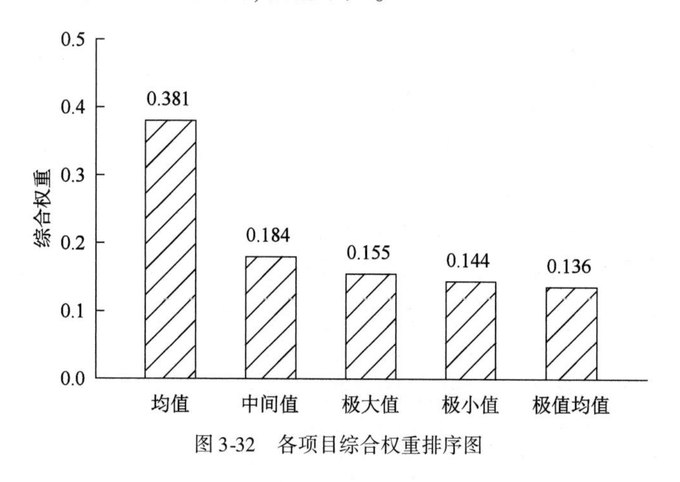

图3-32 各项目综合权重排序图

3.6.3 工程应用验证

采用高黎贡山隧道1号竖井现场实际注浆后开挖的7个样本进行验证分析，如图3-33所示。

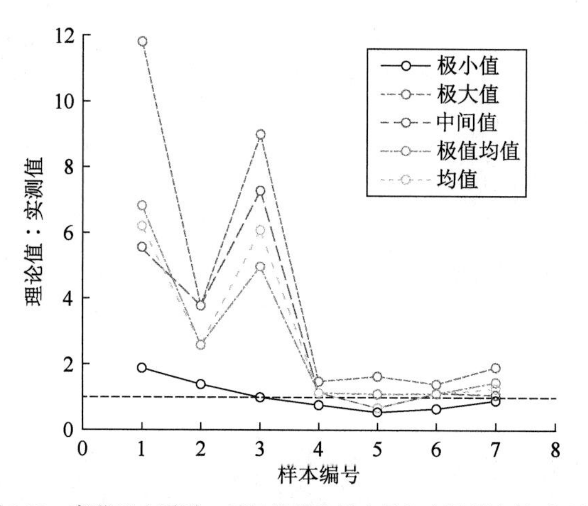

图3-33 高黎贡山隧道1号竖井理论涌水量与实际涌水量对比图

从对比结果来看：

（1）采用极小值计算涌水量，多数情况下比实测涌水量要小，不安全。采用极大值计算涌水量，多数情况下要比实测涌水量大得多，不经济。采用中间值、极值均值、均值计算涌水量，总体情况相差不大，但采用中间值和极值均值的离散性相对较大。综合分析认为，采用均值计算涌水量更加准确，这与理论分析是一致的。

（2）极小值和极大值相差越大，也就是离散性越大，相比其他值来讲，均值的计算结果越可靠。当极小值和极大值相差不大时，各种计算方法相差不大。

3.7　本章小结

针对富水裂隙花岗岩地层涌水量大、预测难等问题，本章采用理论分析、数值反算和工程验证等手段，从理论方面和数值模拟方面研究了深竖井涌水量预测方法，主要得到以下结论：

(1)推导了基于拉普拉斯方程和勒让德方程的竖井涌水量预测方法，提出了基于双重孔隙理论的涌水量预测方法，建立了基于组合赋权法的超前探孔涌水量预测方法。

(2)在第二、第三含水层时原承压转无压涌水量预测公式在不考虑注浆情况下的预测值已经小于实际涌水量数值，因此采用原公式进行预测具有较大风险。与之对比，本书提出的涌水量预测公式能较为准确地给出井壁涌水量的预测值并有一定的安全储备。但不论是原公式或本书公式，只能对承压含水层的涌水量进行预测，而实际工程施工发现在含水层之间仍存在涌水量，因此只采用理论方法进行预测具有一定的不确定性。但通过对比竖井开挖涌水量模拟值，发现模拟值与实测值极为接近，因此采用数值模拟方法能有效弥补理论方法的缺陷，实现工程施工涌水量的准确预测。

(3)取裂隙发育较好的两段进行分析，得出竖井开挖掌子面涌水量变化规律：随着开挖的进行，工作面涌水量逐渐增大。在开挖揭露裂隙时涌水量急剧增大 0.3 ~ 0.6 个量级，在通过裂隙区域后又趋于稳定。随着开挖的进行，涌水量变化的越来越快。

(4)取裂隙发育较好的两段进行分析，得出竖井开挖井壁涌水量变化规律：随着开挖的进行，工作面涌水量逐渐增大。在开挖揭露裂隙时涌水量出现一定的浮动，该浮动随着开挖深度的增大逐渐降低。随着开挖进行，涌水量增大的趋势越加明显。同时能够发现随着开挖的进行，井壁涌水量的数值相对工作面的涌水量更大，相对总涌水量的占比更大。随着开挖深度的增加，井壁涌水量占总涌水量的比例由 50% 逐渐增加到 70% 左右，井壁涌水量占总涌水量的比例与竖井开挖深度呈正比。结合日流量数据，计算结果与实际相符。

(5)取裂隙发育较好的两段进行分析，得出竖井开挖总涌水量变化规律：在开挖揭露裂隙时，竖井总涌水量急剧增大，随着工作面的推进，涌水量逐渐趋于原正常值，相对有一定的增长。随着竖井开挖的进行，涌水量增大的趋势越加明显。在竖井开挖结束时的涌水量相比开挖初期时的涌水量增大近一个量级。随着开挖的进行，竖井总涌水量的变化波动趋于平缓。

(6)模拟注浆效果明显，工作面涌水量大大减少，涌水量随竖井开挖基本呈稳定增加趋势，增加幅度较小。与 280 ~ 400m 工作面涌水量增长率相比，500 ~ 620m 工作面涌水量增长率明显增大，反映出随着竖井开挖深度的增加，工作面涌水量变化率逐渐增大。

第4章　富水深竖井注浆堵水技术

竖井一般采用普通凿井法施工，当地层含水量较大，地下水对竖井的正常施工造成影响时，就需要采取特殊措施对地下水进行处理，以改善竖井的施工条件，实现“凿干井”的目的，为竖井的安全施工创造有利条件。

针对竖井含水地层的处理，煤矿行业积累了大量的工程经验，如冻结法、地面预注浆法、工作面预注浆法等，按其不同的适用条件，可以选择较为有效的堵水措施。铁路行业相关规范对于竖井的规定，主要集中在井址选择、断面形式、井内提升要求和结构设计等方面，对建井期间深大竖井的注浆堵水方案则更多的是借鉴煤矿行业的经验，多采用地面预注浆、工作面预注浆和井筒衬砌背后注浆等方式。

4.1　国内外研究现状

竖井的基本特点为竖井深、断面大、地质条件复杂。为确保建井环境安全和井壁质量可靠，竖井井筒内涌水量过大时，大部分竖井在井筒掘进前采取地面预注浆、工作面预注浆，或在井筒掘砌后采取井筒衬砌背后注浆的方式进行堵水处理。

针对竖井注浆理论，周晓敏等研究了黄金矿超深竖井含水地层注浆加固渗流场与应力场耦合的数学模型，推导了渗流场及应力场的解析表达式，定量展示了以注浆半径和渗透系数来对井筒涌水量进行控制的注浆设计方法。张连振等基于宾汉流体浆液本构模型，建立了浆-岩耦合效应的裂隙注浆扩散理论模型，并利用质量守恒条件实现了浆液扩散面追踪与注浆流量分配，建立了可完整描述注浆扩散过程的步进式算法。

针对竖井注浆堵水方案，通常依赖于工程经验类比，对比注浆堵水措施的工艺、难度、工序时间、堵水率、整体造价等，通过定性方式确定注浆方案。

针对竖井井筒水害治理，国内外学者做了大量的分析和研究工作。占仲国针对石灰岩地层深大竖井建造过程中的渗漏水问题，提出在竖井井壁外围四周的岩体钻小孔注入水泥浆防渗漏的设计思路，该方案较好地解决了井壁渗漏水问题。李文光等针对三山岛金矿千米深竖井施工至1070m时出现100m^3/h突涌水问题，提出采取下行式注浆法，选用合理的注浆设备及材料，取得了良好的堵水效果，注浆后总涌水量小于0.5m^3/h。谢伟华针对郝家河铜矿主、副井突水问题，通过对井筒水文、地质条件的深入了解和分析，结合以往多个深大矿井治水经验,制定了适应该矿井含水岩层构造特点的治水方案,同时应用超前探水注浆堵水技术,消除了井筒水患的影响。李红辉等为解决竖井涌水问题,采取纵向井筒、横向马头门工作面超前预注浆技术,达到了预期的注浆效果。陈丽娟等针对矿山竖井掘进过程中遇到的涌水问题,采用工作面预注浆技术,使竖井工作面涌水量由 9.6m^3/h 下降到 0.5m^3/h,取得了很好的注浆堵水效果。黄人春提出了超前长探注浆治水技术方案,并应用在郝家河铜矿竖井中,解决了竖井施工中的治水难题。程德荣等提出了地面预注浆法防治水方案,该方案具有节约投资、缩短建井工期、安全可靠的特点。王磊提出在竖井井筒治水中采用排堵结合的注浆方式,使工作面涌水量得到了有效控制,掘砌过程中未再发生突发性涌水。郑翠敏等提出"先截、后探、再堵"的防治水方案,采用"井筒背后注浆封堵空隙渗流、中深孔探注等形成闭合帷幕圈"的防治水工艺,取得了良好的井筒防治水效果。

针对竖井注浆堵水率的研究,崔云龙统计了我国 31 个煤矿竖井地面预注浆的堵水率,其中,除鹤岗竣德矿副井堵水率为 86% 外,其余堵水率均超过 90%,潞安常村煤矿风井的堵水率甚至达到 100%;对我国 27 个煤矿竖井工作面注浆的堵水率也进行了统计,有 18 个竖井工作面注浆堵水率超过 90%、占比 66.7%,有 6 个竖井堵水率为 80% ~90%、占比 22.2%。经过多年的建井实践,随着施工工艺、注浆设备和注浆材料的发展,煤矿行业中大部分竖井的注浆堵水均取得了较好的效果。

针对竖井施工过程中涌水淹井事故,柴敬结合白垩系五举煤矿竖井在开挖至 145m 处出现 220m^3/h 突水问题,采用水下混凝土构筑止水垫层,并对水下混凝土施工工艺进行研究,成功解决了突水淹井事故。方正针对某铜矿 980m 处发生的淹井事故,采用地表预注浆和工作面预注浆相结合的方法对突水口进行封堵,堵水效果较为明显。付仲润等结合某长江穿越隧道竖井淹井事故,采用强行排水至涌水处,在施作止浆垫后采取井内注浆,成功封堵了涌水通道,固结了竖井周边松散围岩。储党生等针对祁东煤矿风井开挖至 406m 时超前炮孔涌水 35m^3/h 导致淹井的问题,采取静水抛渣、注浆止水、壁后注浆充填堵水的施工方案。王厚良等对目前常用的强排井内突水法、地面深孔预注浆法、水下混凝土封堵法等三种竖井淹井突水口封堵方法的使用条件和存在的问题进行了比较分析。

国内外典型高压富水深竖井注浆堵水工程案例统计见表 4-1。

国内外典型高压富水深竖井注浆堵水工程案例统计表　　表 4-1

序号	国家	工程名称	竖井参数(m)		最大涌水量(m^3/h)		最大水压(MPa)	地质条件	注浆方式		
			直径	深度	超前探孔	工作面			地面	工作面	衬砌背后
1	中国	江门中微子实验站竖井	5.0	556	430	(1720)	4.0	花岗岩		■	
2	中国	铜陵冬瓜山铜矿竖井	5.6	1195	(321)	1285	8.0	大理岩		■	
3	中国	高黎贡山隧道 1 号主竖井	6.0	763	127	(508)	7.0	花岗岩		■	
4	中国	高黎贡山隧道 1 号副竖井	5.0	765	95	(380)	7.0	花岗岩		■	
5	苏联	北穆伊斯克隧道 2 号竖井	7.5	335	85	(340)	3.0	花岗岩		■	
6	赞比亚	谦比希铜矿主竖井	6.5	1260	(75)	300	1.6	泥质白云岩、泥质岩		■	

续上表

序号	国家	工程名称	竖井参数(m)		最大涌水量(m^3/h)		最大水压(MPa)	地质条件	注浆方式		
			直径	深度	超前探孔	工作面			地面	工作面	衬砌背后
7	中国	冶郝家河铜矿主竖井	5.6	722	(40)	160	6.0	长石石英砂岩、泥岩		■	
8	中国	铜山口铜矿主竖井	4.5	599	(20)	81	2.2	灰岩		■	
9	中国	金星岭竖井	5.0	379	(20)	79	0.2	白云岩	■		
10	中国	新疆 KS 隧洞 S2 竖井	7.2	687	19	(76)	2.0	花岗岩		■	
11	中国	高黎贡山隧道 2 号主竖井	6.0	640	(18)	72	2.7	花岗岩	■	■	
12	中国	莱州寺庄金矿主竖井	4.0	455	(16)	63	2.7	(不详)		■	
13	中国	湖南宝山矿箕斗井	4.5	832	7	(28)	0.2	断层带		■	
14	中国	云南澜沧老厂铅矿主竖井	5.5	960	(3)	13		安山岩、玄武质凝灰岩			■

注:1. 由于工程措施不同,有的采用超前探孔确定涌水量,有的采用工作面涌水量测定,为使两者基本统一,采用超前探孔最大涌水量的 4 倍等同于工作面突发涌水量进行换算,换算值采用括号表示。

2. ■-采用的注浆方式。

4.2 竖井工作面开挖允许涌水量标准

铁路隧道竖井作为一种施工期间的辅助坑道或者运营期间的通风设施使用较少,目前行业规范或企业标准中缺少相关建井期间的堵水原则和堵水标准。因此,工程建设期间多沿用或参考采矿行业的法律法规或相关规定,即当竖井穿过预测涌水量大于 10m^3/h 的含水层或破碎带时,应先进行治水,通常采用地面或工作面预注浆法进行堵水和加固处理。

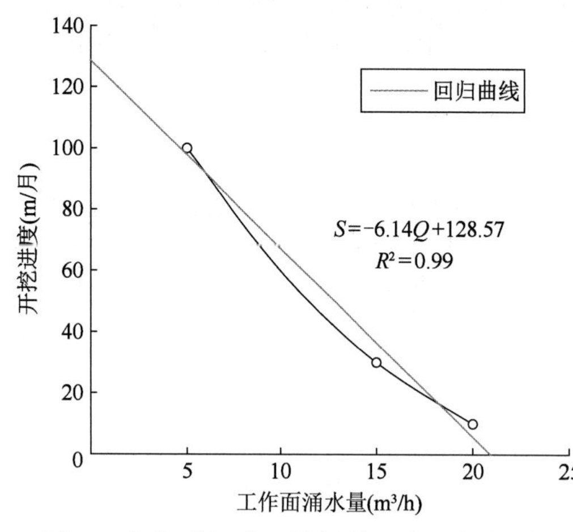

图 4-1 竖井开挖工作面涌水量与开挖进度关系曲线

竖井开挖过程中,因工作面面积小,当发生涌水时,工作面抽排水措施会对竖井的正常开挖造成较大的影响,因此需制定涌水量控制标准。根据类似工程案例统计,当竖井开挖工作面涌水量 <5m^3/h 时,竖井开挖进度约为 100m/月;当竖井开挖工作面涌水量为 10 ~ 20m^3/h 时,竖井开挖进度约为 30m/月;当竖井开挖工作面涌水量大于 20m^3/h 时,竖井开挖进度会受到极大的影响,开挖进度不足 10m/月。竖井开挖工作面涌水量与开挖进度关系曲线如图 4-1 所示。

对曲线进行回归,回归方程为:

$$S = -6.14Q + 128.57 \quad (R^2 = 0.99) \tag{4-1}$$

式中：S——竖井开挖进度（m/月）；

Q——竖井开挖工作面涌水量（m^3/h）。

将回归方程转化为：

$$Q = 20.93 - 0.16S \tag{4-2}$$

从关系曲线和回归方程来看：

（1）随着竖井开挖工作面涌水量的增大，竖井开挖进度急剧降低，基本呈直线。

（2）无水条件下，竖井工作面理想开挖进度约为130m/月。

（3）当工作面涌水量达到约21m^3/h时，工作面已基本难以开挖，这在许多工程案例中也得到了证实。

若竖井正常开挖进度按60m/月考虑，可计算出工作面允许涌水量为11.17m^3/h，因此，将10m^3/h作为竖井正常开挖涌水量控制标准是合适的，当竖井施工中工作面涌水量≥10m^3/h时应采取注浆堵水措施。

采用古德曼公式计算该允许涌水量条件下的地层渗透系数，计算公式为：

$$Q = \frac{2\pi k H_0}{\ln \frac{4H_0}{d}} \tag{4-3}$$

式中：Q——工作面涌水量（m^3/d）；

k——地层渗透系数（m/d）；

H_0——静水位至工作面间的距离（m）；

d——工作面等价圆直径（m）。

按60m段落长度分布涌水量10m^3/h，取水压力1MPa，竖井直径6m，计算得：

$$k = 0.0267\text{m/d} = 3.1 \times 10^{-5}\text{cm/s}$$

按照岩体渗透系数分级标准进行评价（表4-2），该渗透系数的地层基本为微透水等级。

岩体渗透系数分级表 表4-2

渗透系数等级	标准		岩体特征
	渗透系数（cm/s）	透水率（L_u）	
极微透水	$<10^{-6}$	<0.1	完整岩石，含等价开度小于0.025mm裂隙的岩体
微透水	$10^{-6} \sim 10^{-5}$	0.1～1	含等价开度0.025～0.05mm裂隙的岩体
弱透水	$10^{-5} \sim 10^{-4}$	1～10	含等价开度0.05～0.10mm裂隙的岩体
中等透水	$10^{-4} \sim 10^{-2}$	10～100	含等价开度0.10～0.50mm裂隙的岩体
强透水	$10^{-2} \sim 10$	≥100	含等价开度0.50～2.50mm裂隙的岩体
极强透水	≥10		含连通孔洞或等价开度大于2.50mm裂隙的岩体

4.3 竖井工作面超前探孔允许涌水量标准

在富水深竖井条件下，采取注浆措施对地下水进行处理可以有效地改善竖井作业条件，满足竖井安全施工要求。在满足竖井安全施工的前提下，同时也应考虑其经济性，否则就不是最佳的技术方案,因此,建立合理的竖井工作面超前探孔允许涌水量标准十分重要,本节依托高黎贡山隧道1号竖井进行研究。

4.3.1 超前探孔布置

竖井开挖前,采用超前探孔进行涌水量测试,从而确定施工方案。超前探孔一般设计4个,开孔位置沿隧道开挖轮廓线内均匀设置,终孔位置位于预设计的注浆加固圈外,如图4-2所示。每次超前探孔长度宜为60~100m。

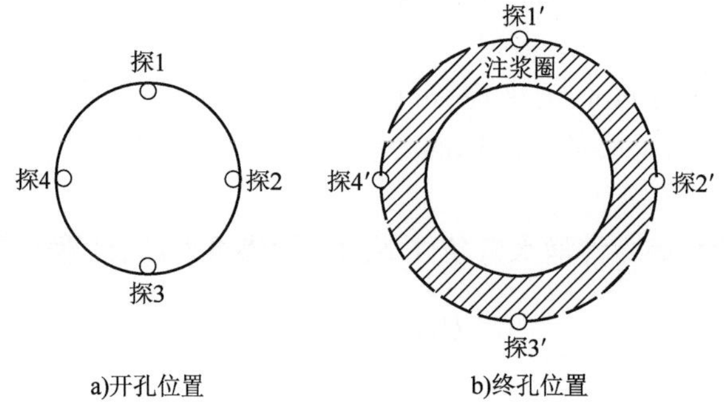

图4-2 竖井超前探孔平面布置示意图

4.3.2 超前探孔允许涌水量标准

一般情况下,超前探孔直径宜为90mm,结合以往工程经验,采用$2m^3/h$、$5m^3/h$允许涌水量作为工作面预注浆启动标准,见表4-3。

竖井工作面预注浆启动标准选择表 表4-3

方案编号	方案名称	适用地质条件	方案主要内容
方案一	不启动工作面预注浆	所有探孔涌水量均小于$2m^3/h$	对超前探孔注浆封堵后进行开挖
方案二	动态启动工作面预注浆	任意一个探孔涌水量为2~$5m^3/h$	对该探孔左右两侧各增加1个加强探孔进行验证。若验证孔涌水量小于$5m^3/h$,对验证孔注浆封堵后进行开挖;若验证孔涌水量大于或等于$5m^3/h$,启动工作面预注浆
方案三	启动工作面预注浆	任意一个探孔涌水量大于或等于$5m^3/h$	立即启动工作面预注浆

地层渗透系数采用下式计算:

$$k = \frac{0.366Q}{ls}\lg\frac{2l}{r} \tag{4-4}$$

式中:k——渗透系数(m/d);

Q——涌水量(m^3/d);

l——探孔长度(m);

s——水头压力高度(m);

r——探孔半径(m)。

结合高黎贡山隧道1号主竖井深度,按超前探孔长度60m,对超前探孔允许涌水量2m³/h、5m³/h两个值按不同水压力计算渗透系数。按照岩体渗透系数分级标准进行评价,评价结果见表4-4。

超前探孔渗透系数评价表　　表4-4

涌水量 (m³/h)	水压 (MPa)	渗透系数 (cm/s)	渗透系数等级	涌水量 (m³/h)	水压 (MPa)	渗透系数 (cm/s)	渗透系数等级
2	1	7.2×10^{-6}	微透水	5	1	1.8×10^{-5}	弱透水
2	2	3.6×10^{-6}	微透水	5	2	9.0×10^{-6}	微透水
2	3	2.4×10^{-6}	微透水	5	3	6.0×10^{-6}	微透水
2	4	1.8×10^{-6}	微透水	5	4	4.5×10^{-6}	微透水
2	5	1.4×10^{-6}	微透水	5	5	3.6×10^{-6}	微透水
2	6	1.2×10^{-6}	极微透水	5	6	3.0×10^{-6}	微透水
2	7	1.0×10^{-6}	极微透水	5	7	2.6×10^{-6}	微透水
2	8	9.0×10^{-7}	极微透水	5	8	2.3×10^{-6}	微透水

从超前探孔渗透系数评价表可以看出,当涌水量小于2m³/h时,在不同水压下岩体为微透水~极微透水,因此,不需要进行注浆堵水。而当涌水量大于或等于5m³/h时,在不同水压下岩体为弱透水~微透水,因此,需要进行注浆,控制涌水量,以利于竖井正常开挖。

4.3.3　应用效果分析

1号主竖井前130.5m超前探孔涌水量均小于2m³/h,因此未采取注浆措施。130.5m以后共实施超前探孔12个循环。绘制各循环超前探孔涌水量,如图4-3所示。

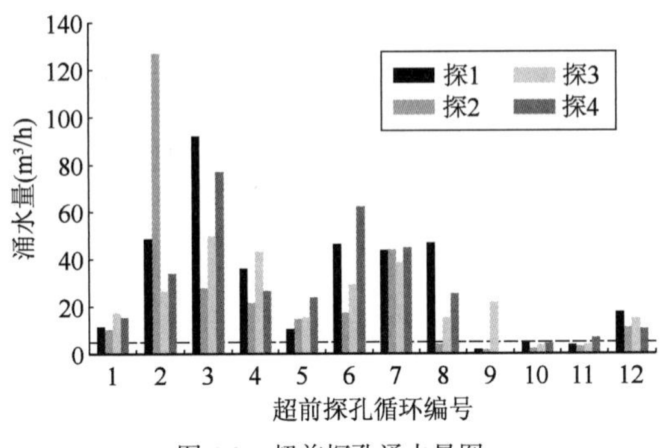

图4-3　超前探孔涌水量图

从图中可以看出:

(1)所有循环超前探孔涌水量超过了5m³/h控制基准值,单孔最大涌水量126.9m³/h。

(2)第2循环超前探孔涌水量最大,其次是第3、4、6、7、8循环,第5、10、11循环钻孔涌水量相对较小。

(3)各循环4个探孔涌水量存在明显差异性,从而给注浆施工带来了困难。

按照超前探孔循环长度60m,将涌水量$5m^3/h$按竖井延长米计算单位涌水量为1.4L/(min·m)。绘制超前探孔单位涌水量图,如图4-4所示。

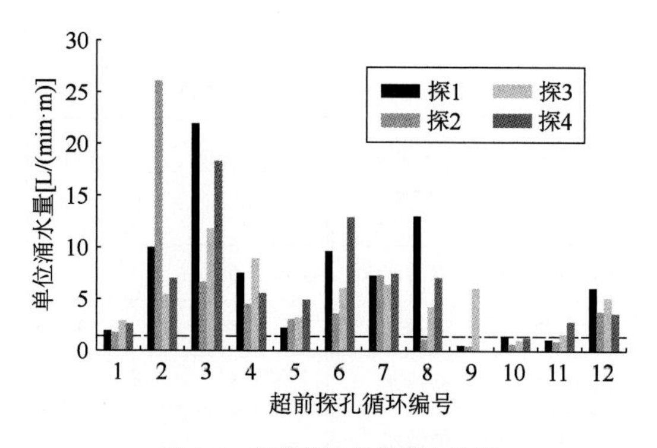

图4-4　超前探孔单位涌水量图

从图中可以看出:

(1)所有循环超前探孔单孔涌水量基本均大于1.4L/(min·m)控制基准值,可见,所有循环都需要进行注浆堵水。

(2)第2、3、4、6、7、8、12循环涌水量大,应加强注浆。

(3)各探孔涌水量差异较大,为注浆带来了困难。

4.4　竖井工作面注浆检查孔允许涌水量标准

4.4.1　检查孔布置

检查孔法是分析注浆效果最直接、最可靠的方法。注浆完成后,对注浆可能存在的薄弱环节(一般为注浆量少的孔、涌水量大的孔、注浆终孔交圈位置等)钻检查孔,测定检查孔涌水量,从而判断注浆堵水效果。高黎贡山隧道竖井检查孔布置位置如图4-5所示。

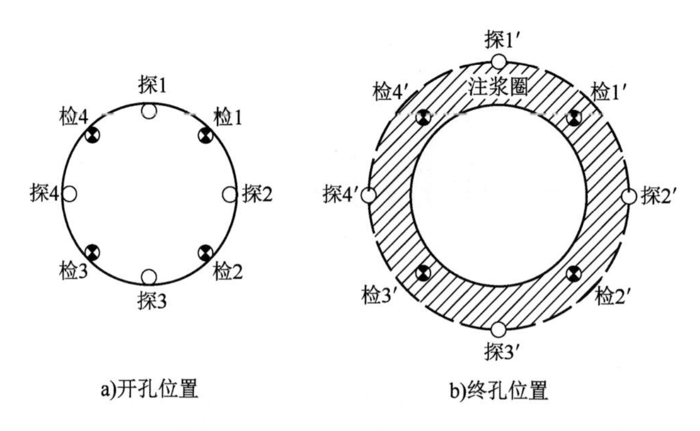

图4-5　竖井检查孔布置位置示意图

4.4.2　注浆效果评价技术指标

1)注浆堵水率

注浆堵水率是评价注浆效果的一种有效方法,但目前并没有明确的统一概念。理论上讲,注浆堵水率应该是地层注浆后开挖时总涌水量与注浆前地层总涌水量的比值,但由于地层的不均匀性,注浆前地层总涌水量是很难确定的,各种涌水量预测方法均有一定的误差,因此,采用这种方法并不能真正反映出注浆水平。

当地层注浆前总涌水量较大时,很容易达到较高的注浆堵水率,但当地层总涌水量不大时,将会很难达到较高的注浆堵水率,除非采取“大量增加注浆孔数量、使用化学浆液进行扩散注浆、提高注浆压力”等方法,这样势必会造成时间的浪费和费用的增加。因此,要正确地对待注浆堵水率。

注浆堵水率可采用下式计算:

$$\eta = \frac{\overline{Q}_{探} - \overline{Q}_{检}}{\overline{Q}_{探}} \times 100\% \tag{4-5}$$

式中:η——注浆堵水率;

$\overline{Q}_{探}$——超前探孔平均涌水量[L/(min·m)],一般取3个以上超前探孔;

$\overline{Q}_{检}$——检查孔平均涌水量[L/(min·m)],一般取3个以上检查孔。

2)钻孔注浆利用率

当隧道或竖井采取工作面预注浆时,若不良地质段落较长,通常会采取“钻注一段、开挖一段、余留一段,段段推进、稳扎稳打”的方式进行多循环作业。余留一段是作为下一循环钻孔注浆时的止浆岩盘。

注浆后隧道或竖井开挖过程中,应采取短进尺作业,一般开挖进尺每循环不宜超过1m,以尽快形成支护闭合。同时,在开挖过程中,必须每循环对工作面进行观察,当发现存在局部注浆效果不好(有渗流水或掉块、浆液充填极不均匀)时,不必达到设计的开挖段落长度,应及时封闭工作面,进行下一循环钻孔注浆作业。

钻孔注浆利用率是指每一个注浆循环结束后,实际开挖长度与注浆循环长度的比值,计算公式如下:

$$\xi = \frac{S_{开}}{S_{注}} \times 100\% \tag{4-6}$$

式中:ξ——钻孔注浆利用率;

$S_{开}$——实际开挖长度(m);

$S_{注}$——注浆循环长度(m)。

4.4.3 检查孔允许涌水量标准

检查孔涌水量是评定注浆效果最直接、最重要,也是目前被认为最可靠的方法。该标准越高表明注浆效果越好,但会增加很大的工程量。结合以往工程案例,采用单位涌水量1.0L/(min·m)作为检查孔涌水量控制基准值。

根据公式(4-4),按1MPa水压考虑,此时地层渗透系数为1.3×10^{-5}cm/s,已安全达到了地层防渗标准。按照超前探孔循环长度60m,可将该允许值折算为3.6m^3/h。

4.4.4 应用效果分析

注浆结束后,采用检查孔法进行涌水量测试,绘制检查孔单位涌水量,如图4-6所示。

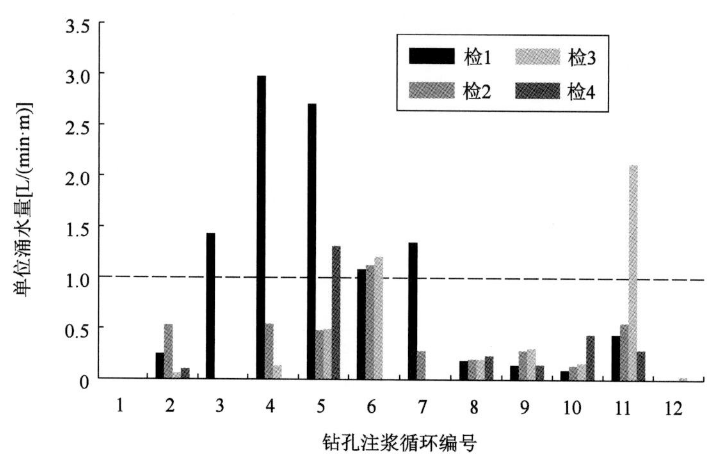

图4-6　检查孔单位涌水量图

从检查孔涌水量来看:

(1)除第1循环未施作外,其余11个钻孔注浆循环完成后,检查孔涌水量基本达到了1.0L/(min·m)的设计要求。

(2)个别检查孔涌水量较大,说明如果注浆孔数量偏少,很容易形成注浆盲区。当不能达到要求时,采取补注浆措施。

(3)4个检查孔涌水量具有一定的离散性,这可能与注浆孔圈数较少有关。

4.5 竖井工作面注浆设计

4.5.1 注浆方案

根据竖井超前探孔涌水量,并结合水压情况,1号主竖井工作面注浆共设计2种注浆方案,注浆孔布置如图4-7所示。

注浆设计参数及应用情况见表4-5。

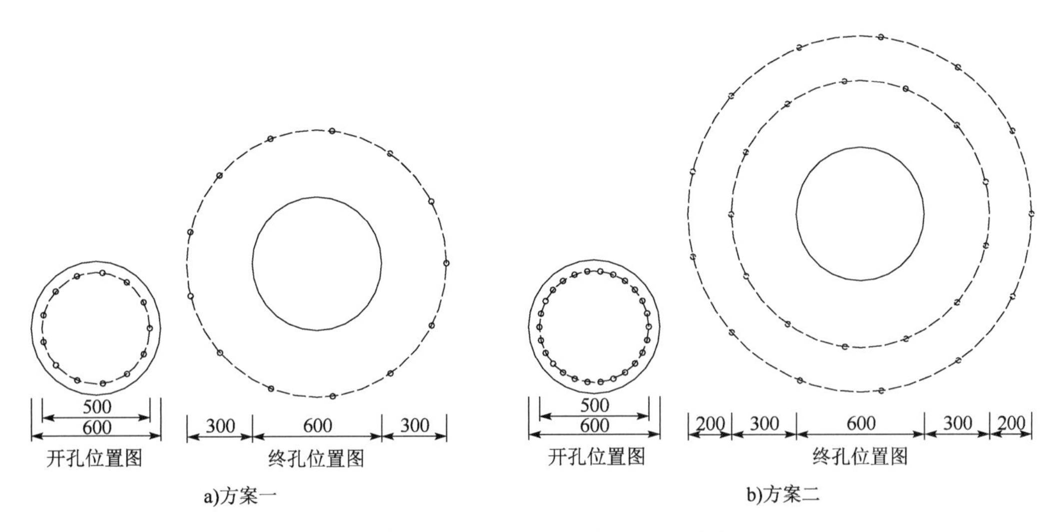

图4-7 工作面注浆孔平面布置示意图(尺寸单位:cm)

工作面注浆设计参数表 表4-5

序号	参数名称	方案一	方案二
1	止浆垫厚度(m)	3	
2	注浆范围	竖井外3m	竖井外5m
3	浆液扩散半径(m)	2	
4	每循环超前探孔长度(m)	60~100	40~60
5	每循环注浆段落长度(m)	60~100	40~60
6	每循环余留段落长度(m)	10~20	
7	注浆方式	下行式分段注浆	
8	注浆孔数量(个)	13	26
9	适用范围	水压<6MPa	水压≥6MPa
10	实际应用范围	130.5~580.3m	580.3~778.5m
11	钻孔注浆循环数编号	1~7	8~12
12	实施循环数量(个)	7	5

4.5.2 注浆设备

注浆设备采用ZJB-BP(50A)型高压变频注浆泵、KBY90/150-22型双液注浆泵。

4.5.3 注浆工艺

注浆时按单、双两序孔进行注浆。首先施工一序孔封堵主要裂隙,然后施工二序孔封堵细小裂隙。

注浆时采用钻-注相结合的方法,全段高采用下行式分段注浆。钻进过程中,当钻孔涌水

量大于 $2m^3/h$ 时，暂停钻进，先注浆封水，然后再扫孔钻注，直至终孔，终孔时各孔涌水量不应超过 $1m^3/h$，同时应满足所有注浆孔总涌水量不应超过 $5m^3/h$ 的标准。

4.6 注浆材料选择标准

注浆材料根据地层吸浆能力，主要采用普通水泥单液浆、超细水泥单液浆、改性脲醛树脂浆液 3 种。

普通水泥单液浆、超细水泥单液浆浆液配比为：水灰比 =0.6∶1 ~1∶1；改性脲醛树脂浆液配合比为：改性脲醛树脂(A 液)与固化剂(B 液)体积比 =2∶1。

对于注浆材料的选择，随着竖井深度的增加，在满足地层吸浆能力的原则下，现场进行了工程试验及应用。统计分析竖井深度范围内的注浆效果，见表 4-6。

竖井深度范围内注浆效果分析评价表　　表 4-6

竖井深度(m)	注浆材料	延米注浆量(m^3/m)	检查孔最大涌水量(m^3/h)	单孔最多扫孔次数(次)	注浆后开挖段落涌水量(m^3/h)
100 ~200	普通水泥单液浆	3.0	4.6	4	17.2
200 ~300	超细水泥单液浆	7.3	3.6	5	5.8
300 ~400	超细水泥单液浆	7.8	3.1	5	5.3
400 ~500	超细水泥单液浆	5.7	4.2	8	9.7
500 ~600	超细水泥单液浆	5.0	5.1	11	18.6
600 ~700	改性脲醛树脂	11.2	4.3	4	6.7
700 ~800	改性脲醛树脂	8.6	4.9	5	7.2

根据统计分析结果，绘制竖井深度范围内延米注浆量、检查孔最大涌水量、单孔最多扫孔次数、注浆开挖后段落涌水量变化曲线，如图 4-8 ~ 图 4-11 所示。

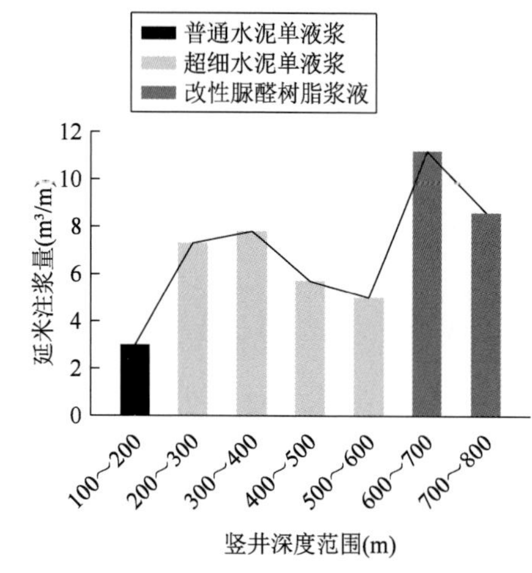

图 4-8　竖井深度范围内延米注浆量变化曲线

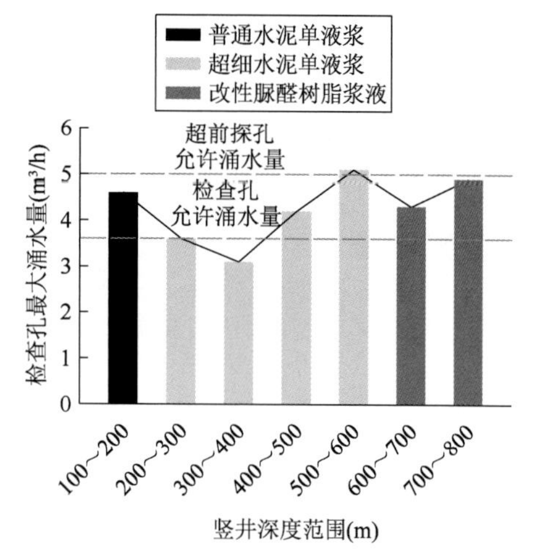

图 4-9　竖井深度范围内检查孔最大涌水量变化曲线

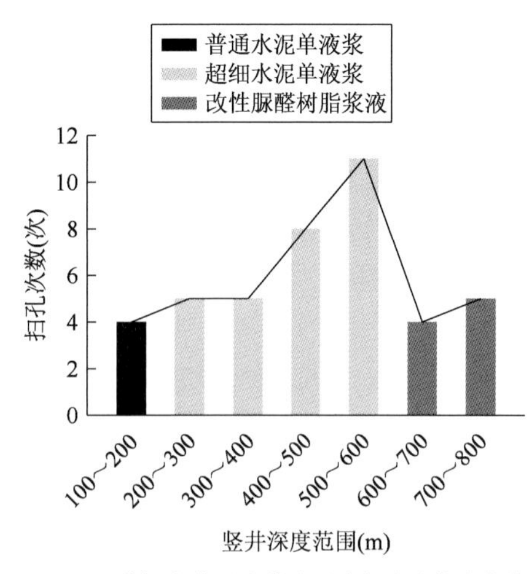

图4-10 竖井深度范围内单孔最多扫孔次数变化曲线

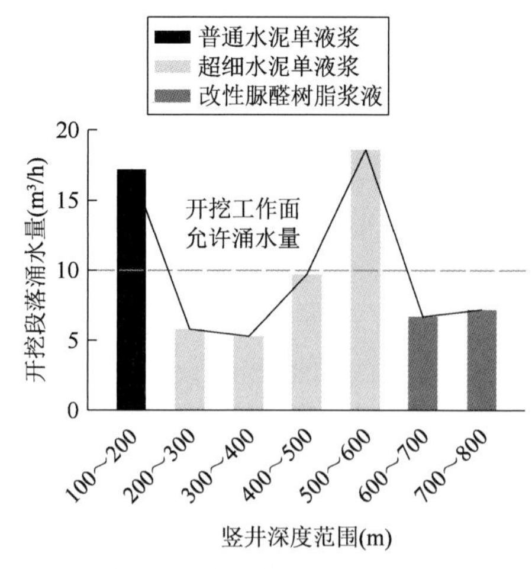

图4-11 竖井深度范围内注浆开挖后段落涌水量变化曲线

从图中可以看出:

(1)在竖井200m深度范围内,采用普通水泥单液浆,延米注浆量即地层吸浆率为$3m^3/m$。进入200m深度之后,采用超细水泥单液浆,地层吸浆率明显提高,提高量为2倍以上。随着竖井深度增大,地层吸浆率有所下降。进入600m深度之后,采用改性脲醋树脂浆液,地层吸浆率迅速提高。至约800m深度范围,地层吸浆率仍可保持在$8.6m^3/m$,从而保证了注浆效果。

(2)通过研究,确定检查孔允许涌水量为$3.6m^3/h$,超前探孔允许涌水量为$5m^3/h$。在竖井200m深度范围内,采用普通水泥单液浆,基本上可以满足标准;但由于检查孔涌水量仍然相对较大,存在一定的施工风险,因此进入200m深度之后,采用超细水泥单液浆。随着竖井深度增大,检查孔涌水量变大,在500~600m深度时,基本不能满足标准要求,因此进入600m深度之后,采用改性脲醛树脂浆液。至800m深度范围内,采用改性脲醛树脂浆液基本上可以满足标准要求。

(3)钻孔注浆过程中,扫孔次数越多,施工效率就越低。一般当扫孔次数超过5次后,说明注浆效率低、注浆效果差。从图中可以看出,在500~600m深度范围内,采用超细水泥单液浆,效率低、效果差,因此,进入600m深度之后,采用改性脲醛树脂浆液十分必要。

(4)通过研究,确定注浆后开挖工作面允许涌水量为$10m^3/h$。100~200m深度时,采用普通水泥单液浆,基本不能满足标准要求,因此,进入200m深度之后,采用超细水泥单液浆。总体来看,500m深度范围内效果良好。但在500~600m深度范围内,采用超细水泥单液浆仍难以达到标准要求,因此,进入600m深度之后,采用改性脲醋树脂浆液,取得了良好的注浆效果。

综合以上分析,高压富水深竖井注浆材料选择见表4-7。

高压富水深竖井注浆材料选择 表4-7

竖井深度(m)	注浆材料	浆液配合比
<200	普通水泥单液浆	水灰比=0.6:1~1:1
200~600	超细水泥单液浆	水灰比=0.6:1~1:1
≥600	改性脲醛树脂浆液	改性脲醛树脂(A液)与固化剂(B液)体积比=2:1

4.7 竖井工作面注浆循环合理长度

注浆循环长度是指每次钻孔注浆循环时,钻孔注浆加固的纵向范围,当为竖井时指深度。注浆循环长度并不是越长越好。注浆循环长度与地质条件、钻机能力、注浆工艺有关。如果地质条件较差,注浆效果会受到一定的影响,因此,注浆循环长度应适当缩短。如果现场采用的钻机能力较差时,钻孔距离越长,岩粉越不易排出,钻机工效越低,同时钻孔倾角增大会影响注浆效果,因此,注浆循环长度应适当缩短,反之亦然。同时,根据大量注浆工程实践表明,注浆存在"楔形效应",即越向前浆液越难扩散,注浆效果越差,因此,注浆循环长度宜合理选取。

高黎贡山隧道1号主竖井注浆12个循环、副井注浆11个循环,合计23个注浆循环。在注浆循环中,采取了40m、60m、80m、100m共4种长度进行了试验。

4.7.1 检查孔涌水量分析

统计分析不同注浆循环长度时检查孔涌水量,采用检查孔涌水量均值绘制不同注浆循环长度时检查孔涌水量变化曲线,如图4-12所示。

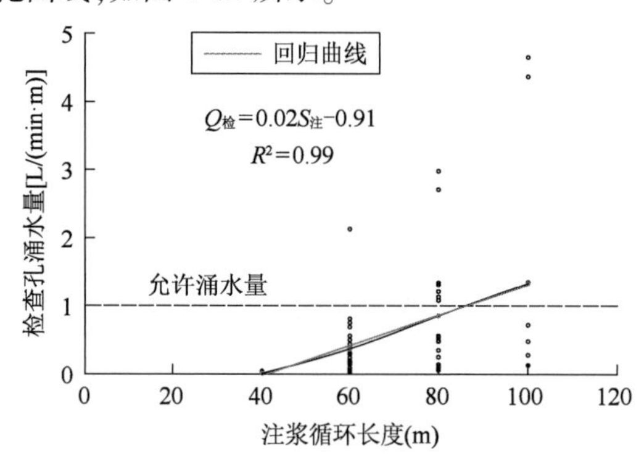

图4-12 不同注浆循环长度时检查孔涌水量变化曲线

对检查孔涌水量变化曲线进行回归,回归方程为:

$$Q_{检}=0.02S_{注}-0.91 \quad (R^2=0.99) \tag{4-7}$$

式中:$Q_{检}$——检查孔涌水量[L/(min·m)];

$S_{注}$——注浆循环长度(m)。

将上述公式转化为:

$$S_{注}=45.05Q_{检}+41.19 \tag{4-8}$$

从检查孔涌水量变化曲线并结合回归方程来看:

(1)随着注浆循环长度的增加,检查孔涌水量基本呈线性增加。

(2)按照检查孔允许涌水量标准1L/(min·m)计算,只要注浆循环长度不大于86m,均能满足要求。

4.7.2 注浆堵水率分析

统计分析不同注浆循环长度时注浆堵水率,采用注浆堵水率均值绘制不同注浆循环长度时注浆堵水率变化曲线，如图4-13所示。

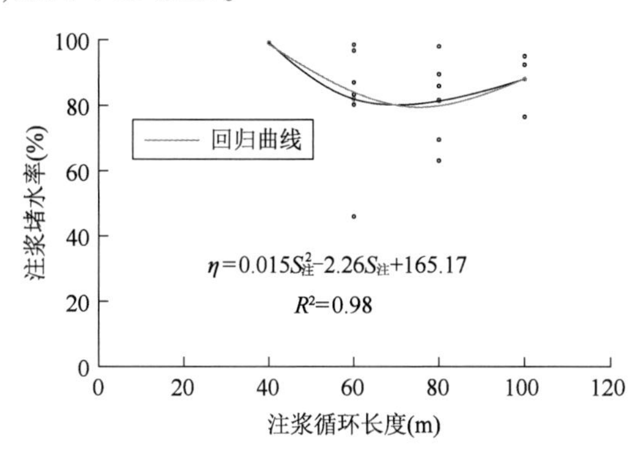

图4-13　不同注浆循环长度时注浆堵水率变化曲线

对注浆堵水率变化曲线进行回归，回归方程为：

$$\eta = 0.015S_{注}^2 - 2.26S_{注} + 165.17 \quad (R^2 = 0.98) \tag{4-9}$$

式中：η——注浆堵水率；

$S_{注}$——注浆循环长度(m)。

从注浆堵水率变化曲线并结合回归方程来看：

(1)注浆堵水率为二次函数曲线特征，说明采用两种注浆布孔方案，对于短注浆循环和长注浆循环都能较好地提高注浆堵水率。而处于中间时，采用不同注浆方案会造成一定差异。

(2)从理论上讲，根据极值分析，当注浆循环长度为75.9m时，注浆堵水率为极小值，该值为79.4%，也基本达到了80%的注浆堵水率，因此，综合来看，各种循环长度的注浆均是可行的，注浆起到了很好的堵水作用。

4.7.3　开挖涌水量分析

统计分析不同注浆循环长度时竖井开挖过程中涌水量，采用开挖涌水量均值绘制不同注浆循环长度时竖井开挖过程涌水量变化曲线，如图4-14所示。

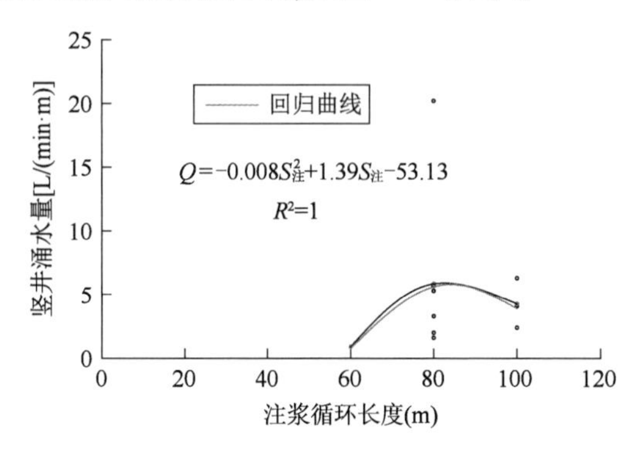

图4-14　不同注浆循环长度时竖井开挖涌水量变化曲线

对竖井开挖涌水量变化曲线进行回归，回归方程为：

$$Q = -0.008S_{注}^2 + 1.39S_{注} - 53.13 \quad (R^2 = 1) \tag{4-10}$$

式中：Q——竖井开挖涌水量[L/(m·min)]；

$S_{注}$——注浆循环长度(m)。

从竖井开挖涌水量变化曲线并结合回归方程来看:

(1)竖井开挖涌水量变化曲线为二次函数曲线特征,说明采用两种注浆布孔方案,对于短注浆循环和长注浆循环都能较好地提高注浆堵水率。而处于中间时,采用不同注浆方案会造成一定差异。该曲线特征与注浆堵水率变化曲线特征一致,更加印证了判断的合理性。

(2)从理论上讲,根据极值分析,当注浆循环长度为84.8m时,竖井开挖涌水量为极大值,该值为5.8L/(min·m)。

(3)竖井工作面允许涌水量按10m³/h计,若将开挖50m作为一个单元,计算出允许涌水量为3.33L/(min·m)。采用回归公式可计算出注浆循环长度不宜大于67.4m。因此,通过高黎贡山隧道试验验证,采用60m的注浆循环长度最为合理。

4.7.4 竖井施工效率分析

1)钻孔效率

经现场试验测试,绘制不同钻孔长度时钻孔效率变化曲线,如图4-15所示。

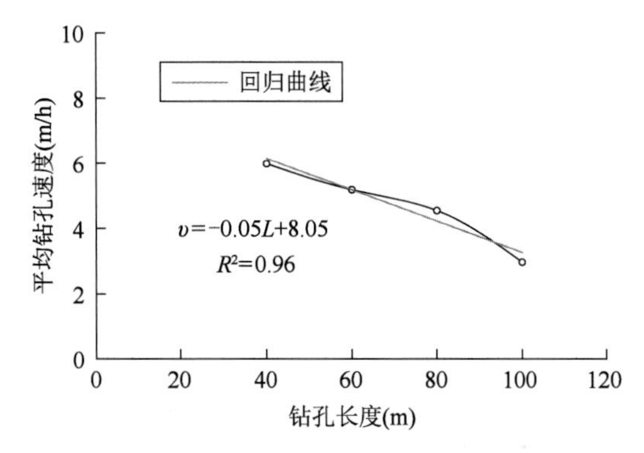

图4-15　不同钻孔长度时钻孔效率变化曲线

对钻孔效率变化曲线进行回归,回归方程为:

$$v = -0.05L + 8.05 \quad (R^2 = 0.96) \tag{4-11}$$

式中:v——钻孔速度(m/h);

L——钻孔长度(m)。

从钻孔效率变化曲线和回归方程来看,随着钻孔长度的增加,钻孔效率呈线性降低。

2)钻孔注浆综合效率

统计不同注浆循环长度时的钻孔注浆循环时间,分析钻孔注浆综合效率并绘制变化曲线,如图4-16所示。

对平均钻孔注浆综合效率变化曲线进行回归,回归方程为:

$$\zeta = 1.06S_{注}^{-0.65} \quad (R^2 = 0.98) \tag{4-12}$$

式中:ζ——平均钻孔注浆综合效率(m/h);

$S_{注}$——注浆循环长度(m)。

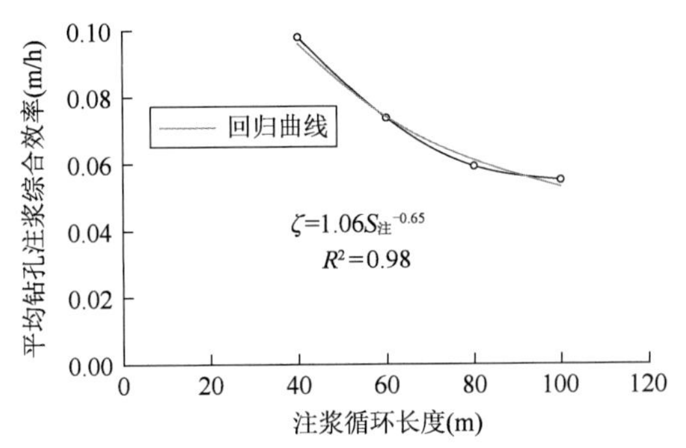

图 4-16 不同注浆循环长度时钻孔注浆综合效率变化曲线

从钻孔注浆综合效率变化曲线和回归方程来看,随着注浆循环长度的增加,钻孔注浆综合效率明显降低。当超过 80m 后,钻孔注浆综合效率变化不大。

3)开挖效率

钻孔注浆完成后,当满足竖井涌水量小于 $10m^3/h$ 时,不同注浆循环长度的开挖主要受垂直提升时间影响,开挖时间一般为 1.5~3.6m/d,为方便对比分析,开挖进度按 2.5m/d 计算。

4)其他工序占用时间

竖井每个钻孔注浆循环其他工序占用时间见表 4-8。

竖井钻孔注浆其他工序占用时间统计表 表 4-8

序号	工序名称	占用时间(d)
1	止浆垫施工	1.5
2	孔口管安装	3.0
3	钻孔平台搭设及设备就位	2.5
4	注浆效果检查及退场	3.0
5	止浆垫破除	3.0
合计		13.0

5)综合成井效率

根据以上钻孔、注浆、开挖,以及其他工序占用时间,按建井 300m 分析不同注浆段落长度时的综合成井效率。根据分析结果,绘制不同注浆段落长度时的综合成井效率变化曲线,如图 4-17所示。

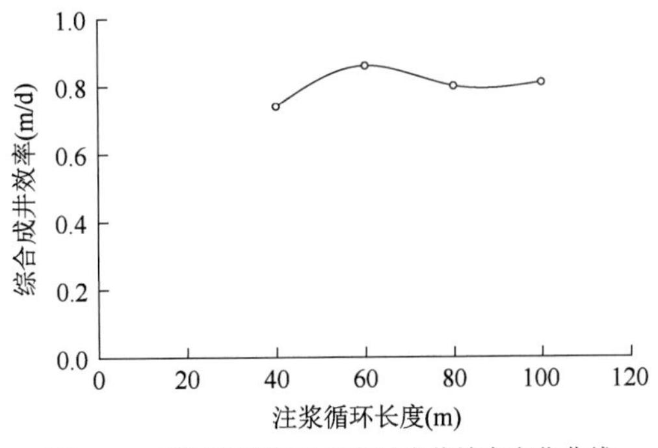

图 4-17 不同注浆循环长度时成井效率变化曲线

从综合成井效率变化曲线来看,注浆段落为60m时效率最高,40m时效率最低。

4.7.5 综合分析

综合检查孔涌水量、注浆堵水率、竖井开挖涌水量,以及综合成井效率等因素,采取竖井工作面预注浆时,注浆循环合理长度宜为60m。

4.8 高黎贡山隧道1号主竖井注浆堵水

4.8.1 工作面预注浆设计

根据钻孔涌水量、地层吸浆量的不同,1号主竖井工作面预注浆共设计两种注浆方案,注浆设计如图4-18所示。

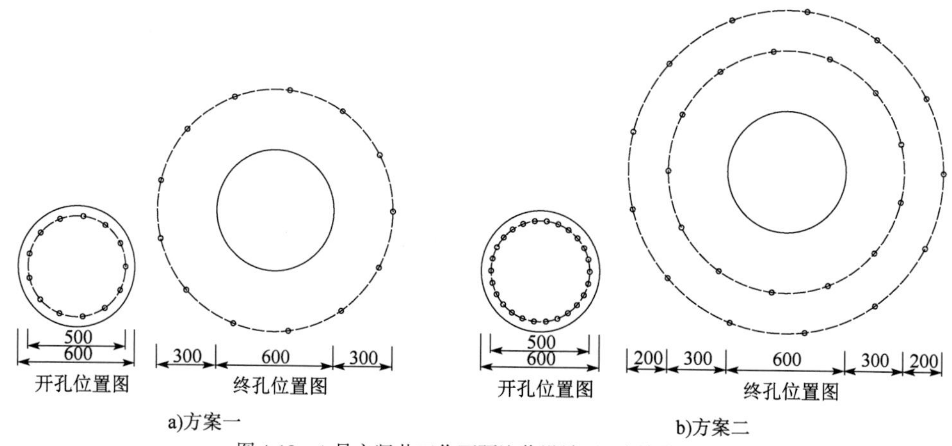

图4-18 1号主竖井工作面预注浆设计(尺寸单位:cm)

注浆设计参数及应用情况见表4-9。

1号主竖井工作面预注浆设计参数表 表4-9

序号	参数名称	方案一	方案二
1	止浆垫厚度(m)	3	3
2	注浆范围	竖井外3m	竖井外5m
3	浆液扩散半径(m)	2	2
4	每循环超前地质探孔长度(m)	60~100	40~60
5	每循环注浆段落长度(m)	60~100	40~60
6	每循环余留段落长度(m)	10~20	10~20
7	注浆方式	下行式分段注浆	下行式分段注浆
8	注浆孔数量(个)	13	26
9	适用范围	水压力<6MPa	水压力≥6MPa
10	应用范围	130.5~580.3m	580.3~778.5m
11	钻孔注浆循环数编号	1~7	8~12
12	实施循环数量(个)	7	5

注浆材料根据地层吸浆能力，主要采用普通水泥单液浆、超细水泥单液浆、改性脲醛树脂3种。

4.8.2　超前探孔涌水量

高黎贡山隧道1号主竖井开挖前，采取超前钻探进行涌水量测试，从而确定施工方案。1号主竖井前130.5m经超前探孔发现涌水量较小，未采取注浆措施。自130.5m以后，共实施钻孔注浆12个循环，每个循环超前探孔涌水量测试结果见表4-10。

1号主竖井超前探孔涌水量统计表　　表4-10

序号	钻孔注浆循环编号	里程（S1ZK0+）	探1		探2		探3		探4	
			段落（m）	涌水量（m^3/h）	段落（m）	涌水量（m^3/h）	段落（m）	涌水量（m^3/h）	段落（m）	涌水量（m^3/h）
1	第1循环	130.5～230.5	0～18	1.2	0～19	1.0	0～54	7.6	0～46	3.9
			18～28	5.6	19～25	5.1	54～72	1.1	46～76	10.2
			28～76	1.0	25～77	0.8	72～88	4.8	76～100	1.4
			76～100	3.8	77～100	3.4	88～100	3.9	—	—
			全孔	11.6	全孔	10.3	全孔	17.4	全孔	15.5
2	第2循环	198.7～278.7	0～48	17.7	0～62	14.9	0～68	16.2	0～54	17.7
			48～80	15.2	62～81	112.0	68～71	6.5	54～80	13.7
			80～81	15.8	—	—	71～81	3.7	80～81	2.6
			全孔	48.7	全孔	126.9	全孔	26.4	全孔	34.0
3	第3循环	263.5～333.5	0～48	16.9	0～53	6.4	0～48	37.3	0～51	13.8
			48～50	35.5	53～60	10.5	48～60	10.3	51～60	16.2
			50～52	17.7	60～70	11.0	60～70	2.1	60～70	47.0
			52～60	20.0	—	—	—	—	—	—
			60～70	2.0	—	—	—	—	—	—
			全孔	92.1	全孔	27.9	全孔	49.7	全孔	77.0
4	第4循环	295.9～375.9	0～51	13.7	0～30	1.0	0～50	12.0	0～26	9.0
			51～63	13.8	30～39	8.2	50～80	31.0	26～57	8.9
			63～80	8.6	39～57	9.3	—	—	57～80	8.8
			—	—	57～80	3.1	—	—	—	—
			全孔	36.1	全孔	21.6	全孔	43.0	全孔	26.7
5	第5循环	364.3～444.3	0～80	10.6	0～74	13.0	0～80	15.4	0～72	20.0

续上表

序号	钻孔注浆循环编号	里程(S1ZK0+)	探1		探2		探3		探4	
			段落(m)	涌水量(m^3/h)	段落(m)	涌水量(m^3/h)	段落(m)	涌水量(m^3/h)	段落(m)	涌水量(m^3/h)
5	第5循环	364.3~444.3	—	—	74~80	1.7	—	—	72~80	3.8
			全孔	10.6	全孔	14.7	全孔	15.4	全孔	23.8
6	第6循环	425.5~505.5	0~24	9.6	0~47	8.4	0~33	14.6	0~45	13.0
			24~45	30.6	47~80	9.0	33~63	11.2	45~53	10.5
			45~80	6.2	—	—	63~80	3.4	53~63	13.3
			—	—	—	—	—	—	63~74	8.1
			—	—	—	—	—	—	74~77	16.9
			—	—	—	—	—	—	77~80	0.4
			全孔	46.4	全孔	17.4	全孔	29.2	全孔	62.2
7	第7循环	497.5~597.5	0~66	27.3	0~53	25.3	0~69	19.7	0~51	3.1
			66~100	16.4	53~87	16.1	69~100	18.9	51~83	20.0
			—	—	87~100	2.5	—	—	83~100	21.8
			全孔	43.7	全孔	43.9	全孔	38.6	全孔	44.9
8	第8循环	580.3~640.3	0~35	20.9	0~60	4.0	0~45	10.8	0~11	5.4
			35~38	15.1	—	—	45~60	4.5	11~29	5.6
			38~47	8.6	—	—	—	—	29~41	11.6
			47~60	2.4	—	—	—	—	41~60	2.9
			全孔	47.0	全孔	4.0	全孔	15.3	全孔	25.5
9	第9循环	619.9~679.9	0~60	1.9	0~60	1.7	0~43	16.4	0~40	0.1
			—	—	—	—	43~60	5.3	—	—
			全孔	1.9	全孔	1.7	全孔	21.7	全孔	0.1
10	第10循环	652.3~712.3	0~60	4.8	0~60	2.3	0~60	3.7	0~60	4.4
11	第11循环	691.9~751.9	0~60	3.8	0~60	3.2	0~40	3.8	0~40	6.8
12	第12循环	730.9~778.5	0~48.6	17.7	0~48.6	11.1	0~48.6	14.9	0~48.6	10.6

超前探孔涌水量典型照片如图4-19所示。

根据超前探孔涌水量，绘制各钻孔注浆循环的涌水量图，如图4-20所示。

a)涌水量21.3m³/h

b)涌水量28.4m³/h

c)涌水量43.0m³/h

d)涌水量70.0m³/h

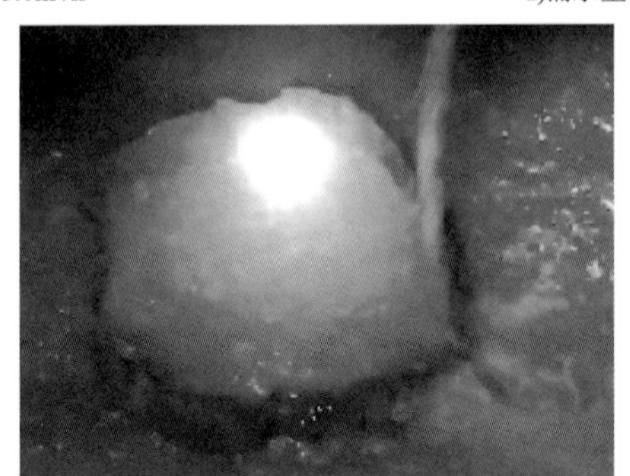

e)涌水量94.7m³/h

图 4-19　超前探孔涌水量典型照片

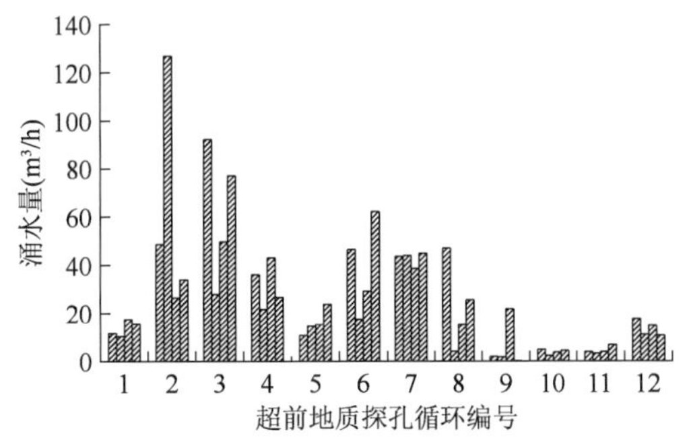

图 4-20　1 号主竖井超前探孔涌水量图

从图 4-20 中可以看出：

(1)所有 12 个钻孔注浆循环涌水量均超过 $10m^3/h$。钻孔单孔最大涌水量发生在第 2 循环，为 $126.9m^3/h$。

(2)第 2 循环钻孔涌水量最大，其次是第 3、4、6、7、8 循环，第 5、10、11 循环钻孔涌水量相对较小。

(3)各循环 4 个探孔涌水量存在明显差异性，从而给钻孔注浆施工带来了困难。

将超前探孔涌水量按延长米进行统计分析，结果见表 4-11。

1 号主竖井超前探孔涌水量(延长米)统计分析表 表 4-11

序号	钻孔注浆循环编号	里程(S1ZK0 +)	涌水量[L/(min·m)]				
			探 1	探 2	探 3	探 4	平均值
1	第 1 循环	130.5 ~ 230.5	1.93	1.72	2.90	2.58	2.28
2	第 2 循环	198.7 ~ 278.7	10.02	26.11	5.43	7.00	12.14
3	第 3 循环	263.5 ~ 333.5	21.93	6.64	11.83	18.33	14.68
4	第 4 循环	295.9 ~ 375.9	7.52	4.50	8.96	5.56	6.64
5	第 5 循环	364.3 ~ 444.3	2.21	3.06	3.21	4.96	3.36
6	第 6 循环	425.5 ~ 505.5	9.67	3.63	6.08	12.96	8.09
7	第 7 循环	497.5 ~ 597.5	7.28	7.32	6.43	7.48	7.13
8	第 8 循环	580.3 ~ 640.3	13.06	1.11	4.25	7.08	6.38
9	第 9 循环	619.9 ~ 679.9	0.53	0.47	6.03	0.04	1.77
10	第 10 循环	652.3 ~ 712.3	1.33	0.64	1.03	1.22	1.06
11	第 11 循环	691.9 ~ 751.9	1.06	0.89	1.58	2.83	1.59
12	第 12 循环	730.9 ~ 778.5	6.07	3.81	5.11	3.64	4.66

根据统计数据，绘制超前探孔单位涌水量图，如图 4-21 所示。

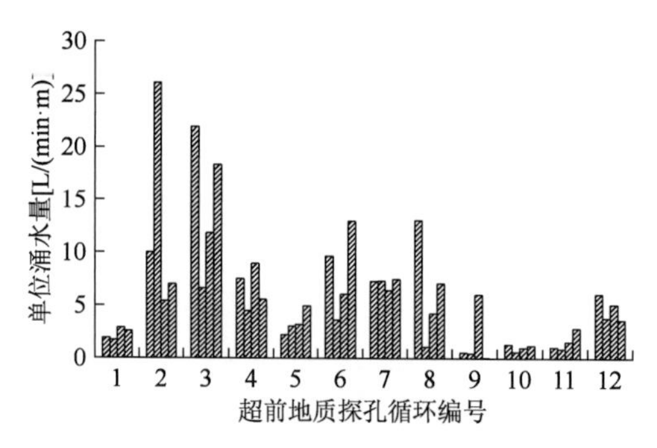

图 4-21　1 号主竖井超前探孔单位涌水量图

从图 4-21 中可以看出：

(1)所有 12 个钻孔注浆循环的探孔涌水量均大于 0.2L/(min·m)的标准,因此,所有循环都需要进行钻孔注浆工作。

(2)第 2、3、6、7、8、12 循环涌水量大,应加强钻孔注浆工作。

(3)各探孔涌水量差异较大,为钻孔注浆带来了困难。

4.8.3　注浆后检查孔涌水量

注浆结束后,采用钻检查孔法进行涌水量测试,测试结果见表 4-12。

1 号主竖井注浆后检查孔涌水量统计表　　表 4-12

序号	钻孔注浆循环编号	里程(S1ZK0+)	检 1		检 2		检 3		检 4	
			段落(m)	涌水量(m^3/h)	段落(m)	涌水量(m^3/h)	段落(m)	涌水量(m^3/h)	段落(m)	涌水量(m^3/h)
1	第 1 循环	130.5~230.5	考虑到超前探孔水量较小,注浆完成后未进行钻孔检查							
2	第 2 循环	198.7~278.7	0~81	1.20	0~81	2.60	0~81	0.30	0~81	0.50
3	第 3 循环	263.5~333.5	0~60	5.15	—	—	—	—	—	—
4	第 4 循环	295.9~375.9	0~80	14.30	0~80	2.60	0~80	0.65	—	—
5	第 5 循环	364.3~444.3	0~80	13.00	0~80	2.30	0~80	2.36	0~80	6.30
6	第 6 循环	425.5~505.5	0~80	5.20	0~80	5.40	0~80	5.80	—	—
7	第 7 循环	497.5~597.5	0~51	3.30	0~100	1.70	0~100	0.00	—	—
			51~90	4.50	—	—	—	—	—	—
			90~100	0.30	—	—	—	—	—	—
			全孔	8.10	全孔	1.70	全孔	0.00	—	—
8	第 8 循环	580.3~640.3	0~60	0.68	0~60	0.72	0~60	0.74	0~60	0.85
9	第 9 循环	619.9~679.9	0~60	0.52	0~60	1.03	0~60	1.11	0~60	0.53
10	第 10 循环	652.3~712.3	0~60	0.33	0~60	0.49	0~60	0.59	0~60	1.60
11	第 11 循环	691.9~751.9	0~60	1.60	0~60	2.00	0~40	5.10	0~40	0.70
12	第 12 循环	730.9~778.5	0~48.6	0.00	0~48.6	0.00	0~48.6	0.10	0~48.6	0.00

将检查孔涌水量按延长米进行统计分析,结果见表 4-13。

1 号主竖井检查孔涌水量(延长米)统计分析表　　表 4-13

序号	钻孔注浆循环	里程(S1ZK0+)	涌水量[L/(min·m)]				
			检 1	检 2	检 3	检 4	平均值
1	第 1 循环	130.5~230.5	考虑到超前探孔水量较小,注浆完成后未进行钻孔检查				
2	第 2 循环	198.7~278.7	0.25	0.54	0.06	0.10	0.24
3	第 3 循环	263.5~333.5	1.43	—	—	—	1.43
4	第 4 循环	295.9~375.9	2.98	0.542	0.14	—	1.22
5	第 5 循环	364.3~444.3	2.71	0.48	0.49	1.31	1.24

续上表

序号	钻孔注浆循环	里程(S1ZK0 +)	涌水量[L/(min·m)]				
			检1	检2	检3	检4	平均值
6	第6循环	425.5 ~ 505.5	1.08	1.13	1.21	—	1.14
7	第7循环	497.5 ~ 597.5	1.35	0.28	0.00	—	0.54
8	第8循环	580.3 ~ 640.3	0.19	0.20	0.20	0.24	0.21
9	第9循环	619.9 ~ 679.9	0.14	0.29	0.31	0.18	0.23
10	第10循环	652.3 ~ 712.3	0.09	0.14	0.16	0.44	0.21
11	第11循环	691.9 ~ 751.9	0.44	0.56	2.13	0.29	0.86
12	第12循环	730.9 ~ 778.5	0.00	0.00	0.03	0.00	0.01

根据分析结果,绘制检查孔涌水量图,如图4-22所示。

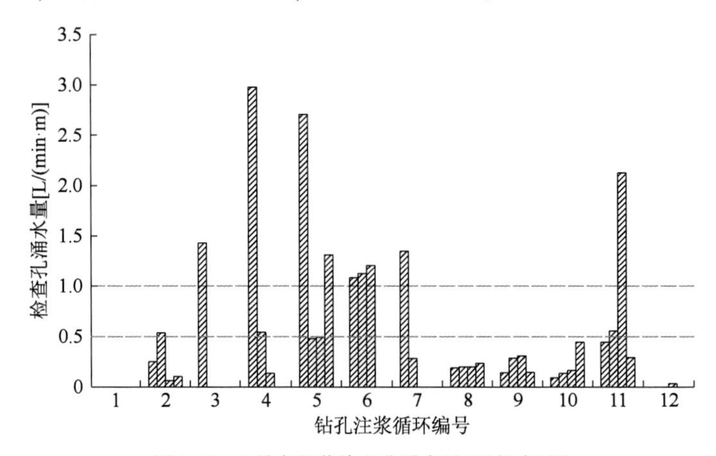

图4-22　1号主竖井检查孔涌水量(延长米)图

从图4-22中可以看出:

(1)4个检查孔涌水量具有一定的离散性,特别是前7个循环,这可能与注浆孔圈数较少有关。

(2)个别检查孔涌水量较大,这说明如果注浆孔数量偏少,很容易形成注浆盲区。

(3)总体来看,采用0.2L/(min·m)的检查孔涌水量标准要求过严,不太适合于高黎贡山隧道竖井工程,采用0.5 ~1.0L/(min·m)比较符合现场实际情况。

4.8.4　注浆后竖井开挖

检查注浆效果,符合要求后进行竖井开挖。竖井开挖过程中,工作面水量采用10m^3/h作为正常开挖标准,当发现工作面水量较大时,停止开挖,余留足够的止浆岩盘,进入下一个注浆循环。现场实际注浆开挖循环如图4-23所示。

高黎贡山隧道1号主竖井于2016年6月19日开始施工,2019年11月18日到底,历时41个月,平均开挖进度18.6m/月。开挖过程中实际涌水量统计见表4-14。当竖井总涌水量超过10m^3/h后,采取衬砌背后注浆进行渗漏水治理。

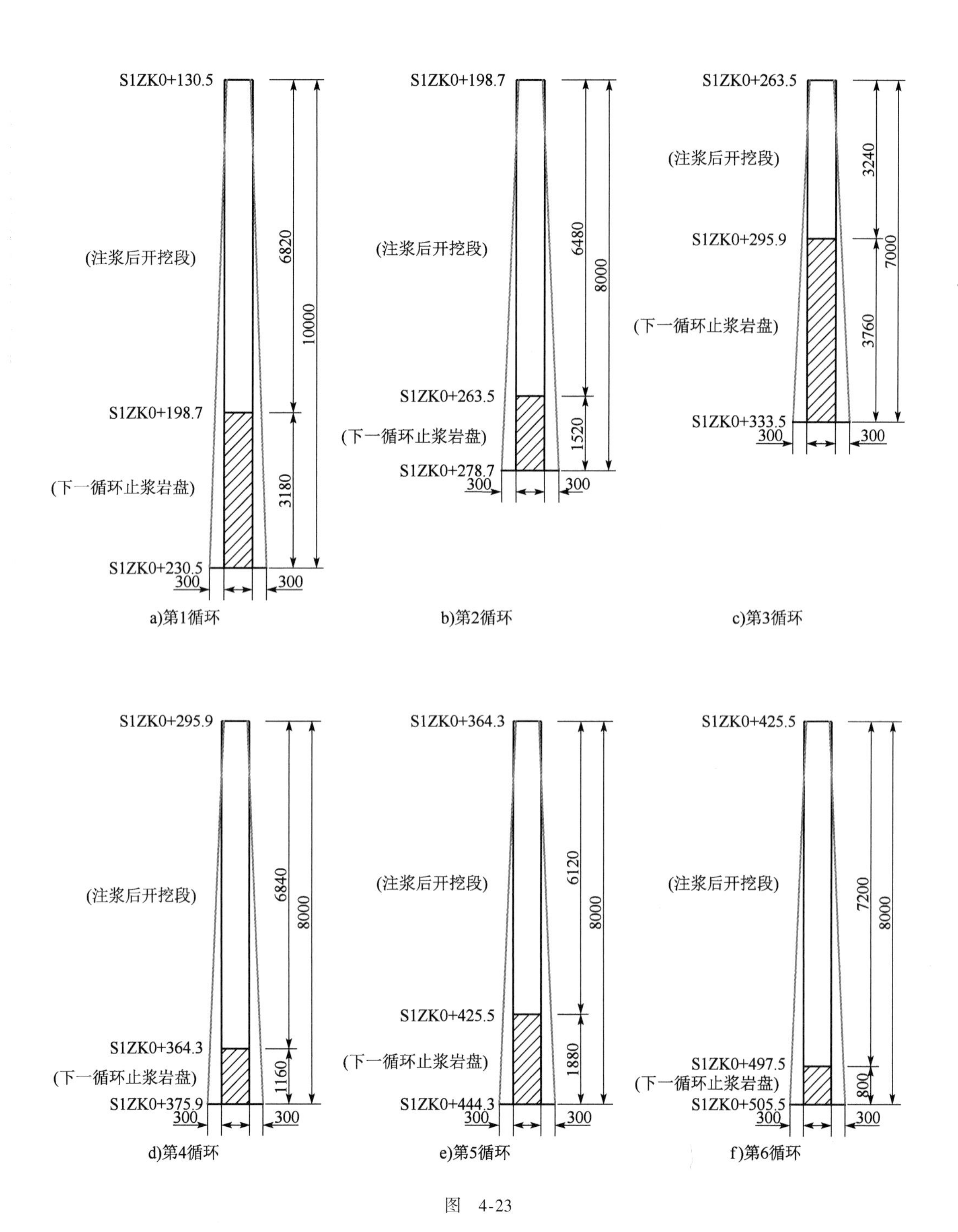
S1ZK0+130.5
(注浆后开挖段)
6820
10000
S1ZK0+198.7
(下一循环止浆岩盘)
3180
S1ZK0+230.5
300
300
a)第1循环
S1ZK0+198.7
(注浆后开挖段)
6480
8000
S1ZK0+263.5
(下一循环止浆岩盘)
1520
S1ZK0+278.7
300
300
b)第2循环
S1ZK0+263.5
(注浆后开挖段)
3240
S1ZK0+295.9
7000
(下一循环止浆岩盘)
3760
S1ZK0+333.5
300
300
c)第3循环
S1ZK0+295.9
(注浆后开挖段)
6840
8000
S1ZK0+364.3
(下一循环止浆岩盘)
1160
S1ZK0+375.9
300
300
d)第4循环
S1ZK0+364.3
(注浆后开挖段)
6120
8000
S1ZK0+425.5
(下一循环止浆岩盘)
1880
S1ZK0+444.3
300
300
e)第5循环
S1ZK0+425.5
(注浆后开挖段)
7200
8000
S1ZK0+497.5
(下一循环止浆岩盘)
800
S1ZK0+505.5
300
300
f)第6循环

图　4-23

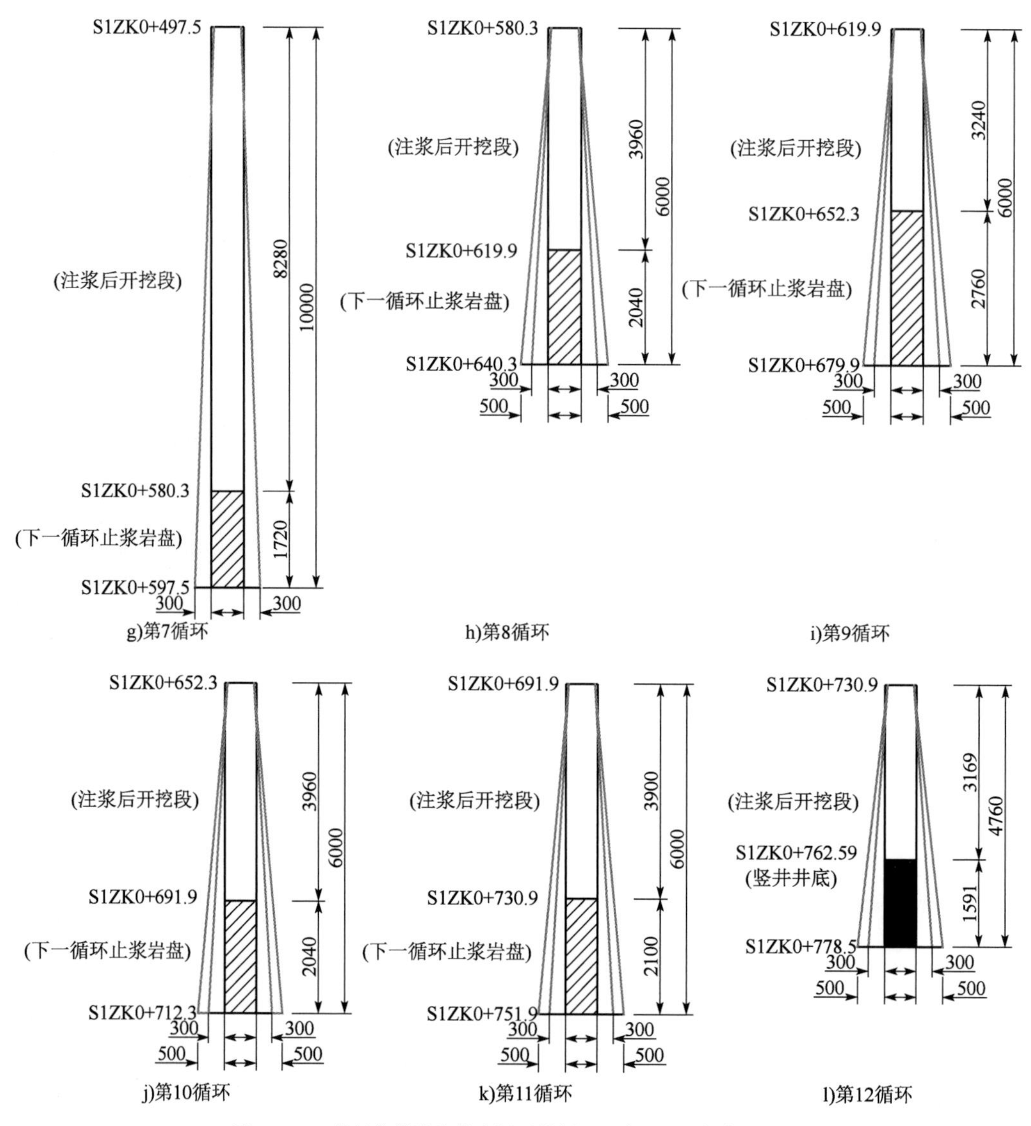

图 4-23　1 号竖井钻孔注浆实际开挖循环示意图(尺寸单位:cm)

1 号主竖井注浆后实际开挖涌水量统计表　　表 4-14

里程(S1ZK0 +)	实际涌水量(m^3/h)	里程(S1ZK0 +)	实际涌水量(m^3/h)	里程(S1ZK0 +)	实际涌水量(m^3/h)
0 ~ 15.5	0.0	223.9 ~ 267.1	3.0	461.4 ~ 471.0	9.8
15.5 ~ 26.2	0.0	267.1 ~ 295.9	8.8	471.0 ~ 473.9	10.2
26.2 ~ 58.0	0.0	295.9 ~ 340.0	6.5	473.9 ~ 480.1	10.2
58.0 ~ 83.0	19.0	340.0 ~ 343.7	8.0	480.1 ~ 483.9	10.2
83.0 ~ 130.5	15.0	343.7 ~ 364.3	8.8	483.9 ~ 495.5	10.2
130.5 ~ 154.5	6.0	364.3 ~ 389.5	5.9	495.5 ~ 497.5	10.2
154.5 ~ 156.3	3.0	389.5 ~ 425.5	13.5	497.5 ~ 501.3	7.2
156.3 ~ 180.7	3.5	425.5 ~ 442.3	7.0	501.3 ~ 576.7	23.7
180.7 ~ 198.7	4.0	442.3 ~ 459.1	9.5	576.7 ~ 693.5	6.2
198.7 ~ 223.9	3.4	459.1 ~ 461.4	9.8	后面未统计	

根据钻孔注浆循环情况,对注浆后实际开挖涌水量进行分析统计,结果见表4-15。

1号主竖井注浆后实际开挖涌水量(按钻孔注浆循环)分析统计表 表4-15

序号	钻孔注浆循环	开挖段里程（S1ZK0+）	开挖段长度（m）	实际涌水量（m^3/h）	实际延长米涌水量[L/(min·m)]
1	第1循环	130.5~198.7	68.2	16.5	4.0
2	第2循环	198.7~263.5	64.8	6.2	1.6
3	第3循环	263.5~295.9	32.4	9.1	4.7
4	第4循环	295.9~364.3	68.4	23.3	5.7
5	第5循环	364.3~425.5	61.2	19.4	5.3
6	第6循环	425.5~497.5	72.0	87.1	20.2
7	第7循环	497.5~580.3	82.8	31.1	6.3
8	第8循环	580.3~619.9	39.6	2.1	0.9
9	第9循环	619.9~652.3	32.4	1.7	0.9
10	第10循环	652.3~691.9	39.6	2.1	0.9
11	第11循环	691.9~730.9	39.0	未统计	未统计
12	第12循环	730.9~762.6	31.7	未统计	未统计

绘制实际开挖过程中单位涌水量,如图4-24所示。

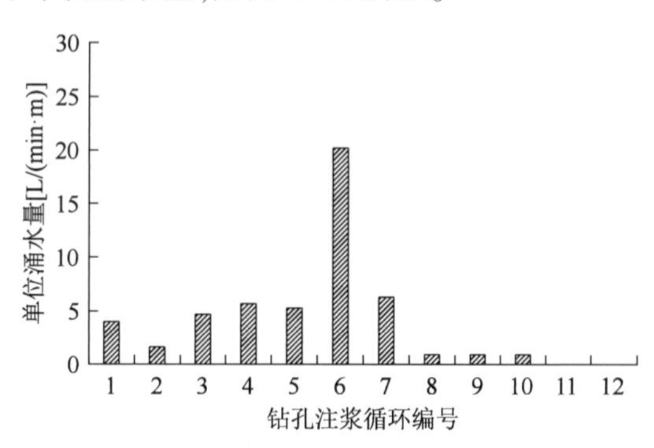

图4-24 1号主竖井实际开挖单位涌水量图

4.8.5 注浆堵水率分析

高黎贡山隧道1号主竖井注浆堵水率分析统计结果见表4-16。

1号主竖井注浆堵水率分析统计表 表4-16

序号	钻孔注浆循环	超前探孔平均涌水量[L/(min·m)]	检查孔平均涌水量[L/(min·m)]	注浆堵水率（%）
1	第1循环	2.28	—	—
2	第2循环	12.14	0.24	98.0
3	第3循环	14.68	1.43	90.3

续上表

序号	钻孔注浆循环	超前探孔平均涌水量[L/(min·m)]	检查孔平均涌水量[L/(min·m)]	注浆堵水率(%)
4	第4循环	6.64	1.22	81.6
5	第5循环	3.36	1.24	63.1
6	第6循环	8.09	1.14	85.9
7	第7循环	7.13	0.54	92.4
8	第8循环	6.38	0.21	96.7
9	第9循环	1.77	0.23	87.0
10	第10循环	1.06	0.21	80.2
11	第11循环	1.59	0.86	45.9
12	第12循环	4.66	0.01	99.8
平均				83.7

根据统计结果,绘制钻孔注浆循环前后涌水量,以及注浆堵水率,如图4-25、图4-26所示。

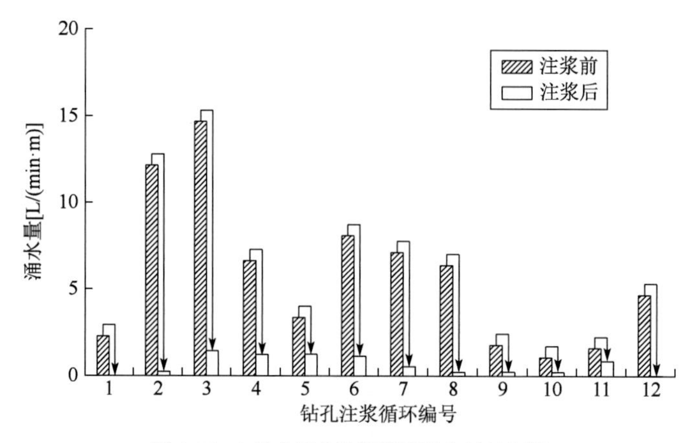

图4-25 1号主竖井注浆前后涌水量对比图

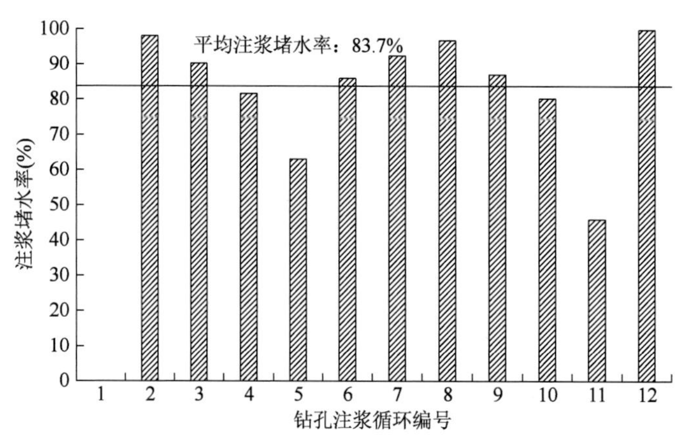

图4-26 1号主竖井注浆堵水率图

从图4-26可以看出,除个别循环外,注浆堵水率均在80%以上,平均注浆堵水率83.7%,最高注浆堵水率为99.8%。

4.8.6 钻孔注浆利用率分析

统计钻孔注浆及开挖情况,结果见表4-17。

1号主竖井钻孔注浆及开挖情况统计表　　表4-17

序号	钻孔注浆循环	钻孔注浆段长(m)	注浆后开挖段长(m)	余留下一循环止浆岩盘厚度(m)	钻孔注浆利用率(%)
1	第1循环	100	68.2	31.8	68.2
2	第2循环	80	64.8	15.2	81.0
3	第3循环	70	32.4	37.6	46.3
4	第4循环	80	68.4	11.6	85.5
5	第5循环	80	61.2	18.8	76.5
6	第6循环	80	72.0	8.0	90.0
7	第7循环	100	82.8	17.2	82.8
8	第8循环	60	39.6	20.4	66.0
9	第9循环	60	32.4	27.6	54.0
10	第10循环	60	39.6	20.4	66.0
11	第11循环	60	39.0	21.0	65.0
12	第12循环	47.6	31.7	15.9	66.6
平均					70.7

绘制钻孔注浆利用率图,如图4-27所示。

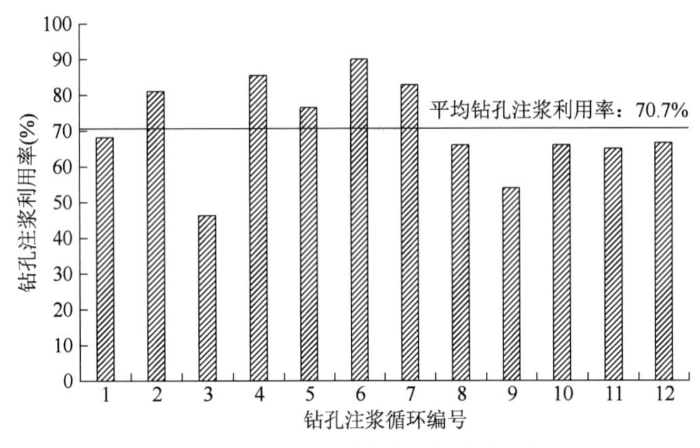

图4-27　1号主竖井钻孔注浆利用率图

从图4-27可以看出,除个别循环外,钻孔注浆利用率较高,平均利用率为70.7%,最高利用率达到90%,这说明总体注浆效果是良好的。因此,采用0.5L/(min·m)作为检查孔涌水量允许标准是可行的。

4.9 高黎贡山隧道1号副竖井注浆堵水

4.9.1 工作面注浆设计

根据钻孔涌水量、地层吸浆量的不同,1号副竖井工作面预注浆共设计两种注浆方案,注浆设计如图4-28所示。

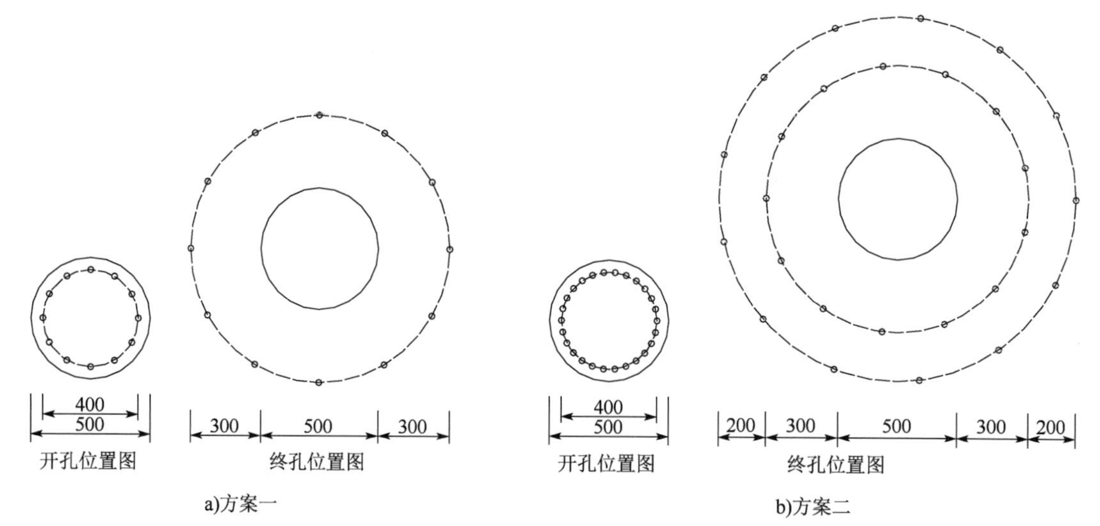

图4-28 1号副竖井工作面预注浆设计(尺寸单位:cm)

注浆方案应用情况见表4-18。

1号副竖井注浆方案应用表

表4-18

方案编号	适用范围	注浆孔数量(个)	注浆循环长度(m)	应用范围(m)	钻孔注浆循环数	实施循环数量(个)
方案一	水压力<6MPa	12	80~100	135.0~582.9	1~6	6
方案二	水压力≥6MPa	26	40~100	582.9~774.7	7~11	5

4.9.2 超前探孔涌水量

高黎贡山隧道1号副竖井前135.0m经超前探孔发现涌水量较小,未采取注浆措施。自135.0m以后,共实施钻孔注浆11个循环,每个循环超前探孔涌水量测试结果见表4-19。

1号副竖井超前探孔涌水量统计表

表4-19

序号	钻孔注浆循环编号	里程(S1FK0+)	探1		探2		探3		探4	
			段落(m)	涌水量(m^3/h)	段落(m)	涌水量(m^3/h)	段落(m)	涌水量(m^3/h)	段落(m)	涌水量(m^3/h)
1	第1循环	135.0~235.0	0~11	8.8	0~100	14.3	0~100	3.4	0~32	6.7
			11~15	6.5	—	—	—	—	32~84	20.3

续上表

序号	钻孔注浆循环编号	里程（S1FK0+）	探1		探2		探3		探4	
			段落（m）	涌水量（m^3/h）	段落（m）	涌水量（m^3/h）	段落（m）	涌水量（m^3/h）	段落（m）	涌水量（m^3/h）
1	第1循环	135.0～235.0	15～32	12.7	—	—	—	—	84～100	2.2
			32～57	5.0	—	—	—	—	—	—
			57～86	10.0	—	—	—	—	—	—
			86～96	16.0	—	—	—	—	—	—
			96～98	30.0	—	—	—	—	—	—
			98～100	37.0	—	—	—	—	—	—
			全孔	126.0	全孔	14.3	全孔	3.4	全孔	29.2
2	第2循环	221.4～301.4	0～22	7.1	0～33	2.8	0～66	2.8	0～70	5.1
			22～70	2.4	33～59	5.7	66～80	1.7	70～80	1.5
			70～80	9.6	59～70	2.1	—	—	—	—
			—	—	70～80	4.5	—	—	—	—
			全孔	19.1	全孔	15.1	全孔	4.5	全孔	6.6
3	第3循环	290.5～370.5	0～63	10.3	0～48	0.9	0～80	1.8	0～70	2.0
			63～80	2.4	48～62	1.0	—	—	70～80	1.5
			—	—	62～66	4.5	—	—	—	—
			—	—	66～80	2.0	—	—	—	—
			全孔	12.7	全孔	8.4	全孔	49.7	全孔	3.5
4	第4循环	358.9～438.9	0～80	1.2	0～80	3.6	0～80	2.1	0～80	4.0
5	第5循环	427.3～507.3	0～42	0.5	0～80	5.1	0～30	0.5	0～80	6.0
			42～75	2.1	—	—	30～44	2.4	—	—
			75～80	3.5	—	—	44～62	2.0	—	—
			—	—	—	—	62～80	3.5	—	—
			全孔	6.1	全孔	5.1	全孔	8.4	全孔	6.0
6	第6循环	502.9～582.9	0～80	9.5	0～63	40.0	0～40	9.7	0～80	7.3
			—	—	63～80	12.0	40～80	6.0	—	—
			全孔	9.5	全孔	52.0	全孔	15.7	全孔	7.3
7	第7循环	583.5～683.5	0～100	6.8	0～30	6.1	0～71	20.6	0～55	9.5
			—	—	30～57	94.7	71～78	14.4	55～69	7.3
			—	—	57～63	17.4	78～80	22.1	69～92	8.0
			—	—	63～75	8.1	80～100	2.2	92～100	6.1
			—	—	75～79	5.0	—	—	—	—
			—	—	79～83	7.2	—	—	—	—
			—	—	83～100	10.3	—	—	—	—
			全孔	6.8	全孔	148.8	全孔	59.3	全孔	30.9

续上表

序号	钻孔注浆循环编号	里程（S1FK0 +）	探1		探2		探3		探4	
			段落（m）	涌水量（m^3/h）	段落（m）	涌水量（m^3/h）	段落（m）	涌水量（m^3/h）	段落（m）	涌水量（m^3/h）
8	第8循环	609.1 ~ 649.1	0 ~ 40	1.1	0 ~ 40	1.1	0 ~ 40	5.8	0 ~ 40	2.2
9	第9循环	632.4 ~ 692.4	0 ~ 60	8.3	0 ~ 45	5.6	0 ~ 60	3.6	0 ~ 45	6.5
10	第10循环	675.6 ~ 735.6	0 ~ 40	7.4	0 ~ 40	8.5	0 ~ 40	10.7	0 ~ 40	13.1
11	第11循环	718.3 ~ 774.7	0 ~ 40	16.1	0 ~ 40	4.6	0 ~ 40	11.8	0 ~ 40	10.9

根据超前探孔涌水量，绘制各钻孔注浆循环的涌水量图，如图4-29所示。

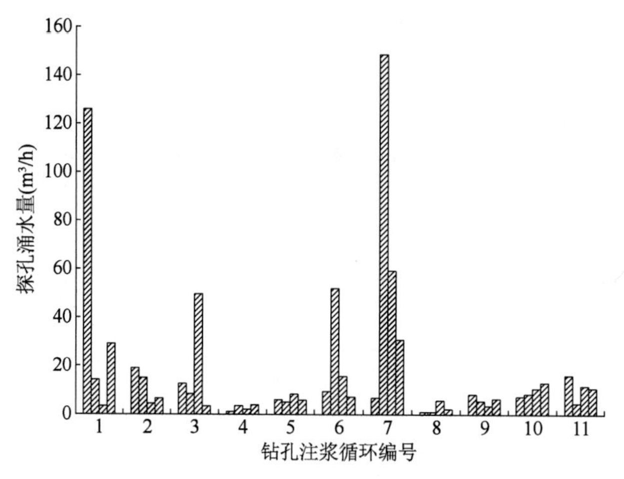

图4-29　1号副竖井超前探孔涌水量图

从图4-29中可以看出：

（1）11个钻孔中有7个钻孔注浆循环涌水量均超过10m^3/h。钻孔单孔最大涌水量发生在第7循环，为148.8m^3/h。

（2）第7循环钻孔涌水量最大，其次是第1、2、3、6循环，第4、5、8、9、10、11循环钻孔涌水量相对较小。

（3）各循环4个探孔涌水量存在明显差异性，从而给钻孔注浆施工带来了困难。

将超前探孔涌水量按延长米进行统计分析，结果见表4-20。

1号副竖井超前探孔涌水量（延长米）统计分析表　　表4-20

序号	钻孔注浆循环编号	里程（S1FK0 +）	涌水量[L/（min · m）]				
			探1	探2	探3	探4	平均值
1	第1循环	135.0 ~ 235.0	21.00	2.38	0.57	4.87	7.20
2	第2循环	221.4 ~ 301.4	3.98	3.15	0.94	1.38	2.36
3	第3循环	290.5 ~ 370.5	2.65	1.75	10.35	0.73	3.87
4	第4循环	358.9 ~ 438.9	0.25	0.75	0.44	0.83	0.57
5	第5循环	427.3 ~ 507.3	1.27	1.06	1.75	1.25	1.33

续上表

序号	钻孔注浆循环编号	里程（S1FK0 +）	涌水量[L/(min·m)]				
			探1	探2	探3	探4	平均值
6	第6循环	502.9 ~ 582.9	1.97	10.83	3.27	1.52	4.40
7	第7循环	583.5 ~ 683.5	1.13	24.80	9.88	5.15	10.24
8	第8循环	609.1 ~ 649.1	0.46	0.46	2.42	0.92	1.06
9	第9循环	632.4 ~ 692.4	2.31	2.07	1.00	2.41	1.95
10	第10循环	675.6 ~ 735.6	3.08	3.54	4.46	5.46	4.14
11	第11循环	718.3 ~ 774.7	6.71	1.92	4.92	4.54	4.52

根据统计数据，绘制超前探孔涌水量图，如图4-30所示。

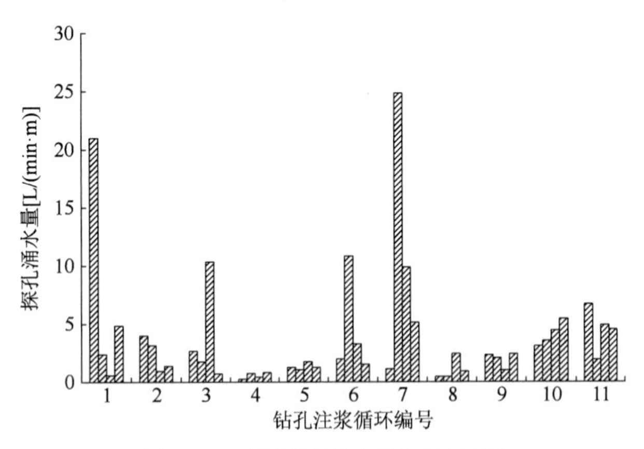

图4-30　1号副竖井超前探孔涌水量图

从图4-30中可以看出：

(1)所有11个钻孔注浆循环的探孔涌水量均大于0.2L/(min·m)的标准，因此，所有循环都需要进行钻孔注浆工作。

(2)第1、3、6、7、10、11循环涌水量大，应加强钻孔注浆工作。

(3)各探孔涌水量差异较大，为钻孔注浆带来了困难。

4.9.3　注浆后检查孔涌水量

注浆结束后，采用钻检查孔法进行涌水量测试，测试结果见表4-21。

1号副竖井注浆后检查孔涌水量统计表　　表4-21

序号	钻孔注浆循环编号	里程（S1FK0 +）	检1		检2		检3		检4	
			段落（m）	涌水量（m^3/h）	段落（m）	涌水量（m^3/h）	段落（m）	涌水量（m^3/h）	段落（m）	涌水量（m^3/h）
1	第1循环	135.0 ~ 235.0	0 ~ 100	4.30	0 ~ 100	0.00	—	—	—	—
2	第2循环	221.4 ~ 301.4	0 ~ 80	6.42	0 ~ 80	0.50	—	—	—	—
3	第3循环	290.5 ~ 370.5	考虑到超前探孔水量较小，注浆完成后未进行钻孔检查							

续上表

序号	钻孔注浆循环编号	里程(S1FK0 +)	检1		检2		检3		检4	
			段落(m)	涌水量(m^3/h)	段落(m)	涌水量(m^3/h)	段落(m)	涌水量(m^3/h)	段落(m)	涌水量(m^3/h)
4	第4循环	358.9~438.9	考虑到超前探孔水量较小,注浆完成后未进行钻孔检查							
5	第5循环	427.3~507.3	考虑到超前探孔水量较小,注浆完成后未进行钻孔检查							
6	第6循环	502.9~582.9	0~80	2.70	0~80	1.70	—	—	—	—
7	第7循环	583.5~683.5	0~66	7.20	0~70	13.00	0~100	2.90	0~100	0.80
			66~69	8.70	70~80	2.20	—	—		
			69~87	5.70	80~93	12.00	—	—	—	—
			87~100	4.60	93~100	0.70				
			全孔	26.2	全孔	27.9	全孔	2.90	全孔	0.80
8	第8循环	609.1~649.1	0~40	0.00	0~40	0.10	0~40	0.00	0~40	0.00
9	第9循环	632.4~692.4	0~60	0.20	0~60	0.10	0~60	0.00	0~60	0.10
10	第10循环	675.6~735.6	0~60	2.50	0~60	2.70	0~60	1.80	0~60	2.90
11	第11循环	718.3~774.7	0~60	0.80	0~60	1.80	0~60	1.20	0~60	0.20

将检查孔涌水量按延长米进行统计分析,结果见表4-22。

1号副竖井检查孔涌水量(延长米)统计分析表 表4-22

序号	钻孔注浆循环	里程(S1FK0 +)	涌水量[L/(min·m)]				
			检1	检2	检3	检4	平均值
1	第1循环	135.0~235.0	0.72	0.00	—	—	0.36
2	第2循环	221.4~301.4	1.34	0.10	—	—	0.72
3	第3循环	290.5~370.5	考虑到超前探孔水量较小,注浆完成后未进行钻孔检查				
4	第4循环	358.9~438.9	考虑到超前探孔水量较小,注浆完成后未进行钻孔检查				
5	第5循环	427.3~507.3	考虑到超前探孔水量较小,注浆完成后未进行钻孔检查				
6	第6循环	502.9~582.9	0.56	0.35	—	—	0.46
7	第7循环	583.5~683.5	4.37	4.65	0.48	0.13	2.41
8	第8循环	609.1~649.1	0.00	0.04	0.00	0.00	0.01
9	第9循环	632.4~692.4	0.06	0.03	0.00	0.03	0.03
10	第10循环	675.6~735.6	0.69	0.75	0.50	0.81	0.69
11	第11循环	718.3~774.7	0.22	0.50	0.33	0.06	0.28

根据分析结果,绘制检查孔涌水量图,如图4-31所示。

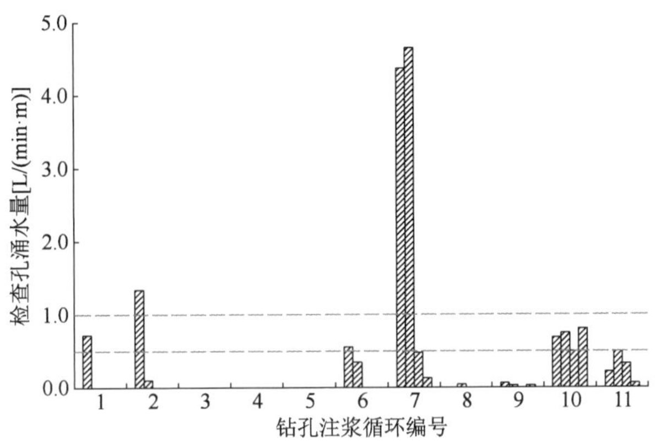

图4-31 1号副竖井检查孔涌水量(延长米)图

从图4-31中可以看出：

(1)4个检查孔涌水量具有一定的离散性,特别是第2、7循环,这可能与注浆孔圈数较少有关。

(2)第7循环检查孔涌水量最大,这说明如果注浆孔数量偏少,很容易形成注浆盲区。现场实际也发生了涌水事故,值得深思。

(3)总体来看,采用0.2L/(min·m)的检查孔涌水量标准要求过严,不太适合于高黎贡山隧道竖井工程,采用0.5~1.0L/(min·m)比较符合现场实际情况。

4.9.4 注浆后竖井开挖

注浆效果检查符合要求后进行竖井开挖。竖井开挖过程中,基本采用10m^3/h作为正常开挖标准,当发现工作面水量较大时,停止开挖,余留足够的止浆岩盘,进入下一个注浆循环。

第7循环钻孔注浆完成后开挖过程中,发生了涌水淹井事故,随后进行了淹井处理。

现场实际注浆开挖循环如图4-32所示。

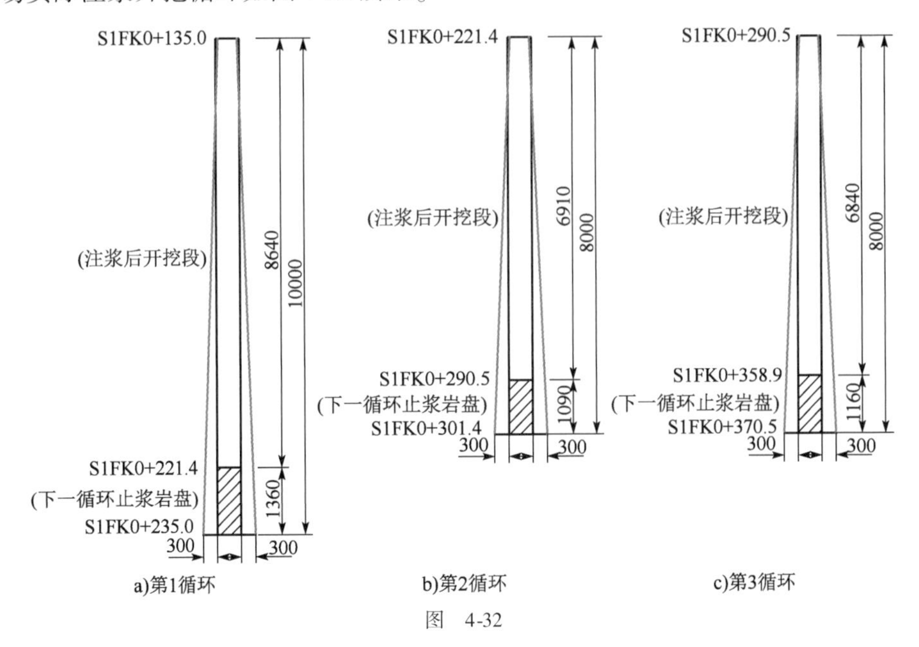

图 4-32

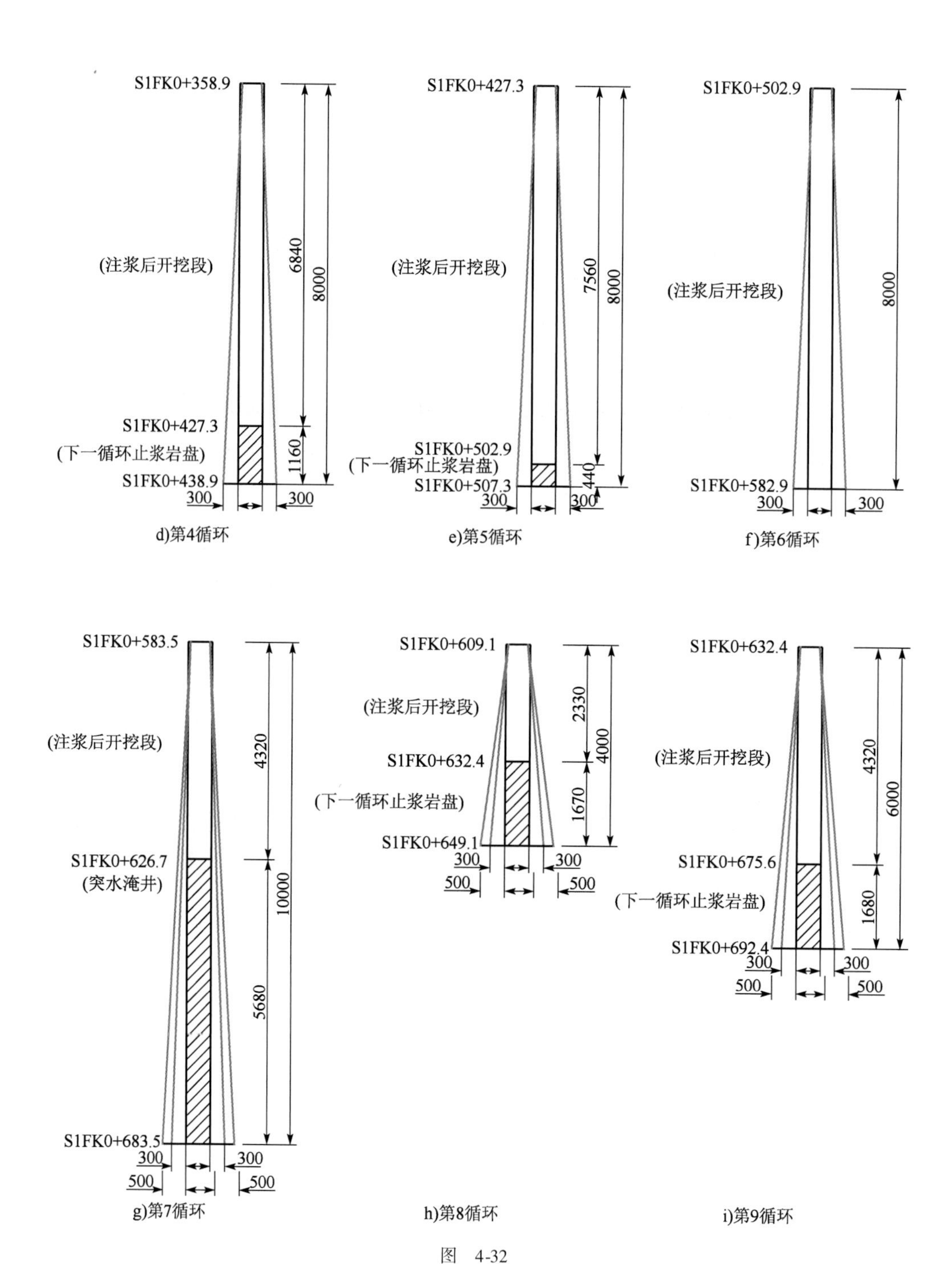
S1FK0+358.9
(注浆后开挖段)
6840
8000
S1FK0+427.3
(下一循环止浆岩盘)
1160
S1FK0+438.9
300
300
d)第4循环
S1FK0+427.3
(注浆后开挖段)
7560
8000
S1FK0+502.9
(下一循环止浆岩盘)
S1FK0+507.3
440
300
300
e)第5循环
S1FK0+502.9
(注浆后开挖段)
8000
S1FK0+582.9
300
300
f)第6循环
S1FK0+583.5
(注浆后开挖段)
4320
S1FK0+626.7
(突水淹井)
10000
5680
S1FK0+683.5
300
300
500
500
g)第7循环
S1FK0+609.1
(注浆后开挖段)
2330
4000
S1FK0+632.4
(下一循环止浆岩盘)
1670
S1FK0+649.1
300
300
500
500
h)第8循环
S1FK0+632.4
(注浆后开挖段)
4320
6000
S1FK0+675.6
(下一循环止浆岩盘)
1680
S1FK0+692.4
300
300
500
500
i)第9循环

图 4-32

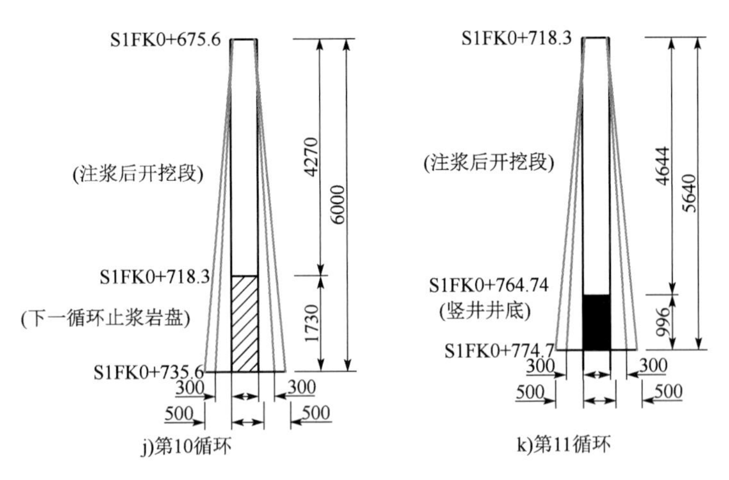

图4-32　1号竖井钻孔注浆实际开挖循环示意图(尺寸单位:cm)

高黎贡山隧道1号副竖井于2016年7月19日开始施工,2020年9月22日到底,历时50个月,平均开挖进度15.3m/月。开挖过程中实际涌水量统计见表4-23。当竖井总涌水量超过$10m^3/h$后,采取衬砌背后注浆进行渗漏水治理。

1号副竖井注浆后实际开挖涌水量统计表　　表4-23

里程(S1FK0+)	实际涌水量(m^3/h)	里程(S1FK0+)	实际涌水量(m^3/h)	里程(S1FK0+)	实际涌水量(m^3/h)
0~15.0	0.0	308.5~340.0	4.5	471.0~473.9	7.2
15.0~37.5	0.0	340.5~343.7	4.8	473.9~480.1	7.2
37.5~65.0	10.0	343.7~358.9	5.0	480.1~483.9	7.2
65.0~112.5	20.0	358.9~420.1	6.0	483.9~495.5	7.3
112.5~136.0	43.0	420.1~427.3	6.8	495.5~498.9	7.3
136.0~160.2	4.2	427.3~440.6	4.2	498.9~502.9	7.4
160.2~207.0	5.1	440.6~442.3	4.2	502.9~554.7	7.0
207.0~243.0	3.0	442.3~459.1	6.0	554.7~583.5	9.2
243.0~290.5	6.5	459.1~461.4	6.5	583.5~626.7	10.6
290.5~308.5	4.3	461.4~471.0	7.2	后面未统计	

值得关注的是,第7循环注浆后,2018年1月15日开挖至S1FK0+626.7里程处,发生了涌水淹井事故。

根据钻孔注浆循环情况,对注浆后实际开挖涌水量进行分析统计,结果见表4-24。

1号副竖井注浆后实际开挖涌水量(按钻孔注浆循环)分析统计表　　表4-24

序号	钻孔注浆循环	开挖段里程(S1FK0+)	开挖段长度(m)	实际涌水量(m^3/h)	实际延米涌水量[L/(min·m)]	备注
1	第1循环	135.0~221.4	86.4	12.3	2.4	
2	第2循环	221.4~290.5	69.1	8.3	2.0	

续上表

序号	钻孔注浆循环	开挖段里程(S1FK0+)	开挖段长度(m)	实际涌水量(m^3/h)	实际延米涌水量[L/(min·m)]	备注
3	第3循环	290.5~358.9	68.4	18.6	4.5	
4	第4循环	358.9~427.3	68.4	12.8	3.1	
5	第5循环	427.3~502.9	75.6	71.7	15.8	
6	第6循环	502.9~583.5	80.6	16.2	3.3	
7	第7循环	583.5~626.7	43.2	10.6	4.1	发生涌水淹井事故
8	第8循环	609.1~632.4	23.3	未统计	未统计	
9	第9循环	632.4~675.6	43.2	未统计	未统计	
10	第10循环	675.6~718.3	42.7	未统计	未统计	
11	第11循环	718.3~764.73	46.44	未统计	未统计	到底

4.9.5 注浆堵水率分析

高黎贡山隧道1号斜井副井注浆堵水率分析统计结果见表4-25。

1号副竖井注浆堵水率分析统计表　　表4-25

序号	钻孔注浆循环	超前探孔平均延米涌水量[L/(min·m)]	检查孔平均延米涌水量[L/(min·m)]	注浆堵水率(%)
1	第1循环	7.20	0.36	95.0
2	第2循环	2.36	0.72	69.5
3	第3循环	3.87	—	—
4	第4循环	0.57	—	—
5	第5循环	1.33	—	—
6	第6循环	4.40	0.46	89.5
7	第7循环	10.24	2.41	76.5
8	第8循环	1.06	0.01	99.1
9	第9循环	1.95	0.03	98.5
10	第10循环	4.14	0.69	83.3
11	第11循环	4.52	0.28	93.8
平均				88.1

根据统计结果,绘制钻孔注浆循环前后涌水量,以及注浆堵水率,如图4-33、图4-34所示。

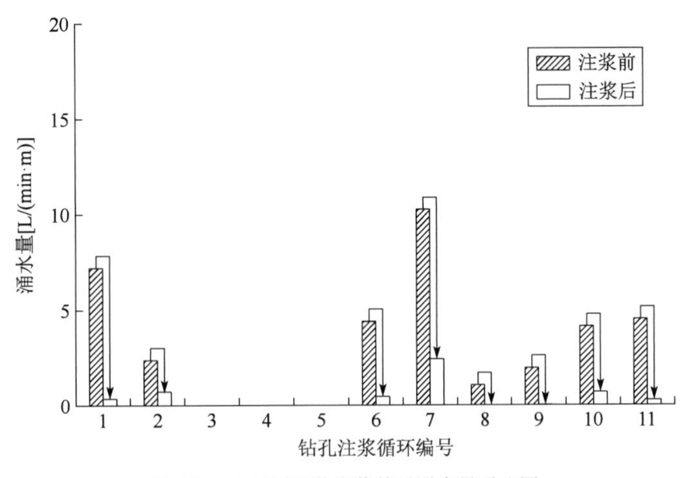

图4-33　1号副竖井注浆前后涌水量对比图

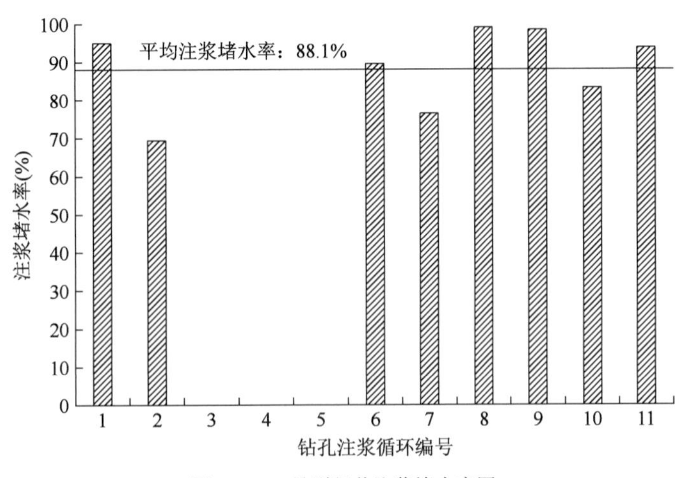

图4-34　1号副竖井注浆堵水率图

从图4-34中可以看出：除个别循环外，注浆堵水率均在80%以上，平均注浆堵水率为88.1%，最高注浆堵水率为99.1%。

4.9.6　钻孔注浆利用率分析

统计钻孔注浆及开挖情况，结果见表4-26。

1号副竖井钻孔注浆及开挖情况统计表　　表4-26

序号	钻孔注浆循环	钻孔注浆段长（m）	注浆后开挖段长（m）	余留下一循环止浆岩盘厚度（m）	钻孔注浆利用率（%）
1	第1循环	100	86.4	13.6	86.4
2	第2循环	80	69.1	10.9	86.4
3	第3循环	80	68.4	11.6	85.5
4	第4循环	80	68.4	11.6	85.5

续上表

序号	钻孔注浆循环	钻孔注浆段长(m)	注浆后开挖段长(m)	余留下一循环止浆岩盘厚度(m)	钻孔注浆利用率(%)
5	第 5 循环	80	75.6	4.4	94.5
6	第 6 循环	80	80.6	-0.6(超挖)	100.8
7	第 7 循环	100	43.2	56.8	43.2
8	第 8 循环	40	23.3	16.7	58.3
9	第 9 循环	60	43.2	16.8	72.0
10	第 10 循环	60	42.7	17.3	71.2
11	第 11 循环	56.4	46.44	9.96	82.3
平均					78.7

绘制钻孔注浆利用率图,如图 4-35 所示。

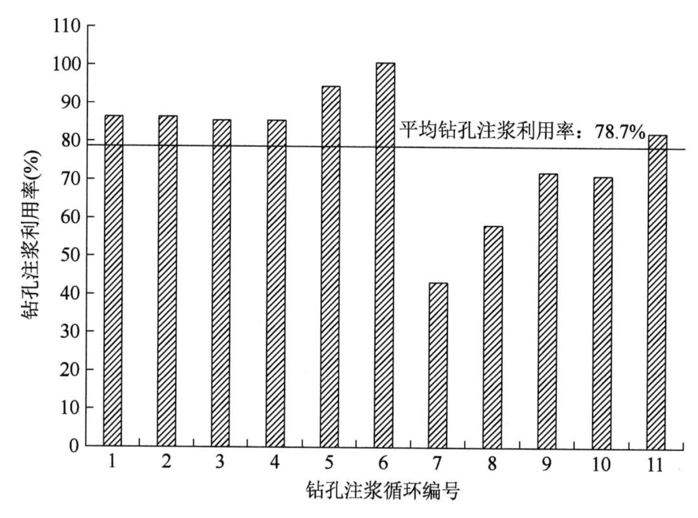

图 4-35　1 号副竖井钻孔注浆利用率图

从图 4-35 中可以看出：

(1)除个别循环外,钻孔注浆利用率较高,平均利用率为 78.7%,最高利用率达 100.8%,这说明总体注浆效果是良好的。因此,采用 0.5 ~ 1.0L/(min · m)作为检查孔涌水量允许标准是可行的。

(2)第 6 循环超过注浆段出现开挖问题,表现在第 7 循环出现突水淹井,需对事故产生原因进行总结。

4.10　高黎贡山隧道 1 号副竖井涌水淹井处理

2018 年 1 月 15 日,高黎贡山隧道 1 号副竖井第 7 循环注浆后,开挖至 S1FK0 + 626.7 里程。在 S1FK0 + 626.7 ~ S1FK0 + 630.3 段爆破后出渣过程中,井壁左侧宽约 3m、高 1m 范围出现片帮,之后突发涌水,造成淹井事故。

4.10.1　涌水量监测

监测1号副竖井淹井过程中水量变化情况,监测结果见表4-27。

1号副竖井淹井涌水量监测数据　　表4-27

水位与井口距离(m)	涌水量(m^3/h)	水位与井口距离(m)	涌水量(m^3/h)
575	314	200	121
500	292	150	81
400	240	100	42
300	181	50	11

根据涌水量监测数据,绘制涌水量变化曲线,如图4-36所示。

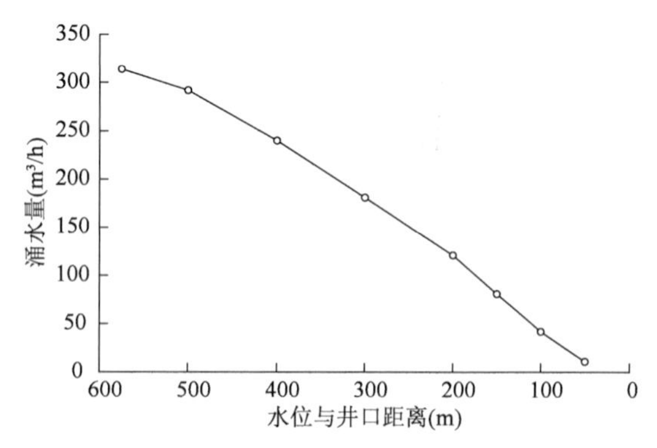

图4-36　1号副竖井涌水淹井涌水量变化曲线

从涌水量变化曲线来看,涌水量和水位与井口距离基本为直线关系,这说明涌水量和水压基本呈正比,在涌水过程中溃口没有进一步变大。

4.10.2　溃口封堵方案比选

结合工程实际情况,采用强排水法具有再次突水风险,采用地面深孔预注浆法工程量大、投资大,因此,重点研究先对溃口进行封堵,之后进行抽排水作业。溃口封堵方案比选见表4-28。

1号副竖井溃口封堵方案比选表　　表4-28

方案序号	方案名称	优点	缺点
方案一	水下混凝土封堵法	水下直接构筑混凝土止水层封堵,混凝土封堵厚度相对较小,工程量最小	水下混凝土质量难以控制,长距离水中下料施工工艺控制难度大,封堵效果难以保证,后续施工风险极高

续上表

方案序号	方案名称	优点	缺点
方案二	静水压下抛渣注浆封堵法	抛渣注浆止水层本体强度较高，与井壁摩擦力较大，抛渣厚度较小，施工工艺相对简单	(1)注浆管路埋置于渣堆中，采用后退式袖阀管注浆，提管阻力较大； (2)浆液在渣堆中扩散不均匀，易形成注浆盲区，可能导致止水层堵水效果差； (3)注浆效果检查、注浆结束标准控制需要特殊的手段和方法，控制较为困难
方案三	改性水泥浆止水垫与注浆碎石封堵相结合法	(1)采用改性水泥浆构筑封水层，过程易于控制，止水垫较为均匀； (2)堵水补强措施可以及时实施，堵水施工安全风险相对较小	(1)工艺相对复杂，工程量相对较大； (2)止水层本体强度较低，与井壁摩擦力小，构筑厚度较大，工程量最大

为确保溃口封堵效果，经方案比选，最终确定采用方案三，即改性水泥浆止水垫与注浆碎石封堵相结合法。

4.10.3 溃口封堵方案设计

1)总体封堵方案

(1)竖井内水位稳定后，从地面向竖井内下放1根直径50mm、壁厚6mm的碎石加固注浆管至溃口渣体顶面，管口尽量位于溃口一侧。

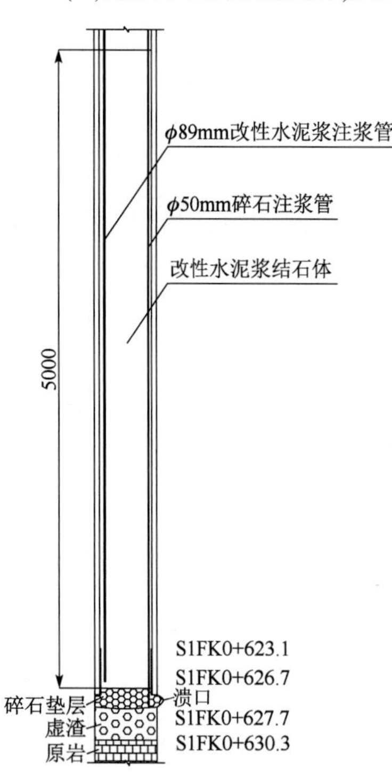

图4-37 1号副竖井溃口处理方案示意图(尺寸单位:cm)

(2)将管路稳固后，向竖井内抛填1.5m厚碎石垫层。

(3)向竖井内下放直径89mm、壁厚6mm的改性水泥浆注浆管至碎石垫层顶上50cm处。

(4)所有准备工作完成后，拌制改性浆液，通过注浆管连续注入改性水泥浆至设计厚度。

(5)浆液养护28d。

(6)利用排水设备进行抽排水，直至排干竖井内积水。

封堵方案如图4-37所示。

2)止水垫厚度

止水垫的作用：一是封堵竖井内涌水；二是作为竖井工作面预注浆止浆垫的重要组成部分。因此，止水垫的厚度和质量既关系到封堵涌水的效果，又影响到竖井工作面预注浆的可靠性。止水垫厚度按下式计算：

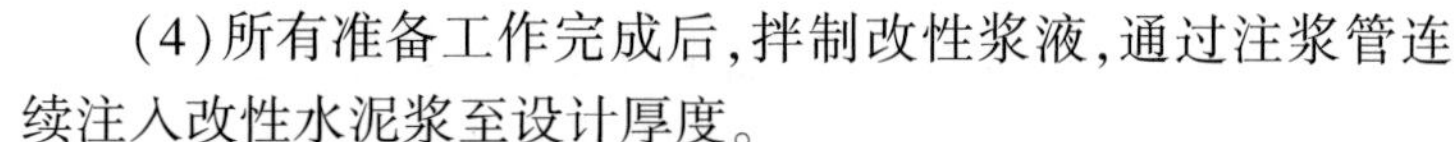

$$B \geqslant \frac{P_{w}A}{\rho_{浆}\, gS_{浆} + \pi df_{浆\text{-}井}} \tag{4-13}$$

式中：B——止水垫厚度(m)；

P_{w}——静止水压(kPa)，按650m水头考虑；

d——竖井内径(m),取5m;

A——水对止水垫的作用面积(m^2),$A=\frac{1}{4}\pi d^2$;

$\rho_{浆}$——水泥浆结石体密度(t/m^3),取$2t/m^3$;

$S_{浆}$——水泥浆结石体截面积(m^2),$S_{浆}=\frac{1}{4}\pi d^2$;

$f_{浆-井}$——水泥浆结石体与竖井井壁间的黏结摩阻力(kPa),取150kPa。

计算得:$B\geqslant 46.4m$,考虑到表面浮浆凿除,止水垫厚度取50m。

4.10.4　注浆材料

为保证水泥垫施作效果,在水泥浆中添加特定外加剂,对水泥浆进行改性,使其具有自流平性、抗分散性和抗裂性等特殊性质,以满足高水压条件下溃口封堵质量要求。

在普通硅酸盐水泥浆内掺加SBT®-NDA水下不分散混凝土抗分散剂、HME®-Ⅲ低碱型混凝土膨胀剂,改变水泥浆物理力学特性,使其达到水下不离析和自流平的效果。通过现场试验,当水泥∶水∶抗分散剂∶膨胀剂=1∶1∶0.025∶0.05时,水泥浆自流平及防离析效果最好。

采用同等养护条件下的试块强度进行试验,确定浆液结石体抗压强度。设计养护时间分别为7d、14d、21d、28d,试验结果见表4-29。试验表明,养护28d后浆液结石体抗压强度为7.2MPa,达到设计要求的6.5MPa。

同等养护条件下试块强度试验结果　表4-29

序号	养护时间(d)	试件规格(mm×mm×mm)	抗压强度(MPa)			
			试件1	试件2	试件3	平均值
1	7	100×100×100	3.6	3.3	3.8	3.6
2	14		4.5	4.6	4.8	4.6
3	21		6.2	6.5	6.3	6.3
4	28		7.2	7.0	7.3	7.2

现场使用时,采用P·O 42.5普通硅酸盐水泥,水灰比为0.5∶1~1∶1。外加剂:UWB-Ⅱ型絮凝剂,掺量为水泥质量的3%~5%;HZ-AEA型膨胀剂,掺量为水泥质量的8%~12%。具体配合比以现场试验为准。

4.10.5　止水垫施工

1)施工流程

止水垫施工按流程分为下放注浆管、下抛碎石垫层、下放改性水泥浆注浆管、注浆4个关键控制工序。

(1)下放注浆管

地面50m和竖井上部570m采用1路ϕ50mm高压钢编胶管,采用专用连接头连接。竖井下部60m采用ϕ50mm×6mm无缝钢管,采用高压法兰盘连接。注浆管到竖井井底渣体顶面时停止下放。

注浆管下部10m范围设置花管,每圈4个孔,开孔直径5mm,孔纵向间距80mm。注浆孔用橡胶皮包裹。

注浆管布置在竖井内靠近溃口处,错开吊盘下入空间,利用主提稳绳稳车钢丝绳悬吊。管路利用专用管卡固定至钢丝绳上。

注浆管安装完成后,进行压水试验,检查管路的密封性和完好性。

(2)下抛碎石垫层

备好粒径20~40mm的碎石。注浆管安装完成后,采用加工好的溜槽,通过吊盘2个喇叭口向竖井内对称下抛碎石,厚度1.5m,封闭底部注浆管。

(3)下放改性水泥浆注浆管

注浆管采用ϕ89mm×6mm无缝钢管,管间采用法兰盘连接。利用抓岩机稳车钢丝绳悬吊,并用专用管卡固定至钢丝绳上。下入1根连接1根,直至碎石垫层上50cm处。注浆管布置在竖井内溃口处对侧,错开吊盘下放空间。

(4)注浆

采用拌和站集中拌制改性水泥浆,通过混凝土罐车输送至井口储浆池中,储浆池容积为4m^3。

利用XPB-90E注浆泵进行注浆,注浆过程必须连续进行。

注浆过程中,根据注浆量适时上提注浆管,并确保管路出浆口始终埋在浆液中不小于1m,每提出井口1根管路进行人工拆卸并进行再次连接,以此类推。当达到设计注浆量后停止注浆,拆除连接管路、注浆设备和储浆池等。

2)施工注意事项

(1)注浆管路下井前必须采用加厚法兰盘和高强螺栓连接,并进行抗拉、抗冲击及密闭性工艺试验。

(2)注浆前,必须确保水位达到静水位或高于静水位,从而保证浆液沉淀胶结良好,形成一个较高强度的整体。

(3)浆液必须搅拌均匀,对每车浆液的密度和稠度进行检测,确保浆液质量。

(4)注浆过程中,应精准计量和计算,确保注浆管埋入止水垫中的长度不于小1m,且必须连续注浆,中途不能中断,直到止水垫浇筑完成。

3)施工过程监控

为了直观了解溃口封堵过程,采用HYKJ-170系列高清耐压式井下彩色电视对溃口进行监控。探头可同时观测井壁四周及下部图像,对井筒整体情况进行全景式观测,速度快、效率高。对溃口进行侧视旋转观测,精度细、失真小、图像放大率高。

高清耐压式井下彩色电视在该工程中的应用主要有以下几个方面:

(1)溃口判断。在施工方案确定前,通过摄像头对溃口位置、大小等进行判断,为制定封堵方案提供依据。

(2)静水位判断。由于改性水泥浆施工止水垫的前提是必须在静水位下进行,而副井周边水文环境复杂,稳定水位很难形成,通过管路向溃口注入颜色液体,然后采用摄像头观测颜色液体在溃口处的变化情况,确定静水位状态。

(3)封堵效果判断。待止浆垫养护强度达到设计强度后,在抽水试验前,经管路向止浆垫上部注入颜色液体,通过观测液体的流动情况,确认止浆垫封水效果。

4.10.6　抽排水施工

1)施工方案

结合现场情况及设备条件,排水能力确定为100m^3/h。抽排水施工方案如下:

(1)竖井内50m以上直接将水抽出井口。

(2)竖井内50m以下,分2路排水。1路吊盘下悬吊1台50m^3/h的电动潜水泵,通过ϕ50mm钢编管抽排至吊盘水箱内,再由吊盘上的1台DC50-80×10卧泵通过ϕ108mm×10MPa钢编软管抽至竖井ϕ159mm排水管内排出井外。另外1路用抓岩机钢丝绳悬吊1台QXKS50-800-220型高扬程潜水泵(3×120mm^2+1×50mm^2电缆敷设在钢丝绳上),通过长50m、ϕ108mm×10MPa高压钢编软管抽排至竖井ϕ159mm排水管内排出井外。随着竖井内水位的逐渐下降,吊盘每60m采用手拉葫芦拆除1节钢管,然后将50m长的高压钢编软管与井壁上排水管路的法兰连接,再恢复上部钢管,以此类推。

2)过程监测

在抽排水过程中同步验证止水垫封堵效果。整个抽排水过程中应采取控制性排水。前200m内按水位每下降50m停止排水5h,观察记录水位上升情况;200m至止水垫位置按水位每下降100m停止排水5h,观察记录水位上升情况。

若竖井内涌水量$Q<10m^3/h$时,可继续抽排水;若$Q\geq10m^3/h$时,应停止排水,并分析原因,启动碎石加固注浆,直到将涌水量控制在10m^3/h以内。抽水过程中涌水量监测情况见表4-30。

1号副竖井淹井注浆处理后抽排水监测数据　　表4-30

水位与井口距离(m)	涌水量(m^3/h)	水位与井口距离(m)	涌水量(m^3/h)
50	1.90	300	3.90
100	2.90	400	4.90
150	3.20	500	5.49
200	3.40	575	6.75

整个抽排水过程未出现涌水量$Q\geq10m^3/h$的情况。

4.10.7　效果评价

总体来看,止水垫封堵效果良好。与突水时相比,止水垫封水率达97.9%,达到了预期的目标。

整个竖井淹井处理共用时140d。其中,下放ϕ50mm注浆管用时3d,抛填碎石用时1d,下放ϕ89mm注浆管用时7d,止水垫施工准备工作用时8d,注浆用时48d,养护用时29d,抽排水用时44d。

4.11 高黎贡山隧道 2 号竖井注浆堵水

考虑到 2 号竖井含水层“数量多、层间厚、水量大、水压高”的特点，采用工作面帷幕注浆难度大、效果差、进度慢、费用高，因此，采取地表深孔注浆技术措施。由于注浆时竖井场坪设备已安装到位，因而采用 S 形斜孔注浆设计，注浆设计方案如图 4-38 所示。

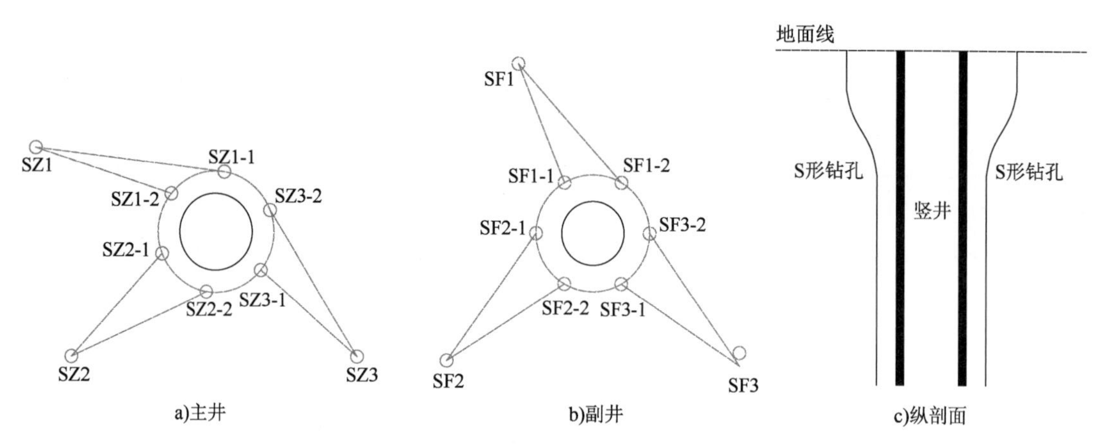

图 4-38 2 号竖井地表 S 形斜孔注浆方案设计示意图

竖向注浆范围为深度 250 ~ 590m，注浆材料采用黏土水泥浆、水泥-水玻璃双液浆，注浆工作共历时 5 个月。地表注浆起到了一定的加固和堵水作用，但开挖过程中仍发生了局部坍塌及涌水事故，因此主井和副井又分别采用 1 号竖井的工作面超前周边帷幕注浆补强方案处理，其中主井、副井分别实施 9 个、10 个循环。

2 号主竖井 2017 年 11 月 25 日开始施工，2020 年 6 月 20 日到底，历时 31 个月，平均开挖进度 20.7m/月；副井 2017 年 10 月 1 日开始施工，2020 年 5 月 25 日到底，历时 31 个月，平均开挖进度 20.7m/月。

4.12 竖井衬砌背后注浆

随着竖井向下开挖，淋水和渗水量不断增大，导致竖井施工环境恶劣。竖井掘进面的大量积水将严重影响竖井开挖进度。

为了能够及时治理每段竖井井壁的渗漏水，避免工作面水量随竖井开挖而不断增大，需要定期对竖井衬砌背后进行径向注浆堵水。

(1)堵水时机。每循环工作面预注浆结束、开挖到位后，在进行下一循环止浆垫施工的同时，利用吊盘进行衬砌背后径向注浆堵水。

(2)衬砌背后径向注浆分类。竖井衬砌背后径向注浆分为正常段径向注浆和加密段径向注浆两类。加密段径向注浆的主要目的是将本次注浆段落上、下部水力联系截断,保证注浆段落内的注浆效果。

(3)注浆孔设计参数。正常段注浆孔间距 1.5m×4.0m(环向×竖向),梅花形布置,注浆孔深 2.5m;加密段竖向每 30m 设置一环,每环长度 5m,注浆孔间距 1.5m×1.5m(环向×竖向),梅花形布置,注浆孔深 4.0m。注浆孔布置如图 4-39 所示。

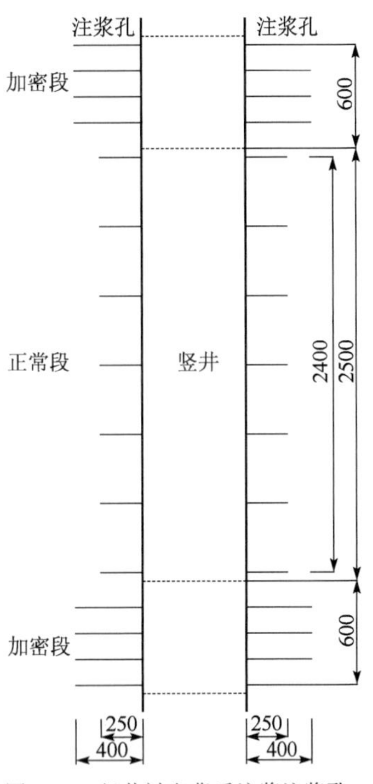

图 4-39　竖井衬砌背后注浆注浆孔设计示意图(尺寸单位:cm)

(4)注浆钻孔。采用手持风钻钻孔,钻孔直径 50mm。完成钻孔后下入花管,孔口与岩壁周围采用棉纱 + 速凝水泥砂浆封堵。

(5)注浆材料。注浆材料采用超细水泥-水玻璃双液浆,单液浆水灰比为 1∶1,水泥、水玻璃体积比为 1∶1。

(6)注浆参数。使用水囊式止浆塞-次性注浆,注浆终压 1~1.5MPa。

(7)注浆工艺。注浆时,可根据注浆压力情况施工 1~2 个泄压孔,其钻孔深度及埋管与注浆孔一致。先进行加密段注浆,再进行正常段注浆。每一个注浆采取由下往上的顺序实施。

(8)注浆结束标准。井壁间集中出水点全部封堵完成,单点出水量 $q<0.2m^3/h$,全井渗漏水总量 $Q_0<10m^3/h$。

4.13　本章小结

高黎贡山隧道 1 号主竖井工程实践表明,采用工作面预注浆法可以有效解决高压富水深竖井注浆加固及堵水技术难题,能够保证竖井的正常安全施工。通过研究,确立了富水深竖井以下技术标准:

(1)竖井工作面开挖允许涌水量标准。采用 $10m^3/h$ 作为竖井正常施工涌水量控制基准值是合适的,当工作面涌水量 $Q\geqslant 10m^3/h$ 时,应当采取注浆堵水措施。

(2)竖井工作面超前探孔允许涌水量标准。竖井开挖前,超前探孔单孔涌水量宜采用 1.4L/(min·m)作为控制基准值。当超前探孔循环长度为 60m 时,该控制基准值为 $5.0m^3/h$。

(3)竖井工作面注浆检查孔允许涌水量标准。竖井预注浆施工,检查孔涌水量宜采用 1.0L/(min·m)作为控制基准值。当注浆循环长度为 60m 时,该控制基准值为 $3.6m^3/h$。

(4)竖井工作面注浆循环合理长度标准。综合检查孔涌水量、注浆堵水率、竖井开挖时的涌水量以及成井效率等因素,竖井工作面采取预注浆时,注浆循环合理长度宜为 60m。

(5)为提高高压富水深竖井注浆堵水效果,注浆材料宜按表 4-7 选择。

第5章　富水深竖井裂隙水压力规律

近年来,随着能源开采规模的不断扩大,竖井建设数量不断增加,并逐渐向超深、超大直径发展。随着竖井开挖直径与深度的增大,竖井所受的应力场环境愈加复杂,特别是富水条件下裂隙水发育,对深竖井受力影响更大。综合而言,富水深竖井除受高地应力作用外,土体地下水渗流、碎散岩体裂隙水渗流、少裂隙低渗透性岩体的突涌水等均会对竖井的正常施工造成极大的破坏,比如我国矿井的透水事故,多发生在岩体极其破碎、裂隙极其发育的地层中,特别是断层和溶洞区域。在施工扰动下,裂隙破碎带导通,造成水压快速增大,注浆圈被击破,无法有效折减水压,导致衬砌破坏,进而引发突水甚至淹井。因此,依托高黎贡山隧道 1 号副竖井(764.76m),研究富水深竖井裂隙水压力规律,对竖井的安全建设和正常使用十分重要。

5.1　国内外研究现状

隧道及竖井等工程早期对地下水的处理方式以排水为主,忽略了衬砌外水压力的影响,从而极易造成衬砌破坏。近年来,施工中逐渐重视地下水的影响,限量减压的施工方式逐渐被推广应用。但此方式涉及注浆圈、衬砌、围岩等多种介质,并受到渗流与应力耦合的影响,导致衬砌外水压力计算存在难度。现有规范在此方面尚没有统一的计算标准,主要以理论研究、数值研究和模型研究为主。

5.1.1　水压力折减

1)相关规范

对于竖井井壁所承受的水压力,按照不同结构的功能不同,各个行业规定也不同,具体如下:

(1)《铁路隧道设计规范》(TB 10003—2016)对井壁荷载的计算并没有考虑水压力计算,仅在注释中说明含水地层中需要考虑水压力。

(2)《公路隧道设计规范 第一册 土建工程》(JTG 3370.1—2018)对井壁荷载的计算考虑了水压力计算,但具体怎么计算并没有详细说明。

(3)《地铁设计规范》(GB 50157—2013)对水压力计算有明确说明,即对于地下结构,可以按照围岩条件和地下水位的变化情况,考虑将其看作土压力的一部分进行计算。

(4)《水工隧洞设计规范》(SL 279—2016)根据地质条件对水压力计算进行分类,对于地质条件简单且结构简单的地下结构,可以按照折减系数法进行估算,当计算作用于重要衬砌结构的水压力时,可以根据渗流来确定水压力。水压力折减系数见表 5-1。

《水工隧洞设计规范》(SL 279—2016)建议的外水压力折减系数　　表 5-1

级别	地下水活动状态	地下水对围岩稳定性的影响	建议折减系数
1	洞壁干燥或潮湿	无影响	0
2	沿结构面有渗水或滴水	风化结构面充填物质,降低结构面抗剪强度,对软弱岩体有软化作用	0 ~ 0.4
3	沿裂隙或软弱结构面有大量滴水、线状流水或喷水	泥化软弱结构面充填物质,降低抗剪强度,对中硬岩体有软化作用	0.25 ~ 0.6
4	严重股状流水,沿软弱结构面有小量涌水	冲刷结构面中充填物质,加速岩体风化,对断层等软弱带有软化泥化作用,并使其膨胀崩解,以及产生机械管涌。有渗透压力,能鼓开较薄的软弱层	0.4 ~ 0.8
5	严重滴水或流水,断层等软弱带有大量涌水	冲刷携带结构面充填物质,分离岩体,有渗透压力,能鼓开一定厚度的断层等软弱带,能导致围岩塌方	0.65 ~ 1.0

对于深埋岩溶隧道水压力,相关文献推荐按表 5-2 确定折减系数。

根据岩溶强度确定折减系数　　表 5-2

岩溶强度	岩溶类型	透水性	折减系数
微弱	溶孔型	微弱透($K<0.01$)	<0.1
弱	溶隙型	弱透水($K=0.01 \sim 1$)	0.1 ~ 0.3
中等	隙洞-洞隙型	透水($K=1 \sim 10$)	0.3 ~ 0.5
强	管道-强洞隙型	强透水($K>10$)	0.5 ~ 1.0

注:表中 K 为渗透系数,单位:m/d。

综合而言,一般对于水文地质条件较简单的隧道、隧洞或竖井,可采用地下水位线以下的水柱高度乘以对应压力折减系数的方法,估算作用在衬砌外缘的地下水压力,有条件时可以通过渗流分析计算相应的水荷载。隧道工程中一般沿用水工部门的做法,将水压力进行折减。董国贤将地下水压力折减系数表示为 3 个折减系数乘积的形式,计算公式为:

$$\beta = \beta_1 \beta_2 \beta_3 \tag{5-1}$$

式中:β——水压力折减系数;

β_1——水压力传递折减系数;

β_2——水压力作用面积减少折减系数;

β_3——排水条件折减系数。

对于公路隧道工程,β_1、β_2 影响很小,可以忽略,最主要的是 β_3。

2)工程经验类比

折减系数取值也可以采用工程经验类比法。

(1)根据水文地质情况选取折减系数。该方法主要是根据地质结构、岩溶发育程度及岩体透水性等因素选择折减系数，见表5-3。

按岩溶发育程度确定折减系数经验值　　表5-3

岩溶发育程度	弱岩溶发育区	中等岩溶发育区	强岩溶发育区
折减系数	0.1～0.3	0.3～0.5	0.5～1.0

(2)天生桥二级电站经验法。在天生桥二级电站采用的折减系数经验值见表5-4。

天生桥二级电站折减系数经验值　　表5-4

隧道岩体水文地质条件	潮湿渗水洞段	渗水、滴水洞段	滴水、脉状涌水洞段	管道涌水及大量涌水洞段
折减系数	0.1～0.3	0.3～0.5	0.5～0.8	0.8～1.0

(3)按围岩渗透系数与混凝土衬砌渗透系数的比值确定折减系数。该方法是根据原东北设计院及有关单位的成果，根据围岩渗透系数 K_r 与混凝土衬砌渗透系数 K_c 的比值大致给出外水压力折减系数，见表5-5。

按围岩渗透系数和混凝土衬砌渗透系数的比值确定折减系数　　表5-5

K_r/K_c	0	1	5～10	50～500	≥500
折减系数	0	0.03～0.08	0.3～0.6	0.86～0.94	1

(4)按岩体透水性确定折减系数。折减系数见表5-6。

按岩体透水性确定折减系数　　表5-6

岩体透水性	折减系数	
	无排水	有排水
围岩渗透性较强，洞中有流水	0.8～1.0	0.5～0.8
围岩渗透性较弱，洞中有滴水	0.6～0.8	0.4～0.7
围岩渗透性较弱，洞中无滴水	0.4～0.6	0.3～0.5

此外，各设计、科研单位在工程实践中针对具体工程也提出了一些经验的方法。邹成杰、宴同珍等总结和论述了水头折减系数取值的经验方法。宴同珍认为，断层破碎带水头折减系数可取1或大于1；非沉积岩类脉状裂隙水折减系数可取0.2～0.5；若为沉积岩层，尤其是可溶岩，由于孔隙、裂隙或溶孔互相连通，地下水径流条件较好，折减系数可取0.6～1。

3)理论研究

王建秀等分析认为，当衬砌与围岩紧密结合共同作用时宜采用水岩合算，当衬砌与围岩脱离时宜采用水岩分算，其中水荷载采用修正系数进行折减。

王建宇认为，岩石地层中节理、裂隙及岩溶管道等是地下水的主要流通渠道，岩石本身基本不透水，在衬砌与岩石处处密贴情况下，地下水只能通过以上流通渠道作用于衬砌，因此，由于水荷载作用面积降低导致的水压力折减系数可按下式计算：

$$\beta_2 = \frac{B}{2\pi} \tag{5-2}$$

$$B = \frac{A}{r} \tag{5-3}$$

式中：B——单位长度衬砌外表面受水面积与等效半径之比；

A——单位长度衬砌外表面总的受水面积（m^2）；

r——圆形隧道半径或其他类型隧道等效半径（m）。

张有天认为，即使衬砌与围岩处处密贴，根据渗流场理论，作用于围岩的渗流体积力最终仍然会作用于衬砌。肖明清在考虑防排水系统空间效应的基础上，通过解析方法，得到了二次衬砌最大水压力计算公式，并提出了控制方法。陈林杰等根据相似理论，利用自行设计的模型试验装置，在不同水头高度、渗透系数、排放量以及排放系统的条件下，进行了36组工况试验，对公路隧道外水压力折减规律进行了研究，提出采用工程类比时应注意水头高度为平方的相似关系，以及对隧道周边富水洞穴应按“复合回填”方式进行处治的结论。姜安龙等在隧道衬砌外水压力计算方法研究中，详尽论述了折减系数法、理论解析法、解析数值解法、水文地球化学法和渗流理论分析法5种计算方法，并建立了渗流场与应力场的全耦合计算模型。王森针对衬砌外水压力折减问题，运用解析法研究了不同注浆条件下衬砌水压力的折减过程，得出注浆圈厚度、渗透系数与衬砌外水压力呈反比的结论。任耀谱利用解析法研究了各个施工阶段注浆圈渗透系数及厚度与涌水量、水压力折减系数及排水量与水压力折减系数的关系，得出注浆圈渗透系数减小、注浆圈厚度增加均可以减小隧道涌水量及降低水压力折减系数的结论。信春雷应用隧道衬砌水压力问题的解析解，分析了水压力、衬砌厚度、衬砌相对渗透性、施作注浆圈和隧道排水率、排水位置、岩体裂隙等因素对衬砌水压力折减系数的影响，得出注浆对地下水流量影响显著、施作注浆圈能够有效折减水压力的结论。张明德通过对相似理论和模型试验原理研究，推导了应力场和渗流场共同作用下的耦合场相似准则，研究了注浆圈外、衬砌背后水压力在全封堵方式下、限排方式下的水压力分布规律，得到了注浆圈对水压力的折减规律，即注浆效果为控制水压力的主要因素，较高的注浆水平可以大幅度地减小衬砌上作用的水压力。马苧通过海底隧道渗流场简化计算模型，推导了海底隧道初期支护外水压力及其折减系数解析公式，研究了堵水限排条件下水位高度、围岩渗透系数、注浆条件、初期支护等条件对水压力折减系数的影响效果，得出围岩渗透系数、注浆圈厚度及注浆效果是水压力折减系数主要影响因素的结论。刘腊腊通过解析推导，得出地铁大断面隧道全包防水条件下衬砌承受水压力经过水压力折减后的最终表达式。李铮通过研究不同注浆圈渗透系数和厚度条件下城市隧道排水量与水压力的关系，得出：注浆圈渗透系数的增减比例相同时，低水位城市隧道水压力随排水量的折减速率更快，而注浆圈厚度增减量相同时，高、低水位隧道水压力随排水量的折减速率基本相同。

吴剑秋采用数值模拟，分析研究了注浆半径、注浆渗透性改变时渗流场的改变和水压力折减，得出随着注浆圈厚度增大、隧道内涌水量减小，隧道孔隙水压力也减小的结论。郭思良对斜井深埋段高水压环境下采用泄水式管片进行了流固耦合数值模拟，研究了不同泄水孔数量、位置以及不同注浆圈渗透系数下衬砌水压力变化关系，得出采用泄水式管片，能有效地降低衬砌背后孔隙水压力，特别是拱底水压力的结论。谭阳以防止高水压岩溶隧道衬砌失稳为目的，通过FLAC3D，将注浆加固圈不同参数作为不同工况进行模拟分析，得出相应隧道围岩渗流场以及衬砌背后水压力的分布情况。邱发波在堵水限排的基础上，分析了隧道外水压力、折减系数与隧道排水量、注浆圈厚度和注浆水平的关系，得出设置注浆圈是防止隧道涌突水的一种有效方法，增大注浆圈厚度和减小注浆圈渗透系数都能降低隧道排水量以及有效减小隧道衬砌外水压力的结论。郑波采用 FLAC 数值计算,得出衬砌水压力折减系数主要取决于衬砌与围岩的相对渗透性。唐锐等探究了衬砌背后不同位置出现空洞时,衬砌背后孔隙水压力的折减规律,得出空洞的存在使隧道衬砌背后孔隙水压力有明显折减、空洞位置不同折减幅度相似的结论。刘强以工程背景和模拟手段,研究了在不同排水率、外水头下衬砌外水压力折减的变化规律,得出注浆圈厚度越大、渗透系数越小,衬砌外水压力越小,注浆圈厚度越小,所需的注浆圈渗透系数越小的结论。

吴胜番采用室内模型试验、现场水压力测试,研究了衬砌排水量、围岩渗透系数、注浆工况对衬砌外水压力的折减规律,得出注浆止水效果随着注浆圈厚度的增加而越来越明显,衬砌外水压力和折减系数随着注浆圈厚度的增加逐渐减小的结论。马栋采用室内模型试验、现场水压测试,研究了岩溶隧道初始水压力的确定、全堵及半堵注浆折减效果、衬砌受力情况、排水泄压后压力变化,得出全封堵条件下,注浆圈对水压力无折减作用,隧道开始排水后衬砌外水压力开始减小,排量越大减压规律越明显的结论。王秀英等采用模型试验和对厦门海底隧道现场实测数据进行分析,研究了水下隧道复合式衬砌的水压力特征,同时考虑了不同排水、注浆参数、初期支护等条件对衬砌水压力折减的影响,得出在没有其他排泄通道的情况下,如果不允许隧道排水,则不论注浆与否,衬砌水压均不能折减的结论。谭忠盛等基于模型试验,研究了不同排水率下注浆折减水压力效果,得出岩溶隧道原始水压力与隧道高程上下强排泄基准面、排泄能力、地表补给能力有关的结论。

I. W. Farmer 等研究了考虑水渗流时作用于井壁上的水压力,认为作用于井壁与围岩接触面处的水压力可根据井壁与围岩的相对渗透性进行折减。Black J C 等通过对井筒掘砌过程的分析,认为混凝土井壁砌筑初期,围岩处于卸载状态,围岩变形压力很小,水压力是在井壁与围岩形成密闭结构后进水量大于渗出量时才逐渐形成。井壁成型后,围岩压力与水压力都作用于井壁,井壁的微小变形使得井壁与围岩间隙充满地下水,此时只有水压力作用于井壁。基于上述分析,认为井壁在运营期间全部外表面承受全部静水压力。Seok-Woo Nam 通过使用三维模型软件 PENTAGON-3D,建立了深埋隧道衬砌分析模型,得出无量纲量与衬砌背后的水压力密切相关,应当重视。Chungsik Y 通过使用三维模型分析软件 ABAQUS,建立了隧道分析模型,研究了渗透性与注浆圈厚度的关系,渗透性包括围岩渗透性以及相对渗透性。研究结果表明,相对渗透性是影响隧道水压力的主要因素。Shin J H 等考虑耦合作用,借助 ICFEP 分析程序,建立了分析模型,研究了排水系统的作用。排水系统的通水能力采用折减系数来实现,研究结果表明,孔隙水压力与渗透系数呈负相关,总荷载的大小与孔隙水压力的比值密切相关,孔隙水压力的比值并不会影响围岩荷载的大小,但围岩的刚度却会影响孔隙水压力的比值。Lee I M 运用有限元 PENTAGON-3D 软件分析了三种情况下浅埋隧道衬砌的应力:第一种是仅研究排水,第二种是研究既排水又有流力,第三种是研究不排水。研究结果表明:第一种情况无应力,第二种是第三种情况的 30%。因此,含水地层中的隧道要重点考虑排水方式的选择以及流力的影响。

综合以上研究成果,目前对于高水压问题,隧道工程采取的方法是“以堵为主、限量排放”原则。在水压力设计取值问题上,主要采用细化的折减系数法,并且在铁路隧道方面给出了折减系数的取值建议。

5.1.2　裂隙网络模型

岩体力学主要研究岩体的变形、强度和稳定性问题。随着计算机软硬件技术的发展,各种基于连续介质的计算方法被引入到岩体力学领域,但由于岩体本身所具有的高度不连续性、不均匀性和尺寸效应性,因此,这些计算方法往往不甚理想。

基于不确定性理论的概率和数理统计方法被广泛引入岩体裂隙统计分析中,这是不连续面三维网络计算机模拟原理的数学理论基础。连续面三维网络模拟过程伴随着不连续面数据的处理,包括现场测量、岩体结构均质区划分、产状研究、不连续面间距(密度)研究、几何(大小)研究、取样偏差校正等。蒙特卡罗方法是构建不连续面在二、三维空间组合分布形态的主要方法。结构面是岩体中的软弱面,很大程度上决定了岩体的变形与破坏。三维裂隙网络模拟可确定岩体三维空间内的构造裂隙,因此成为岩体分析的基础。基于以上原因,国内外诸多学者都以三维裂隙网络模拟为基础理论与数据支撑,对岩体的分析和计算进行了大量的研究。

岩体的几何、力学与变形参数是岩体分析与设计的依据,这些参数多取决于岩体的结构面系统,因此,国内外学者大多采用三维裂隙网络模拟结果来计算这些参数。Poulton M M 提出分形维数是重要的岩体力学性质指标,它能够准确地描述岩体的工程性质。周福军等基于三维裂隙网络模拟技术,研究了岩体分形维数与岩石质量指标(RQD)之间的关系;周福军应用分形理论,提出了一种用不连续面表征分维数来评价岩石质量的分类方法;运用灰色理论中的灰关联分析法求解了岩体的典型单元体(REV)尺寸。张文等运用三维裂隙网络模拟技术,克服了实际布置钻孔获取资料的各种限制,在计算机上以测线代替钻孔,极大地方便了关于岩石质量指标(RQD)的研究,并指出基于三维裂隙网络模拟计算岩石质量指标(RQD)值时要考虑边缘效应和尺寸效应。

结构面影响岩体的变形与破坏。对于工程地质中常见的斜坡问题,国内外很多学者采用三维裂隙网络模拟的方法对其稳定性进行分析。在边坡稳定性评价中,由于受勘探技术、自然条件和工程成本等条件限制,经常造成资料缺乏,从而影响了对岩体稳定性的评价和滑面的判断。这时,采用三维裂隙网络模拟的方法是一个较好的选择。运用三维裂隙网络模拟技术,通过计算机分析处理,能够方便地对岩体边坡的工程特性进行分析和研究。张发明等采用三维裂隙网络模拟方法,对边坡结构面的分布进行模拟,通过随机搜索的方法寻找楔体的分布规律,然后进行稳定性分析,得到统计意义的边坡稳定度。陈剑平等基于岩体三维裂隙网络模拟技术,提出棱线矢量法判断岩石块体的可动性,合力矢量法判断滑动面。同时,利用计算机编程,智能快速地分析和评价了岩体的稳定性,并给出了块体的失稳形式。张勇等基于三维裂隙网络模拟技术,将模拟后的结构面嵌入开挖面后的边坡面,形成了结构面与开挖面相组合的形式,用于判断未来边坡的滑动面。另外,裂隙网络是岩体中的水通道系统,因此,三维裂隙网络是裂隙岩体渗流分析的基础。近年来,越来越多的专家借助三维裂隙网络数据进行离散网络渗流分析计算。赵红亮等借助三维裂隙网络模拟提供的物理背景,建立了裂隙网络系统渗流模型和图论数学模型,实现了用计算机搜索三维裂隙网络流渗透路径。何杨等利用 Monte-Carlo 模拟出岩体中二级裂隙网络分布,然后进行三维非稳定渗流分析。岳攀等不仅统计了岩体观测面裂隙数据,还运用钻孔摄像技术获取孔壁资料,对裂隙面参数进行统计,再采用拉丁超立方抽样方法(LHS 法)对裂隙参数随机模拟,建立三维裂隙网络模型,将三维裂隙网络模拟技术运用在水工坝基岩体上。敖雪菲等基于三维裂隙网络模拟技术,提出了三维裂隙宾汉姆流体灌浆数学模型,对随机裂隙内宾汉姆浆液扩散特征进行了研究。

5.1.3 裂隙岩体模型

自然界中大部分岩石都存在一定的裂隙,不同大小、不同数量、不同形态的裂隙对岩石的强度以及变形规律有着不同程度的影响。

为研究分析裂隙岩体基岩水、裂隙水的渗流规律需要建立合适的数学模型,常用的数学模型包括等效连续介质模型、双重介质模型、离散裂隙网络模型、拟连续介质模型。

1)连续介质模型

连续介质模型分为等效连续介质模型(EPM)、双重介质模型。等效连续介质模型是把研究对象——裂隙岩体等效视为无间隙的连续物体,其间的地下水充满整个裂隙岩体介质。岩体孔隙介质和裂隙网络均匀分布在整个研究范围内,裂隙岩体表现出与多孔连续介质相似的渗透特性,渗流场求解以渗透张量为基础。

此类模型采用流量等效原则,通过连续介质模拟随机裂隙网络,通过等效张量模拟实际裂隙组的渗透性、各向异性。此类模型有一定的使用前提,即岩体的典型单元体(REV)必须存在,并且其尺寸相对于研究边界较小。Long J C S 等认为裂隙岩体采用等效连续介质模型的前提条件:一是存在单元体,并且单元体的渗透性受单元体的体积变化影响微小;二是有对称渗透等效张量。后来,Long J C S 又提出,当裂隙密度较小、单元体积很大时不能采用此类模型。

等效连续介质模型优点是建立在连续介质的基础上,连续介质的相关研究较为成熟,可以运用孔隙介质渗流的相关原理来分析裂隙岩体渗流,具有足够的理论基础,但也有一定的缺点,比如无法刻画裂隙水优先流、应用存在局限性,单元体尺寸及等效渗透张量确定存在难度。尽管等效连续介质存在一定的缺点,但其仍是现在应用最广的模型之一。

2)双重介质模型

对比等效连续介质模型,双重介质模型类似两种不同介质的叠加,两种介质分别为孔隙介质、裂隙介质,认为此两种介质均连续地分布在整个空间中,空间中的每一点同时存在两个水头。双重介质本质上仍是连续介质,两种介质的渗流规律仍是建立在达西渗流定律的基础上,即双重介质模型是两种不同水力参数的介质组合形成的。双重介质模型主要分为单渗透率模型(双孔隙率)、双渗透率模型。此类模型相对于单介质模型有了一定程度上的改进,现在的应用同样较为广泛。

杜广林等认为裂隙网络由主干、次干和等效网络三重组成,通过裂隙与孔隙之间流量等效的原则,建立渗流连续方程,并推导了有限元的多重裂隙网络渗流的离散元方程,采用实体单元模拟裂隙,验证了此方法更接近渗流实际。王恩志等将裂隙分主次,认为部分大裂隙起到导水作用,部分裂隙起到贮水作用,从而编写了相关软件,采用实际案例进行了验证,结果反映此方式能较好地模拟出裂隙水渗流的各向异性,以及裂隙组结构的强不均匀性。朱斌等认为裂隙岩体由裂隙介质与孔隙介质组成,两种介质均采用等效连续介质模拟,以某薄煤层为例,揭露了孔隙-裂隙渗流的演化规律。杨坚提出"缝洞单元"概念,建立油、气、水三重介质模型,并编写了相应软件。潘晓庆等认为花岗岩地区的裂缝型油藏储层具有双重介质特征,利用DFN建模技术生成裂隙网络,模型能较好地模拟油田裂缝展布。刘洋等基于离散元的方法将双重介质模型分为固体、孔隙应力渗流、裂隙应力渗流耦合模型,能较好地反映出降雨过程中边坡的破坏演化过程。刘耀儒等基于双重介质理论,开发相应程序,建立流体场与应力场耦合模型,通过对某工程实例进行分析,发现此方法是有效的。Rutqvistj J等采用FLAC与TOUGH软件,实现双重介质四相耦合(热-水-力-化学)。年庚乾等以双重介质模型为基础,采用Comsol Multiphysics软件研究了降雨入渗过程中边坡的渗流特征。刘卫群等在双重介质模型理论的基础上引入裂隙的弹性模量,推导出裂隙介质、岩石基质渗透系数、孔隙度间的关系表达式,同时推导出渗流应力耦合控制方程。

3)离散裂隙网络模型

采集现场裂隙组数据,对于每条典型裂隙进行精细化建模,属于非连续介质。在裂隙密度较小、裂隙尺寸较大、岩块的渗透性极低,典型单元体的尺寸已经达到或超过研究域的范围时,必须认为岩体为非连续介质,采用此类模型能较好地达到研究要求。以现场裂隙数据为基础,构建三维裂隙网络,以裂隙空间展布为基础,采用非连续介质渗流理论研究流体在裂隙网络中的流动。以单裂隙渗流规律为基础,采用交叉节点流量等效的方法求解水头。离散裂隙网络模型能较好地反映裂隙水的优先流特点,以及裂隙岩体的渗流各向异性。但此类模型也存在一定的缺陷:一是现场实测裂隙组数据采集较为困难;二是裂隙之间有较强的连通性;三是需要推导裂隙交叉点的流量方程,工作量大。

离散裂隙网络模型忽略岩块的孔隙系统,把岩体视为简单的裂隙介质,用裂隙水力学参数和几何参数来表征裂隙岩体内渗流空间结构的布局,这些水力学参数由现场水文地质试验提供。离散裂隙网络模型可进一步分三类:

①蒙特卡洛模型。它是在现场对裂隙进行勘查,取得统计参数,再根据不同参数,从统计学规律由计算机生成裂隙网续而进行渗流分析。其中裂隙尺寸服从对数正态分布、裂隙间距服从指数分布。

②裂隙水力学模型。鉴于岩体裂隙的透水性远大于岩块的透水性,该模型将岩体渗流视为裂隙水力学问题。

③典型裂隙面模型。该模型对实际岩体的结构面进行统计分析,寻找优势结构面,将实际岩体抽象为几组裂隙面所分割成的岩体结构,确定优势面后再进行裂隙间距及张开度的量测,求出统计平均值,构成一个裂隙网络,根据立方体定律进行渗流求解。

离散裂隙网络模型对自然界岩体的真实状况做了很多假设,总的来说是一个近似方法,并且其模拟能力受采样数据精度的制约,但相对于等效连续介质模型仍然可以更好地表征裂隙岩体的本质特性,在岩体渗流分析方面得到很好的应用。

王晋丽等采用蒙特卡洛方法生成二维裂隙网络,同时采用递归算法优化得到主裂隙网络,结果表明此方法能较好地反映裂隙流的水力特征变化。

4)拟连续介质模型

杨栋等根据裂隙发育规模与工程尺度的关系,将裂隙岩体看作是由离散介质和拟连续介质组成的广义双重介质岩体，提出了广义双重岩体水力学模型，并对其有限元解法进行了较为详细的研究。这种模型避免了离散介质模型对每条裂隙进行模拟而带来的巨大工作量，并能满足工程精度要求。何忱等采用四面体实体单元模拟裂隙以及岩石基质，认为单元不透水，水的渗流只发生在界面上，同时开发了等效裂隙网络生成算法，所得到的模型经验证模拟效果较好。杨栋等认为裂隙岩体由离散裂隙网络和拟连续裂隙网络构成，利用分形算法对拟连续介质的裂隙展布进行分析并编写了相应软件，结合工程实例表明模型较为合理。

裂隙水是水资源的重要组成部分，受社会生产活动广度和深度的限制，且裂隙水研究起来相对困难，因此对基岩裂隙水的形成、分布、赋存规律、运移规律研究相对较少。裂隙水的赋存受自然地理、构造因素、地层因素等成控因素的影响。自然地理包括大气降水和蒸发、地形地貌等因素，它们对裂隙水的赋存起不可或缺的作用；构造因素在裂隙地下水的形成中起到关键性作用，在构造应力下，往往形成非均匀性和各向异性性质的裂隙水；地层影响着裂隙岩溶水含水层空间结构，对裂隙岩溶水的赋存也起着比较重要的作用。

已有水压力计算公式大多根据达西定律提出，并且是作用在隧道或者竖井衬砌上的力，而不是原有的裂隙水的水压力。对于裂隙水的研究现在大多从渗流入手考虑，同时现在的技术和研究水平无法通过定量的方式得到裂隙水压力准确的解析解，甚至对于其赋存的裂隙水的水压分布规律的定量描述都很少。另外，在高地应力作用下，针对渗透性极低的风化花岗岩地质，裂隙水的流动已经不能简单从连续介质方面进行考虑，应当从离散元角度进行考虑。对于离散元模拟下的花岗岩裂隙水压力规律研究有一定的参考意义。

5.2 水压力实测结果与分析

为了更好地研究和分析富水深竖井裂隙水压力规律，针对高黎贡山隧道 1 号竖井，施工过程中进行了静水压力和衬砌外水压力的测量和监测工作。

5.2.1 静水压力

高黎贡山隧道 1 号主竖井和副竖井施工过程中，通过超前探孔（图 5-1），对竖井深度范围内的静水压力进行了测量，测量结果如图 5-2 所示。

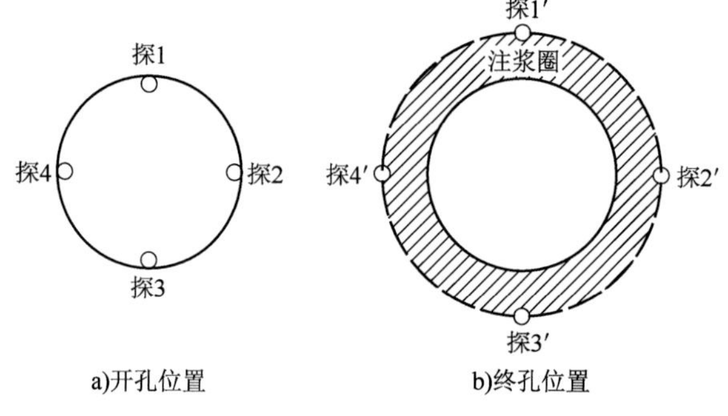

图 5-1　竖井超前探孔平面布置示意图

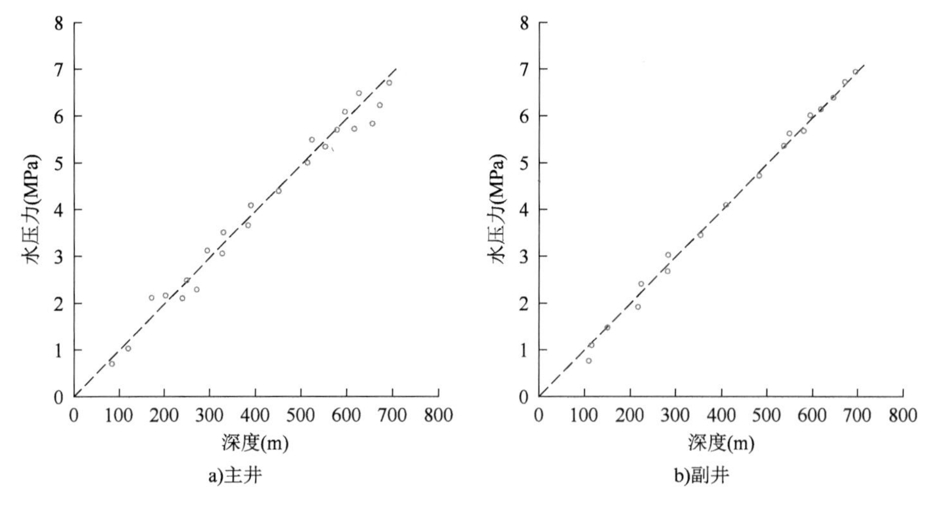

图 5-2　高黎贡山隧道 1 号竖井随深度静水压力变化曲线

从图中可以看出：静水压力随着竖井深度的增加呈线性增大，静水压力与竖井深度基本相等。说明在陡倾节理条件下，竖井静水压力不会折减。富水深竖井静水压力表达式如下：

$$P_{井} = 0.001\gamma H_{井} \tag{5-4}$$

式中：$P_{井}$——竖井静水压力（MPa）；

γ——水的重度（kN/m^3），取 $10kN/m^3$；

$H_{井}$——竖井深度（m）。

5.2.2　衬砌外水压力

1 号竖井施工过程中采取工作面注浆方式进行堵水，满足水量要求后进行开挖施工，开挖完成后施作二次衬砌。

为掌握竖井的受力状况，评价竖井的安全状态，选择 1 号副竖井（764.76m）作为监测对象，对井深 660m、735m 位置的衬砌外水压力、围岩压力、衬砌钢筋应力等进行监测，监测点布置如图 5-3 所示。

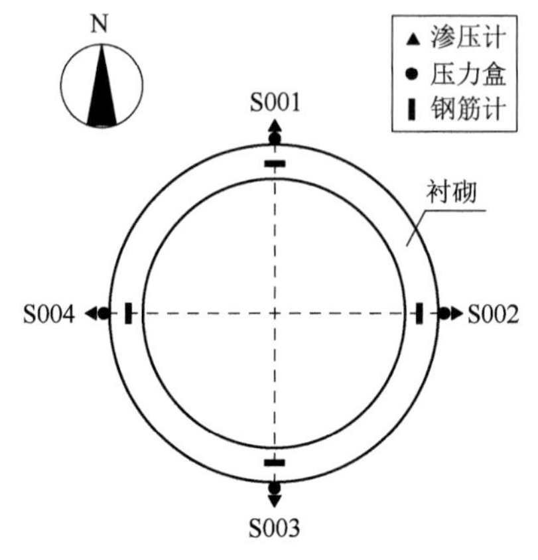

图 5-3　监测点布置示意图

根据监测结果绘制衬砌外水压力变化曲线,如图5-4所示。衬砌外水压力分布如图5-5所示。

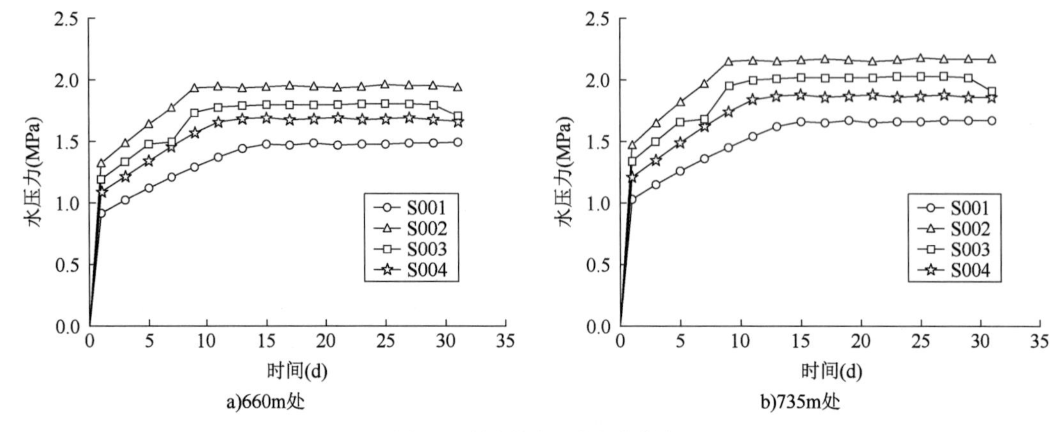

a)660m处　　b)735m处

图5-4　衬砌外水压力变化曲线

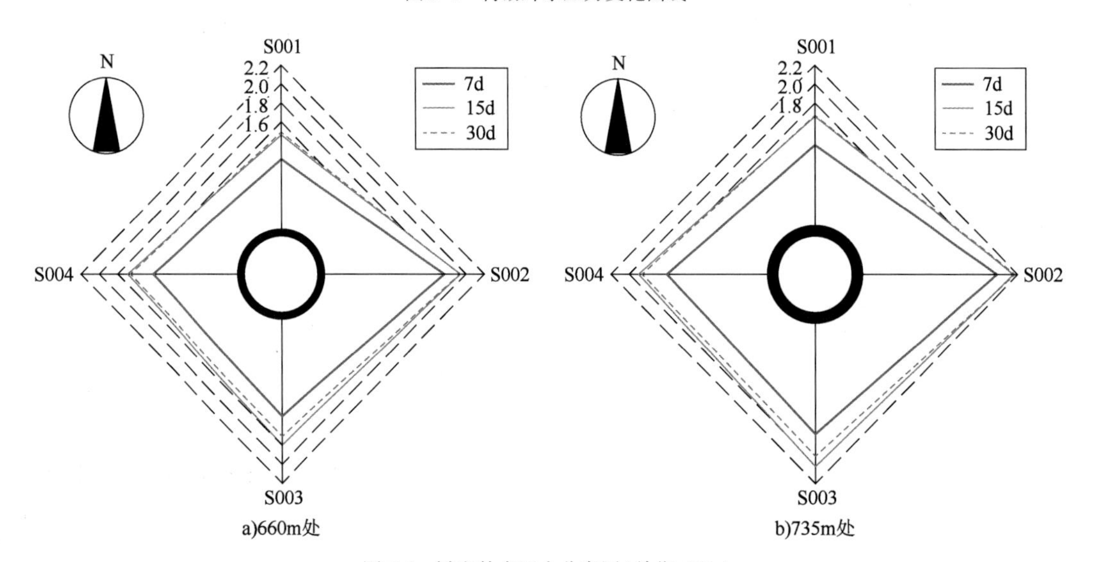

a)660m处　　b)735m处

图5-5　衬砌外水压力分布图(单位:MPa)

从图中可以看出,衬砌外水压力分布具有以下特征:

(1)趋稳性。衬砌外水压力先急剧增长后趋于稳定,从急剧增长到趋于稳定约10d左右。急剧增长阶段主要是竖井开挖后导致衬砌周围基岩内原来的裂隙连通性破坏,地下水通过排水系统流出,同时更远位置的地下水通过裂隙流入,由于流经监测点的地下水大于流出地下水,导致水压力急剧上升,最终达到一种动态平衡。稳定阶段是经过较长时间后流经监测点的地下水与流出的地下水达到一种动态平衡,从而使监测点水压力在某一小范围内波动变化。

(2)不对称性。衬砌外水压力基本呈不对称分布,东西方向水压力大于南北方向水压力,东西方向水压力约为南北方向水压力的1.3倍。分析产生该问题的原因是:高黎贡山隧道1号副竖井地质为垂直张开裂隙,裂隙内充填高压水;对地下水采取注浆封堵后,裂隙内浆液结石体与围岩的渗透系数存在着较大的差异,属于非连续介质,因此不能采用连续介质理论进行考虑,如图5-6所示。

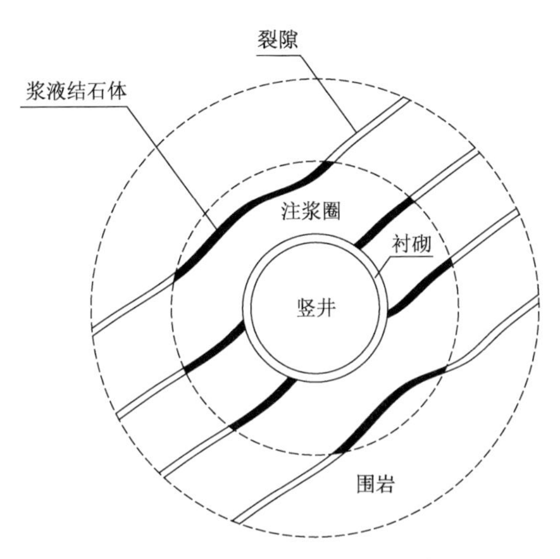

图 5-6　裂隙注浆后非连续介质示意图

(3)折减性。监测结果表明,660m 处最大水压约为 1.944MPa,735m 处最大水压力约为 2.170MPa。按静水位进行水压力折减,计算折减系数为 0.32。

5.3　基于等效连续介质理论的水压力规律分析

采用高黎贡山隧道 1 号竖井水压力实测值的最大值开展等效连续介质分析,以一般规律为基础,为下一步的双重介质分析提供铺垫及参数取值参考。

5.3.1　基本理论

1)基本假定

等效连续介质渗流场理论基于以下基本假定:

(1)岩层为连续多孔介质。

(2)岩层为各向同性介质。

(3)地下水流动为稳定流。

2)公式推导

现有渗流公式的推导大都集中于隧道方面,大都基于各向同性假设,推导过程基本成熟。借鉴常用假设及地下水动力学中关于承压稳定流裘布依完整井公式推导过程,将不同文献中的研究成果整合推导出符合竖井工程的公式。

设流动通道中有微分单元,如图 5-7 所示。边长为 d_x、d_y、d_z,流速 v_x、v_y、v_z 是坐标的函数。流入单元的流速为 v_x、v_y、v_z,流出单元的流速为$\frac{\partial v_x}{\partial x}d_x+v_x$、$\frac{\partial v_y}{\partial y}d_y+v_y$、$\frac{\partial v_z}{\partial z}d_z+v_z$。

认为流动通道内的流体不能被压缩,此单元体流入的流量等于流出的流量,即:

$$v_x d_y d_z + v_y d_x d_z + v_z d_x d_y = \left(\frac{\partial v_x}{\partial x} d_x + v_x\right) d_y d_z + \left(\frac{\partial v_y}{\partial y} d_y + v_y\right) d_x d_z + \left(\frac{\partial v_z}{\partial z} d_z + v_z\right) d_x d_y \tag{5-5}$$

即拉普拉斯公式：

$$\frac{\partial v_x}{\partial x} + \frac{\partial v_y}{\partial y} + \frac{\partial v_z}{\partial z} = 0 \tag{5-6}$$

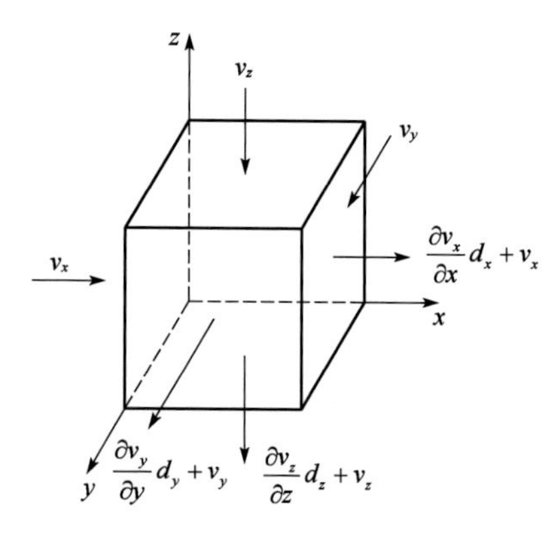

图 5-7　微元体示意图

引入达西定律得：

$$\frac{\partial^2 H}{\partial x^2} + \frac{\partial^2 H}{\partial y^2} + \frac{\partial^2 H}{\partial z^2} = 0 \tag{5-7}$$

采用柱坐标表示：

$$\frac{1}{r^2}\frac{\partial}{\partial r}\left(r\frac{\partial H}{\partial r}\right) + \frac{1}{r^2}\left(\frac{\partial^2 H}{\partial \theta^2}\right) + \frac{\partial^2 H}{\partial z^2} = 0 \tag{5-8}$$

认为竖井开挖渗流场关于 z 轴对称，即：

$$\frac{\mathrm{d}}{\mathrm{d}r}\left(r\frac{\mathrm{d}H}{\mathrm{d}r}\right) = 0 \tag{5-9}$$

积分得：

$$r\frac{\mathrm{d}H}{\mathrm{d}r} = N \tag{5-10}$$

采用裘布依假设，认为地下水水平流动，即通过不同柱面的流量相等，单位延深流量为：

$$Q = 2\pi K r\frac{\mathrm{d}H}{\mathrm{d}r} \tag{5-11}$$

即：

$$N = \frac{Q}{2\pi K} \tag{5-12}$$

代入式(5-10)得：

$$r\frac{\mathrm{d}H}{\mathrm{d}r} = \frac{Q}{2\pi K} \tag{5-13}$$

分离变量得：

$$H = \frac{Q}{2\pi K}\ln r + a \tag{5-14}$$

式中：H——总水头(m)；

Q——单位延深涌水量(m^3/d)；

K——渗透系数(m/s)；

r——径向半径(m)。

已有文献主要应用于隧道水压力折减、涌水量公式推导，对于深埋富水隧道计算结果存在一定误差。竖井与深埋富水隧道近似，因此同样假设：衬砌渗透系数为 K_c，涌水量为 Q_c，外水头高度为 H_c，内水头高度为 H_w，注浆圈渗透系数为 K_z，涌水量为 Q_z，外水头高度为 H_z，围岩渗透系数为 K_r，涌水量为 Q_r，外水头高度为 H_0，如图5-8所示。

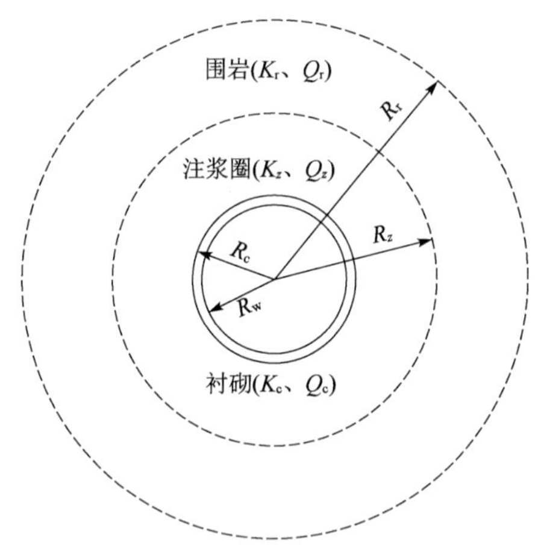

图5-8　竖井理论模型图

利用假设条件，针对竖井衬砌、注浆圈、围岩，采用上述公式可得到下式：

$$\begin{cases} H_0 - H_z = \dfrac{Q_r}{2\pi K_r}\ln\dfrac{R_r}{R_z} \\ H_z - H_c = \dfrac{Q_z}{2\pi K_z}\ln\dfrac{R_z}{R_c} \\ H_c - H_w = \dfrac{Q_c}{2\pi K_c}\ln\dfrac{R_c}{R_w} \end{cases} \tag{5-15}$$

因为各断面涌水量相等，认为 $H_w=0$，因此可求出衬砌外水头计算公式为：

$$H_c = \frac{H_0\ln\dfrac{R_c}{R_w}}{\dfrac{K_c}{K_r}\ln\dfrac{R_r}{R_z}+\dfrac{K_c}{K_z}\ln\dfrac{R_z}{R_c}+\ln\dfrac{R_c}{R_w}} \tag{5-16}$$

衬砌外水压力计算公式为：

$$P_c = \gamma_w H_c = \frac{\gamma_w H_0\ln\dfrac{R_c}{R_w}}{\dfrac{K_c}{K_r}\ln\dfrac{R_r}{R_z}+\dfrac{K_c}{K_z}\ln\dfrac{R_z}{R_c}+\ln\dfrac{R_c}{R_w}} \tag{5-17}$$

衬砌外水压力折减系数计算公式为：

$$\beta=\frac{H_c}{H_0}=\frac{\ln\dfrac{R_c}{R_w}}{\dfrac{K_c}{K_r}\ln\dfrac{R_r}{R_z}+\dfrac{K_c}{K_z}\ln\dfrac{R_z}{R_c}+\ln\dfrac{R_c}{R_w}} \tag{5-18}$$

单位长度涌水量计算公式为：

$$Q=\frac{2\pi H_0K_c}{\dfrac{K_c}{K_r}\ln\dfrac{R_r}{R_z}+\dfrac{K_c}{K_z}\ln\dfrac{R_z}{R_c}+\ln\dfrac{R_c}{R_w}} \tag{5-19}$$

5.3.2 数值模拟

首先,确定等效连续介质模型的主要参数,包括围岩参数、衬砌参数和注浆圈参数。

(1)围岩参数

针对围岩参数,通过钻孔勘探,竖井深度 340 ~ 764m 范围内,地质 RQD 值大都稳定在50%、80%左右,660m 断面 RQD 值为 83%。结合《铁路隧道设计规范》(TB 10003—2016),认为围岩级别为Ⅱ级,力学参数按规范取值。围岩渗透系数采用下式计算：

$$K=0.527\omega\lg\left(\frac{1.32L}{r}\right) \tag{5-20}$$

$$\omega=\frac{\bar{v}}{L\bar{P}} \tag{5-21}$$

式中：K——渗透系数(m/d)；

ω——地层单孔吸水率[L/(min·m^2)]

L——探水段或注浆段长度(m)；

r——探水孔或注浆孔半径(m),取 0.065m；

$\bar{v}$——探水孔或注浆孔内水的稳定流量(L/min)；

$\bar{P}$——探水孔或注浆孔内稳定水头压力(m)。

对于 1 号竖井 660m 高程段,实测主竖井和副竖井超前探孔涌水量,采用公式(5-20)计算渗透系数,统计及计算结果见表 5-7。

1 号主竖井和副竖井 660m 高程段超前探孔涌水量及渗透系数计算结果表 表 5-7

序号	井别	位置(m)	探水孔编号	涌水量(m^3/h)	渗透系数(m/s)
1	主竖井	619.9 ~ 679.9	探 1	1.9	1.5×10^{-8}
2			探 2	1.7	1.4×10^{-8}
3			探 3	21.7	1.8×10^{-7}
4			探 4	0.1	8.0×10^{-10}
5	副竖井	609.1 ~ 649.1	探 1	1.1	1.3×10^{-8}
6			探 2	1.1	1.3×10^{-8}
7			探 3	5.8	6.8×10^{-8}
8			探 4	2.2	2.6×10^{-8}

续上表

序号	井别	位置(m)	探水孔编号	涌水量(m^3/h)	渗透系数(m/s)
9	副竖井	632.4 ~ 692.4	探1	8.3	6.6×10^{-8}
10			探2	5.6	4.4×10^{-8}
11			探3	3.6	2.8×10^{-8}
12			探4	6.5	5.1×10^{-8}

由表5-7可以看出,围岩渗透系数范围为 $1.8\times10^{-7}\sim8.0\times10^{-10}$m/s,大部分为 10^{-8}m/s 左右。

根据文献调研,完整花岗岩室内渗透系数为 $2\times10^{-11}\sim5\times10^{-13}$m/s,强风化花岗岩渗透系数为 $5.2\times10^{-5}\sim3.3\times10^{-6}$m/s。从已开挖段来看,竖井地层大部分为弱风化花岗岩,裂隙发育程度不高,岩石质量较好,渗透系数较完整围岩渗透系数弱化1个量级,结合实测结果,模型计算时渗透系数取 8.6×10^{-9}m/s。1号主竖井660m断面模型围岩参数取值见表5-8。

1号主竖井660m断面模型围岩参数表　　表5-8

弹性模量(GPa)	泊松比	黏聚力(MPa)	内摩擦角(°)	抗拉强度(MPa)	密度(kg/m^3)	渗透系数(m/s)	孔隙率
20	0.25	1.5	52	7	2660	8.6×10^{-9}	0.3

(2)衬砌参数

针对衬砌参数,设计采用C35素混凝土,厚度为0.45m,为了建模方便取0.5m。力学参数根据《铁路隧道设计规范》(TB 10003—2016)取值。关于衬砌渗透系数,根据规范,富水深部工程抗渗等级应取为P10以上,结合现场衬砌抗渗等级为P10。查阅已有文献,P10混凝土渗透系数约为 1.44×10^{-11}m/s。衬砌采用弹性本构模型模拟,1号主竖井660m断面模型衬砌参数取值见表5-9。

1号主竖井660m断面模型衬砌参数表　　表5-9

弹性模量(GPa)	泊松比	抗拉强度(MPa)	渗透系数(m/s)	密度(kg/m^3)	孔隙率
35	0.2	2.2	1.44×10^{-11}	2500	0.2

(3)注浆圈参数

针对注浆参数,注浆帷幕厚度为5m,浆液扩散半径为2m。1号竖井660m高程段注浆后,实测检查孔涌水量,采用公式计算渗透系数,统计及计算结果见表5-10。

1号主竖井和副竖井660m高程段检查孔涌水量及渗透系数计算结果表　　表5-10

序号	井别	位置(m)	探水孔编号	涌水量(m^3/h)	渗透系数(m/s)
1	主竖井	619.9 ~ 679.9	探1	0.52	4.1×10^{-9}
2			探2	1.03	8.3×10^{-9}
3			探3	1.11	8.9×10^{-9}
4			探4	0.53	4.3×10^{-9}

续上表

序号	井别	位置(m)	探水孔编号	涌水量(m^3/h)	渗透系数(m/s)
5	副竖井	609.1 ~ 649.1	探1	0	基本无水
6			探2	0.1	1.2×10^{-9}
7			探3	0	基本无水
8			探4	0	基本无水
9	副竖井	632.4 ~ 692.4	探1	0.2	1.6×10^{-9}
10			探2	0.1	7.9×10^{-10}
11			探3	0	基本无水
12			探4	0.1	7.9×10^{-10}

从上表可以看出,注浆后地层渗透系数为 8.9×10^{-9} ~ 7.9×10^{-10}m/s,因为可供参考的注浆后裂隙岩体渗透系数取值范围资料极少,因此采用数值模拟手段进行详细反演。

建立尺寸为 100m × 100m × 1m 的二维断面,衬砌厚度为 0.5m,开挖洞径 2.5m,注浆圈厚度 5m,如图 5-9 所示。边界四周赋予透水边界,按实测地应力施加边界荷载,侧应力系数取 0.8,四周边界固定。

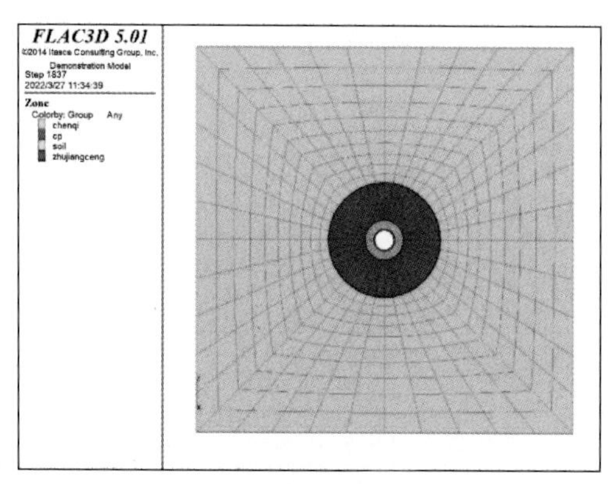

图 5-9　计算模型(开挖后)

通过数值模拟试算可知,基于以上参数反演出的衬砌外水压力如图 5-10 所示,约为 1.94MPa,符合实测。此时注浆圈渗透系数为 3.6×10^{-10}m/s。

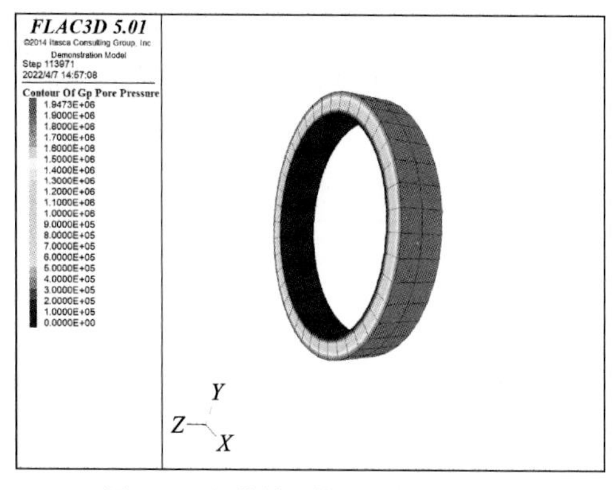

图 5-10　竖井衬砌外水压力模拟结果

因此,1 号主竖井 660m 断面模型注浆圈参数取值见表 5-11。

1 号主竖井 660m 断面模型注浆圈参数表　　表 5-11

参数名称	弹性模量(GPa)	泊松比	黏聚力(MPa)	内摩擦角(°)	抗拉强度(MPa)	密度(kg/m^3)	渗透系数(m/s)	孔隙率
参数值	26	0.22	2.1	54	10	2700	3.6×10^{-10}	0.2

5.3.3　模拟结果分析

1)注浆圈厚度对衬砌外水压力影响分析

注浆圈厚度取 0m、1m、2m、3m、4m、5m、6m、7m、8m 共 9 种工况,其余参数不变。通过数值模拟和理论计算,取得衬砌外水压力和水压力折减系数见表 5-12。

不同注浆圈厚度时衬砌外水压力和水压力折减系数数值模拟和理论计算结果表　　表 5-12

序号	注浆圈厚度(m)	衬砌外水压力(MPa)		衬砌外水压力折减系数	
		模拟值	理论值	模拟值	理论值
1	0	6.45	—	0.977	—
2	1	4.00	3.99	0.606	0.604
3	2	3.03	3.08	0.459	0.467
4	3	2.51	2.60	0.380	0.394
5	4	2.33	2.29	0.353	0.348
6	5	2.18	2.08	0.330	0.316
7	6	1.95	1.93	0.295	0.292
8	7	1.91	1.81	0.289	0.274
9	8	1.88	1.71	0.284	0.259

根据计算结果,绘制衬砌外水压力和水压力折减系数随注浆圈厚度变化曲线,如图 5-11、图 5-12 所示。

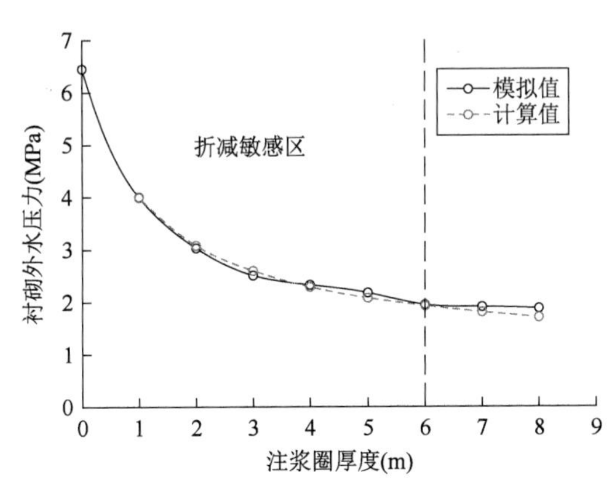

图 5-11　衬砌外水压力随注浆圈厚度变化曲线

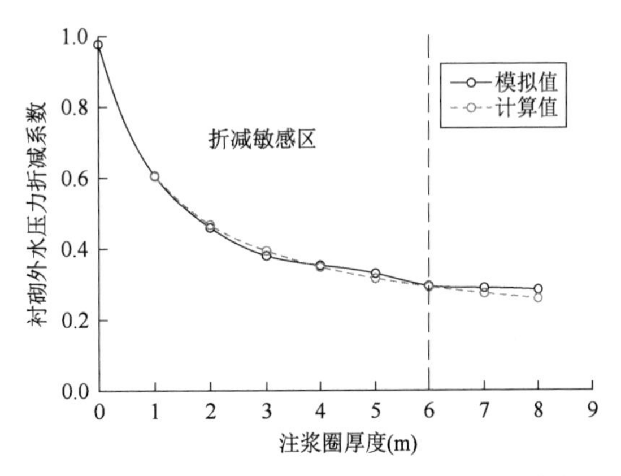

图 5-12　衬砌外水压力折减系数随注浆圈厚度变化曲线

从图中可以看出：

（1）随着注浆圈厚度的增加，衬砌外水压力和水压力折减系数逐渐降低。

（2）注浆圈厚度在0～6m范围为折减敏感区，其中0～3m衬砌外水压力折减效果最好，3～6m衬砌外水压力折减效果较好，6m之后水压力折减幅度较小并且呈现稳定衰减，因此，当注浆圈厚度>6m后不宜再采用扩大注浆圈厚度的方法来降低衬砌外水压力。

（3）采用数值模拟法和理论计算法的结果基本一致。

2）注浆圈渗透系数对衬砌外水压力影响分析

注浆圈渗透系数取3.6×10^{-7}m/s、3.6×10^{-8}m/s、3.6×10^{-9}m/s、3.6×10^{-10}m/s、3.6×10^{-11}m/s、3.6×10^{-12}m/s、3.6×10^{-13}m/s、3.6×10^{-14}m/s、3.6×10^{-15}m/s共9种工况，其余参数不变。

通过数值模拟和理论计算，取得衬砌外水压力和水压力折减系数见表5-13。

不同注浆圈渗透系数时衬砌外水压力和水压力折减系数数值模拟和理论计算结果表

表5-13

序号	注浆圈渗透系数(m/s)	衬砌外水压力(MPa)		衬砌外水压力折减系数	
		模拟值	理论值	模拟值	理论值
1	3.6×10^{-7}	6.63	6.50	1.000	0.984
2	3.6×10^{-8}	6.55	6.48	0.992	0.982
3	3.6×10^{-9}	6.35	6.35	0.963	0.962
4	3.6×10^{-10}	1.95	1.93	0.295	0.292
5	3.6×10^{-11}	0.281	0.263	0.0425	0.0398
6	3.6×10^{-12}	0.0261	0.0273	0.00395	0.00413
7	3.6×10^{-13}	0.00210	0.00274	0.000318	0.000415
8	3.6×10^{-14}	0.000719	0.000274	0.000109	0.0000415
9	3.6×10^{-15}	0.0000719	0.0000274	0.0000109	0.00000415

根据计算结果，绘制衬砌外水压力和水压力折减系数随注浆圈渗透系数变化曲线，如图5-13、图5-14所示。

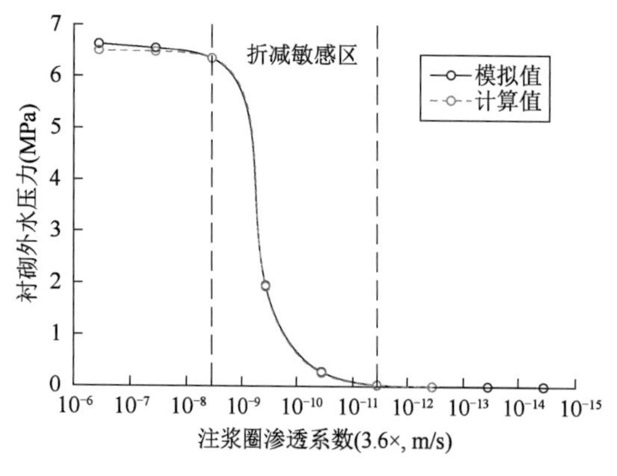

图5-13　衬砌外水压力随注浆圈渗透系数变化曲线

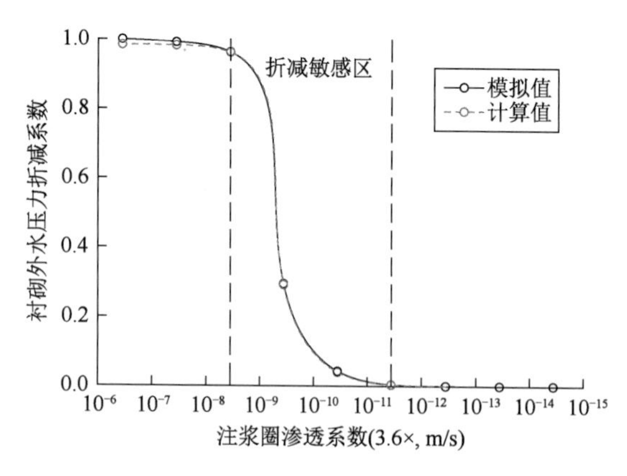

图5-14　衬砌外水压力折减系数随注浆圈渗透系数变化曲线

从图中可以看出：

(1)随着注浆圈渗透系数的降低，衬砌外水压力和水压力折减系数逐渐降低。

(2)注浆圈渗透系数在 $3.6\times10^{-9}\sim3.6\times10^{-12}$m/s 范围为折减敏感区，衬砌外水压力折减效果明显；在 $3.6\times10^{-7}\sim3.6\times10^{-9}$、$3.6\times10^{-12}\sim3.6\times10^{-15}$m/s 范围内，衬砌外水压力折减效果不明显。因此，当注浆圈渗透系数 $<3.6\times10^{-12}$m/s 后不宜再采用降低注浆渗透系数的方法来降低衬砌外水压力。

(3)采用数值模拟法和理论计算法的结果基本一致。

3)衬砌厚度对衬砌外水压力影响分析

衬砌厚度取0.5m、1.0m、1.5m、2.0m、2.5m 共5种工况，其余参数不变，衬砌渗透系数取 1.44×10^{-7}m/s。

通过数值模拟和理论计算，取得衬砌外水压力和水压力折减系数见表5-14。

不同衬砌厚度时衬砌外水压力和水压力折减系数数值

模拟和理论计算结果表　　表5-14

序号	衬砌厚度(m)	衬砌外水压力(MPa)		衬砌外水压力折减系数	
		模拟值	理论值	模拟值	理论值
1	0.5	1.95	1.93	0.295	0.292
2	1.0	3.03	3.01	0.459	0.456
3	1.5	3.75	3.70	0.568	0.560
4	2.0	4.23	4.17	0.641	0.632
5	2.5	4.58	4.52	0.694	0.686

根据计算结果，绘制衬砌外水压力和水压力折减系数随衬砌厚度变化曲线，如图5-15、图5-16所示。

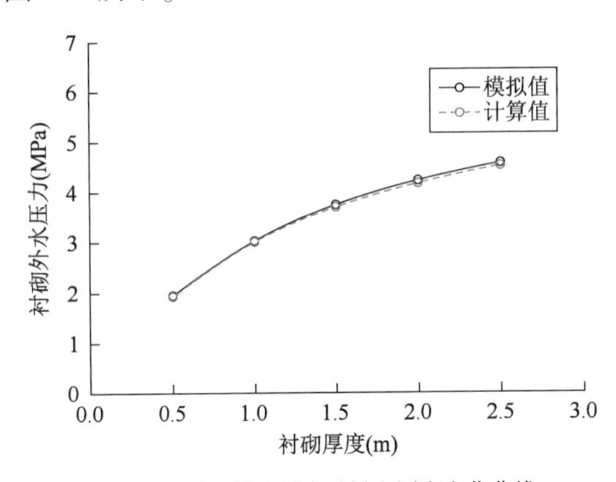

图5-15　衬砌外水压力随衬砌厚度变化曲线

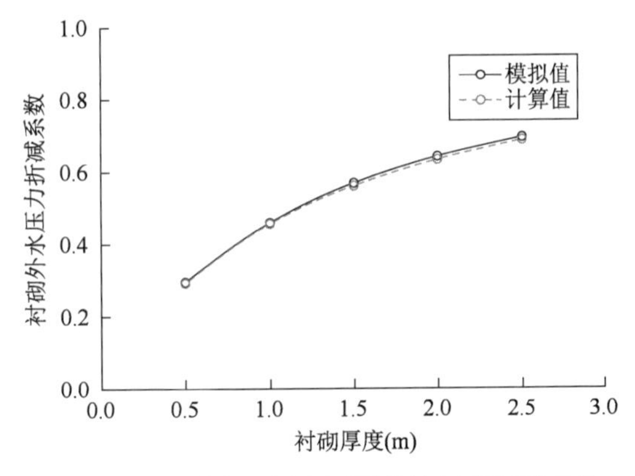

图5-16　衬砌外水压力折减系数随衬砌厚度变化曲线

从以上图中可以看出：

(1)随着衬砌厚度的增加，衬砌外水压力和水压力折减系数呈现递增趋势，因此，在保证衬砌承载强度的同时，减小衬砌厚度可以有效折减衬砌外水压力。

(2)采用数值模拟法和理论计算法的结果基本一致。

4）衬砌渗透系数对衬砌外水压力影响分析

衬砌渗透系数取 1.44×10^{-7}m/s、1.44×10^{-8}m/s、1.44×10^{-9}m/s、1.44×10^{-10}m/s、1.44×10^{-11}m/s、1.44×10^{-12}m/s、1.44×10^{-13}m/s、1.44×10^{-14}m/s、1.44×10^{-15}m/s 共 9 种工况，其余参数不变。

通过数值模拟和理论计算，取得衬砌外水压力和水压力折减系数见表 5-15。

不同衬砌渗透系数时衬砌外水压力和水压力折减系数数值模拟和理论计算结果表

表 5-15

序号	注浆圈渗透系数（m/s）	衬砌外水压力（MPa）		衬砌外水压力折减系数	
		模拟值	理论值	模拟值	理论值
1	1.44×10^{-7}	0.00108	0.000272	0.000164	0.0000412
2	1.44×10^{-8}	0.00468	0.00272	0.000709	0.000412
3	1.44×10^{-9}	0.0372	0.0271	0.00564	0.00411
4	1.44×10^{-10}	0.354	0.261	0.0536	0.0396
5	1.44×10^{-11}	1.95	1.93	0.295	0.292
6	1.44×10^{-12}	5.28	5.31	0.801	0.805
7	1.44×10^{-13}	6.40	6.44	0.970	0.976
8	1.44×10^{-14}	6.51	6.58	0.987	0.998
9	1.44×10^{-15}	6.54	6.60	0.991	1.000

根据计算结果，绘制衬砌外水压力和水压力折减系数随衬砌渗透系数变化曲线，如图 5-17、图 5-18 所示。

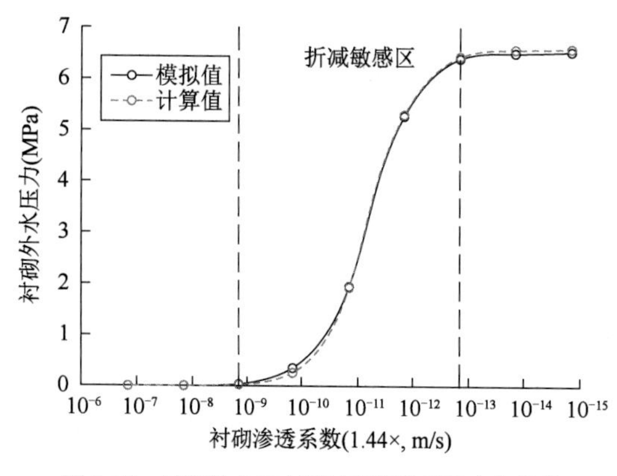

图 5-17 衬砌外水压力随衬砌渗透系数变化曲线

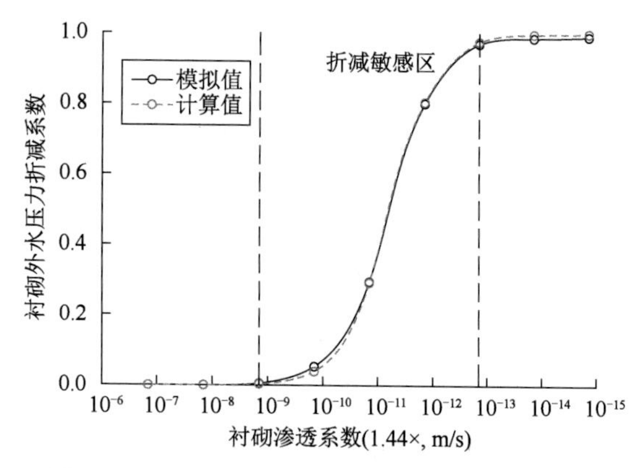

图 5-18 衬砌外水压力折减系数随衬砌渗透系数变化曲线

从图中可以看出：

（1）随着衬砌渗透系数的降低，衬砌外水压力和水压力折减系数逐渐增大。

（2）衬砌渗透系数在 $1.44\times10^{-9}\sim1.44\times10^{-13}$m/s 范围为折减敏感区，衬砌外水压力折减效果明显，在 $1.44\times10^{-7}\sim1.44\times10^{-9}$、$1.44\times10^{-13}\sim1.44\times10^{-15}$m/s 范围内衬砌外水压力折减效果不明显。当衬砌渗透系数 $>1.44\times10^{-9}$m/s 时，衬砌外水压力趋近于 0；当衬砌渗透系数 $<1.44\times10^{-13}$m/s 后，衬砌外水压力趋于同深度静水压力。因此，采用改变衬砌渗透

系数的方法可以有效降低衬砌外水压力。

(3)采用数值模拟法和理论计算法的结果基本一致。

5)初始水头高度对衬砌外水压力影响分析

考虑到监测断面位于竖井660m深度,初始水头高度取160m、260m、360m、460m、560m、660m、760m、860m、960m共9种工况,其余参数不变。

通过数值模拟和理论计算,取得衬砌外水压力和水压力折减系数见表5-16。

不同初始水头高度时衬砌外水压力和水压力折减系数
数值模拟和理论计算结果表 表5-16

序号	初始水头高度(m)	衬砌外水压力(MPa)		衬砌外水压力折减系数	
		模拟值	理论值	模拟值	理论值
1	160	0.514	0.469	0.321	0.293
2	260	0.811	0.759	0.312	0.292
3	360	1.12	1.05	0.310	0.292
4	460	1.42	1.34	0.308	0.292
5	560	1.72	1.63	0.307	0.292
6	660	1.95	1.93	0.295	0.292
7	760	2.33	2.22	0.306	0.292
8	860	2.64	2.51	0.306	0.292
9	960	2.84	2.80	0.296	0.292

根据计算结果,绘制衬砌外水压力和水压力折减系数随初始水头高度变化曲线,如图5-19、图5-20所示。

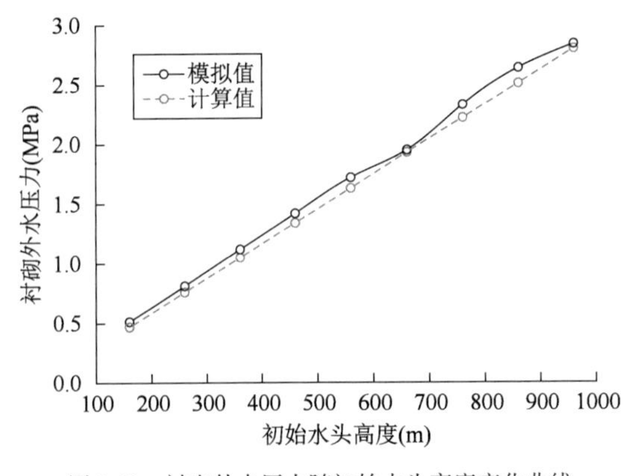

图5-19 衬砌外水压力随初始水头高度变化曲线

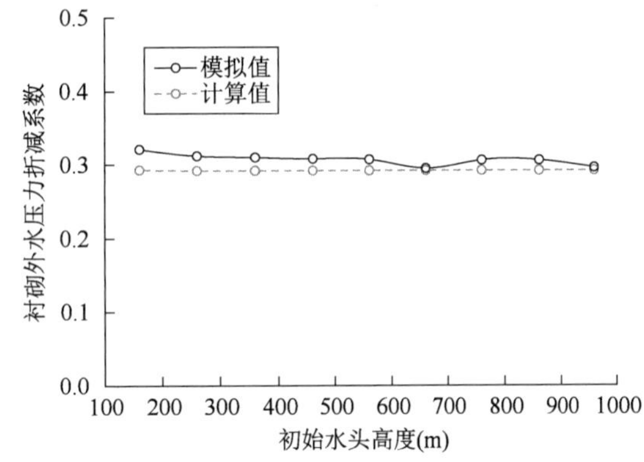

图5-20 衬砌外水压力折减系数随初始水头高度变化曲线

从图中可以看出:

(1)随着初始水头高度的增加,衬砌外水压力呈线性增大,水压力折减系数基本保持不变。

(2)采用数值模拟法和理论计算法的结果基本一致。

6)围岩渗透系数对衬砌外水压力影响分析

围岩渗透系数初始值取为 8.6×10^{-9}m/s,为了更好地分析围岩渗透系数对衬砌外水压力的影响,取 8.6×10^{-7}m/s、8.6×10^{-8}m/s、8.6×10^{-9}m/s、8.6×10^{-10}m/s、8.6×10^{-11}m/s、8.6×10^{-12}m/s、8.6×10^{-13}m/s 共 7 种工况,其余参数不变。

通过数值模拟和理论计算,取得衬砌外水压力和水压力折减系数见表 5-17。

不同围岩渗透系数时衬砌外水压力和水压力折减系数数值模拟和理论计算结果表

表 5-17

序号	围岩渗透系数(m/s)	衬砌外水压力(MPa)		衬砌外水压力折减系数	
		模拟值	理论值	模拟值	理论值
1	8.6×10^{-7}	2.00	1.94	0.303	0.294
2	8.6×10^{-8}	1.98	1.93	0.300	0.292
3	8.6×10^{-9}	1.95	1.93	0.295	0.292
4	8.6×10^{-10}	1.86	1.85	0.282	0.280
5	8.6×10^{-11}	1.33	1.32	0.202	0.200
6	8.6×10^{-12}	0.354	0.344	0.054	0.052
7	8.6×10^{-13}	0.0784	0.041	0.012	0.0062

根据计算结果,绘制衬砌外水压力和水压力折减系数随围岩渗透系数变化曲线,如图 5-21、图 5-22 所示。

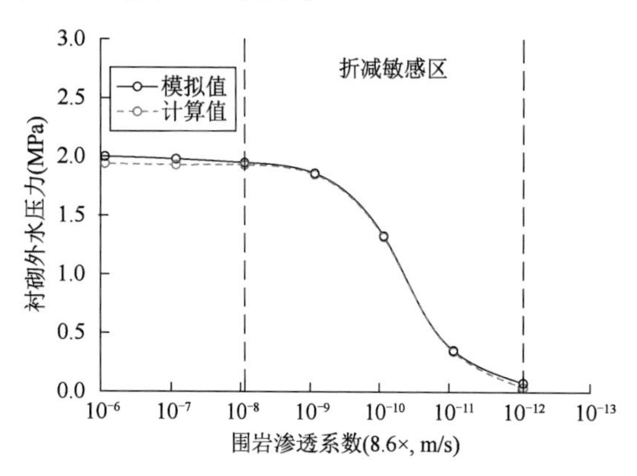

图 5-21 衬砌外水压力随围岩渗透系数变化曲线

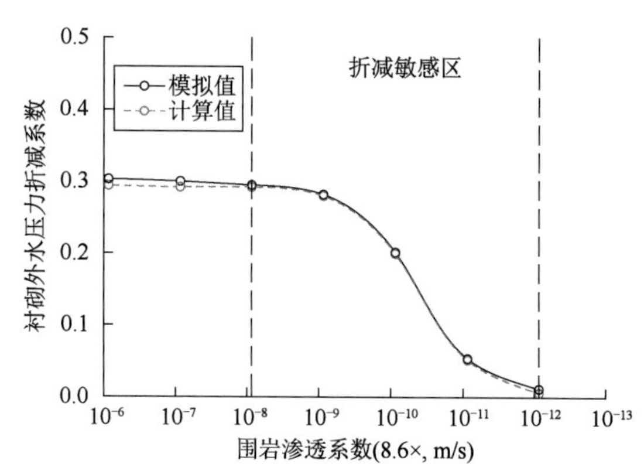

图 5-22 衬砌外水压力折减系数随围岩渗透系数变化曲线

从图中可以看出:

(1)随着围岩渗透系数的降低,衬砌外水压力和水压力折减系数逐渐降低。

(2)围岩渗透系数在 8.6×10^{-9} ~ 8.6×10^{-13}m/s 范围为折减敏感区,衬砌外水压力折减效果明显;在 8.6×10^{-7} ~ 8.6×10^{-9}m/s 范围内衬砌外水压力折减效果不明显。

(3)采用数值模拟法和理论计算法的结果基本一致。

7)竖井开挖洞径对衬砌外水压力影响分析

高黎贡山隧道竖井施工中采用了 5m、6m 两种开挖洞径,因此取 3m、4m、5m、6m、7m、8m、9m、10m、11m 共 9 种工况,其余参数不变。

通过数值模拟和理论计算,取得衬砌外水压力和水压力折减系数见表5-18。

不同开挖洞径时衬砌外水压力和水压力折减系数数值模拟和理论计算结果表　　表5-18

序号	开挖洞径(m)	衬砌外水压力(MPa)		衬砌外水压力折减系数	
		模拟值	理论值	模拟值	理论值
1	3	2.57	2.54	0.389	0.385
2	4	2.28	2.25	0.345	0.340
3	5	2.09	2.06	0.317	0.312
4	6	1.95	1.93	0.295	0.292
5	7	1.86	1.83	0.282	0.277
6	8	1.78	1.75	0.270	0.266
7	9	1.72	1.69	0.261	0.256
8	10	1.67	1.64	0.253	0.249
9	11	1.63	1.60	0.247	0.243

根据计算结果,绘制衬砌外水压力和水压力折减系数随开挖洞径变化曲线,如图5-23、图5-24所示。

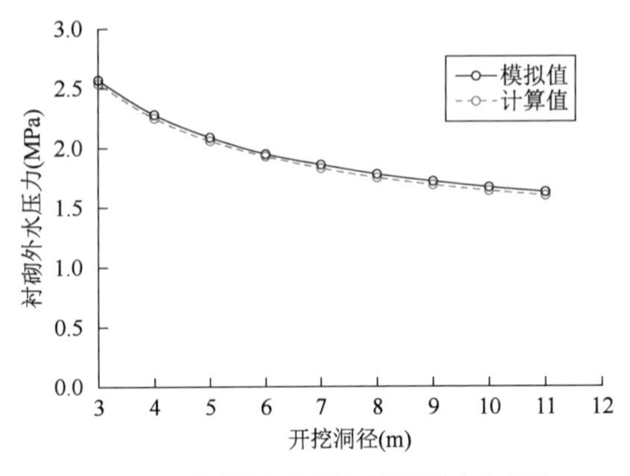

图5-23　衬砌外水压力随开挖洞径变化曲线

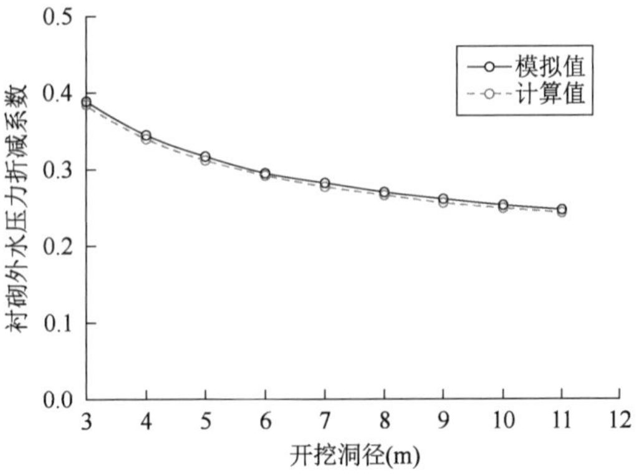

图5-24　衬砌外水压力折减系数随开挖洞径变化曲线

从图中可以看出:

(1)随着开挖洞径的增大,衬砌外水压力和衬砌外水压力折减系数逐渐减小,但总体变化幅度不大。

(2)采用数值模拟法和理论计算法的结果基本一致。

5.3.4　关联度分析

灰色关联度分析是通过对样本数据列和几个比较数据序列的曲线几何形状相似程度进行分析,从而判断各个数据序列间联系的紧密性。该方法已有较为广泛的应用,常被用于度量事物之间的关联程度。

1)确认待分析数据序列

通过前面分析,初始水头高度对衬砌外水压力折减影响很小,因此不作为研究对象。参考序列是衬砌外水压力折减系数(X_0),比较序列共有衬砌厚度(X_1)、注浆圈厚度(X_2)、注浆圈渗透系数(X_3)、衬砌渗透系数(X_4)、围岩渗透系数(X_5)、开挖洞径(X_6)6 种,均取折减敏感区及可行范围进行分析,其中注浆圈厚度和开挖洞径取 3 种工况。建立参考序列和比较序列见表 5-19。

参考序列与比较序列表　　表 5-19

样本	X_1(m)	X_2(m)	X_3(m/s)	X_4(m/s)	X_5(m/s)	X_6(m)	X_0
1	0.3	6	3.6×10^{-11}	1.44×10^{-11}	8.6×10^{-9}	5	0.199
2	0.4	6	3.6×10^{-11}	1.44×10^{-11}	8.6×10^{-9}	5	0.250
3	0.5	6	3.6×10^{-11}	1.44×10^{-11}	8.6×10^{-9}	6	0.295
4	0.5	4	3.6×10^{-11}	1.44×10^{-11}	8.6×10^{-9}	6	0.353
5	0.5	5	3.6×10^{-11}	1.44×10^{-11}	8.6×10^{-9}	6	0.330
6	0.5	6	3.6×10^{-11}	1.44×10^{-11}	8.6×10^{-9}	6	0.295
7	0.5	6	3.6×10^{-9}	1.44×10^{-11}	8.6×10^{-9}	6	0.963
…	…	…	…	…	…	…	…
15	0.5	6	3.6×10^{-11}	1.44×10^{-11}	8.6×10^{-11}	6	0.201
16	0.5	6	3.6×10^{-11}	1.44×10^{-11}	8.6×10^{-9}	4	0.345
17	0.5	6	3.6×10^{-11}	1.44×10^{-11}	8.6×10^{-9}	5	0.317
18	0.5	6	3.6×10^{-11}	1.44×10^{-11}	8.6×10^{-9}	6	0.295

2)参考序列和比较序列无量纲

采用最大值化进行数据无量纲处理,处理结果见表 5-20。

参考序列与比较序列无量纲数据表　　表 5-20

样本	X_1	X_2	X_3	X_4	X_5	X_6	X_0
1	0.600	1.000	0.010	0.010	1.000	0.933	0.207
2	0.800	1.000	0.010	0.010	1.000	0.967	0.259
3	1.000	1.000	0.010	0.010	1.000	1.000	0.306
4	1.000	0.667	0.010	0.010	1.000	1.000	0.366
5	1.000	0.833	0.010	0.010	1.000	1.000	0.342
6	1.000	1.000	0.010	0.010	1.000	1.000	0.306
7	1.000	1.000	1.000	0.010	1.000	1.000	1.000
…	…	…	…	…	…	…	…
15	1.000	1.000	0.010	0.010	0.010	1.000	0.209
16	1.000	1.000	0.010	0.010	1.000	0.667	0.359
17	1.000	1.000	0.010	0.010	1.000	0.833	0.329
18	1.000	1.000	0.010	0.010	1.000	1.000	0.307

3) 关联系数

$V_{0i}(k)$ 值用于量化不同变量之间的关联程度。这个数值越大，表示变量之间的关联越强；数值越小，则关联越弱。

计算 $V_{0i}(k)$ 值，结果见表 5-21。

$V_{0i}(k)$ 值结果表 表 5-21

样本	X_1	X_2	X_3	X_4	X_5	X_6
1	0.3932	0.7932	0.1968	0.1968	0.7932	0.7265
2	0.5408	0.7408	0.2492	0.2492	0.7408	0.7075
3	0.6936	0.6936	0.2964	0.2964	0.6936	0.6936
4	0.6337	0.3003	0.3563	0.3563	0.6337	0.6337
5	0.6577	0.4910	0.3323	0.3323	0.6577	0.6577
6	0.6936	0.6936	0.2964	0.2964	0.6936	0.6936
7	0.0000	0.0000	0.0000	0.9900	0.0000	0.0000
…	…	…	…	…	…	…
15	0.7908	0.7908	0.1992	0.1992	0.1992	0.7908
16	0.6412	0.6412	0.3488	0.3488	0.6412	0.3079
17	0.6711	0.6711	0.3189	0.3189	0.6711	0.5045
18	0.6932	0.6932	0.2968	0.2968	0.6932	0.6932

计算参考序列关联系数，结果见表 5-22。

参考序列关联系数结果表 表 5-22

样本	X_1	X_2	X_3	X_4	X_5	X_6
1	0.5584	0.3853	0.7163	0.7163	0.3853	0.4062
2	0.4789	0.4016	0.6661	0.6661	0.4016	0.4127
3	0.4175	0.4175	0.6264	0.6264	0.4175	0.4175
4	0.4396	0.6234	0.5824	0.5824	0.4396	0.4396
5	0.4304	0.5030	0.5993	0.5993	0.4304	0.4304
6	0.4175	0.4175	0.6264	0.6264	0.4175	0.4175
7	1.0000	1.0000	1.0000	0.3343	1.0000	1.0000
…	…	…	…	…	…	…
15	0.3860	0.3860	0.7139	0.7139	0.7139	0.3860
16	0.4367	0.4367	0.5877	0.5877	0.4367	0.6175
17	0.4255	0.4255	0.6092	0.6092	0.4255	0.4963
18	0.4176	0.4176	0.6261	0.6261	0.4176	0.4176

4) 关联度

计算关联度，结果见表 5-23。

各参数关联度结果表　　表5-23

参数名称	X_1	X_2	X_3	X_4	X_5	X_6
参数值	0.4718	0.4721	0.6770	0.6020	0.4932	0.4736

5）关联度排序

关联度排序见表5-24。

关联度排序表　　表5-24

参数名称	衬砌厚度（X_1）	注浆圈厚度（X_2）	注浆圈渗透系数（X_3）	衬砌渗透系数（X_4）	围岩渗透系数（X_5）	开挖洞径（X_6）
排序	6	5	1	2	3	4

通过上述分析可以看出：

（1）各参数的关联度数值比较接近，因此设计时应全面考虑各参数影响。

（2）关联度排序为：注浆圈渗透系数（X_3）>衬砌渗透系数（X_4）>围岩渗透系数（X_5）>开挖洞径（X_6）>注浆圈厚度（X_2）>衬砌厚度（X_1）。其中渗透系数对衬砌外水压力折减系数影响最大。

（3）对于施工条件而言，如注浆圈厚度（X_2）、注浆圈渗透系数（X_3）、衬砌厚度（X_1）、衬砌渗透系数（X_4）等参数中，注浆圈厚度（X_2）影响最小，注浆圈渗透系数（X_3）影响最大。与增加注浆圈厚度相比，选择合适的注浆材料，保证浆液的可注性，使得注浆后围岩渗透系数有效降低，更能有效折减衬砌外水压力。

5.3.5 小结

（1）基于等效连续介质理论，采用裘布依理论公式与数值模拟两种方法，对衬砌外水压力折减规律基本相似，计算结果基本一致。

（2）渗透系数是影响衬砌外水压力折减的主要因素，当位于折减敏感区时，衬砌外水压力折减效果明显。注浆圈渗透系数、围岩渗透系数、衬砌渗透系数折减敏感区见表5-25。

注浆圈渗透系数、围岩渗透系数、衬砌渗透系数折减敏感区表　　表5-25

序号	参数名称	折减敏感区值（m/s）
1	注浆圈渗透系数	$3.6\times10^{-9}\sim3.6\times10^{-12}$
2	围岩渗透系数	$8.6\times10^{-9}\sim8.6\times10^{-13}$
3	衬砌渗透系数	$1.44\times10^{-9}\sim1.44\times10^{-13}$

（3）衬砌厚度越小、开挖洞径越大，衬砌外水压力折减效果越好。

（4）初始水头高度改变对衬砌外水压力折减系数基本无影响。

（5）不同因素关联度：注浆圈渗透系数>衬砌渗透系数>围岩渗透系数>开挖洞径>注浆圈厚度>衬砌厚度，如图5-25所示。其中渗透系数对衬砌外水压力折减系数影响最大。

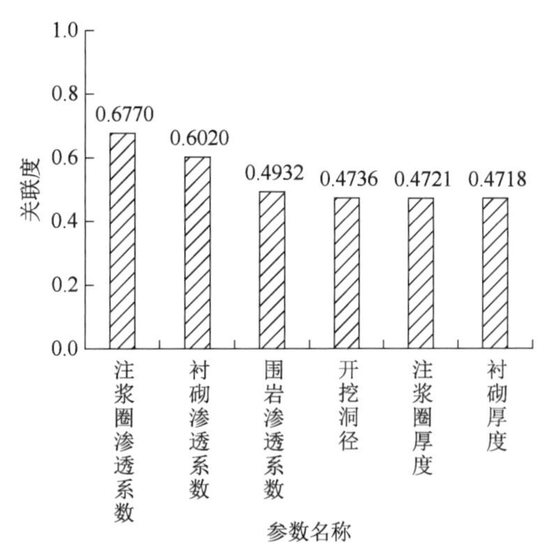

图 5-25 各参数关联度排序图

(6)与注浆圈渗透系数相比,注浆圈厚度对衬砌外水压力影响相对较小,因此,注浆设计时,相比于增加注浆圈厚度,通过降低注浆圈渗透系数来折减衬砌外水压力更有效。

5.4 基于双重介质理论的水压力规律分析

等效连续介质理论在裂隙发育、张开度较小的岩体中是适合的,等效渗透系数是裂隙与岩石共同作用的结果,但当裂隙与岩石区分明显时,相关地质及施工参数的改变导致等效参数的变化是未知的,即对应的衬砌外水压力折减规律同样是未知的。

高黎贡山隧道竖井实际裂隙分布呈陡倾大裂隙分布,裂隙张开度较大、产状陡倾、密度较小,注浆后裂隙与围岩的渗透系数存在明显差别,为进一步研究裂隙岩体不均匀水压力折减规律,同时揭示衬砌外水压力不均匀的机理,采用双重介质理论开展陡倾大裂隙岩体下的水压力折减研究,并与等效连续介质理论计算结果开展对比分析。重点研究内容如下:

(1)基于 FLAC3D 内置 DFN 插件及 FISH 语言的双重介质实体模型构建。

(2)基于双重介质实体裂隙网络模型的竖井衬砌外水压力折减规律研究。

(3)基于双重介质实体模型计算结果的参数关联程度定量分析。

5.4.1 有限差分软件 FLAC3D 流固耦合方法基本原理

FLAC3D 可以模拟多孔介质中的流体流动,比如地下水在土体中的渗流问题。FLAC3D 既可以单独进行流体计算,只考虑渗流的作用,也可以将流体计算与力学计算进行耦合,也就是常说的流固耦合计算。比如土体的固结,就是一种典型的流固耦合现象,在土体固结过程中超孔隙水压力的逐渐消散导致了土体发生沉降,在这个过程包含了两种力学效应。

(1)孔隙水压力的改变导致了有效应力的改变,从而影响土体的力学性能,如有效应力的减小可能使土体达到塑性屈服。

(2)土体中的流体会对土体体积的改变产生反作用,表现为流体孔压的变化。

FLAC3D 具有强大的渗流计算功能,可以解决完全饱和及有地下水变化的渗流问题。对于地下水问题, FLAC3D 认为地下水位以上的孔压力为 0,且不考虑气相的作用,这种近似方法对于可忽略毛细作用的材料是适用的。

FLAC3D 只能考虑单相流体,而 FLAC 还提供了可选的二相流模型,可以在多孔介质中同时存在两种互不相溶的流体,如可以考虑毛细压力的作用,因此非常适用于非饱和土的渗流计算。

1)流体参数

FLAC3D 渗流计算中涉及的参数包括渗透系数、密度、Biot 系数和 Biot 模量(颗粒可压缩土体中的渗流),或者流体体积模量和孔隙率(只适用于颗粒不可压缩的土体)。

(1)渗透系数

渗透系数是流体计算的主要参数之一,值得注意的是,FLAC3D 中渗透系数与一般土力学中的渗透系数概念不同,两者之间换算公式为:

$$K_{\mathrm{F}} = 1.02 \times 10^{-6} K \tag{5-22}$$

式中:K_{F}—— FLAC3D 中的渗透系数[$m^2/(Pa \cdot s)$];

K——土力学中的渗透系数(cm/s)。

FLAC3D 流体计算的时间步与渗透系数有关,渗透系数越大则稳定时间步越小,达到收敛的计算时间就越长。如果模型中含有多种不同的渗透系数时,时间步是由最大的渗透系数决定的。在稳态渗流计算中,可以人为地减小模型中多个渗透系数之间的差异,以提高收敛速度。

(2)密度

当问题中涉及重力荷载时必须设置密度参数,FLAC3D 中涉及的密度参数有三种:土体干密度、土体饱和密度、流体密度。

在渗流模式(设置 CONFIG fluid)中,只需要设置土体的干密度,FLAC3D 会按照下式自动计算每个单元的饱和重度。

$$\rho_{\mathrm{s}} = \rho_{\mathrm{d}} + n_{\mathrm{s}} \rho_{\mathrm{f}} \tag{5-23}$$

式中:ρ_{s}——土体饱和密度(kg/m^3);

ρ_{d}——土体干密度(kg/m^3);

ρ_{f}——孔隙中流体的密度(kg/m^3);

n_{s}——土体孔隙率(%)。

(3)流体模量

FLAC3D 渗流模式中的流体模量是一个比较复杂的参数,对于不同的情况有不同的模量取值方法,而且流体模量也与渗流计算时间步有很大的关系。

①Biot 系数和 Biot 模量

当考虑固体介质(比如土颗粒)的压缩性时,需要用到 Biot 系数和 Biot 模量两个参数。Biot 系数定义为孔隙压力改变时单元中流体体积的改变量占该单元本身的体积改变量的比例,可以根据排水试验测得的排水体积模量来确定。Biot 系数的取值变化范围为$\frac{3n}{2+n}\sim 1$之间。FLAC3D 默认土体颗粒不可压缩,Biot 系数为 1。

对于理想多孔介质,Biot 系数与体积模量和土颗粒的体积模量的关系如下:

$$\alpha = 1 - \frac{K}{K_s} \tag{5-24}$$

式中:α——Biot 系数;

K——体积模量;

K_s——土颗粒的体积模量。

Biot 模量定义为储水系数的倒数。储水系数是指在体积应变一定的情况下,单位孔隙压力增量引起的单元体积内流体含量的增量。Biot 模量可按下式计算:

$$M = \frac{K_u - K}{\alpha^2} \tag{5-25}$$

式中:M——Biot 模量;

K_u——介质的不排水体积模量。

对于理想多孔介质,Biot 模量与流体体积模量的关系为:

$$M = \frac{K_f}{n + (\alpha - n)(1 - \alpha)\frac{K_f}{K}} \tag{5-26}$$

式中:K_f——流体体积模量。

因此,当土颗粒不可压缩,即 Biot 系数 $\alpha = 1$ 时 Biot 模量为:

$$M = \frac{K_f}{n} \tag{5-27}$$

②体积模量

如果分析中不考虑土颗粒的可压缩性,则读者可以使用默认的 Biot 系数 $\alpha = 1$,并计算得到 Biot 模量;也可以不使用 Biot 系数和 Biot 模量,而直接使用流体的体积模量。

流体的体积模量是表示流体可压缩性的物理量,定义为流体压力增量与其作用下引起的流体体积应变的比。计算公式为:

$$K_f = \frac{\Delta P}{\Delta V_f / V_f} \tag{5-28}$$

式中:ΔP——流体压力增量;

$\Delta V_f / V_f$——流体体积应变。

对于室温下纯水而言,体积模量为 2GPa。在实际的土体中,由于孔隙水含有溶解的空气气泡,使得体积模量有所降低。对于地下水问题,考虑到水中气泡含量的不同,水在不同的节点位置可能有不同的流体模量,可以通过 FISH 程序来描述这种变化规律。当使用流体模量作为输入参数时,不考虑固体介质的压缩性,FLAC3D 会自动计算 Biot 模量,并且将 Biot 系数赋值为 1,忽略用户对 Biot 系数的赋值。

根据分析问题的不同,流体模量对计算收敛速度存在不同的影响。在饱和的稳态渗流分析中,流体模量(Biot 模量或流体模量)的取值不会影响计算的收敛速度,因为达到稳态所需的流动时间及流体计算的时间步都与模量成反比,所以不论设置多大的模量值,所需的迭代步数是相同的,程序运行所需的时间也是一样的。

在含有浸润面的稳态渗流分析中,使用较低的流体模量可以加快问题的收敛,因为饱和度增量的计算公式中涉及时间步,具体可以参考流体计算的理论公式。

③排水和不排水分析的流体模量

在 FLAC3D 的渗流模式下,如果设置了流体模量,则土体模量应当设置为排水模量,土体的表观模量(不排水模量)由 FLAC3D 自动计算,而且在计算中更新。在渗流模式下,也可以进行不排水计算,此时需要直接设置土体的不排水体积模量,可以按照下式进行计算。

$$K_u = K + \alpha^2 M \tag{5-29}$$

如果土颗粒不可压缩,则上式可变为:

$$K_u = K + \frac{K_f}{n} \tag{5-30}$$

(4)孔隙率

孔隙率是一个无量纲数,定义为孔隙的体积与土体的总体积的比值。FLAC3D 中默认孔隙率为 0.5,孔隙率的取值范围为 0 ~ 1,但是当孔隙率较小(比如小于 0.2)时需要引起注意,因为,流体模量与孔隙率相关,当孔隙率较小时,流体模量会远大于土体材料的模量,这样会使收敛速度变得很慢。这种情况下,可以适当减小流体模量的值。

(5)饱和度

饱和度定义为流体所占的体积与所有孔隙体积的比值。FLAC3D 认为,如果一点处的饱和度小于 1,那么该点处的孔隙水压力为 0。如果需要考虑流体中溶解的空气和存在的气泡,则可以在饱和度为 1 的情况下,通过降低流体模量的方法近似实现。

(6)流体的抗拉强度

在细粒土中,孔隙水可以承受明显的拉力(负孔隙水压力)。FLAC3D 可以描述负孔隙水压力的产生,土体中存在的负超孔隙水压的极限值定义为流体的抗拉强度,用 INITIAL ftens 命令设置,程序默认值为 -10^{15}。

在渗流模式下,单元必须首先设定渗流模型,因为只有设定好渗流模型后,后边进行的流固耦合相关参数的赋值命令才起作用。FLAC3D 自带三种渗流模型:fl-isotropic——各向同性模型;fl-anisotropic——各向异性模型;fl-null——不透水模型。

FLAC3D 渗流场与力学场的流固耦合计算时间步与渗透系数成反比。即渗透系数越大,渗流时间步越小,模型渗流时间越长。如果模型中有多个渗透系数,则最后的收敛时间由最大的渗透系数决定。由于渗透系数相差 20 倍与相差 200 倍之间的计算结果相差不大,因此对不同土层渗透系数进行了部分调整,以加快收敛速度。因为渗透系数属于单元参数,所以要采用 PROPERTY 命令进行赋值。

在渗流模式中,模拟认为土壤颗粒不能被压缩,因为在实际中,孔隙水含有诸如气泡的杂质,这导致体积模量的一定降低。因此,该模拟中使用的水的体积模量为 1.96GPa,并且使用 INITIAL fmod 命令。流体密度取常温下水的密度,为 1000g/cm^3。

软件的默认能产生无限大的超孔隙水压力。如果不希望产生负孔隙水压力,则应设置相关命令,以防土体产生负孔隙水压力。

2)流体边界条件

FLAC3D 在渗流模式下提供了多种边界条件,可以模拟透水边界、不透水边界、水井、渗透量等不同的渗流条件。

(1)不透水边界条件

FLAC3D 默认情况下模型边界都是不透水边界,即边界上节点与外界没有流体交换,边界节点上的孔压值可以自由变化。

(2)透水边界条件

设置孔隙压力固定表示透水边界条件,沿着透水边界,流体可以流入(或流出)模型边界。当孔隙压力固定为零时,饱和度才会变化,否则饱和度为 1,而且孔隙压力的固定值不能小于流体的抗拉强度。设置透水边界条件可以使用以下两个命令:

①FIX pp 孔压值 range 节点范围;

②APPLY pp 孔压值 range 节点范围。

其中 FIX pp 命令后可以跟随一个固定的孔压值,表示所选范围内的所有节点拥有相同的孔压,也可以不给定孔压值,表示所选范围内节点保持原有的孔压值不变。在设置特定的孔压边界条件时,可以配合 INITIAL pp 命令一起使用。APPLY pp 命令后必须跟随孔压数据,不过可以使用 grad 关键词来表示孔压的变化梯度,或使用 hist 关键词使用 table、FISH 函数等来进行孔压值的定义。

FLAC3D 中的渗流边界条件按照赋值对象的不同,可以分为节点的渗流条件、单元的渗流条件和平面的渗流条件。

3)求解方法

在渗流模式下,如果 Biot 模量(或流体模量)、渗透系数都为真实值的话,FLAC3D 默认是进行完全的流固耦合分析。完全的流固耦合分析包括两个方面:一是孔压的改变引起体积应变的变化,进而影响应力;二是应变的发生也会影响孔压的改变。

必须重视固结(渗流)和力学加载的相对时标大小。一般地,力学扰动都是瞬时的,而渗流往往需要更长的时间,比如土体中超孔隙水压力的消散与固结往往要发生数小时或数天的时间。相对时标可以通过耦合进程和不排水进程的特征时间之间的比值来估算。不排水力学进程的特征时间可以使用饱和质量密度和不排水体积模量来得到。流固耦合问题的求解方法有手动计算法、主从进程法、直接求解法三种方法。

5.4.2　裂隙分类

在岩体中,竖井衬砌周围水压力一般认为是均匀的,但实测结果表明,稳定后的水压力仍存在着一定的差异,并不是完全相等。在土体、节理发育较好的岩体中,浆液填充孔隙、裂隙,在宏观上可以采用连续介质思想,认为是一个等效注浆圈。但在裂隙张开度较大时,连续介质思想并不适用。

裂隙按张开度可分为宽张裂隙、张开裂隙、微张裂隙、闭合裂隙等,见表 5-26。

裂隙按张开度分类表

表 5-26

裂隙类别	宽张裂隙	张开裂隙	微张裂隙	闭合裂隙
裂隙宽度(mm)	≥5	3~5	1~3	<1

裂隙按倾角大小可分为垂直裂隙、高角度裂隙、低角度裂隙、水平裂隙等,见表 5-27。

裂隙按倾角大小分类表

表 5-27

裂隙类别	垂直裂隙	高角度裂隙	低角度裂隙	水平裂隙
裂隙倾角(°)	70~90	45~70	20~45	0~20

5.4.3 模型构建

裂隙岩体方面的研究首先基于连续介质理论,随着研究的不断深入,离散裂隙网络理论、双重介质理论陆续被提出,相应的离散裂隙网络构建方法也逐渐被完善。ITASCA 公司开发出 UDEC、PFC 等软件用以离散裂隙网络构建,但在此类软件中一般弱化处理了裂隙张开度问题,在裂隙较小、发育较好地层模拟中能实现较好应用,但在裂隙张开度较大时采用此方法或引起较大误差。随后,ITASCA 公司将随机离散裂隙网络(DFN)内嵌至 FLAC3D 5.0、6.0 之中,有效将离散裂隙网络与等效连续介质结合在一起,但此类方法的相关研究基本处于空白。本书通过试验,发现此方法可以用于双重介质中实体离散裂隙网络建,并且生成的离散裂隙圆盘网络与 UDEC、PFC 等软件生成的效果近似。因此,以下详细介绍该建模理论,为以后研究提供参考,具体构建步骤如下:

(1)采集裂隙参数。通过现场揭示、超前钻孔确定优势裂隙组数及裂隙几何参数,包括迹长、走向等。

(2)构建裂隙模板。选择合适区域及随机种子,结合裂隙组参数及裂隙产状分布一般规律构建裂隙模板。

(3)生成离散裂隙网络。根据裂隙组模板,选择合适的裂隙生成方法实现圆盘离散裂隙网络,结合一般裂隙规律进行裂隙网络修正,去除过于离散裂隙。

(4)构建离散裂隙网络模型。选择二维地质模型尺寸,根据裂隙张开度合理划分单元数,采用 FISH 语言结合圆盘离散裂隙网络实现实体离散裂隙网络构建,通过改变随机种子得到大量实体离散网络。

1)裂隙参数

岩石裂隙往往数量众多,并且差别很大,另外由于竖井深度较大,同时受井内测量空间、施工进度的影响,并不能逐个进行测量,只能进行相对不多的采集测量。本书主要采用钻孔孔芯、现场开挖揭示等方法进行数据收集。

(1)裂隙产状

描述裂隙产状的方法主要采用走向、倾向及倾角来表示,平面也可以只用方位角及倾角两个参数表示裂隙面的产状,一般采用象限法表示。

(2)裂隙形状及面积

裂隙的形状通常是不定的,但在某一地域,其形态与该地域应力分布相关。根据已有文献,在裂隙岩体中通常采用圆形或者椭圆形来表示裂隙,此种方法的准确性在研究中已经得到证实。但是在层状岩体中,通常先生成椭圆形或者圆形裂隙,裂隙发育较好并且相互交叉时,受到交叉裂隙限制会形成多边形。裂隙迹长不是直接采集的,是通过裂隙面与开挖面的交线(迹线)与概率统计方法计算得到的。

(3)裂隙密度

裂隙密度在实际测量时,一般采用频率方法表示。从一维到三维表示方法可以分为:线频率(与单位长度测线相交的单组裂隙数目)、面频率(一组裂隙在某单位面积上的裂隙数目)、体积频率(一组裂隙在某平面单位体积上的裂隙数目)。

(4)裂隙张开度

对于较小裂隙,张开度测量存在困难,所以对于此类裂隙一般认为所有裂隙张开度相同。对于较大张开度裂隙,一般可以采用直接测量方法进行采集。

2)二维实体离散裂隙网格构建

主要介绍有限差分软件 FLAC3D 中实体裂隙网络的构建方法。根据已有文献,岩体裂隙参数服从某种概率密度分布。一般来说,裂隙中心点位置服从均匀分布,迹长服从负指数分布或对数正态分布,产状服从单变量或双变量 Fisher 分布、双变量正态分布或对数正态分布等。

(1)实际工程裂隙组参数统计

根据以往研究成果,结合高黎贡山隧道地勘资料、钻孔资料及现场勘察资料(图 5-26),经统计,研究域内共有 3 组典型裂隙,各组裂隙相关参数见表 5-28。

a)钻孔照片1

b)钻孔照片2

c)隧道开挖照片1

d)隧道开挖照片2

图　5-26

e)隧道开挖照片3

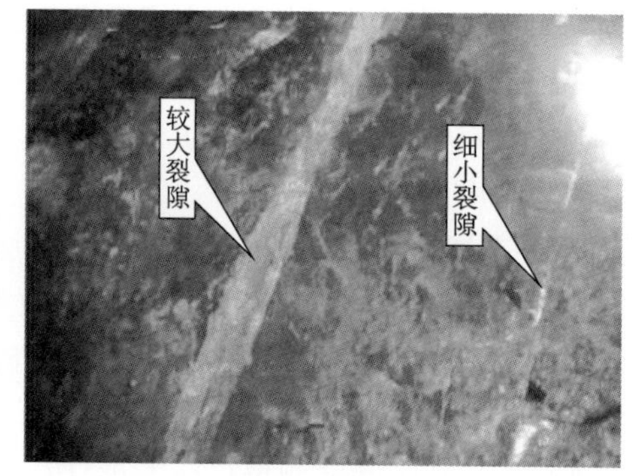

f)竖井开挖照片

图5-26　钻孔资料和现场勘察资料照片

裂隙组参数表　　表5-28

裂隙组	倾角	走向	迹长(m)	张开度(mm)
1	74°SE	N60°E	8	30～50
2	55°SW	N39°W	3	3
3	36°SE	N12°E	5	3

现场裂隙规律性较差,对于微小裂隙采用等效方法进行考虑。重点考虑大裂隙的影响,迹长取8m,认为现场同组裂隙产状近似,现场测试准确,产状方差为0。受现场条件限制,裂隙密度勘探存在一定难度,通过钻孔资料统计得出裂隙组1的线密度P10大约为0.1条/m。为得到裂隙面密度分布,采用FLAC3D 6.0内置DFN结合FISH语言布置法向单位长度测线进行反演。建立区域20m×20m×1m,首先给定裂隙数N生成裂隙网络,统计测线均值实现一次计算,通过改变随机种子实现大量计算得到P10均值,若均值不符合实测,则改变裂隙数量一直计算至P10逼近实测值。反演结果显示面密度取2.5×10^{-2}条/m^{2}较为合适。裂隙组1、2仅采用各向同性介质进行简化模拟,不考虑REV体及裂隙密度问题。

(2)二维圆盘离散裂隙网络构建

FLAC3D程序中内嵌DFN程序,所有随机数(裂隙参数)的生成及处理均可在Fish环境下完成。依托现场裂隙组分布及裂隙参数一般分布规律,选择随机种子,在FLAC环境下利用DFN生成器进行离散生成离散裂隙网络。主要步骤如下:

①确定研究域尺寸及坐标系位置

影响二维随机裂隙网络模型尺寸的主要因素有两个:一是竖井位置及尺寸;二是裂隙尺寸,即平均迹长。一般情况下,为了尽量减少模型的尺寸效应,通常模型尺寸取开挖直径的3～5倍,文中取横向长度为开挖半径的3倍左右。研究区域尺寸取为60m×60m×1m。

②确定随机种子及裂隙组模板

选择随机种子,认为裂隙中心点位置服从均匀分布,迹长(面积)服从对数正态分布,倾角、走向服从正态分布，各裂隙组内裂隙参数均匀，方差基本为0。

③采用裂隙密度方法（条数）进行裂隙生成。

经过上述步骤，通过裂隙密度参数求出研究域内每组裂隙的总条数，此时仅能够得到裂隙网络的一次分布。为得到能够接近实际的裂隙分布，现场一般通过实际勘探进行三维成像，但此方法成本过高。为更方便反映裂隙的存在及对岩体的影响，采用随机有限差分法和确定性反演分析。

④随机有限差分法

以蒙特卡洛理论为基础，进行大量随机分析，得到一般统计规律（置信区间、均值）进行分析，但现有研究以二维为主，三维模拟仍存在实现难度，同时此方法并未涉及具体的裂隙网络。

⑤确定性反演分析

根据实测数据，利用有限差分软件进行大量计算，认为其他模型参数均为真实值，在计算结果逼近实测数据时，认为此裂隙网络较为接近实际分布。

为反映裂隙分布特征，构建裂隙组数据，见表5-29。

裂隙组数据表　　表5-29

裂隙组	中心点	走向	倾角(°)	迹长(m)	裂隙密度(条/m²)
	均匀分布	正态分布	正态分布	正态分布	
1	—	N60°E	—	8	7×10^{-3}
2	—	N20°W	—	5	7×10^{-3}
3	—	N30°E	—	3	7×10^{-3}

采用表中试验组数据生成的二维随机裂隙网络图，如图5-27所示。

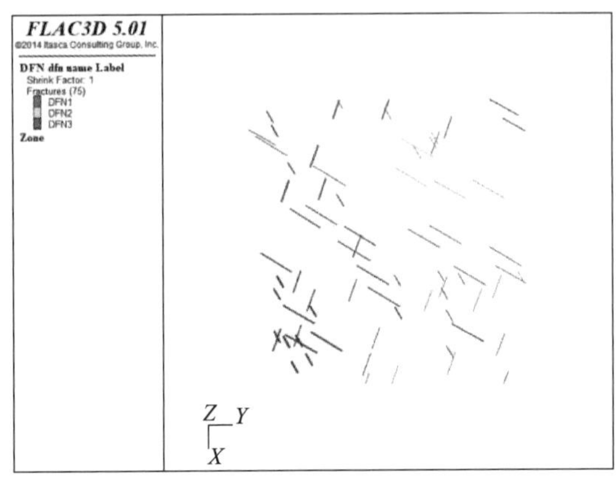

a)随机种子1

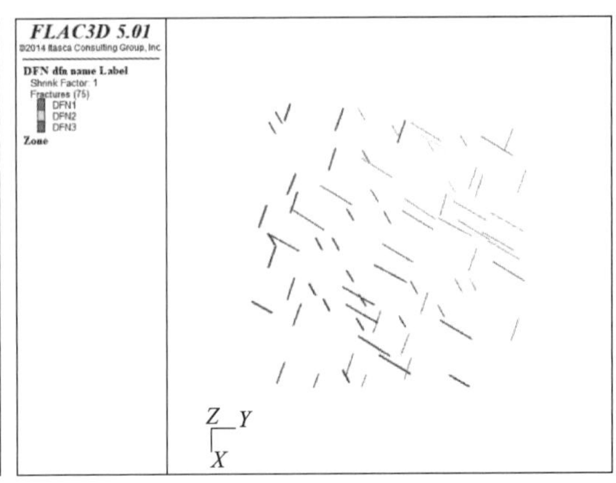

b)随机种子2

图　5-27

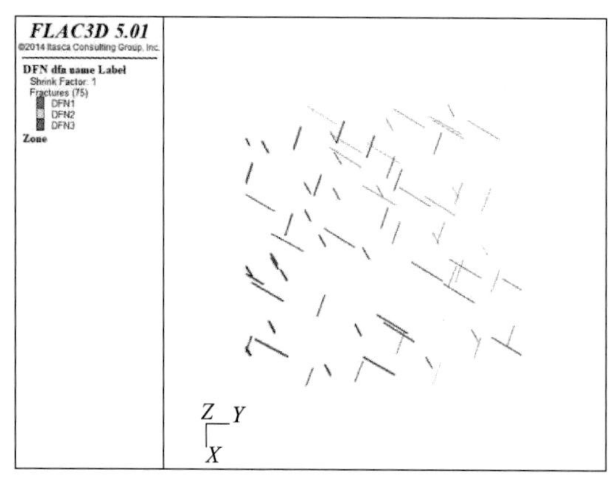

c)随机种子3

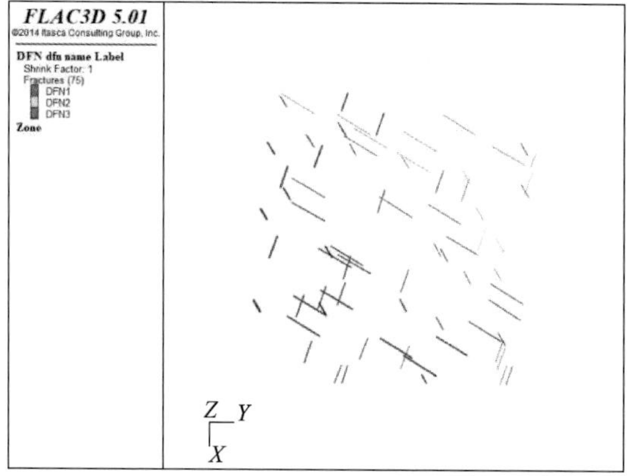

d)随机种子4

图 5-27 不同深度的离散裂隙网络示意图

从图中可以看出:不同裂隙组分布随机,二维圆盘裂隙网络与 UDEC 等软件生成结果类似,证明了 FLAC3D 的 DFN 插件生成裂隙网络的可行性。但 FLAC3D 与 UDEC 等软件的差别在于 FLAC3D 并未嵌入裂隙的立方定律,此时的圆盘裂隙网络是不具备相关功能的。但有文献证明可以采用 FLAC3D 进行裂隙的实体单元模拟,本书仅以圆盘裂隙网络作为定位实现实体裂隙网络构建。

(3)二维实体离散裂隙网络构建

依托裂隙研究区域,选择模型尺寸为 60m × 60m × 1m,设置 10m × 10m × 1m 的加密区,划分单元数为 25600 个。根据内置 FISH 函数、DFN 网络进行实体离散裂隙网络构建,如图 5-28 所示。

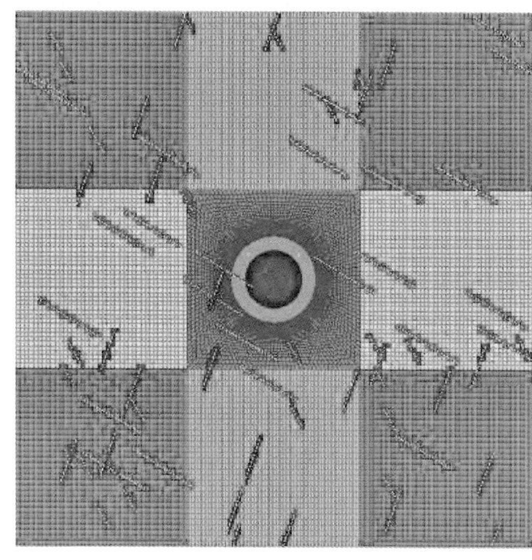

a)随机种子1

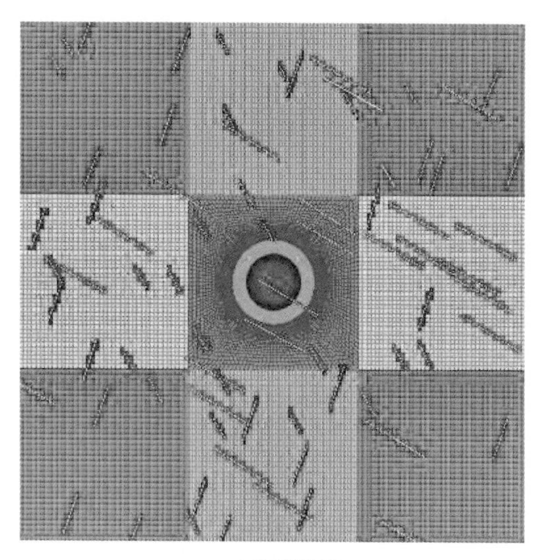

b)随机种子2

图 5-28

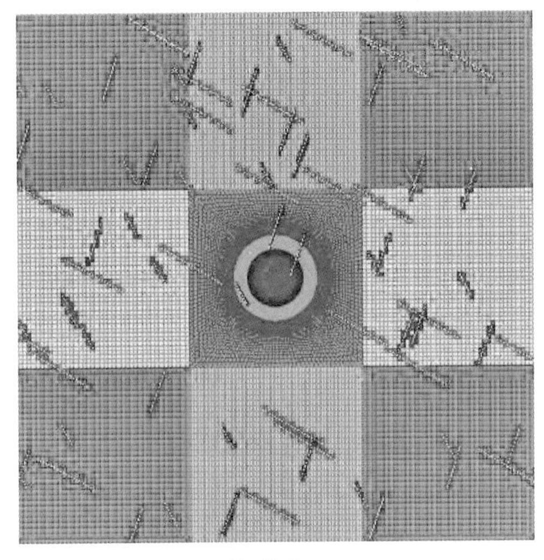

c)随机种子3

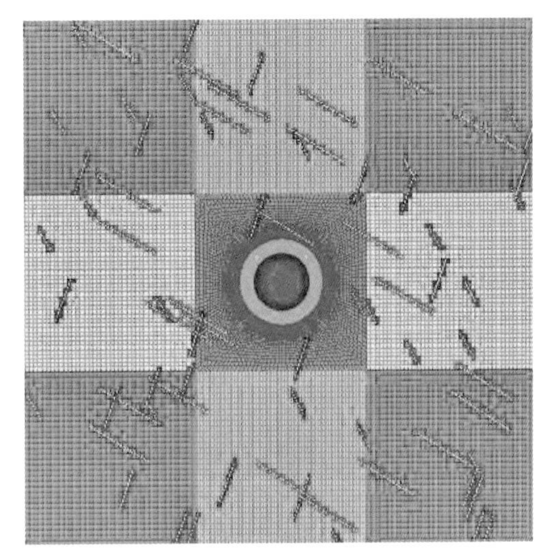

d)随机种子4

图 5-28　二维实体离散裂隙网络图

本书网格并未严格按照张开度进行划分。在实际研究中，针对影响较大区域可以根据实际张开度进行建模，但此类方法适用于较大张开度的裂隙，对于较小张开度的裂隙，仍建议采用等效连续介质进行分析。此外，可以采用清华大学的研究成果，将裂隙分为大裂隙、中等裂隙、小裂隙进行分析。大裂隙(断层等)进行针对性建模，中等裂隙采用离散建模，小裂隙进行 REV 等效建模。本书所提出的采用 FLAC3D 实现实体离散裂隙网络构建，可以满足上述条件，采用 FISH 函数 addfracture 命令进行大裂隙构建，采用 generate 等命令进行中等裂隙离散，采用 zone 命令进行小裂隙等效。

3)三维实体离散裂隙网络构建

(1)三维圆盘离散裂隙网络构建

三维实体离散裂隙网络构建方法与二维近似。根据裂隙组试验数据，假设体密度是 7×10^{-4}条/m^3。随机种子选择不变，研究区域为 60m × 60m × 60m，得到的三维圆盘离散裂隙网络如图 5-29 所示。可以看出，三维圆盘离散裂隙网络构建在 FLAC3D 是能够实现的。

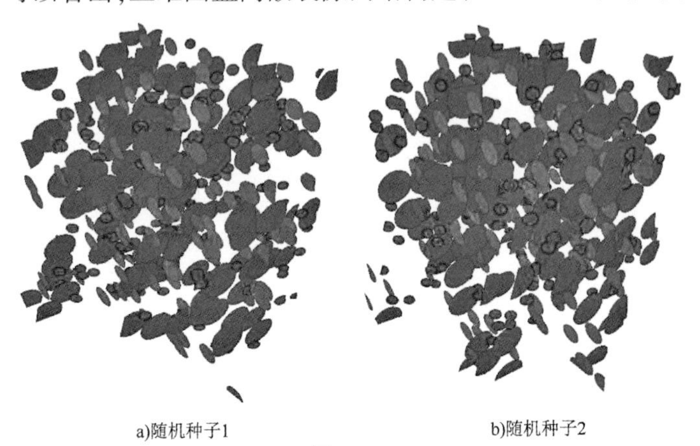

a)随机种子1　　　　b)随机种子2

图　5-29

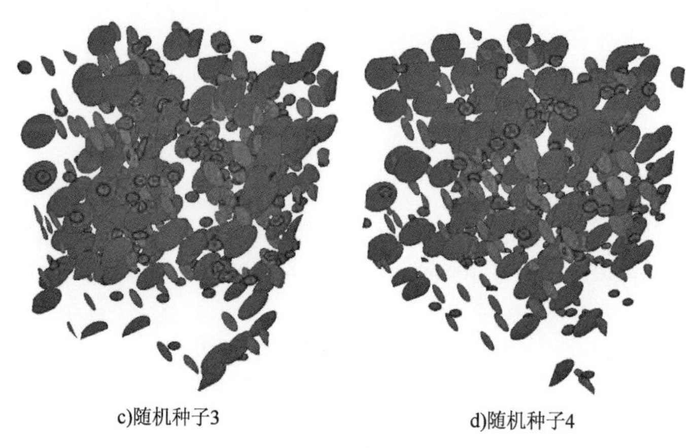

图 5-29　三维圆盘离散裂隙网络图

(2)三维实体离散裂隙网络构建

三维实体模型网络划分与二维模型相同。依托裂隙研究区域,选择模型尺寸为 60m × 60m × 10m,设置 10m × 10m × 10m 的加密区,划分单元数 25600 个。根据内置 FISH 函数、DFN 网络进行实体离散裂隙网络构建,构建的实体离散裂隙网络如图 5-30 所示。

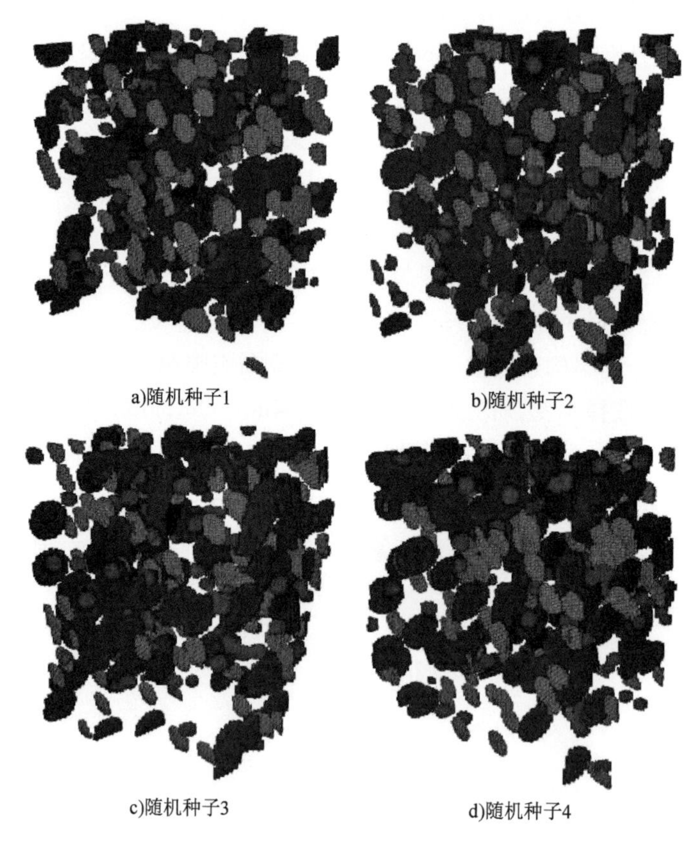

图 5-30　三维实体离散裂隙网络图

从图中可以看出：FLAC3D 内置 DFN 结合 FISH 语言可以实现实体离散裂隙网络建模，在裂隙张开度较大时，采用此种方法较合适，能够详细考虑裂隙内的填充介质的影响。此外，此方法不仅适用于双重介质建模，对于离散裂隙网络模型同样适用。

5.4.4 参数分析

根据等效连续介质的分析过程，对于考虑裂隙存在的双重介质模型需考虑三个问题：一是初始地质条件确定，二是注浆后岩体相关参数确定，三是离散裂隙网络分布确定。

1）初始地质条件

对高黎贡山隧道 1 号副竖井 S1ZK0 +660m 断面进行分析，衬砌参数不变。根据地勘资料，该段围岩完整性较好，RQD 值在 80% 左右，按照《铁路隧道设计规范》（TB 10003—2016），取Ⅱ级围岩参数，根据经验渗透系数取 8.6×10^{-9}m/s，仅关注注浆范围内渗透性变化，范围以外不作考虑。岩体初始参数见表 5-30。

岩体初始参数表 表 5-30

介质参数	本构模型	倾角（°）	裂隙半径（m）	断裂韧度（$MPa/m^{0.5}$）
岩石	usermodel	74	8	1.18

2）注浆后岩体相关参数

对于注浆而言，实际裂隙注浆应为裂隙内填充。该断面围岩质量较好，考虑除大裂隙外仍存在一定数量的小裂隙，小裂隙注浆后岩体介质参数相对于大裂隙注浆后岩体存在一定提高，存在一个不完整的等效注浆圈。将不完整等效注浆圈与裂隙分离开，两组参数不同，注浆范围为 5m。根据现场注浆可知，裂隙内被风化花岗岩等材质填充，注浆后风化花岗岩与浆液结实体形成一种新的“类混凝土”材料，注浆后裂隙水压被转化为渗透压，原以承压裂隙水、风化岩石组成的裂隙单元将转化为一种具体的材料，此材料具有自己的强度参数，并且强度参数不应与岩石差别过大（根据数值反演可知差别过大会产生极大水压集中）。这样可以以岩石级配为分界线，将注浆后的岩体分为“类大粒径级配混凝土”及“类小粒径级配混凝土”两种材料。此两种材料在力学参数及渗透性等方面存在一定的差异，但差异程度未知。根据等效连续介质分析可知，1×10^{-10}m/s 量级是注浆圈的折减敏感区，根据实测数据的测试差值（最大不超过 0.5MPa）可知，注浆后的不完整注浆圈渗透系数应逼近完整花岗岩，相差不超过 1 个量级，因此采用反演等效连续介质注浆圈渗透系数方法计算岩石与裂隙渗透系数。由于单元划分过密，若考虑流固耦合则计算量过大，考虑流固耦合下数值计算结果与理论计算结果之间误差较小。同时考虑到计算机计算效率及两种材料强度同时反演难度等问题，仅考虑单渗流这一极限分析条件，注浆后岩体及裂隙渗透系数反演结果见表 5-31，力学参数仅作为赋值考虑。

注浆后岩体及裂隙渗透系数表 表 5-31

参数介质	渗透系数（m/s）
围岩	2.6×10^{-10}
裂隙	5.6×10^{-9}

3) 离散裂隙网络分布

由于裂隙组的分布已知,根据现场揭示大裂隙张开度集中在 3~5cm。基于双重介质理论,将单元划分至厘米(cm)量级,得到双重介质网络的一次构建。尽管裂隙组产状已知,但同组裂隙统计规律下裂隙分布仍是随机的,因此需要根据实测水压数据反演出符合实际的裂隙一次分布,研究步骤如下:

首先基于 FLAC3D 软件建立三维差分模型,模型尺寸为 30m×30m×1m,主要研究区域尺寸为半径 10m、厚 1m 的圆环(图 5-31),共 10 万单元,将模型力学参数及边界条件重要性弱化,重点关注水力参数及渗流边界,模型四周采用定水头透水边界。通过 -735m断面实测可知,外部总应力最大达到2.9MPa,并以水压力为主。根据已有文献,在衬砌外部荷载呈不均匀时,强度等级 C35 钢筋混凝土在外部荷载达到 2.6MPa 时处于拉、压受力状态,在 3.2~3.8MPa 时发生破坏。由此推断 C35 素混凝土在外部达到 2.9MPa 时已经接近临界状态,而现场衬砌并未发生破坏。因此,认为所测得的水压力已经达到最大值,基本能够反映衬砌外水压力特征,可以将测得的 4 个测点水压力作为目标条件开展下一步研究工作。

岩石参数、衬砌参数认为是真实值,以实测衬砌外水压力为约束条件,通过改变随机种子进行裂隙网络大规模反演,调整不合理裂隙分布。反演结果如图 5-32 所示。

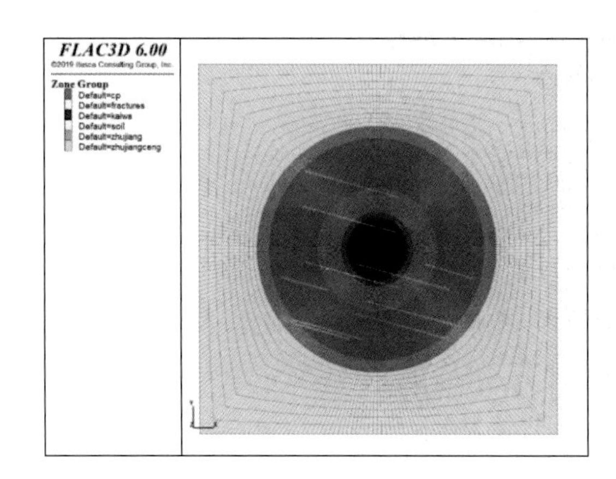

图 5-31 介质有限差分模型

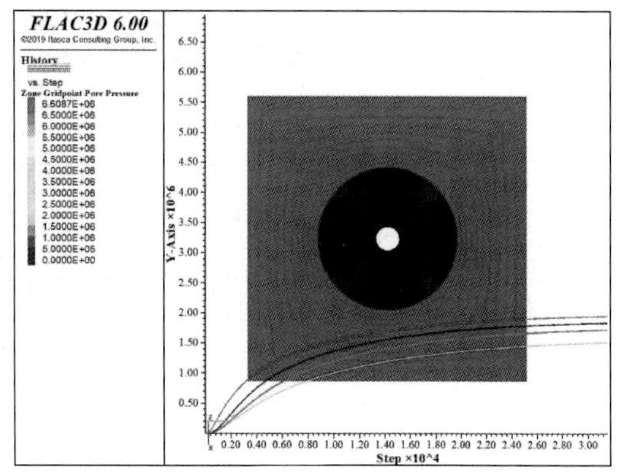

图 5-32 断面 4 个测点水压监测曲线图

从图中可以看出:

(1)运行一定步数后衬砌外水压力大致趋于稳定,模拟值与实测值最大误差为 7.2%。

(2)由于大陡倾裂隙的随机分布,导致衬砌外水压力呈现不均匀现象。

将模拟值和实测值进行对比,结果如图 5-33 所示。

认为此时的裂隙网络接近实际裂隙网络分布,得到双重介质模型,但此模型单元数过多,在进行下一步研究时存在计算效率问题。因此,将裂隙组数据导出,利用 MIDAS GTS 进行建模,如图 5-34 所示。

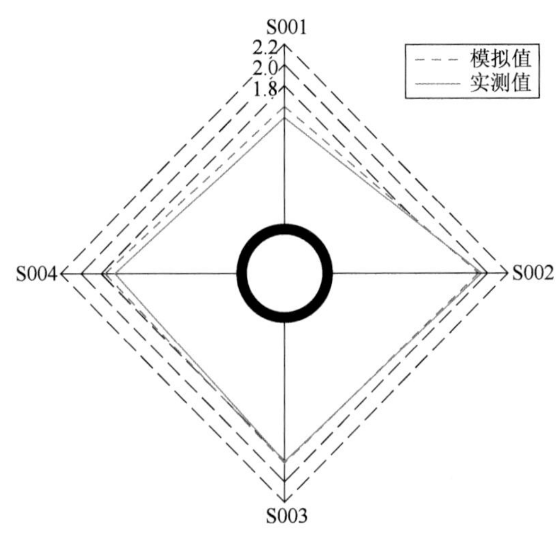

图 5-33　水压力模拟值和实测值对比图(FISH 模型)

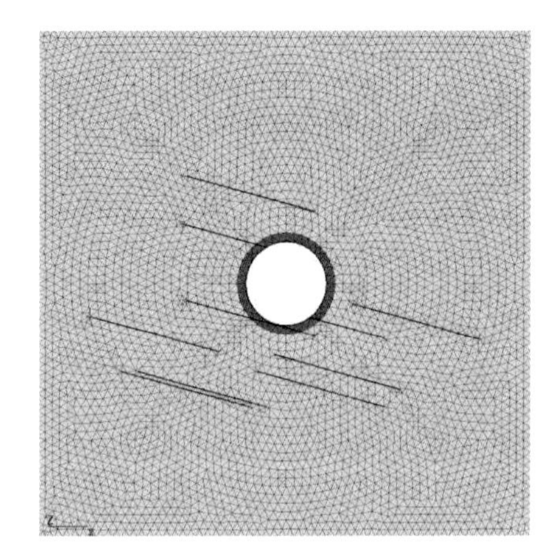

图 5-34　MIDAS 双重介质图(开挖后)

从图中可以看出:采用 MIDAS 处理后的模型单元数相对于原模型明显减少,并且两者裂隙分布基本相同。

以 MIDAS 模型为基础,应用原模型命令进行计算模拟,模拟结果见表 5-32。

模拟值和实测值对比表　　表 5-32

测点编号	模拟值(MPa)		实测值(MPa)
	FISH 模型	MIDAS 模型	
S001	1.60	1.56	1.493
S002	1.91	1.96	1.940
S003	1.82	1.84	1.806
S004	1.76	1.72	1.663

将模拟值和实测值进行对比,如图 5-35 所示。

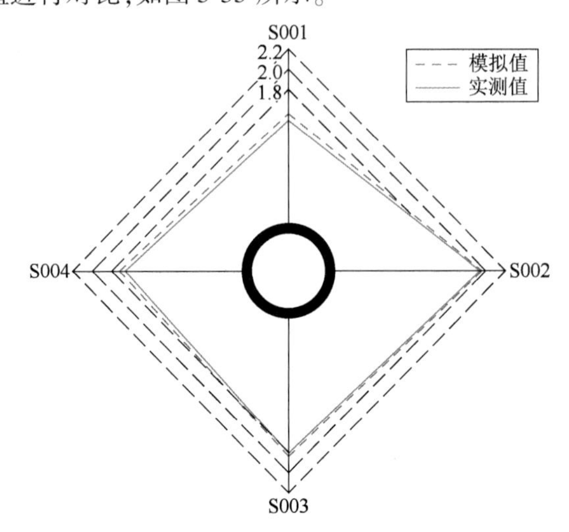

图 5-35　水压力模拟值和实测值对比图(MIDAS 模型)

从图中可以看出:MIDAS 模型模拟结果接近 FISH 模型模拟结果、实测结果,因此认为此模型可以取代原模型进行下一步的衬砌外水压力折减规律分析。此时围岩注浆后渗透系数为 2.6×10^{-10}m/s,裂隙注浆后渗透系数为 5.6×10^{-9}m/s。

5.4.5 模拟结果分析

双重介质模型参数之间差别较大,导致渗流时间步很小,因此采用隐式模式进行计算,渗流时间步根据不同的渗透系数量级进行选择。

1)注浆圈厚度对衬砌外水压力影响分析

由于裂隙存在,导致模型无法划分过密,注浆圈厚度取0m、2m、4m、6m、8m 共5 种工况,其余参数不变。

通过数值模拟计算,取得衬砌外水压力和水压力折减系数见表 5-33。

不同注浆圈厚度时衬砌外水压力和水压力折减系数模拟计算结果表 表 5-33

序号	注浆圈厚度(m)	衬砌外水压力(MPa)						衬砌外水压力折减系数					
		S001	S002	S003	S004	围岩	裂隙	S001	S002	S003	S004	围岩	裂隙
1	0	6.47	6.47	6.47	6.47	6.43	6.43	0.980	0.980	0.980	0.980	0.974	0.974
2	2	2.60	3.24	3.04	2.94	2.57	6.04	0.394	0.491	0.461	0.445	0.389	0.915
3	4	1.89	2.38	2.21	2.12	1.84	5.80	0.286	0.361	0.335	0.321	0.279	0.879
4	6	1.56	1.96	1.84	1.72	1.52	5.64	0.236	0.297	0.279	0.261	0.230	0.855
5	8	1.36	1.69	1.61	1.49	1.33	5.51	0.206	0.256	0.244	0.226	0.202	0.835

根据计算结果,绘制衬砌外水压力和水压力折减系数随注浆圈厚度变化曲线,并与连续介质模拟结果进行比较,如图 5-36、图 5-37 所示。

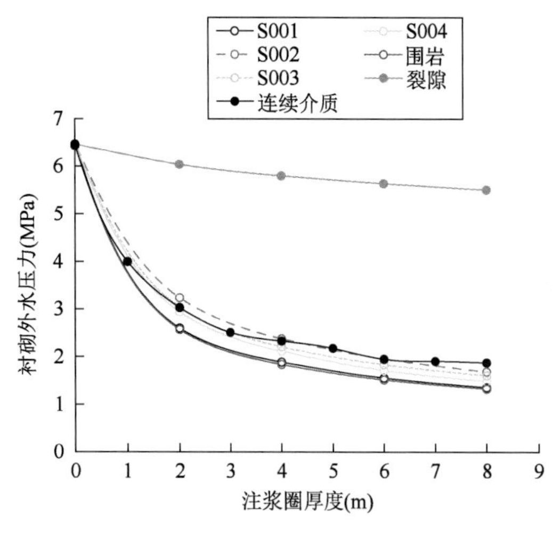

图 5-36 衬砌外水压力随注浆圈厚度变化曲线

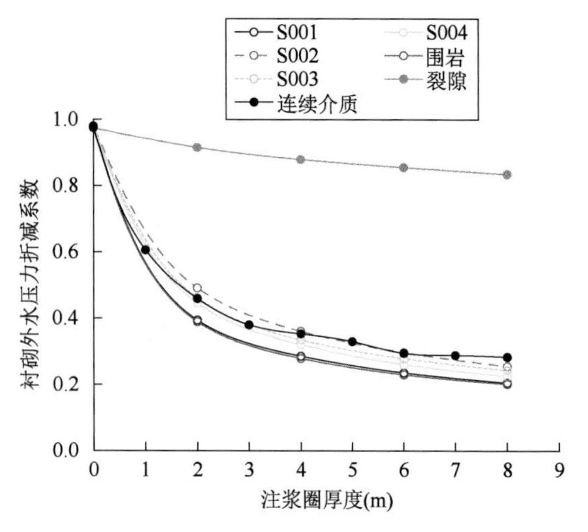

图 5-37 衬砌外水压力折减系数随注浆圈厚度变化曲线

从图中可以看出：

(1)双重介质模拟结果与连续介质模拟结果规律大致相同，随着注浆圈厚度增大，衬砌外水压力和水压力折减系数降低。

(2)随着注浆圈厚度增大，注浆后裂隙渗透系数对水压折减效果的影响逐渐降低。如测点S002受到裂隙影响水压力最大，注浆圈厚度在4m以内时折减后水压力大于连续介质模拟值，但随着注浆圈厚度进一步增大，折减后水压力逐渐逼近连续介质模拟值。

(3)不同测点水压力大小顺序不受注浆圈厚度影响，但随着注浆圈厚度增大不同测点水压力离散性逐渐减小。

2)注浆圈渗透系数对衬砌外水压力影响分析

围岩注浆圈渗透系数取2.6×10^{-8}m/s、2.6×10^{-9}m/s、2.6×10^{-10}m/s、2.6×10^{-11}m/s、2.6×10^{-12}m/s、2.6×10^{-13}m/s、2.6×10^{-14}m/s、2.6×10^{-15}m/s、2.6×10^{-16}m/s共9种工况，对应裂隙注浆圈渗透系数取5.6×10^{-7}m/s、5.6×10^{-8}m/s、5.6×10^{-9}m/s、5.6×10^{-10}m/s、5.6×10^{-11}m/s、5.6×10^{-12}m/s、5.6×10^{-13}m/s、5.6×10^{-14}m/s、5.6×10^{-15}m/s共9种工况，其余参数不变。

通过数值模拟计算，取得衬砌外水压力和水压力折减系数见表5-34、表5-35。

不同注浆圈渗透系数时衬砌外水压力模拟计算结果表 表5-34

序号	注浆圈渗透系数(m/s)		衬砌外水压力(MPa)					
	围岩	裂隙	S001	S002	S003	S004	围岩	裂隙
1	2.6×10^{-8}	5.6×10^{-7}	6.43	6.44	6.43	6.43	6.48	6.50
2	2.6×10^{-9}	5.6×10^{-8}	6.33	6.37	6.35	6.34	6.29	6.49
3	2.6×10^{-10}	5.6×10^{-9}	1.56	1.96	1.84	1.72	1.52	5.64
4	2.6×10^{-11}	5.6×10^{-10}	0.321	0.464	0.417	0.415	0.192	2.57
5	2.6×10^{-12}	5.6×10^{-11}	0.0801	0.116	0.101	0.119	0.0197	0.400
6	2.6×10^{-13}	5.6×10^{-12}	0.0176	0.0295	0.0247	0.0311	0.00198	0.0423
7	2.6×10^{-14}	5.6×10^{-13}	0.00259	0.00851	0.00517	0.00623	0.000198	0.00426
8	2.6×10^{-15}	5.6×10^{-14}	0.000273	0.00144	0.000607	0.00150	0.0000198	0.000426
9	2.6×10^{-16}	5.6×10^{-15}	0.0000273	0.000144	0.0000600	0.000100	0.000001	0.0000226

不同注浆圈渗透系数时衬砌外水压力折减系数模拟计算结果表 表5-35

序号	注浆圈渗透系数(m/s)		衬砌外水压力折减系数					
	围岩	裂隙	S001	S002	S003	S004	围岩	裂隙
1	2.6×10^{-8}	5.6×10^{-7}	0.974	0.976	0.974	0.974	0.982	0.985
2	2.6×10^{-9}	5.6×10^{-8}	0.959	0.965	0.962	0.961	0.953	0.983
3	2.6×10^{-10}	5.6×10^{-9}	0.236	0.297	0.279	0.261	0.230	0.855
4	2.6×10^{-11}	5.6×10^{-10}	0.0486	0.0703	0.0632	0.0629	0.0291	0.389
5	2.6×10^{-12}	5.6×10^{-11}	0.0121	0.0176	0.0153	0.0180	0.00298	0.0606

续上表

序号	注浆圈渗透系数(m/s)		衬砌外水压力折减系数					
	围岩	裂隙	S001	S002	S003	S004	围岩	裂隙
6	2.6×10^{-13}	5.6×10^{-12}	0.00267	0.00447	0.00374	0.00471	0.000300	0.00641
7	2.6×10^{-14}	5.6×10^{-13}	0.000392	0.00129	0.000783	0.000943	0.0000300	0.000645
8	2.6×10^{-15}	5.6×10^{-14}	0.0000414	0.000218	0.000100	0.000227	0.00000300	0.0000645
9	2.6×10^{-16}	5.6×10^{-15}	0.0000414	0.0000218	0.00000909	0.0000152	0.000000152	0.00000342

根据计算结果,绘制衬砌外水压力和水压力折减系数随注浆圈渗透系数变化曲线,并与连续介质模拟结果进行比较,如图 5-38、图 5-39 所示。

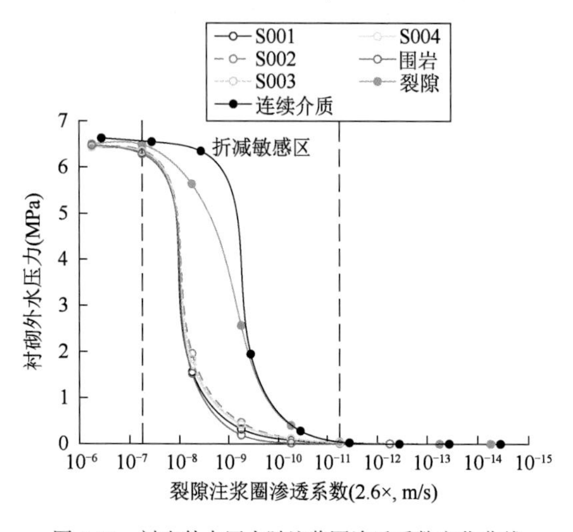

图 5-38 衬砌外水压力随注浆圈渗透系数变化曲线

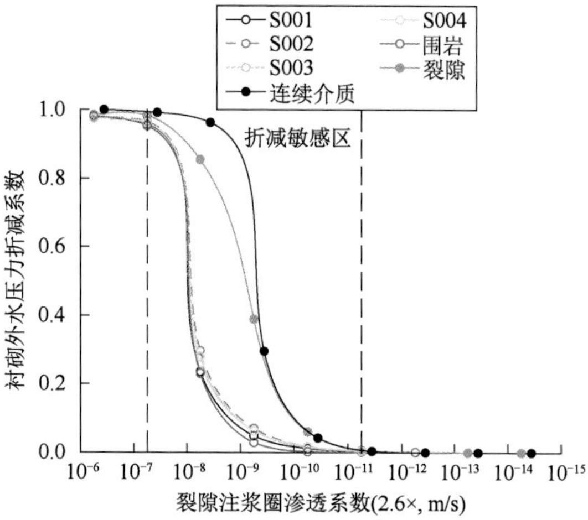

图 5-39 衬砌外水压力折减系数随注浆圈渗透系数变化曲线

从图中可以看出:

(1)双重介质模拟结果与连续介质模拟结果规律大致相同,随着注浆圈渗透系数增加,衬砌外水压力和水压力折减系数逐渐降低。

(2)测点 1 所在区域裂隙较少,水压力趋于稳定时逼近围岩渗透系数计算结果。裂隙距离衬砌越近,对衬砌外水压力折减效果造成的影响越大。测点 2 所在区域裂隙较多,衬砌外水压力受裂隙渗透系数影响较大,在注浆渗透系数较小时,双重介质模拟结果相对于连续介质模拟结果偏大。不同测点外水压力折减数值存在一定偏差但很小,大小规律与实测基本相符。

(3)受裂隙影响,不同注浆圈渗透系数下,双重介质与连续介质最大水压力计算结果存在一定的差别,差别幅度由注浆范围内的裂隙占比所决定。

3)衬砌厚度对衬砌外水压力影响分析

衬砌厚度取 0.5m、1.0m、1.5m、2.0m、2.5m 共 5 种工况,其余参数不变,衬砌渗透系数取 1.44×10^{-9}m/s。采用隐式方法进行收敛,采用 history 命令记录测点水压力,在监测水压力基本趋于稳定时停止计算,此时或存在一点误差,但很小,基本不影响最终结论。双重介质模拟不同衬砌厚度时衬砌外水压力云图如图 5-40 所示。

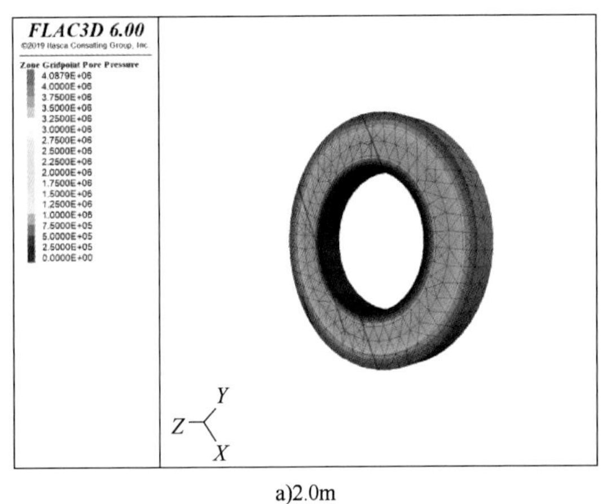

a)2.0m

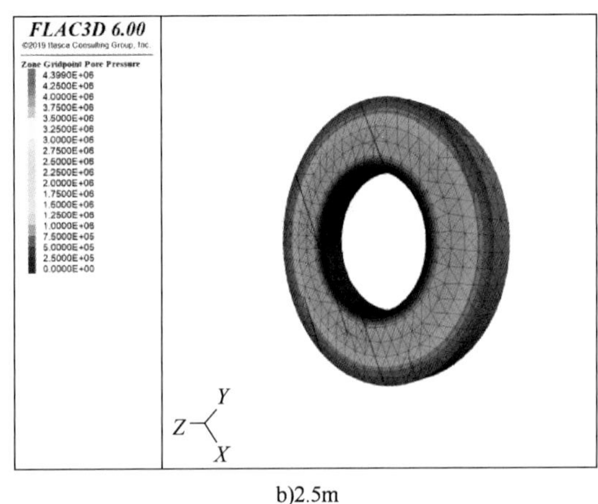

b)2.5m

图5-40　双重介质模拟不同衬砌厚度时衬砌外水压力云图

通过数值模拟计算,取得衬砌外水压力和水压力折减系数见表5-36。

不同衬砌厚度时衬砌外水压力和水压力折减系数数值模拟计算结果表　　表5-36

序号	衬砌厚度(m)	衬砌外水压力(MPa)						衬砌外水压力折减系数					
		S001	S002	S003	S004	围岩	裂隙	S001	S002	S003	S004	围岩	裂隙
1	0.5	1.56	1.96	1.84	1.72	1.52	5.64	0.236	0.297	0.279	0.261	0.230	0.855
2	1.0	2.57	2.83	2.73	2.91	2.49	6.09	0.389	0.429	0.414	0.441	0.377	0.923
3	1.5	3.23	3.46	3.37	3.38	3.16	6.25	0.489	0.524	0.511	0.512	0.479	0.947
4	2.0	3.73	3.88	3.87	3.80	3.66	6.34	0.565	0.588	0.586	0.576	0.555	0.961
5	2.5	4.09	4.21	4.25	4.15	4.04	6.39	0.620	0.638	0.644	0.629	0.612	0.968

根据计算结果,绘制衬砌外水压力和水压力折减系数随衬砌厚度变化曲线,并与连续介质模拟结果进行比较,如图5-41、图5-42所示。

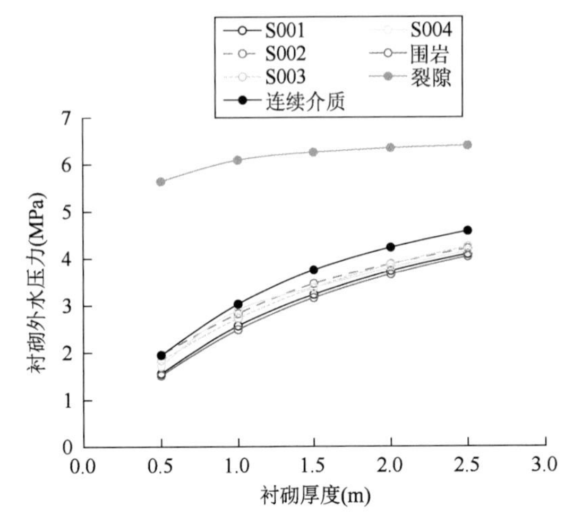

图5-41　衬砌外水压力随衬砌厚度变化曲线

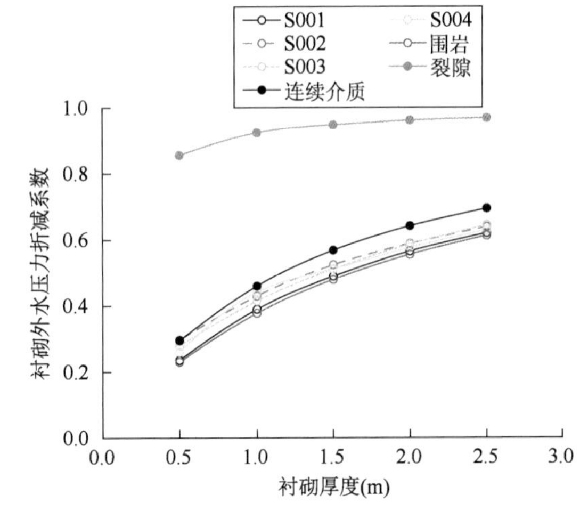

图5-42　衬砌外水压力折减系数随衬砌厚度变化曲线

从图中可以看出：

(1)双重介质模拟结果与连续介质模拟结果规律大致相同，随着衬砌厚度增大，衬砌外水压力和水压力折减系数呈现递增趋势。

(2)衬砌厚度改变导致的水压力折减规律受裂隙的空间分布影响较小，但仍有一定程度的影响，不同衬砌厚度下的测点水压力大小顺序不同。衬砌厚度越小不同测点水压力离散性越大，衬砌厚度越大测点水压力差别越小。

4)衬砌渗透系数对衬砌外水压力影响分析

衬砌渗透系数取 1.44×10^{-7}m/s、1.44×10^{-8}m/s、1.44×10^{-9}m/s、1.44×10^{-10}m/s、1.44×10^{-11}m/s、1.44×10^{-12}m/s、1.44×10^{-13}m/s、1.44×10^{-14}m/s、1.44×10^{-15}m/s 共9种工况，其余参数不变。

通过数值模拟计算，取得衬砌外水压力和水压力折减系数见表5-37、表5-38。

不同衬砌渗透系数时衬砌外水压力数值模拟计算结果表 表5-37

序号	衬砌渗透系数(m/s)	衬砌外水压力(MPa)					
		S001	S002	S003	S004	围岩	裂隙
1	1.44×10^{-7}	0.000754	0.00110	0.000939	0.00118	0.000197	0.00386
2	1.44×10^{-8}	0.00688	0.0101	0.00857	0.0107	0.00197	0.0384
3	1.44×10^{-9}	0.0231	0.0367	0.0298	0.0360	0.0196	0.365
4	1.44×10^{-10}	0.219	0.328	0.290	0.286	0.191	2.44
5	1.44×10^{-11}	1.56	1.96	1.84	1.72	1.52	5.64
6	1.44×10^{-12}	5.09	5.30	5.24	5.16	4.94	6.49
7	1.44×10^{-13}	6.29	6.34	6.32	6.31	6.39	6.59
8	1.44×10^{-14}	6.44	6.47	6.46	6.45	6.58	6.60
9	1.44×10^{-15}	6.44	6.48	6.46	6.45	6.60	6.60

不同衬砌渗透系数时衬砌外水压力折减系数数值模拟计算结果表 表5-38

序号	衬砌渗透系数(m/s)	衬砌外水压力折减系数					
		S001	S002	S003	S004	围岩	裂隙
1	1.44×10^{-7}	0.000114	0.000167	0.000142	0.000179	0.0000298	0.000585
2	1.44×10^{-8}	0.00104	0.00153	0.00130	0.00162	0.000298	0.00582
3	1.44×10^{-9}	0.00350	0.00556	0.00452	0.00545	0.00297	0.0553
4	1.44×10^{-10}	0.0332	0.0497	0.0439	0.0433	0.0289	0.370
5	1.44×10^{-11}	0.236	0.297	0.279	0.261	0.230	0.855
6	1.44×10^{-12}	0.771	0.803	0.794	0.782	0.748	0.983
7	1.44×10^{-13}	0.953	0.961	0.958	0.956	0.968	0.998

续上表

序号	衬砌渗透系数(m/s)	衬砌外水压力折减系数					
		S001	S002	S003	S004	围岩	裂隙
8	1.44×10^{-14}	0.976	0.980	0.979	0.977	0.997	1.000
9	1.44×10^{-15}	0.976	0.982	0.979	0.977	1.000	1.000

根据计算结果,绘制衬砌外水压力和水压力折减系数随衬砌渗透系数变化曲线,并与连续介质模拟结果进行比较,如图5-43、图5-44所示。

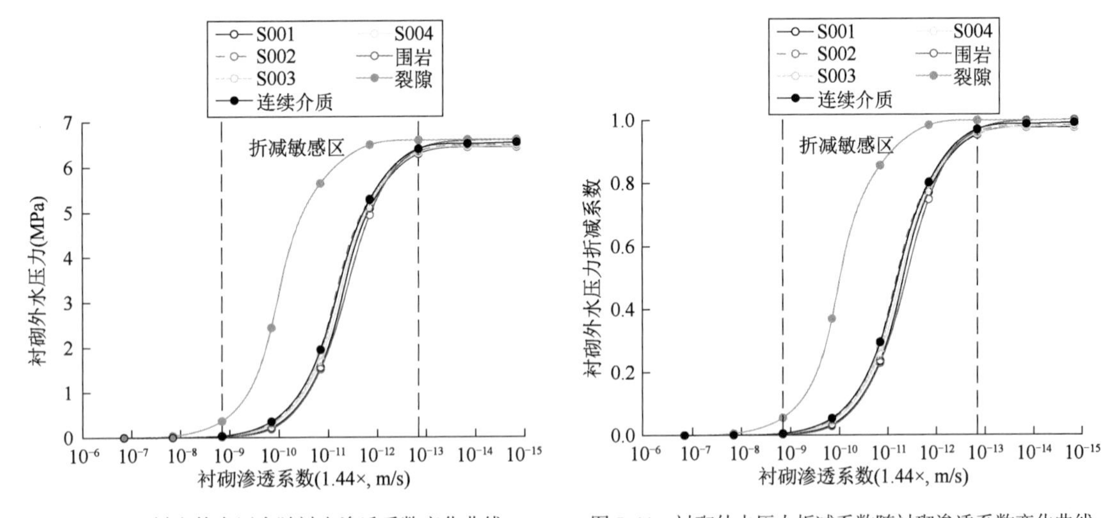

图5-43　衬砌外水压力随衬砌渗透系数变化曲线　　图5-44　衬砌外水压力折减系数随衬砌渗透系数变化曲线

从图中可以看出:

(1)双重介质模拟结果与连续介质模拟结果规律大致相同,随着衬砌渗透系数的减小,衬砌外水压力和水压力折减系数呈现增大趋势。衬砌渗透系数为$1.44\times10^{-9}\sim1.44\times10^{-13}$m/s时为折减敏感区,改变衬砌渗透系数能够有效折减水压力。

(2)不同测点外水压力折减数值存在一定偏差,大小规律与实测相符。测点2双重介质计算结果逼近连续介质计算结果,测点1计算结果逼近围岩渗透系数计算结果。

5)*初始水头高度对衬砌外水压力影响分析*

考虑到监测断面位于竖井660m深度,初始水头高度取160m、260m、360m、460m、560m、660m、760m、860m、960m共9种工况,其余参数不变。

通过数值模拟计算,取得衬砌外水压力和水压力折减系数见表5-39。

不同初始水头高度时衬砌外水压力和水压力折减系数数值模拟计算结果表　　表5-39

序号	初始水头高度(m)	衬砌外水压力(MPa)						衬砌外水压力折减系数					
		S001	S002	S003	S004	围岩	裂隙	S001	S002	S003	S004	围岩	裂隙
1	160	0.380	0.476	0.447	0.418	0.369	1.39	0.238	0.298	0.279	0.261	0.231	0.869
2	260	0.631	0.786	0.739	0.692	0.597	2.22	0.243	0.302	0.284	0.266	0.230	0.854

续上表

序号	初始水头高度(m)	衬砌外水压力(MPa)						衬砌外水压力折减系数					
		S001	S002	S003	S004	围岩	裂隙	S001	S002	S003	S004	围岩	裂隙
3	360	0.855	1.07	1.00	0.940	0.827	3.08	0.238	0.297	0.278	0.261	0.230	0.856
4	460	1.09	1.37	1.28	1.20	1.06	3.93	0.237	0.298	0.278	0.261	0.230	0.854
5	560	1.33	1.66	1.56	1.46	1.29	4.78	0.238	0.296	0.279	0.261	0.230	0.854
6	660	1.56	1.96	1.84	1.72	1.52	5.64	0.236	0.297	0.279	0.261	0.230	0.855
7	760	1.80	2.26	2.12	1.98	1.75	6.49	0.237	0.297	0.279	0.261	0.230	0.854
8	860	2.04	2.56	2.40	2.24	1.98	7.35	0.237	0.298	0.279	0.260	0.230	0.855
9	960	2.27	2.85	2.67	2.50	2.21	8.20	0.236	0.297	0.278	0.260	0.230	0.854

根据计算结果,绘制衬砌外水压力和水压力折减系数随初始水头高度变化曲线,并与连续介质模拟结果进行比较,如图5-45、图5-46所示。

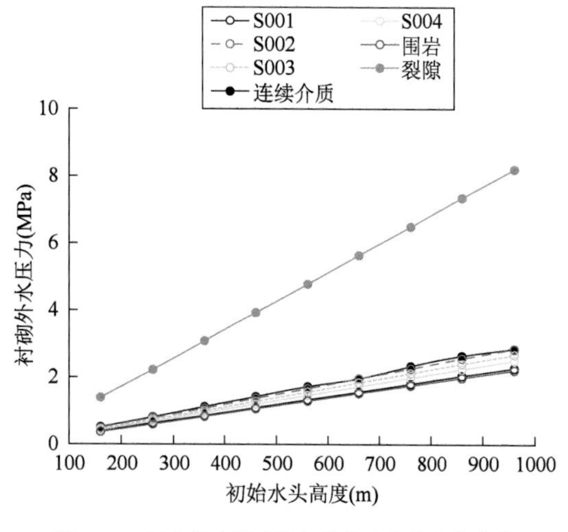

图5-45　衬砌外水压力随初始水头高度变化曲线

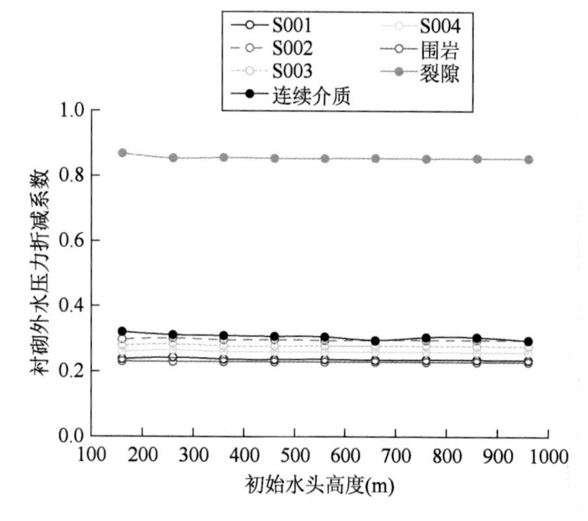

图5-46　衬砌外水压力折减系数随初始水头高度变化曲线

从图中可以看出:

(1)双重介质模拟结果与连续介质模拟结果规律大致相同,衬砌外水压力与初始水头高度呈线性关系,水压力折减系数基本保持不变,因此改变初始水头高度对衬砌外水压力折减系数基本无影响。

(2)连续介质模拟结果位于双重介质模拟结果范围之内,双重介质不同测点计算结果相差较大,但均位于理论计算区间内,折减规律符合实测结果。双重介质测点1模拟结果逼近围岩模拟结果,测点2模拟结果逼近连续介质模拟结果。

(3)初始水头高度越大,双重介质不同测点计算结果离散性越大,符合一般规律。

6)围岩渗透系数对衬砌外水压力影响分析

围岩渗透系数初始值取为8.6×10^{-9}m/s,为了更好地分析围岩渗透系数对衬砌外水压力的影响,取 8.6×10^{-8}m/s、8.6×10^{-9}m/s、8.6×10^{-10}m/s、8.6×10^{-11}m/s、8.6×10^{-12}m/s、8.6×10^{-13}m/s 共6种工况,其余参数不变。

通过数值模拟计算,取得衬砌外水压力和水压力折减系数见表5-40。

不同围岩渗透系数时衬砌外水压力和水压力折减系数数值模拟计算结果表 表5-40

序号	围岩渗透系数(m/s)	衬砌外水压力(MPa)						衬砌外水压力折减系数					
		S001	S002	S003	S004	围岩	裂隙	S001	S002	S003	S004	围岩	裂隙
1	8.6×10^{-8}	1.57	1.97	1.85	1.73	1.52	5.71	0.238	0.298	0.280	0.262	0.230	0.865
2	8.6×10^{-9}	1.56	1.96	1.84	1.72	1.52	5.64	0.236	0.297	0.279	0.261	0.230	0.855
3	8.6×10^{-10}	1.54	1.93	1.81	1.69	1.47	5.03	0.233	0.292	0.274	0.256	0.222	0.762
4	8.6×10^{-11}	1.38	1.70	1.61	1.50	1.12	2.42	0.209	0.258	0.244	0.227	0.170	0.367
5	8.6×10^{-12}	—	—	—	—	0.329	0.390	—	—	—	—	0.0498	0.0591
6	8.6×10^{-13}	—	—	—	—	0.0408	0.0416	—	—	—	—	0.00618	0.00630

根据计算结果,绘制衬砌外水压力和水压力折减系数随围岩渗透系数变化曲线,并与连续介质模拟结果进行比较,如图5-47、图5-48所示。

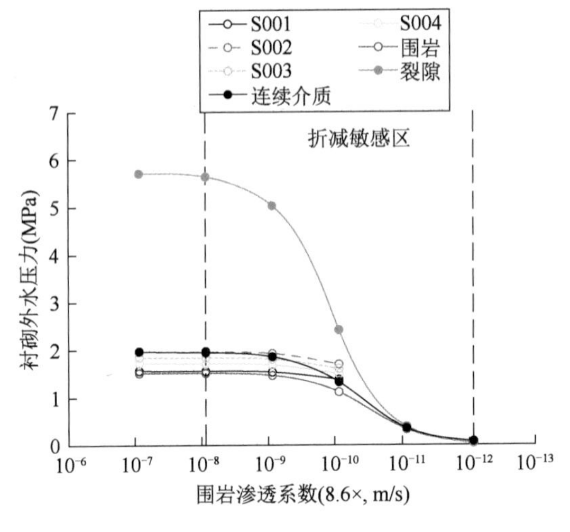

图5-47 衬砌外水压力随围岩渗透系数变化曲线

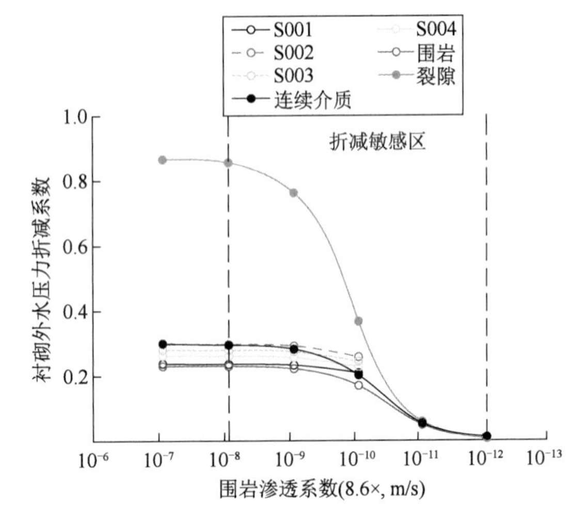

图5-48 衬砌外水压力折减系数随围岩渗透系数变化曲线

从图中可以看出:

(1)双重介质模拟结果与连续介质模拟结果规律大致相同,随着围岩渗透系数减小,衬砌外水压力和水压力折减系数逐渐降低。

(2)双重介质测点2模拟结果逼近连续介质模拟结果,测点1模拟结果逼近围岩模拟结果。

(3)双重介质模拟不同测点的水压力呈不均匀分布,大小顺序与实测顺序相符,围岩渗透系数越小,不同测点的水压力差值越小。

7)竖井开挖洞径对衬砌外水压力影响分析

竖井开挖洞径取4m、6m、8m、10m共4种工况,其余参数不变。

通过数值模拟计算,取得衬砌外水压力和水压力折减系数见表5-41。

不同开挖洞径衬砌外水压力和水压力折减系数数值模拟计算结果　表 5-41

序号	开挖洞径(m)	衬砌外水压力(MPa)						衬砌外水压力折减系数					
		S001	S002	S003	S004	围岩	裂隙	S001	S002	S003	S004	围岩	裂隙
1	4	1.92	1.99	2.02	1.90	1.79	5.82	0.291	0.302	0.306	0.288	0.271	0.882
2	6	1.56	1.69	1.84	1.72	1.52	5.64	0.236	0.256	0.279	0.261	0.230	0.855
3	8	1.39	1.58	1.50	1.51	1.37	5.52	0.211	0.239	0.227	0.229	0.208	0.836
4	10	1.28	1.33	1.44	1.32	1.28	5.43	0.194	0.202	0.218	0.200	0.194	0.823

双重介质模拟竖井不同开挖洞径衬砌外水压力云图如图 5-49 所示。

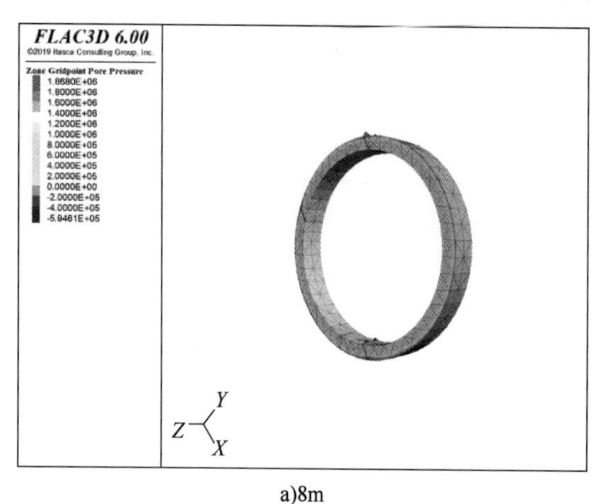

a)8m

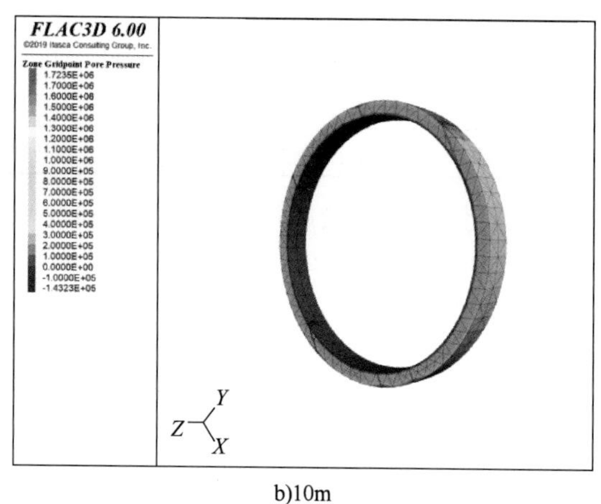

b)10m

图 5-49　双重介质模拟竖井不同开挖洞径衬砌外水压力云图

根据计算结果，绘制衬砌外水压力和水压力折减系数随竖井开挖洞径变化曲线，并与连续介质模拟结果进行比较，如图 5-50、图 5-51 所示。

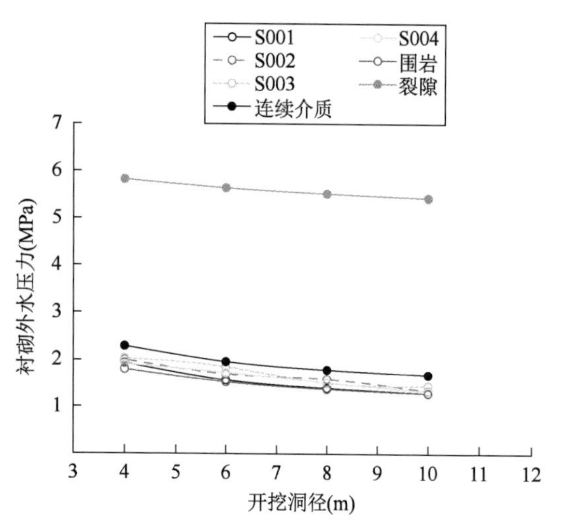

图 5-50　衬砌外水压力随竖井开挖洞径变化曲线

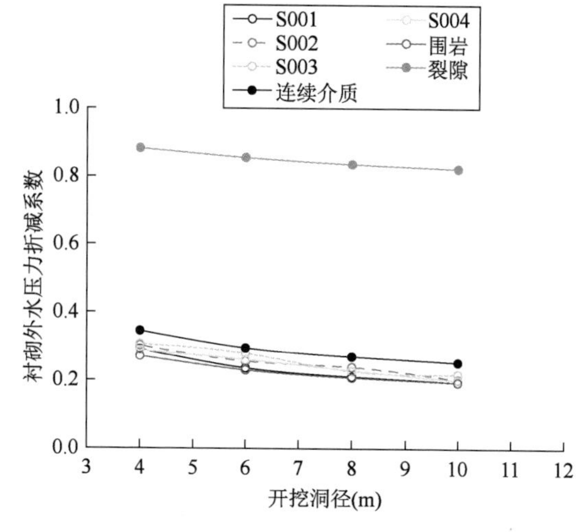

图 5-51　衬砌外水压力折减系数随竖井开挖洞径变化曲线

从图中可以看出：

(1)双重介质模拟结果与连续介质模拟结果有一定的差别，连续介质模拟结果呈现明显的递降特征，而双重介质模拟表明裂隙附近水压最大，即开挖洞径的不同会导致衬砌外水压力最大位置发生改变。

(2)开挖洞径的改变使得注浆范围内裂隙占比发生变化，从而导致等效注浆渗透系数发生改变，继而使得衬砌外水压力折减值相对连续介质发生改变。

(3)不同洞径下测点与裂隙的相对位置不同导致水压力不同。如开挖半径为6m时，S002距离裂隙较近，受到的影响较大；开挖半径为4m时，S002距离裂隙较远，受到的影响较小。

5.4.6　关联度分析

1)确认待分析的数据序列

竖井开挖洞径与衬砌厚度均因裂隙相对位置的改变导致规律性不明显，同时注浆圈渗透系数存在两个值，无法直接作为参考数据，因此仅计算衬砌渗透系数、围岩渗透系数、注浆圈厚度等3个变量。参考序列是衬砌外水压力折减系数(X_0)，比较序列有注浆圈厚度(X_1)、衬砌渗透系数(X_2)、围岩渗透系数(X_3)3种，均取折减敏感区及可行范围进行分析，构造参考序列与比较序列数据见表5-42。

参考序列与比较序列数据　　表5-42

样本	X_1(m)	X_2(m/s)	X_3(m/s)	X_0
1	0	1.44×10^{-11}	8.6×10^{-9}	0.981
2	2	1.44×10^{-11}	8.6×10^{-9}	0.492
3	4	1.44×10^{-11}	8.6×10^{-9}	0.360
4	6	1.44×10^{-11}	8.6×10^{-9}	0.297
5	6	1.44×10^{-9}	8.6×10^{-9}	0.00556
6	6	1.44×10^{-10}	8.6×10^{-9}	0.0498
7	6	1.44×10^{-11}	8.6×10^{-9}	0.297
8	6	1.44×10^{-11}	8.6×10^{-9}	0.297
9	6	1.44×10^{-11}	8.6×10^{-10}	0.292
10	6	1.44×10^{-11}	8.6×10^{-11}	0.258

2)参考序列和比较序列无量纲

采用最大值化进行数据无量纲处理，处理结果见表5-43。

参考序列与比较序列无量纲数据　　表5-43

样本	X_1	X_2	X_3	X_0
1	0.000	0.010	1.000	0.999
2	0.333	0.010	1.000	0.501
3	0.667	0.010	1.000	0.367
4	1.000	0.010	1.000	0.302
5	1.000	1.000	1.000	0.00566
6	1.000	0.100	1.000	0.0507

续上表

样本	X_1	X_2	X_3	X_0
7	1.000	0.010	1.000	0.302
8	1.000	0.010	1.000	0.302
9	1.000	0.010	0.100	0.298
10	1.000	0.010	0.010	0.263

3)关联系数

计算 $V_{0i}(k)$值,结果见表5-44。

$V_{0i}(k)$值结果 表5-44

样本	X_1	X_2	X_3
1	0.9994	0.9894	0.0006
2	0.1676	0.4910	0.4990
3	0.2995	0.3572	0.6328
4	0.6977	0.2923	0.6977
5	0.9943	0.9943	0.9943
6	0.9493	0.0493	0.9493
7	0.6977	0.2923	0.6977
8	0.6977	0.2923	0.6977
9	0.7022	0.2878	0.1978
10	0.7371	0.2529	0.2529

计算参考序列关联系数,结果见表5-45。

参考序列关联系数结果 表5-45

样本	X_1	X_2	X_3
1	0.3337	0.3360	1.0000
2	0.7497	0.5050	0.5009
3	0.6260	0.5839	0.4417
4	0.4178	0.6317	0.4178
5	0.3349	0.3349	0.3349
6	0.3453	0.9113	0.3453
7	0.4178	0.6317	0.4178
8	0.4178	0.6317	0.4178
9	0.4162	0.6353	0.7173
10	0.4045	0.6647	0.6647

4)关联度

计算关联度,结果见表5-46。

各参数关联度结果表　　表 5-46

参数名称	X_1	X_2	X_3
关联度	0.4464	0.5867	0.5258

5)关联度排序

关联度排序见表 5-47。

关联度排序表　　表 5-47

参数名称	注浆圈厚度(X_1)	衬砌渗透系数(X_2)	围岩渗透系数(X_3)
排序	3	1	2

通过上述分析可以看出:

(1)各参数的关联度数值比较接近,因此设计时应全面考虑各参数影响。

(2)关联度排序为:衬砌渗透系数 > 围岩渗透系数 > 注浆圈厚度,这与连续介质计算结果相符。可见,无论是连续介质还是双重介质,注浆圈厚度对衬砌外水压力折减效果的影响均最小,因此,设计中考虑安全、经济的前提下,基于参数关联度计算结果进行方案优化,能够更有效地控制工程安全与成本。

5.4.7　小结

(1)除开挖洞径、衬砌厚度外,双重介质与连续介质模拟计算结果反映规律基本相同。裂隙距离衬砌越近,对衬砌外水压力折减效果造成的影响越大。不同测点水压折减数值存在一定偏差,但大小规律符合实测结果。

(2)不同衬砌渗透系数下,裂隙对衬砌外水压力影响程度变化不大。不同衬砌厚度、不同开挖洞径下双重介质模拟计算结果与裂隙的空间分布密切相关,裂隙附近水压最大,即开挖洞径、衬砌厚度的不同会导致衬砌外水压力最大位置发生改变。

(3)不同注浆圈渗透系数下,双重介质与连续介质最大水压计算结果存在一定的差别,差别幅度由注浆范围内的裂隙占比决定。随着注浆圈厚度的增大,注浆后裂隙对水压折减效果的影响逐渐降低,不同测点水压力大小顺序不受注浆范围影响,但离散性逐渐降低。

(4)初始水头越高,不同测点水压离散性越大,折减系数几乎保持不变。不同围岩渗透系数下,双重介质不同测点水压力呈不均匀分布,大小顺序与实测顺序相符,围岩渗透系数越小,不同测点水压力差值越小。

(5)双重介质灰色关联度计算结果与连续介质计算结果规律相符,即衬砌渗透系数 > 围岩渗透系数 > 注浆圈厚度,如图 5-52 所示。

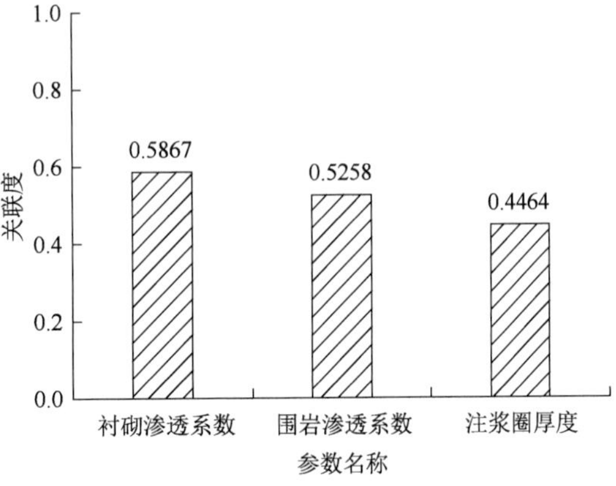

图 5-52　各参数关联度排序图

5.5 基于介质耦合理论的竖井施工模拟

5.5.1 模型分段模拟可行性分析

竖井开挖深度764m，若采用整体工程进行分析则建模量极大，因此需采用某一段落进行研究，以局部反映整体变化规律。通过对竖井深度660m、735m两个断面的监测数据进行分析，可以发现两个断面的水压力变化规律基本相同，因此两个断面范围内的裂隙分布可认为是基本相同的。660～735m之间的裂隙分布可以通过实测数据反演出来，因此，段落取640～760m，总长120m。考虑开挖尺寸为6m，为详细反映施工影响，模型X、Y方向尺寸取为80m，模型整体尺寸为80m×80m×120m，主要计算区为半径15m、长度120m的圆环，三维有限差分模型如图5-53所示。

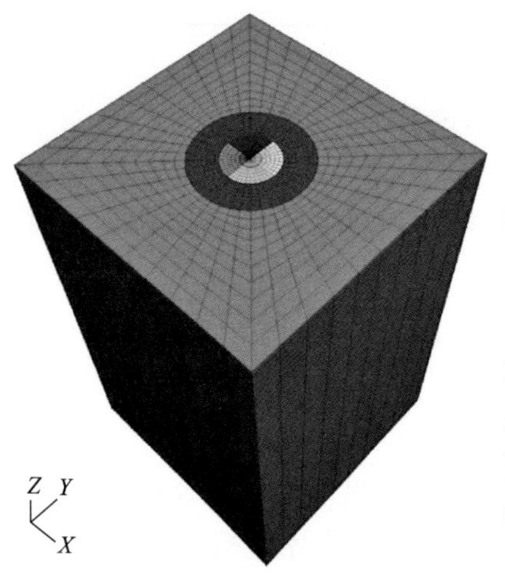

图5-53 三维有限差分模型

取竖井或隧道某一段落进行模拟来反映整体变化趋势的方法已经有很多研究，但基本都是对力学场的模拟，关于水压场是否可以采用这方式进行模拟还没有相关文献记载，因此，基于以下思路验证水压场分段模拟的可行性：

(1)0～120m注浆工况下施工模拟，观察水压场受到扰动后的变化。

(2)0～120m无注浆工况下施工模拟，观察水压场受到扰动后的变化。

围岩参数、支护参数、注浆参数均取660m断面处的相关参数。无注浆工况下施工模拟认为100%排水，参数相同，水压力均取至地面，最高水头为120m，模型四周为透水边界。两种工况下水压场变化如图5-54、图5-55所示。

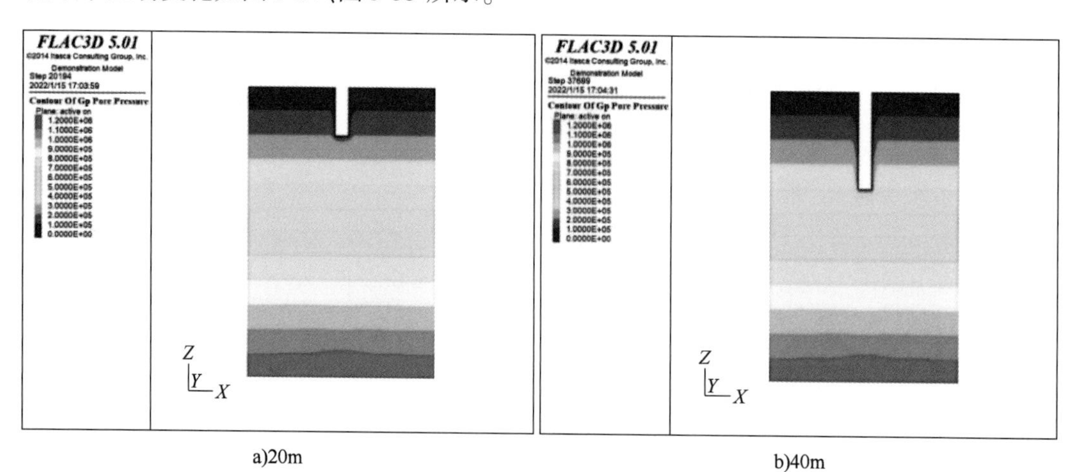

a)20m

b)40m

图 5-54

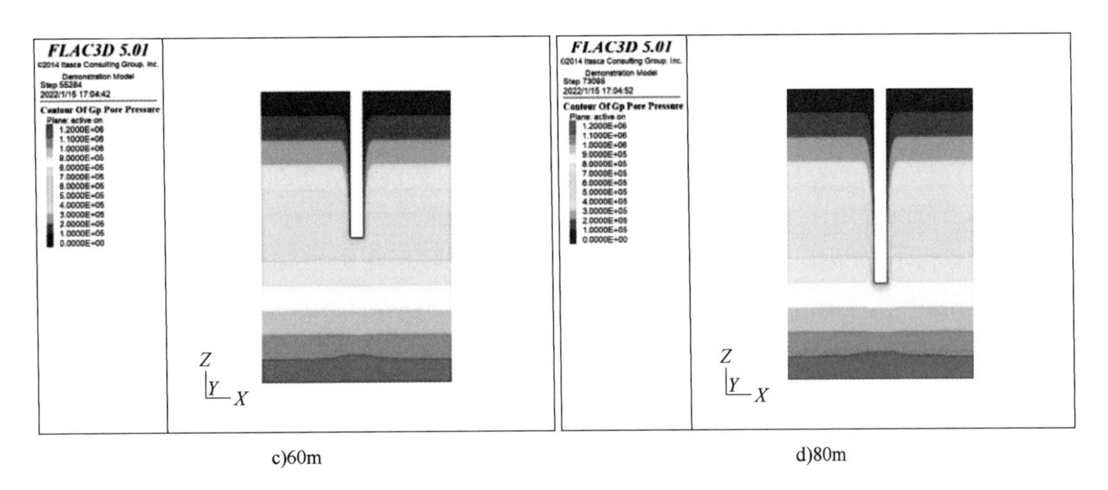

c)60m　　　　d)80m

图 5-54　注浆工况下施工模拟水压力变化示意图

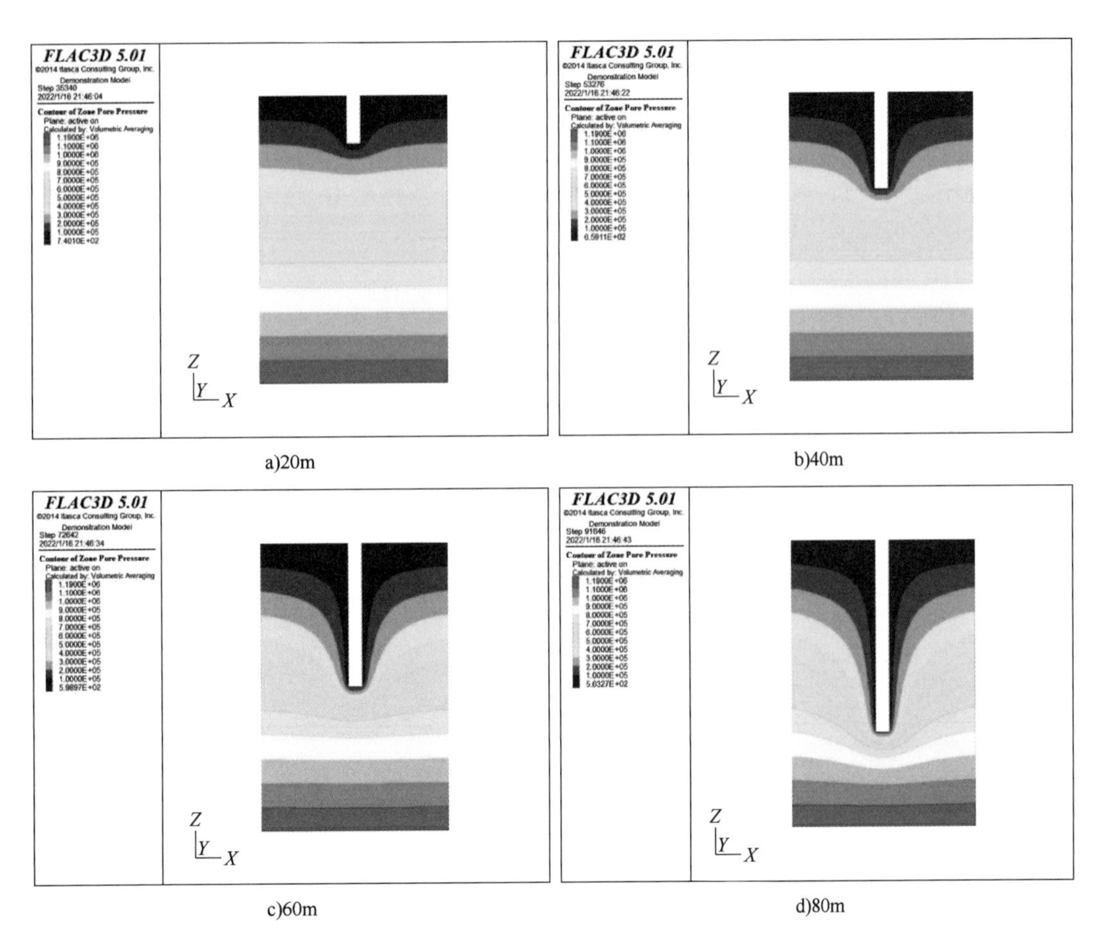

a)20m　　　　b)40m

c)60m　　　　d)80m

图 5-55　无注浆工况下施工模拟水压力变化示意图

从图中可以看出：

(1)对于竖井四周水压场分布，无注浆工况下受到开挖扰动，竖井周围形成明显降落漏斗，影响范围到达边界。与之对比，注浆开挖竖井周围水压场并未呈现完整的降落漏斗，影响范围仅仅局限在竖井周围附近区域。

(2)对于竖井下方水压场分布，无注浆工况下的影响范围相对于注浆工况下的影响范围明显大很多，因此，采用注浆开挖能有效减小工程施工对水压场的影响。

(3)综合来看，注浆工况下工程施工对水压场的扰动仅仅在竖井周围，对于较远处水压场基本没有影响，因此，可以采用某一段落来研究工程施工对于水压场的影响以及产生的力学场变化。

5.5.2 竖井开挖过程模拟分析

1)三维等效裂隙岩体模型建立

因为裂隙张开度相对围岩来说尺寸极小，并且渗透系数差4个数量级，因此，进行三维流固耦合研究时将面临计算效率问题。若采用连续介质理论进行模型分析，计算效率较高，但无法反映裂隙岩体真实力学参数及渗透特性；若采用双重介质理论进行模型分析，能够反映裂隙岩体的真实状态，并且能够应用于二维断面计算，但裂隙介质与岩石介质参数差别较大，在三维计算方面存在渗流时间步较小、水压集中等问题。因此，针对高黎贡山隧道陡倾大裂隙岩体竖井三维施工过程分析，可将双重介质模型融入至连续介质模型中，利用裂隙数量进行不同象限岩体参数的等效赋值，思路如下：

(1)采用反演的连续介质注浆圈参数、裂隙分布，确定各象限参数大致范围。

(2)考虑到FISH语言遍历速度较慢，因此基于各象限范围内参数建立大型三维等效裂隙岩体模型进行两段反演，首先仅考虑C++二次开发结果进行大量反演。

(3)基于C++二次开发反演结果，应用FISH语言二次开发结果进行再次反演得到最终的参数数值，以及竖井开挖扰动结果。

(4)基于以上方法实现二维断面-大型三维等效模型。

高黎贡山隧道竖井施工参数见表5-48。

高黎贡山隧道竖井施工参数表 表5-48

参数名称	开挖洞径(m)	衬砌厚度(m)	注浆圈渗透系数(m/s)	注浆圈厚度(m)	开挖进尺(m)
参数值	6	0.5	3.8×10^{-9}	5	4

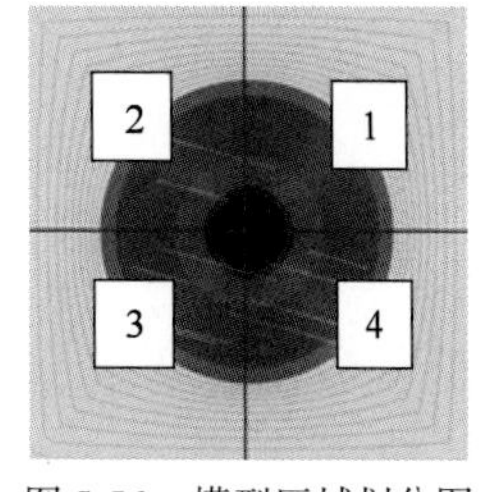

图5-56 模型区域划分图

模型区域划分如图5-56所示。

2)等效模型参数及边界条件

根据地勘资料，竖井640~760m段RQD值为80%以上，根据《铁路隧道设计规范》(TB 10003—2016)，围岩级别为Ⅱ级，但考虑到裂隙存在陡倾特征，实际钻孔并未钻探到，因此在原围岩参数的基础上采取Ⅱ级围岩最小值进行分析，模型围岩参数见表5-49。

模型围岩参数表　　表 5-49

参数名称	弹性模量（GPa）	泊松比	黏聚力（MPa）	内摩擦角（°）	抗拉强度（MPa）	密度（kg/m^3）	渗透系数（m/s）	裂隙倾角（°）	裂隙半径（m）	断裂韧度（$MPa \times m^{0.5}$）
参数值	20	0.25	1.50	52.00	7.00	2660	8.60×10^{-9}	74	8	1.18

对于注浆圈的力学参数，根据相关文献资料，裂隙岩体注浆后整体强度可以提高 30% ~ 330%。通过本工程研究，注浆圈渗透系数不会差别很大，否则会造成衬砌周围水压力差别很大。基于本工程注浆参数反演结果，采用二次开发结果对各象限参数进行再次三维差分计算反演，反演结果见表 5-50。

各象限注浆圈参数表　　表 5-50

象限	弹性模量（GPa）	泊松比	黏聚力（MPa）	内摩擦角（°）	抗拉强度（MPa）	密度（kg/m^3）	渗透系数（m/s）	裂隙半径（m）	裂隙倾角（°）	断裂韧度（$MPa \times m^{0.5}$）
1	28	0.21	2.3	56	11	2800	1.30×10^{-10}	74	8	1.18
2	26	0.22	2.1	55	10	2760	1.60×10^{-10}	74	8	1.18
3	24	0.23	1.9	54	9	2700	2.00×10^{-10}	74	8	1.18
4	22	0.24	1.7	53	8	2660	2.46×10^{-10}	74	8	1.18

渗透系数与连续介质反演结果因受损伤、本构、三维边界等因素影响，存在细微差别，但误差很小，并且在双重介质反演结果范围内，认为可以用于下一步研究。衬砌参数不变。模型边界认为是透水边界，四周边界、下边界位移固定，上边界施加对应深度的自重荷载，侧应力系数根据实测以及文献资料取 0.8，模型采用隐式计算。

3）竖井监测断面水压力变化特征分析

每环开挖进尺 4m，共开挖 27 环，即开挖深度为 640 ~ 748m。当开挖至 27 环时，660m 断面水压力趋于平衡，而 735m 断面水压力尚不稳定。为观察水压力稳定过程，将隐式渗流时间步进一步减小 16 倍左右，运行 30000 步后，735m 断面衬砌外水压力趋于稳定。监测断面水压力时程曲线如图 5-57 所示。

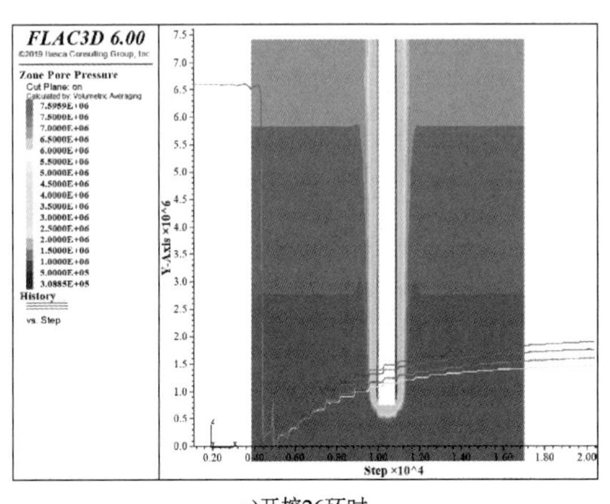

a)开挖26环时

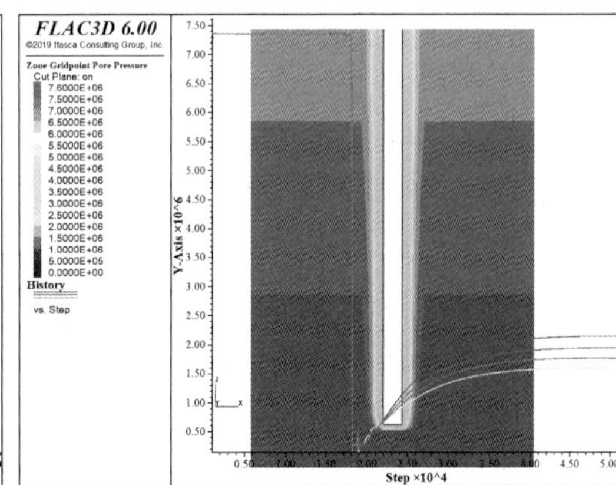

b)开挖27环时

图 5-57　监测断面水压力时程曲线

从图中可以看出：掌子面开挖即将到达监测断面时，监测断面水压力有一定程度的降落；监测断面被揭示时，水压力急速降低；掌子面通过监测断面一段时间后，水压力逐渐趋于稳定。

将水压力模拟值与实测值进行对比，对比结果见表5-51、图5-58。

水压力模拟值与实测值对比表

表5-51

测点编号	660m断面			735m断面		
	模拟值(MPa)	实测值(MPa)	误差(%)	模拟值(MPa)	实测值(MPa)	误差(%)
S001	1.48	1.49	0.67	1.59	1.67	5.03
S002	1.94	1.94	0.00	2.14	2.17	1.40
S003	1.79	1.81	1.12	1.94	2.02	4.12
S004	1.63	1.66	1.84	1.77	1.86	5.08

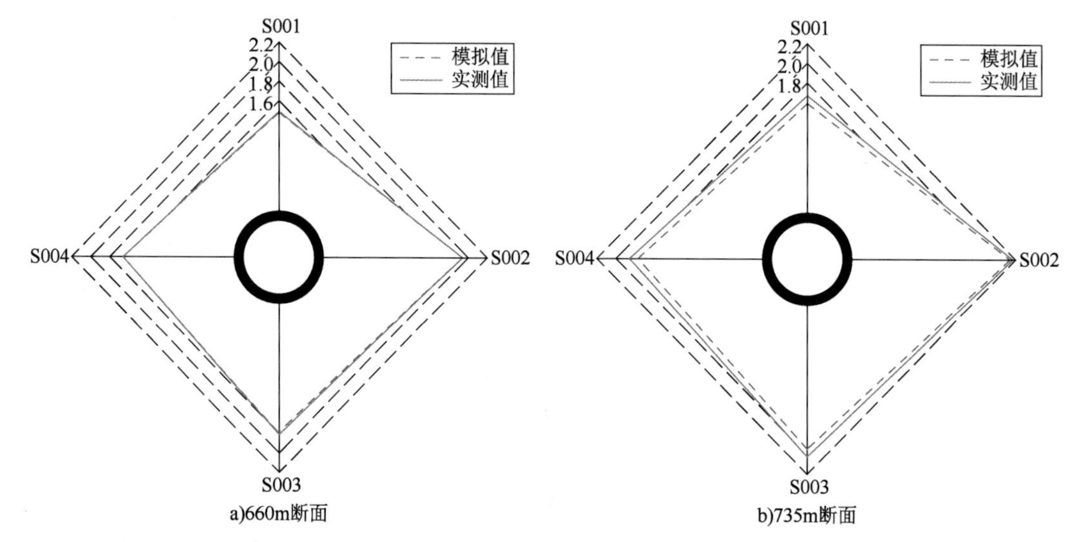

图5-58 水压力模拟值与实测值对比图

从图中可以看出：

(1)660m、735m两个断面处水压力模拟值与实测值基本相等，4个测点的误差在5.08%以内，说明模型参数选取合适，模拟值基本逼近实际值，所采用的等效模拟手段能有效模拟衬砌外水压力在开挖扰动下的变化。

(2)模拟段为Ⅱ级围岩，基本不会产生塑性区，因此仅设置了二次衬砌，未施作初期支护，研究重点可放在水压力与二次衬砌变形的关系上。

4)竖井开挖水压场演变规律

因为竖井周围渗透系数不相等，为详细说明水压场在开挖扰动下的演变规律，分别取*X*-*Z*、*Y*-*Z*两个平面进行分析，模拟结果如图5-59、图5-60所示。

从图中可以看出：

(1)随着竖井开挖的进行，掌子面前方存在一定的漏斗形影响区域，但主要影响范围仍局限在掌子面前方5m范围内。

(2)竖井周围降落漏斗不太明显，这是注浆圈以及衬砌的折减作用导致的。在注浆圈渗透系数无限小接近不透水时，竖井开挖基本不会对水压场造成扰动，注浆圈周围水压力有一定的提升，这与衬砌不透水时的水压现象是相同的。

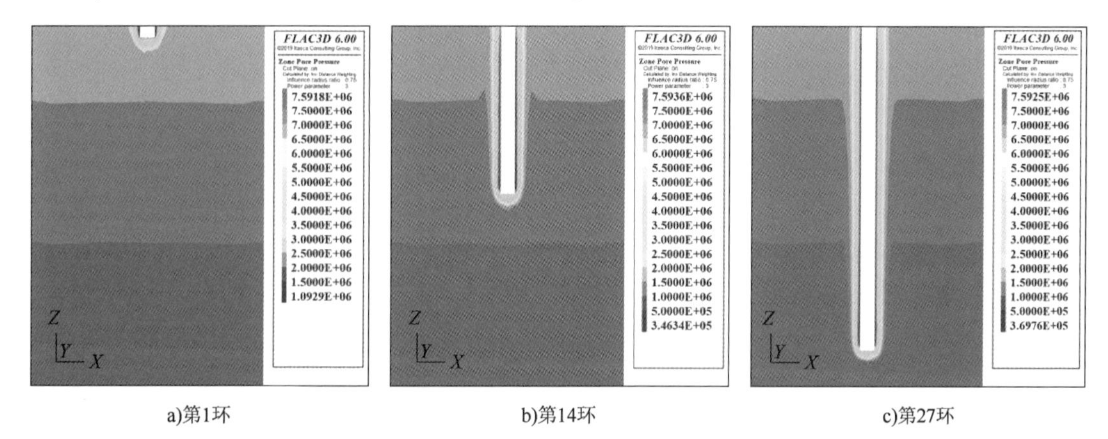

a)第1环　　b)第14环　　c)第27环

图 5-59　竖井开挖扰动下水压力云图（*X-Z* 平面）

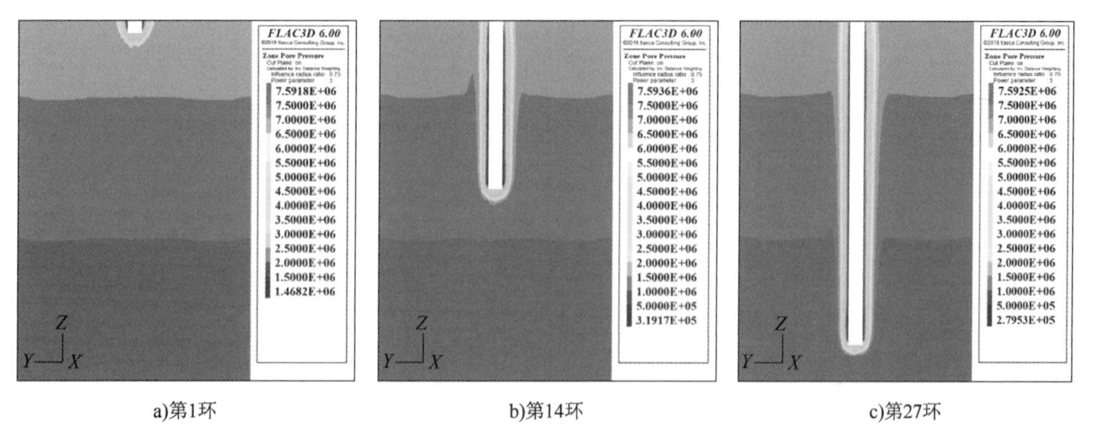

a)第1环　　b)第14环　　c)第27环

图 5-60　竖井开挖扰动下水压力云图（*Y-Z* 平面）

为了更为详细地阐述竖井开挖下水压场的演变规律，分别取 660m、735m 两个断面水压力水平剖面云图进行分析，如图 5-61 所示。

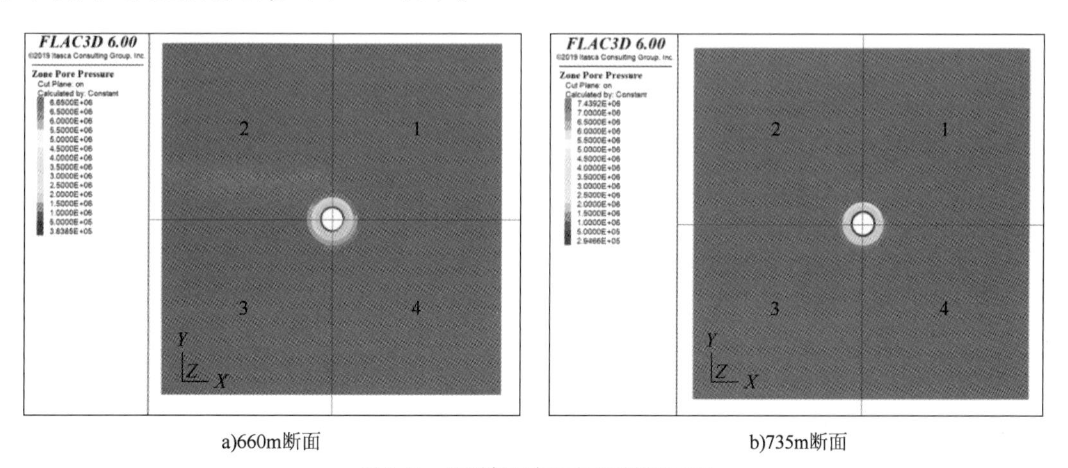

a)660m断面　　b)735m断面

图 5-61　监测断面水压力水平剖面云图

从图中可以看出：

(1)注浆圈的存在能有效降低竖井周围水压力，使得衬砌外水压力有效折减，从而小于衬砌的承载能力。

(2)竖井周围水压力因渗透系数不同而呈不均匀状态，注浆渗透系数越小，水压扰动范围越小。

5)竖井开挖岩体位移场演变规律

对于深竖井，主要关注 X-Y 平面上的位移。分别对 X-Z、Y-Z 平面进行分析，分别取两个平面的 X、Y 位移作为真实位移。分别取开挖 1 环、14 环、27 环进行分析。竖井开挖扰动下 X 方向岩体位移云图如图 5-62 所示。

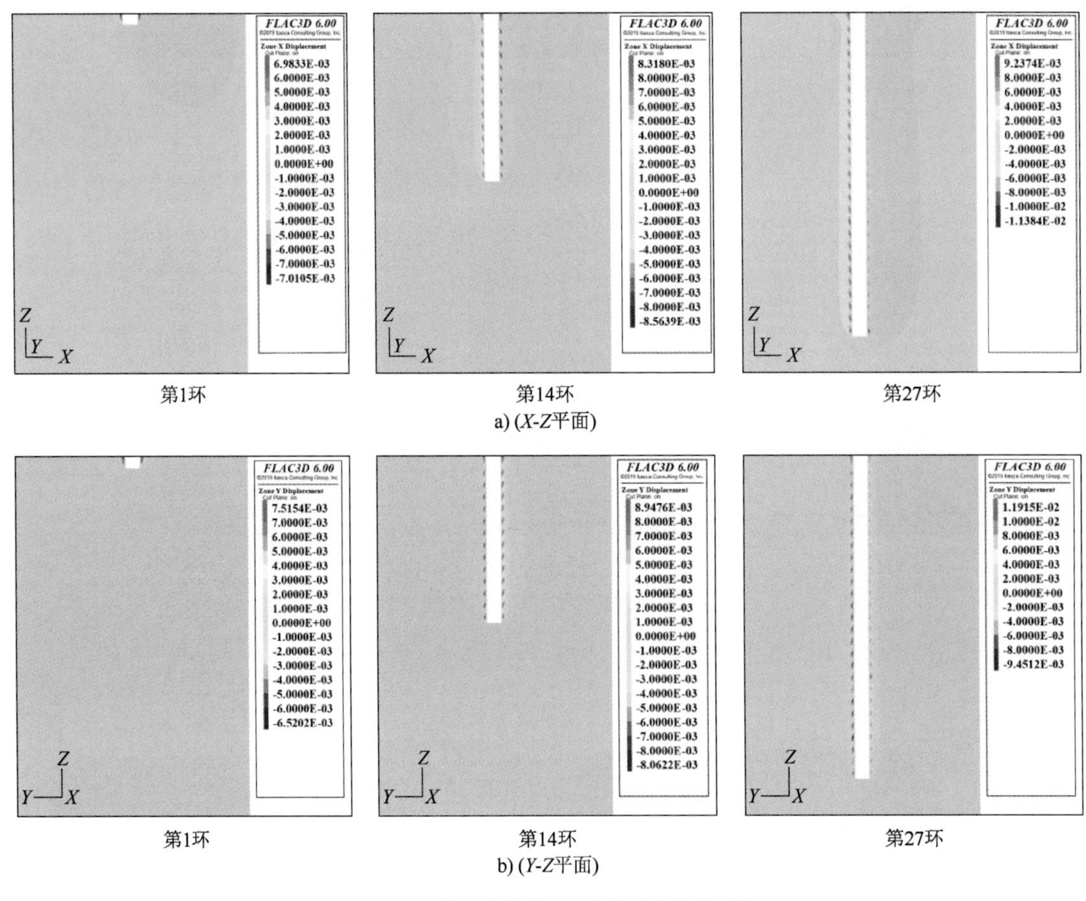

图 5-62　竖井开挖扰动下 X 方向岩体位移云图

从图中可以看出：

(1)两个平面 X 方向岩体位移变化规律基本相似，位移均朝向竖井径向方向，随着开挖深度的增大，岩体位移逐渐增大，同时变形范围增大。

(2)开挖分 4m 一环进行，在单环开挖段中间位置呈现变形集中，这是由于掌子面揭露后，围岩地应力释放导致的。

(3)尽管两个平面位移变化规律基本相似，但位移大小存在差别，X-Z 平面轴线左侧最大位移为 9.24mm，轴线右侧最大位移为 11.38mm；*Y-Z* 平面轴线左侧最大位移为 9.45mm，轴线右侧最大位移为 12.0mm。

竖井开挖至 27 环时，660m 和 735m 两个监测断面位移云图如图 5-63 所示。

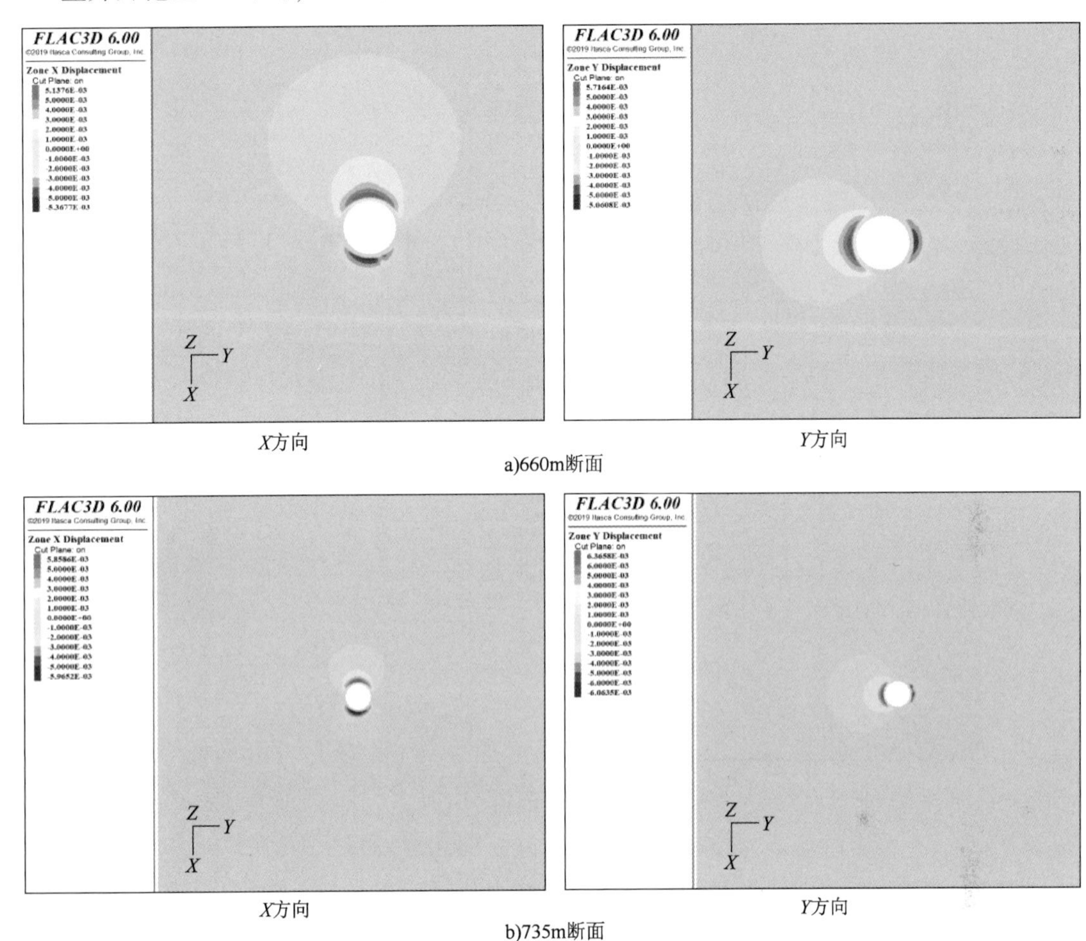

图 5-63　竖井开挖至 27 环时监测断面岩体位移云图

从图中可以看出：竖井周围围岩径向位移存在一定的差别，在风险预警时应沿竖井周围布置多个测点，以保证竖井安全施工。

6）竖井开挖衬砌位移场演变规律

竖井围岩质量较好，未施工初期支护，仅设置二次衬砌。以开挖 27 环为研究对象，研究竖井衬砌变化规律。竖井开挖至 27 环时衬砌位移云图如图 5-64 所示。

从图中可以看出：

（1）衬砌变化特征与围岩相反，衬砌连接处位移较大，环间位移较小，这与地应力释放程度有关。

（2）对于单环衬砌位移变化，*X-Z* 平面衬砌位移左侧最大值为 3.6mm，右侧最大值为 2.6mm；*Y-Z* 平面衬砌位移左侧最大值为 3.3mm，右侧最大值为 3.0mm。造成左右侧衬砌位移不同的原因是，陡倾裂隙的存在使得竖井周围裂隙岩体强度、水文参数不均匀。

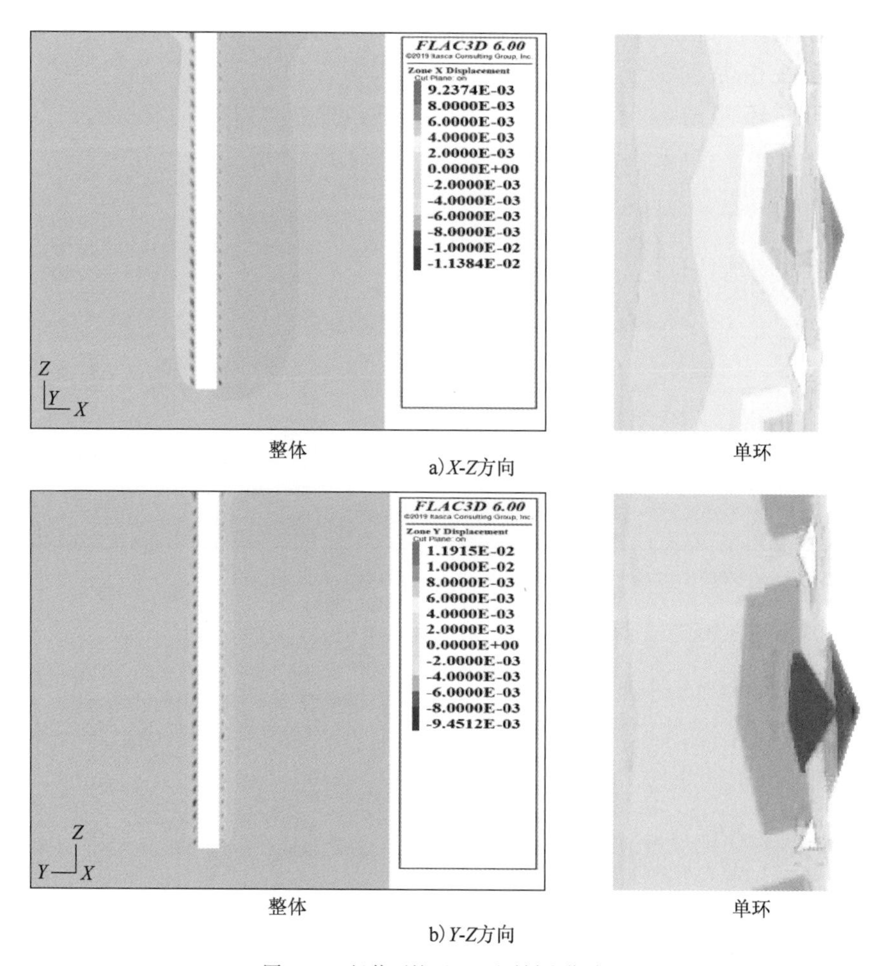

图 5-64　竖井开挖至 27 环时衬砌位移云图

为详细描述测点所在断面的位移情况，在模型中分别编写 FISH 函数提取测线共 54 个测点（2m 一个测点）的 *X-Y* 平面位移，并取其平方和的根值作为实际 *X-Y* 平面位移进行分析。测点 *X-Y* 平面位移如图 5-65 所示。

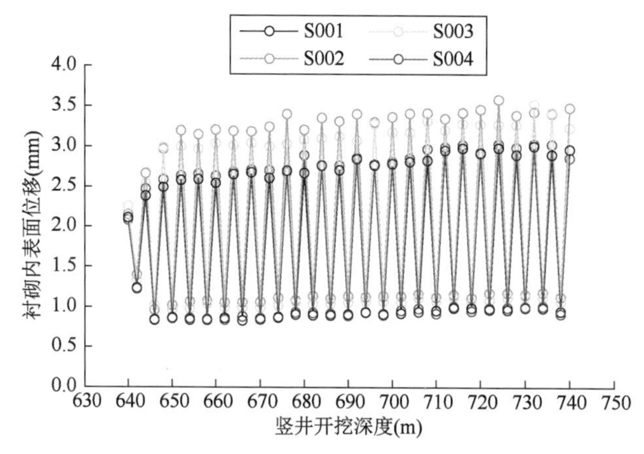

图 5-65　测点 *X-Y* 平面位移随竖井开挖深度变化曲线

从图中可以看出：

(1)随着竖井开挖深度的增加，*X-Y*平面衬砌变形逐渐增大。

(2)衬砌周围变形不均匀，强度小的区域变形较大，强度较大区域变形较小。

(3)650m断面前，衬砌位移受到模型边界效应影响规律性不明显，650m断面后衬砌整体变形呈现波动性增大，单环衬砌上下端位移较大，中间节点位移较小，位移大小与该位置应力释放程度相关。

(4)以660m断面测点位移为例(图5-66)，随着竖井开挖，测点处位移逐渐趋于稳定，各测点位移并不相等，大小顺序与水压相同，水压力对衬砌的变形起主导作用，这与现场实测结果相符。

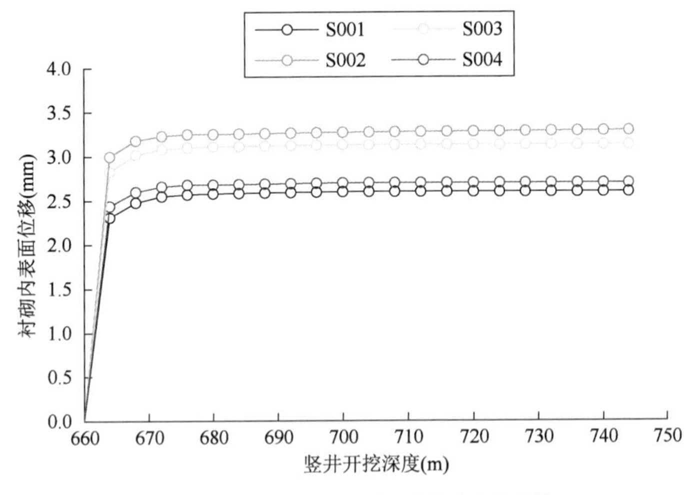

图5-66　660m断面随竖井开挖深度变化曲线

5.5.3　竖井施工方案优化

上述研究表明，衬砌外水压力对衬砌的结构变形起到主导作用，因此，可以通过采取控制变量的方法，对衬砌厚度、开挖洞径、注浆圈厚度等施工参数下的施工方案进行比选，从而研究确定竖井的最优施工方案。

1)施工方案选择模拟分析

选取衬砌厚度、开挖洞径、注浆圈厚度等3个因素进行竖井施工方案研究，每个因素均划分为2～3个水平。借鉴《铁路隧道设计规范》(TB 10003—2016)及其他相关规范，衬砌厚度在0.3～0.5m内选择，间隔0.1m；注浆圈厚度取0.5*D*～1*D*(*D*为竖井直径)，即4m、5m。选择各因素水平见表5-52。

各因素水平施工方案参数表　　表5-52

因素水平	衬砌厚度(m)	开挖洞径(m)	注浆圈厚度(m)
1	0.3	5.6	—
2	0.4	5.8	4
3	0.5	6.0	5

不同施工方案的计算结果见表5-53。

不同施工方案的计算结果表　　表5-53

方案	衬砌厚度(m)	开挖洞径(m)	注浆圈厚度(m)	衬砌外水压力(MPa)	水压力折减提升效果(%)
设计方案	0.5	6.0	5	1.95	—
施工方案一	0.3	5.6	4	1.42	27.2
施工方案二	0.3	5.6	5	1.31	32.8
施工方案三	0.4	5.8	4	1.78	8.7
施工方案四	0.4	5.8	5	1.65	15.4
施工方案五	0.5	6.0	4	2.09	-7.2

根据计算结果绘制不同施工方案水压力折减效果对比图,如图5-67所示。

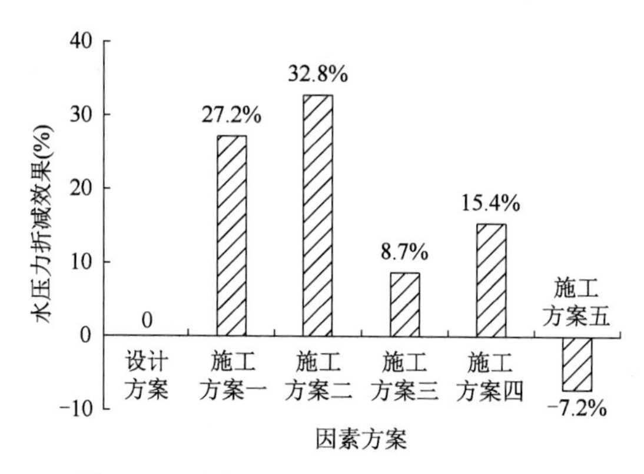

图5-67　不同施工方案水压力折减效果对比图

从图中可以看出:施工方案二的水压力折减效果最好,也就是说,通过减薄衬砌厚度、减小开挖洞径、增大注浆圈厚度的方法,可以取得较好的水压力折减效果。

2)施工过程模拟分析

按照施工方案二的施工参数进行模拟,其余模型参数及边界条件不变。

(1)水压力对比

开挖至27环,提取竖井监测断面模拟数据,与设计方案的模拟值及实测值进行对比,对比结果见表5-54、图5-68。

水压力模拟值与实测值对比表　　表5-54

测点编号	660m断面			735m断面		
	模拟值(MPa)		实测值(MPa)	模拟值(MPa)		实测值(MPa)
	优化方案	设计方案		优化方案	设计方案	
S001	0.89	1.48	1.49	1.03	1.59	1.67
S002	1.27	1.94	1.94	1.48	2.14	2.17
S003	1.13	1.79	1.81	1.32	1.94	2.02
S004	1.00	1.63	1.66	1.16	1.77	1.86

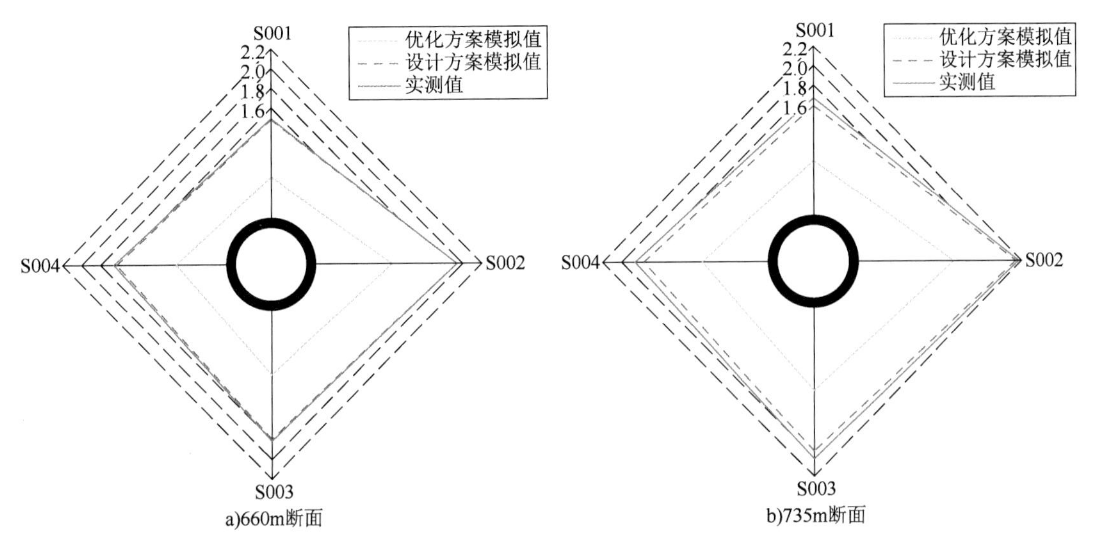

图5-68　水压力模拟值与实测值对比图

从图中可以看出：

①设计方案的模拟值与实测值基本相同。与设计方案相比，优化方案的水压力折减效果十分明显，折减后水压力在0.89～1.48MPa范围内。

②优化方案折减后衬砌外水压力大小排序与设计方案和实测值的顺序相同。优化方案在660m断面处衬砌外水压力折减值在0.89～1.27MPa范围内，735m断面处衬砌外水压力折减值在1.03～1.48MPa范围内。

(2)水压场演变规律

因为竖井周围渗透系数不等，为详细说明水压场在开挖扰动下的演变规律，分别取 X-Z、Y-Z 两个平面进行分析，模拟结果如图5-69、图5-70所示。

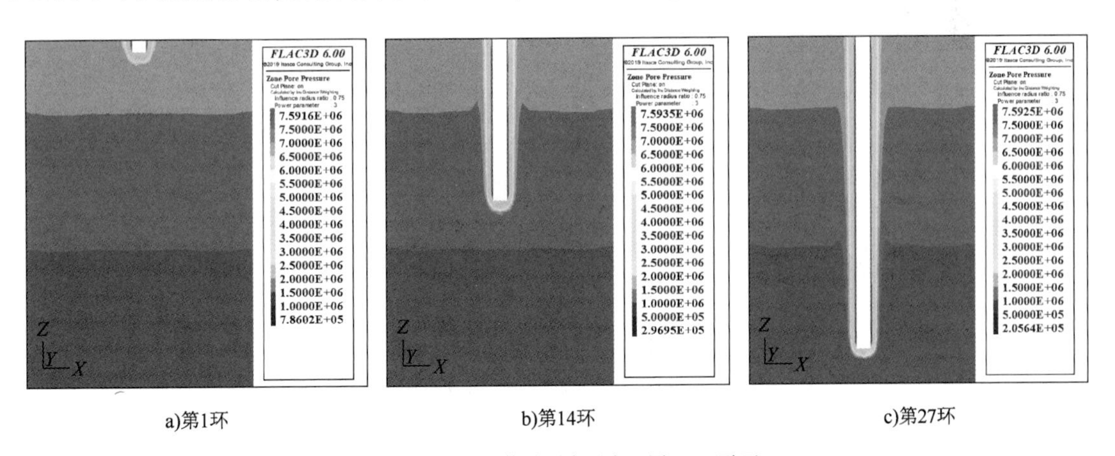

图5-69　竖井开挖扰动下水压力云图(X-Z 平面)

从图中可以看出：

①优化方案水压力演变规律与设计方案相似，随着开挖进行，掌子面前方存在一定的漏斗形影响区域，但主要影响范围仍局限在掌子面前方5m范围内。

②注浆圈以及衬砌的存在，使得竖井周围降落漏斗明显。注浆圈渗透系数比围岩渗透系数低2个数量级，竖井开挖基本不会对水压场造成扰动，注浆圈周围水压有一定的提升，这与衬砌不透水时的水压现象是相同的。

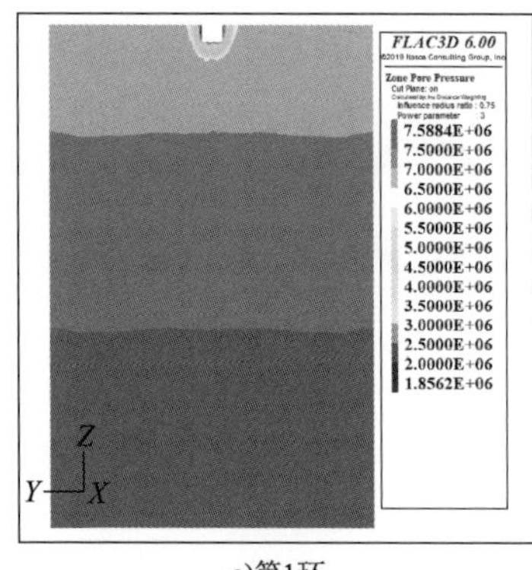

a)第1环

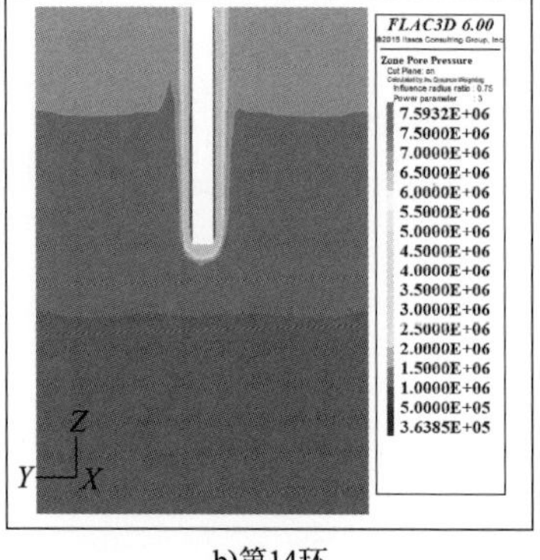

b)第14环

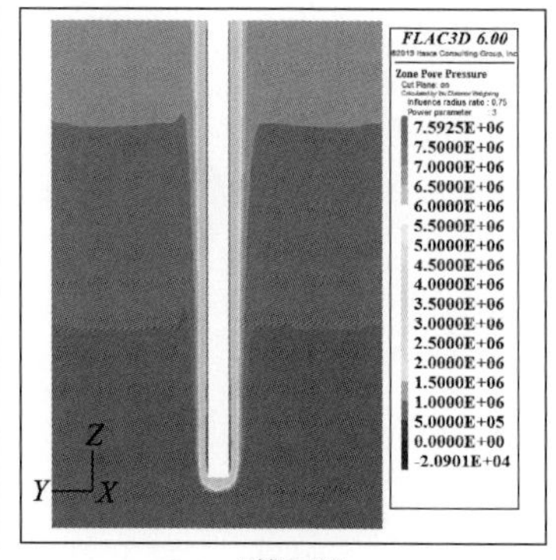

c)第27环

图5-70　竖井开挖扰动下水压力云图（*Y-Z*平面）

为了更为详细地阐述竖井开挖下水压场演变规律，分别取660m、735m两个断面水压力水平剖面云图进行分析，如图5-71所示。

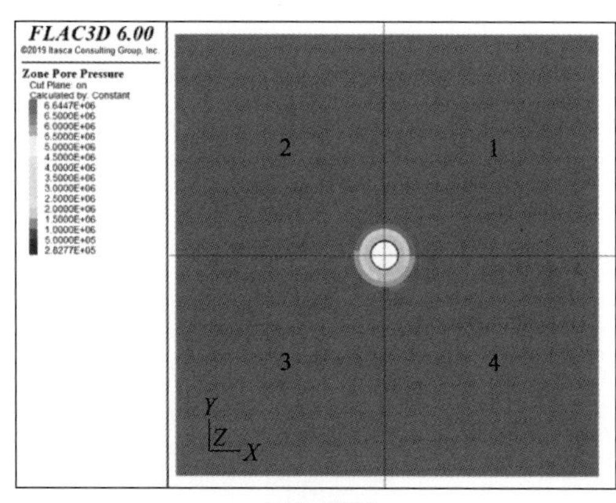

a)660m断面

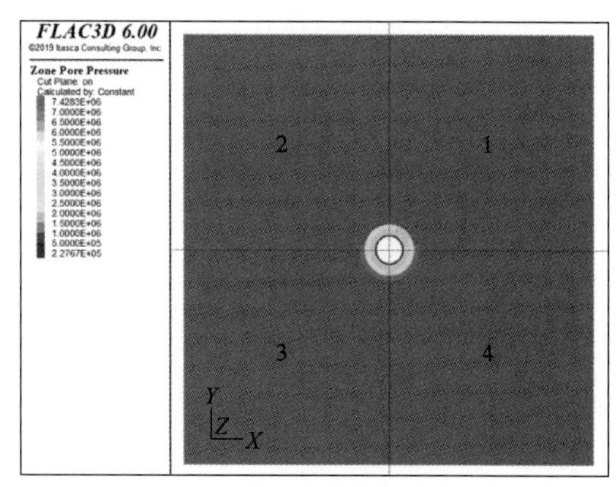

b)735m断面

图5-71　监测断面水压力水平剖面云图

从图中可以看出：

①与设计方案相似，注浆圈的存在能有效降低竖井周围水压力，使得衬砌外水压力有效折减，从而小于衬砌的承载能力。

②与设计方案相比，优化方案水压场扰动范围较小，最小水压力值降低约50%。

③竖井周围水压力因渗透系数不同而呈不均匀状态，注浆渗透系数越小，水压扰动范围越小。

(3)岩体位移场演变规律

对于深竖井，主要关注*X-Y*平面上的位移。分别对*X-Z*、*Y-Z*平面进行分析，分别取两个平面的*X*、*Y*位移作为真实位移。分别取开挖1环、14环、27环进行分析。竖井开挖扰动下*X*方向岩体位移云图如图5-72所示。

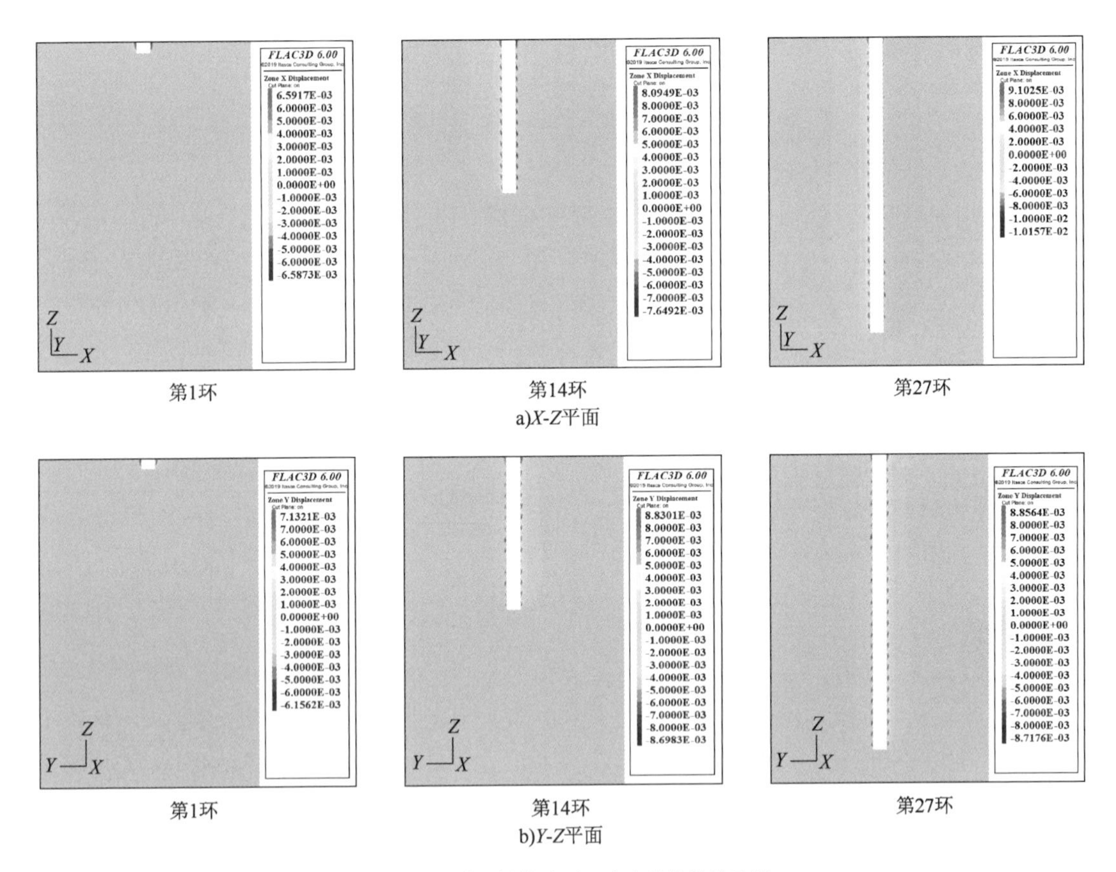

第1环　第14环　第27环

a)*X-Z*平面

第1环　第14环　第27环

b)*Y-Z*平面

图 5-72　竖井开挖扰动下 *X* 方向岩体位移云图

从图中可以看出：

①两个平面 *X* 方向岩体位移变化规律基本相似，位移均朝向竖井径向方向，随着开挖深度的增加，岩体位移逐渐增大，同时变形范围增大。

②开挖分 4m 一环进行，在单环开挖段中间位置呈变形集中现象，这是由于掌子面揭露后，围岩地应力释放导致的。

③尽管两个平面位移变化规律基本相似，但位移大小存在差别，*X-Z* 平面轴线左侧最大位移为 9.10mm，轴线右侧最大位移为 10.16mm；*Y-Z* 平面轴线左侧最大位移为 8.86mm，轴线右侧最大位移为 8.72mm。同设计方案相比，由于竖井开挖洞径的减小，围岩受到的扰动程度降低，围岩位移有一定的减小。

开挖至 27 环时，660m 和 735m 两个监测断面位移云图如图 5-73 所示。

从图中可以看出：竖井周围围岩径向位移存在一定的差别。与设计方案相比，优化方案围岩径向位移偏小，但减小幅度有限。

(4)衬砌位移场演变规律

竖井围岩质量较好，未施工初期支护，仅设置二次衬砌。以开挖 27 环为研究对象，研究竖井衬砌变化规律。竖井开挖至 27 环时衬砌位移云图如图 5-74 所示。

从图中可以看出：与设计方案得到的模拟演变规律近似，衬砌位移有一定的减小。

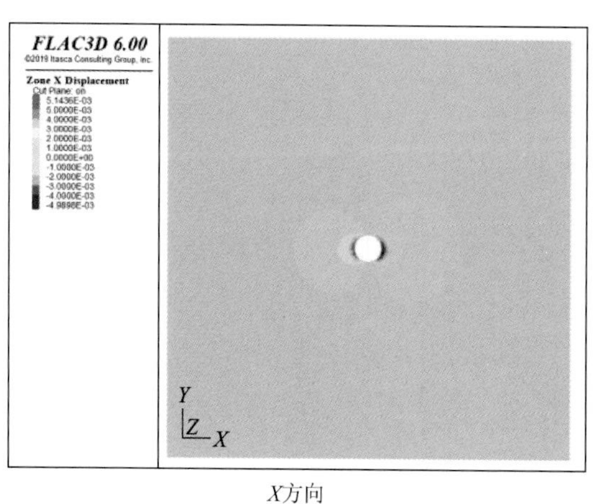

X方向

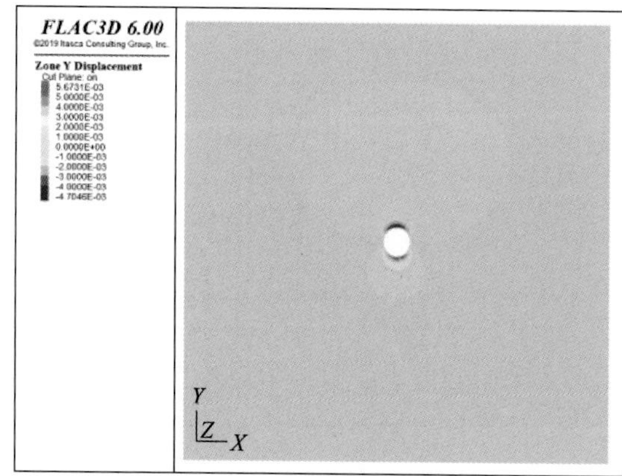

Y方向

a)660m断面

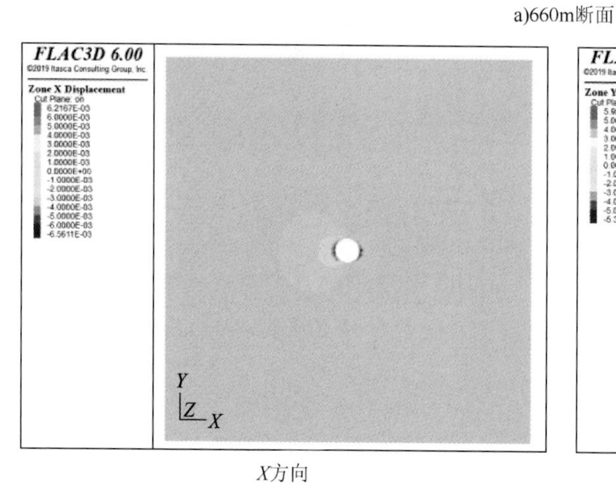

X方向

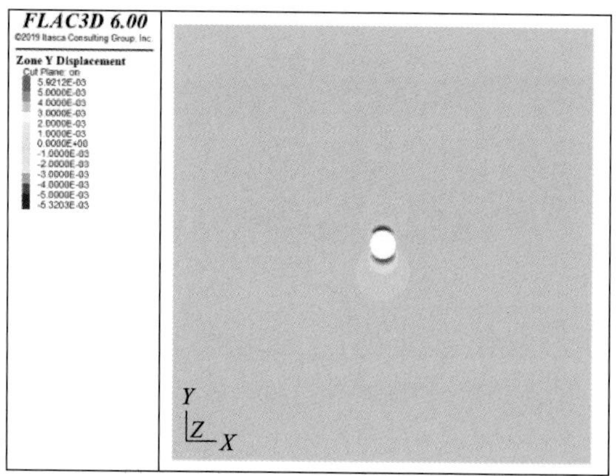

Y方向

b)735m断面

图 5-73　竖井开挖至 27 环时监测断面岩体位移云图

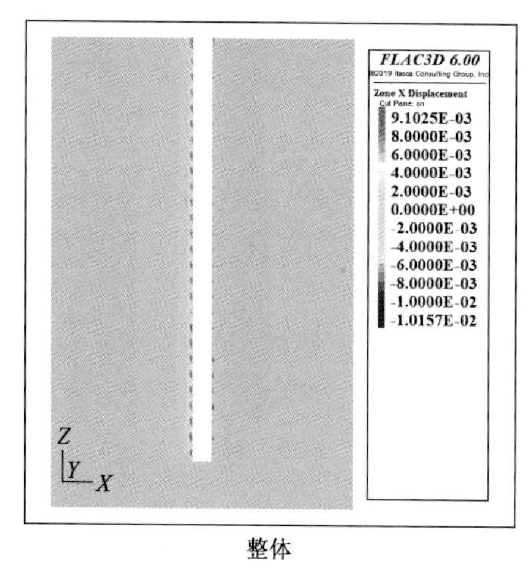

整体

单环

a)X-Z方向

图　5-74

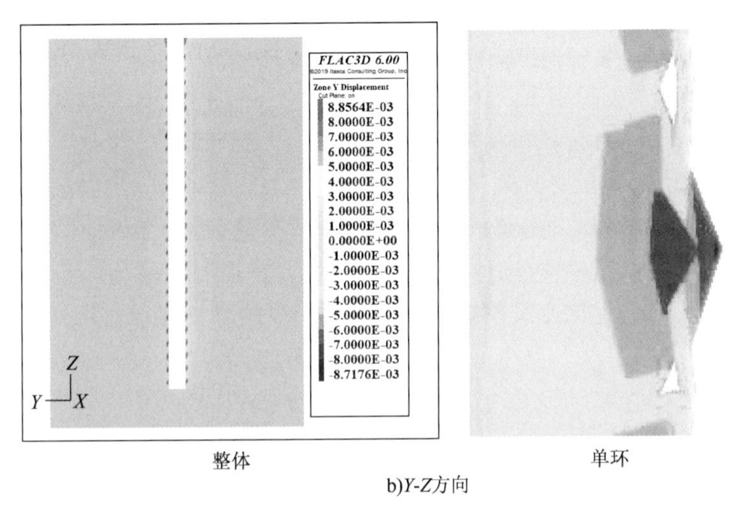

整体　　　　单环

b)Y-Z方向

图 5-74　竖井开挖至 27 环时衬砌位移云图

为详细描述测点所在断面的衬砌位移情况，在模型中分别编写 FISH 函数提取 660m 断面水压力最大测点 S002 位移进行分析，如图 5-75 所示。

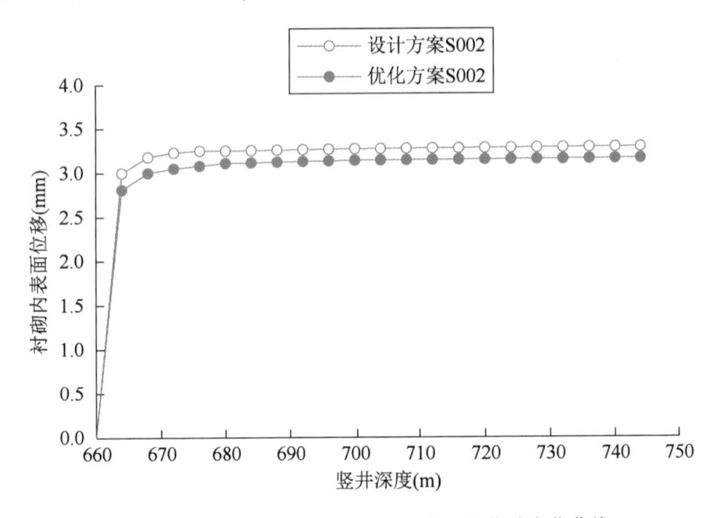

图 5-75　660m 断面 S002 测点随竖井开挖位移变化曲线

从图中可以看出：

①随着竖井开挖，测点处位移逐渐趋于稳定。

②优化方案稳定后的位移相对设计方案减小，减小量约为 4%。

5.5.4　小结

（1）基于介质耦合理论的计算结果和实测结果基本相符。660m、735m 两个监测断面水压力模拟值基本逼近实测值，竖井周边 4 个测点的误差范围在 5% 以内，采取的分区等效模拟手段能有效模拟衬砌外水压力在开挖扰动下的变化规律。

（2）竖井周围水压力因渗透系数不同而呈不均匀状态，注浆渗透系数越小，水压扰动范围越小。掌子面前方存在一定的漏斗形影响区域,但主要影响范围仍局限在掌子面前方5m范围内。竖井周围降落漏斗明显,注浆圈的存在能有效降低竖井周围水压力,使得衬砌外水压力有效折减,从而小于衬砌的承载能力。优化方案水压折减效果更好,在保证衬砌承载力的基础上选择合适的衬砌厚度能够有效地折减水压。

(3)围岩最大径向位移在单环环间,最小径向位移在衬砌连接处;衬砌最大径向位移在连接处,最小径向位移在单环环间。S002测点所在测线位移最大,为3.6mm;S001所在测线位移最小,为2.8mm左右;优化方案衬砌位移更小。各测点所在测线位移大小顺序与实测水压力大小顺序相同,设计方案、优化方案模拟结果及现场实测结果均表示衬砌变形主要受水压力影响。

5.6 本章小结

本章采用理论计算、数值模拟、现场监测以及工程验证等手段研究了富水深竖井裂隙水压力规律,取得的主要研究成果如下:

(1)等效连续介质模拟结果与理论计算结果规律大致相等,除初始水头高度、衬砌厚度、开挖洞径外,不同因素均存在折减敏感区,在此区域内改变对应因素能够有效折减水压。

(2)除开挖洞径、衬砌厚度外,双重介质与等效连续介质、理论公式计算结果反映的一般规律相同,数值存在差别但不大。裂隙距离衬砌越近,对衬砌外水压力折减效果造成的影响越大。不同测点水压折减数值存在一定偏差,但大小规律符合实测结果。

(3)等效连续介质及双重介质关联度计算结果反映的规律相同,不同因素对衬砌外水压力折减的影响程度存在差别。等效连续介质关联度计算结果:注浆渗透系数>衬砌渗透系数>围岩渗透系数>开挖洞径>注浆厚度>衬砌厚度;双重介质计算结果:衬砌渗透系数>围岩渗透系数>注浆厚度。

(4)在考虑岩体弹脆性损伤特性的基础上,采用介质耦合方法模拟竖井原方案开挖过程,得到的水压模拟结果与实测结果误差不超过6%。基于二维断面折减规律给出的建议方案水压折减效果更好,衬砌位移更小。原方案及优化方案衬砌外水压力不均匀现象与水平各向同性思想下的模拟结果存在明显差别,不同区域划分后衬砌外水压力、衬砌变形、围岩变形均呈不均匀现象,竖井衬砌变形主要受衬砌外水压力的影响,在相近工程中应注意此地质特征。

第6章　富水深竖井支护受力机理

高黎贡山隧道1号主竖井直径6.0m、深度726.59m,副井直径5.0m、深度764.74m;2号主竖井直径6.0m、深度640.22m,副井直径5.0m、深度640.36m。1号竖井围岩较好,2号竖井围岩破碎,施工中超前钻孔单孔最大涌水量112m^3/h。为保证高黎贡山隧道竖井施工及运营安全,需要对富水深竖井受力机理进行研究,从而采取可靠的支护措施。

6.1　国内外研究现状

6.1.1　深竖井衬砌荷载分布特征

针对富水竖井,在无法准确获得井壁荷载情况下,为安全起见,井壁荷载通常按全封堵水进行设计。由于全封堵衬砌要不折不扣地承担全部地下水静水压力,而深部岩层水压通常很大,现行的含水岩层井壁荷载计算方法一般将水荷载与围岩压力进行简单求和后作为总荷载设计井壁,计算公式为:

$$P = P_s + P_w \tag{6-1}$$

式中:P——总荷载(总压力)(MPa);

P_s——围岩荷载(围岩压力)(MPa);

P_w——水荷载(水压力)(MPa)。

采用上述计算公式设计的井壁厚度大、断面利用率低、经济性差,且往往堵水效果不好。20世纪60年代,冻结法和注浆法还不成熟时,强行通过含水岩层的井筒(强度低、厚度薄)可以经受数十年的考验;20世纪70年代,许多采用新奥法和喷锚支护的薄壁衬砌在高水压条件下也未发生破坏。因此,理论与实践之间的矛盾提醒人们要对含水岩层中的支护理论进行新的思考。

荷兰新规范中按照竖井深度将井壁荷载分为三段:第一段为临界深度以上的零段,第二段为临界深度以下至极限深度以上的增长段,第三段为极限深度以下的稳定段。同时也定义了临界深度、极限深度,另外对于地层是否含水以及特殊地层和特殊施工方法的井壁荷载计算也进行了说明。

蔡子刚编译的波兰井壁荷载计算新方法中沿用了荷兰新规范中的三段分法,并且对临界深度、极限深度、非含水地层井壁荷载、含水地层井壁荷载、流砂地层井壁荷载，以及冻结法施工外层井壁荷载等计算公式进行了阐述。

蒋斌松在地面基础荷载作用下井壁侧压力计算中采用 Weber 积分变换方法，分析了在井塔或其他建筑物作用下井筒围岩的应力分布，相应地获得了井壁侧压力计算公式，并给出了两个算例。

程桦等在煤矿钻井井壁长期外荷载灰色模型的建立与预测中，根据煤矿钻井井壁的特点，采用灰色理论建立了等维新息非等时空距 GM(1,1)预测模型，并利用该模型对井壁长期外荷载进行了准确预测。

孟立波在基于极限平衡理论的井壁荷载设计研究中基于极限状态设计方法和松散体理论，对井壁荷载进行了量化分析，提出了井壁荷载分段设计公式，解决了弱胶结软岩地层井壁荷载设计的难题。

柏东良等在基于接触面孔隙率的含水基岩井壁外荷载研究中，为更合理地设计井壁，在多孔介质孔隙率相关问题研究的基础上，提出了基于井壁与围岩接触面孔隙率以及围岩径向卸载率的新井壁外荷载计算方法，并分析了这两个因素对井壁径向外荷载的影响。分析表明：随着接触面孔隙率增大，孔隙水压力作用增强；随着围岩径向卸载率增大，围岩压力影响降低，井壁设计与施工中应在避免接触面固体骨架受拉的前提下，合理提高围岩径向卸载率。

柏东良等在孔隙含水基岩单层井壁外荷载实测与分析中，研究了内蒙古鄂尔多斯某煤矿井壁实测数据。实测数据表明：地下水静水压力对井壁的影响明显小于其作用于井壁全部外表面时的值，说明现行荷载计算方法偏于保守。分析认为：不同地质条件下降低井壁荷载的方法并不相同，当围岩压力相对地下水静水压力较大时，增大衬砌与围岩接触面孔隙率可降低总荷载；当围岩压力相对地下水静水压力较小时，降低接触面孔隙率可使总荷载值减小；当二者相等时，总荷载值不受接触面孔隙率影响。基于上述分析，在深部含水岩层中采取的提高井壁与围岩接触质量的施工措施显著地降低了地下水静水压力的影响。

张国鑫在研究立井井壁结构承载能力的试验荷载值过程中，根据国家《混凝土结构试验方法标准》(GB/T 50152)、《预制混凝土构件质量检验评定标准》(GBJ 321)❶，确定了立井井壁结构承载能力极限状态值，确定了按《混凝土结构设计规范》(GB 56010)❷、实配钢筋检验立井井壁结构的承载能力检验值和承载能力试验荷载值，确定了研究性试验中立井井壁结构的承载能力检验值和承载能力试验荷载值，并给出了试验计算示例。

刘金龙等在深厚表土段井壁径向荷载的规范计算方法探讨中，针对我国立井井筒设计规范建议的径向荷载计算方法的准确性与适用性问题，基于多个立井工程的地质资料及参数，根据规范方法计算得到其径向荷载的理论分布特征，并与实测数据进行了比较。结果表明，规范建议公式的计算结果与实测值存在一定的误差，尤其是计算岩层中的井壁径向荷载误差较大，且立井深度越大，基于规范算法得到的井壁径向荷载误差越大。由此建议深入开展深土力学研究，基于更多的测试与研究来确定深厚表土中井壁径向荷载的大小与分布规律。

程桦等在我国西部地区孔隙型含水基岩段立井单层井壁外荷载研究中，针对我国西部地

---

❶ 该标准已作废，现行标准《混凝土结构工程质量验收规范》(GB 50204)。

❷ 该标准已作废，现行标准《混凝土结构设计标准》(GB/T 50010)。

区白垩—侏罗系含水基岩段立井井筒设计外荷载取值问题,基于广义有效应力原理与渗流理论,构建围岩与井壁共同作用下的井壁外荷载分析模型,得出井壁外荷载解析解,提出贴壁式和离壁式井壁受力条件,探讨井壁外荷载形成机制。最后,结合西部深埋含水煤系地层特性,讨论井壁外荷载、水压折减系数等取值区间。研究结果表明:①井壁外侧水压折减系数和围岩与井壁渗透率比值密切相关,且成正比关系,多数情况下折减系数为0.5~0.9;②贴壁状态下井壁外荷载折减系数的变化范围为0.496~0.963,离壁状态下折减系数取值范围为0.5~1.0;③单层井壁仅适用于弱富水性白垩—侏罗系深埋煤系地层,富水性较好的地层宜采用双层钢筋混凝土井壁结构。

冯一飞在西部地区含水基岩段立井井壁外荷载模型试验研究中,研究出与含水基岩层非常相似的材料,借助相似材料模拟含水基岩测试试验过程中的水压和围岩压力,并与数值模拟结果进行对比,结果较为理想。

张驰等在凿井期基岩冻结壁对井壁的径向荷载及其影响因素研究中,将井壁、冻结壁、基岩假设为3层无限长厚壁圆筒,求解获得凿井期基岩冻结壁对井壁径向荷载的最大理论解。通过建立空间轴对称数值模型,系统研究了立井"短掘短砌"的施工工艺、基岩冻结壁与井壁物理力学参数等对井壁径向荷载的影响规律。结果表明:当井壁刚度越大、泊松比越小,壁后基岩刚度越小、泊松比越大时,井壁径向荷载越大;井壁径向荷载的最大数值解随井筒埋深的增加而增长,其沿井壁外缘的分布规律可表示为井筒埋深的线性函数。

韩涛在富水基岩单层冻结井壁受力规律及设计理论研究中,根据孔隙含水岩层中冻结法凿井的特点和条件,通过理论分析、数值计算、物理模型试验、现场实测相结合的方法,研究了含水基岩单层冻结井壁的受力规律,提出了含水冻结基岩单层井壁的设计理论,并给出了计算公式。

综上所述,这些研究有的给出了地面附加荷载作用下井壁计算公式,有的建立灰色预测模型预测了井壁长期外荷载,有的基于广义有效应力原理与渗流理论,构建围岩与井壁共同作用下的井壁外荷载分析模型,结合西部深埋含水煤系地层特性,讨论井壁外荷载、水压折减系数等取值区间问题,有的讨论了特定地质条件下水压力折减问题,但是对于复杂工况下(超深、高水压、高应力、高地温、破碎地层等)考虑多重因素的竖井衬砌荷载分布规律上,仍没有明确的理论公式和计算方法,这些都是目前亟待研究的方向。

6.1.2 深竖井衬砌破坏机理

对于竖井破坏机理的研究,大多为煤矿竖井,而对于隧道竖井研究较少。近10年来,已经有不少关于井壁破裂原因的研究,主要有新构造运动说、井壁施工质量说、渗流变形说、地震说、竖向附加力说等。

(1)新构造运动说

该种观点认为地壳运动造成了地层发生区域性水平挤压,第四系地层与基岩交界处产生应力集中而使井壁破坏,但是在具体分析时,此种观点难以解释井壁破裂的季节性、冻结井壁比钻井井壁破坏事故多等特征。

(2)井壁施工质量说

该种观点认为井壁破坏现象的出现与施工质量差有一定的关联,但是井壁破裂经过修复加固后仍重复出现破裂，与此观点相矛盾。

（3）渗流变形说

该种观点认为井壁破坏是由于底部含水层在失水时产生的渗流动水压，特别是不均匀动水压造成的，但是研究表明底部含水层的渗透系数并不大。

（4）地震说

井壁破坏灾害发生的时间和地区相对集中，不少学者认为是受地震的影响，但在井壁破坏情况出现的时间段内，这些地区处于地震平静低潮期，从而排除了地震主因说。

（5）竖向附加力说

竖向附加力说针对的是深厚表土层，由于土层水位的下降，导致土层发生沉降，此时会给井壁一个竖向附加力，方向向下，当该附加力大于井壁的最大承载力时，导致井壁发生破坏。

崔广心等为了深入研究竖井井壁破坏特征，做了大量的工作，包括到现场进行监测，设计了大量的相似模型试验，通过研究发现竖向附加力是竖井井壁破坏的主因。

顾孟寒以海孜矿 4 个井壁为例，研究得到井壁破坏的原因是地下水的下降导致地层下降，同时会对井壁作用一个向下附加力，当该力大到一定的程度后会使井壁发生破坏。

经来盛通过研究得出，井壁受到的力主要有 4 个，即重力、负摩擦力、温差应力、侧压力，同时研究得出了井壁破坏的解析式，并进行了案例计算，计算结果与实际情况相差不大。

李文平等为了研究井壁破坏特征，以徐淮地区为例，建立弹塑性模型模拟了松散地层水位下降后井壁的破坏情况，模拟结果表明竖向附加力是导致井壁破坏的主要因素。

6.1.3 深竖井结构安全系数

目前，针对隧道深竖井安全评价研究较少，大多数集中在煤矿竖井，采用的安全评价方法主要有安全检查表法、事故树分析法、模糊综合评价法、灰色关联分析法等。随着计算机及人工神经网络技术的迅速发展，神经网络技术也能用于评价煤矿的安全性。近年来多采用定量方式，经数学模型运算，得到各个指标的影响程度及指标的权重，再通过调整权重来确定评价对象是否达到了安全状态。近几年在煤矿生产中应用较为广泛的评价方法如下。

（1）模糊综合评价法

模糊综合评价法是运用数学模糊理论，综合考虑多个因素对某一事物进行评价，综合判断其处于哪一个等级。

模糊评价法的优势在于层次性和系统性强，评价可以量化，适合非确定性问题，但也存在主观性过强、需要确定隶属函数、具有一定风险性等缺点。王旭等使用模糊数学理论对煤矿进行了安全评价，发现该方法可以在数据不充分的条件下，降低一般评价方法的主观性，体现评价因素和评价过程的模糊性，能客观地评定煤矿的安全状况。也有学者将模糊方法与其他方法相结合，以降低模糊评价的主观性，使评价过程更为客观。

（2）TOPSIS 评价法

优劣解距离（Technique for Order Preference by Similarity to an Ideal Sdution，TOPSIS）法是一种有限方案多目标决策的分析方法。在煤矿安全评价当中，许多学者在进行指标权重计算后，多应用 TOPSIS 方法构建相应的模型，并通过该方法进行安全评价。

TOPSIS 评价法易于理解，计算快捷，适用于多目标决策问题，但该方法在评价过程当中存在一定的主观性。因此,在使用过程中需要不断改进并与其他方法相结合,尽可能提高TOPSIS的适用性。贾宝山等将层次分析法(AHP)与TOPSIS相结合,基于AHP法确定了各层指标的重要程度,同时利用TOPSIS法确定了矿井安全现状等级。

(3)神经网络法

随着计算机技术的发展,诸多学者将人工神经网络技术应用于煤矿安全评价当中,弥补了传统方法计算能力的不足。将神经网络理论应用于煤矿安全生产综合评价中,可以得到较为准确的评价结果,并且能提高安全评价的效率。

该方法优缺点非常明显,优点是计算能力强,降低了人工评价所带来的人为因素影响,评价结果更具有客观性、准确性,能够实现静态或者动态的安全评价;缺点是运算速度较慢,当数据较多且分散时易瘫痪,需要采集大量数据样本和具备丰富的经验,易陷入局部最优值,使得全局最优解无法收敛。因此,也有学者结合神经网络及其他方法对煤矿进行安全评价,如层次分析法、组合赋权法等。杨力等将支持向量机(Support Vector Machine,SVM)用于煤矿安全生产评价中,此方法需要的样本数量少且具有分类能力强、泛化能力强、计算速度快等特点,弥补了神经网络法的不足。其他如遗传算法、极限向量机、竞争神经网络均能应用于煤矿安全评价当中。

(4)其他评价方法

模糊评价法、TOPSIS法、神经网络法都是近几年使用较多的安全评价方法,除此之外,还出现了其他定量评价方法,如汪刘凯等采用层次聚类分析法为煤矿安全提供了决策依据,邹德均等利用风险评估法对煤矿风险安全进行了评估。

6.1.4　深竖井支护技术

宋金良从圆形竖井结构的受力特点进行分析研究,得到了环-梁分载的计算方法,并采用该方法对竖井进行系统的研究。

郭瑞等通过分析盾构隧道工作井开挖过程中的结构受力及变形规律,研究内衬施作时间对结构的影响,并对管片的参数进行优化研究。

鲁治城等以姚家山竖井为依托,采用竖井地压的理论预测方法,分析了竖井围岩的稳定性问题,得到竖井支护最易破坏段,最后得出竖井的支护厚度。

申奇采用有限差分软件分析盾构隧道工作井开挖过程中应力的变化,并对连续墙厚度、工作井深度和基底旋喷加固区大小等影响因素进行优化。

钟应伟通过对竖井井壁进行弹塑性受力分析,推导出井壁围岩与支护相互作用下井壁弹塑性极限承载公式,并利用有限差分软件对依托工程各支护方式进行模拟,选择合理的支护方式。同时,引入突变理论对井壁稳定性进行探讨,对流砂地层中井壁所承受的临界压力进行理论计算,得到井壁临界压力公式。

吴迪以山东省莱州市三山岛金矿竖井为依托,通过建立有限元模型,分析竖井施工过程中不同深度围岩稳定性的影响,并根据实际工程情况提出合理的支护措施。

杨官涛等依据弹塑性力学及围岩与支护共同作用原理,得到了竖井围岩与支护的应力、位移以及支护厚度的计算方法,并依据泊松比判断围岩的主应力方向,建立了一种竖井支护结构安全系数的评定方法。

郭力等通过理论分析、数值模拟和试验多种方法,对地层作用于井筒上的水平压力的不均匀性进行深入研究,得到了井壁不均匀水平压力的理论解析解,并采用有限元法对影响井筒侧压力的影响因素进行研究。

杜良平以秦岭终南山2号竖井为工程背景,分析了不同深度下竖井围岩的稳定性,考虑竖井围岩中存在软弱夹层的情况,通过数值模拟底部风道开挖,分析竖井的受力及变形,并提出合理的开挖与支护措施。

周荣以大坪里隧道3号竖井为工程依托,得出竖井施工过程中的围岩位移与应力的变化,得出竖井水平方向的位移规律、围岩应力随着开挖和支护的变化规律,同时发现围岩应力释放率的变化对围岩应力的影响不大,围岩的塑性应变随着应力释放率的增加而增大。

谢永利等通过大量的试验研究,发现井壁压力随深度的增加而显著增大,但超过一定深度后,压力的增长速度减缓,并趋于一定值,最后得出竖井地压估算的新公式。同时得出井筒径缩对井壁压力与周围土中应力的影响,井壁结构中的柔性夹层对井壁地压的影响,以及竖井周围土体的极限状态模型。

综上所述,这些研究成果,有的对竖井在开挖支护过程中所受到围岩的侧压力、临界压力进行了研究并得到了经验计算公式,有的对竖井参数(厚度、深度、结构形式)、压力影响因素进行了研究并提出了具体的支护措施,有的通过数值模拟研究了开挖支护过程中竖井的受力与变形情况,提出提高围岩或竖井稳定性分析方法,但是对于围岩破碎地段或者高水压破碎地段现有支护措施是否合理,支护参数(厚度、材料等)如何优化才合理,都还没有进行系统的研究。

6.2 高黎贡山隧道富水深竖井衬砌荷载计算

竖井的竖向荷载主要由重力和竖向附加力组成,目前大多学者认为深厚表土层的竖井发生破坏,主要是由于地下水位下降引起的竖向附加力造成的。

高黎贡山1号副竖井地处混合状花岗岩地层,表土层厚度约8m。混合状花岗岩抗压强度为60~100MPa,硬度较大,富含基岩裂隙水,分布极不均匀。对于基岩地层,特别是基本不含表土层的基岩地层,重力荷载可不予以考虑。由于混合花岗岩地层硬度和弹性模量较大,基岩裂隙水分布不均匀,施工中采取超前帷幕注浆进行堵水,因此,衬砌周围的水是注浆圈外的水经过注浆圈渗透过来的,综合考虑,地层基本不会发生压缩变形,竖向附加力可以不予考虑。

对于竖井荷载分布规律,煤矿竖井以及金属矿竖井对其研究较为深入,但在隧道竖井方面,特别是针对富水条件下的火成岩(如花岗岩)地层的深竖井荷载特征研究较少,因此依托高黎贡山隧道1号副竖井开展富水深竖井花岗岩地层荷载分布特征研究具有重要意义。

6.2.1 地层参数

结合竖井特点和地质条件,高黎贡山隧道1号副竖井可划分为井口表土段、井身弱风化基岩段、井身强风化基岩段、井底马头门段。

1)井口表土段

(1)锁口圈表土段

锁口圈段里程为 S1FK0 +000 ~ S1FK0 +004,厚度 4m,为粉质黏土和漂石土地层,物理力学参数见表 6-1。该段为弱透水层,衬砌采用 C35 钢筋混凝土,厚度 2m。

锁口圈表土段地层物理力学参数　表 6-1

岩土类型	厚度(m)	弹性模量(MPa)	泊松比	重度(kN/m^3)	黏聚力(kPa)	内摩擦角(°)
粉质黏土	2.1	380	0.344	18.5	20	15
漂石土	1.9	522	0.329	21.0	0	25

(2)锁口圈以下表土段

锁口圈以下表土段里程为 S1FK0 +004 ~ S1FK0 +008,厚度 4m,为漂石土、砾砂和卵石土地层,物理力学参数见表 6-2。该段为强透水层,地层渗透系数为 15m/d,衬砌采用 C35 钢筋混凝土,厚度 65cm。

锁口圈以下表土段地层物理力学参数　表 6-2

岩土类型	厚度(m)	弹性模量(MPa)	泊松比	重度(kN/m^3)	黏聚力(kPa)	内摩擦角(°)
漂石土	0.9	522	0.329	21.0	0	25
砾砂	2.6	1563	0.25	19.2	15	35
卵石土	0.5	368	0.326	21.5	0	40

2)井身弱风化基岩段

井身弱风化基岩段分两段:第一段里程为 S1FK0 +008 ~ S1FK0 +030,厚度 22m;第二段里程为 S1FK0 +070 ~ S1FK0 +764.74,厚度为 694.74m,为混合花岗岩地层,物理力学参数见表 6-3。该段地质钻孔显示含有 5 层地下水,含水层分布及设计涌水量见表 6-4。该段衬砌采用 C35 钢筋混凝土,衬砌厚度根据井深和地质条件,有 65cm、45cm、70cm 三种。

弱风化基岩段地层物理力学参数　表 6-3

岩土类型	厚度(m)	弹性模量(MPa)	泊松比	重度(kN/m^3)	黏聚力(kPa)	内摩擦角(°)
混合花岗岩(W2)	22	58200	0.175	27.1	46.2	64
混合花岗岩(W3)	694.74	58500	0.181	27.5	47.5	66

弱风化基岩段含水层分布及设计涌水量　表 6-4

含水层序号	起止深度(m)	厚度(m)	渗透系数(m/d)	水头高度(m)	隔水层厚度(m)	最大涌水量	
						(m^3/d)	(m^3/h)
①	154.50 ~ 156.25	1.75	5.169	156.25	—	1529	63.7
②	312.60 ~ 324.40	11.80	0.380	—	156.35	1694	70.6
③	340.00 ~ 343.70	3.70	0.086	334.05	15.60	141	5.9
④	495.45 ~ 498.90	3.45	0.045	487.05	151.75	100	4.2
⑤	693.50 ~ 694.74	1.24	3.568	691.15	194.60	2822	117.6

3)井身强风化基岩段

井身强风化基岩段里程为 S1FK0 +030 ~ S1FK0 +070,厚度40m,为混合花岗岩地层,物理力学参数见表6-5。该段地质钻孔显示为非层状基岩裂隙水。衬砌类型:初期支护采用 C25 喷射混凝土 + 钢筋网 + ϕ25mm 系统锚杆,厚度 15cm,锚杆间距为 1.2m ×1.0m;二次衬砌采用 C35 混凝土,厚度 45cm。

强风化基岩段地层物理力学参数　　表6-5

岩土类型	厚度(m)	弹性模量(MPa)	泊松比	重度(kN/m^3)	黏聚力(kPa)	内摩擦角(°)
混合花岗岩(W3)	40	50800	0.230	25.8	35.2	55

4)井底马头门段

井底马头门段里程为 S1FK0 +725.74 ~ S1FK0 +755.74,厚度 30m,为弱风化混合花岗岩地层,物理力学参数见表6-6。该段地质钻孔显示为非层状基岩裂隙水。衬砌采用 C35 钢筋混凝土,厚度 70cm。

马头门段地层物理力学参数　　表6-6

岩土类型	厚度(m)	弹性模量(MPa)	泊松比	重度(kN/m^3)	黏聚力(kPa)	内摩擦角(°)
弱风化混合花岗岩(W2)	30	58500	0.181	27.5	47.5	66

6.2.2 荷载计算方法

竖井荷载包括地压力、水压力、侧压力和其他荷载。

(1)地压力

国内外许多学者对竖井地压力计算理论进行了深入研究,但由于地层是一个十分复杂的复合体,同时受施工环境和施工方法影响,目前尚没有一套通用的计算理论,现阶段计算理论主要有四种:第一种是挡土墙理论,主要包括秦氏理论、普氏理论;第二种是轴对称理论;第三种是重液理论;第四种是夹心墙理论。根据这些理论设计的竖井衬砌经过长时间使用,结构基本是安全的。

①挡土墙理论

挡土墙理论主要是根据不同深度各土层的力学参数进行计算,最常用的计算方法是普罗托吉雅克诺夫和秦巴列维奇得出的水平地压力公式:

$$P = \left[\sum_{i=1}^{n}(\gamma_i' h_i) + q\right]\tan^2\left(45° - \frac{\varphi_i'}{2}\right) + \gamma_w H_0 \tag{6-2}$$

式中:P——水平地压力(MPa);

n——土层数;

γ_i'——第 i 层土的有效重度(kN/m^3);

h_i——第 i 层土的厚度(m);

q——地面荷载(kPa);

φ_i'——土体的内摩擦角(°);

γ_w——水的重度(kN/m³);

H_0——计算点的静水压力(m)。

经过大量工程实践证明,该理论通常适合于采用帷幕法、沉井法等施工方法的竖井地压力计算,且土层必须较浅。当在较深土层中计算竖井地压力时,计算结果与实际偏差较大。

②轴对称理论

当进行井筒施工时,由于井筒所在位置的土体被开挖,造成周围土体向井筒中心移动,就会对井筒产生一个水平方向的压力,同时竖向产生拱效应导致压力减小,这种情况下的解析解为:

$$P=\gamma R_0\frac{\tan\left(45°-\dfrac{\varphi}{2}\right)}{\lambda-1}\left[1-\left(\frac{R_0}{R_b}\right)^{\lambda-1}\right]+q\left(\frac{R_0}{R_b}\right)^{\lambda-1}\cdot\tan^2\left(45°-\frac{\varphi}{2}\right)+$$

$$c\cdot\cot\left[\left(\frac{R_0}{R_b}\right)^{\lambda}\cdot\tan^2\left(45°-\frac{\varphi}{2}\right)-1\right] \tag{6-3}$$

式中:P——水平地压力(MPa);

R_0——井筒掘进半径(m);

R_b——土体滑动线地面交点的横坐标(m),$R_b=R_0+H\cdot\tan\left(45°-\dfrac{\varphi}{2}\right)$;

q——地面荷载(kPa);

c——土体的黏聚力(kPa);

γ——土体的重度(kN/m³);

φ——土体的内摩擦角(°);

H——计算土层的厚度(m);

λ——系数,$\lambda=2\tan\varphi\cdot\tan\left(45°-\dfrac{\varphi}{2}\right)$。

当地面荷载为0时,黏聚力也为0,上式简化为:

$$P=\gamma R_0\frac{\tan\left(45°-\dfrac{\varphi}{2}\right)}{\lambda-1}\left[1-\left(\frac{R_0}{R_b}\right)^{\lambda-1}\right] \tag{6-4}$$

从上述公式可以看出,随着深度增加,地压力越来越大,且增长值越来越慢,最后趋于稳定。

③重液理论

由于深表土层通常为水土混合体,因此可采用经验公式进行计算:

$$P=KH \tag{6-5}$$

式中:K——系数,可取0.01~0.02,通常取0.012~0.013;

H——水头高度(m)。

在竖井工程中,上述公式能够很简单地计算地压力,且随着深度增加地压力线性增加。

④夹心墙理论

井筒土体开挖后，周围受扰动土体会发生向下移动，该土体一侧与未扰动土体作用，另一侧与井筒作用，会形成一个拱效应，该情况下的竖向力远小于 γh，该扰动土体作用于井壁的地压力计算公式为：

$$P=\frac{\gamma R_0-c}{\tan\varphi}\left[1-\exp\left(-\frac{AH\tan\varphi}{R_0}\right)\right] \tag{6-6}$$

式中：A——系数。

(2)水压力

竖井水压力一般采用折减系数法计算。所谓水压力折减系数，就是作用于衬砌上的实际水压力与该位置处的静水压力的比值。按照考虑因素的多少，可分为三类：第一类，仅考虑围岩渗透性；第二类，同时考虑围岩渗透性和衬砌受力特征；第三类，综合考虑各种与水压力大小密切相关的因素。

①仅考虑围岩渗透性

仅考虑围岩渗透性的一般用在水工隧道，如邹成杰考虑隧道内滴水情况和岩溶发育情况两种因素对水压力进行折减，具体如下：

a. 根据地质结构、岩溶发育情况等因素选择水压力折减系数，见表6-7。

按岩溶发育程度确定水压力折减系数建议值(邹成杰)　　表6-7

岩溶发育程度	弱岩溶发育区	中等岩溶发育区	强岩溶发育区
水压力折减系数	0.1~0.3	0.3~0.5	0.5~1.0

b. 根据隧道内滴水情况选择水压力折减系数，见表6-8。

按隧道内岩体水文地质确定水压折减系数建议值(邹成杰)　　表6-8

隧道内岩体水文地质	潮湿渗水段	渗水滴水段	滴水、脉状涌水段	管道涌水及大量涌水段
水压力折减系数	0.1~0.3	0.3~0.5	0.5~0.8	0.8~1.0

仅考虑围岩渗透性的单一因素水压力折减系数取值方法，一般适用于衬砌渗透系数不变的结构，大多为水工隧道，如天生桥二级水电站采用该方法。

②同时考虑围岩渗透性和衬砌受力特征

江西省水利规划设计研究院根据围岩破碎度、围岩透水性、混凝土衬砌质量、注浆和排水措施等，给出了地下水运动损失系数以及所谓“实际作用面积系数”的参考值，见表6-9、表6-10，通过两个系数相乘来确定水压力折减系数。

地下水运动损失系数建议值(江西省水利规划设计研究院)　　表6-9

岩体透水性	地下水运动损失系数	
	有排水	无排水
围岩透水性较强，洞中有流水	0.5~0.8	0.8~1.0
围岩透水性较弱，洞中有滴水	0.4~0.7	0.6~0.8
围岩透水性较弱，洞中无滴水	0.3~0.5	0.4~0.6

注：表中的“无排水”“有排水”是指隧道是否设置排水系统，如排水廊道和排水钻孔等。

衬砌外表面实际作用面积系数建议值(江西省水利规划设计研究院) 表6-10

岩体透水性	衬砌外表面实际作用面积系数	
	注浆段	未注浆段
围岩破碎,裂隙很发育	0.6~0.9	0.8~1.0
围岩破碎,裂隙较发育	0.5~0.7	0.6~0.8
围岩完整,裂隙不发育	0.3~0.5	0.4~0.6

蒋忠信根据前人总结的经验,综合考虑岩溶限制地下水运动能力大小、地下水与衬砌的接触面大小等因素得到的水压力折减系数见表6-11。

按岩溶强度、类型和透水性确定水压力折减系数经验值(蒋忠信) 表6-11

岩溶强度	岩溶类型	透水性	渗透系数(m/d)	水压力折减系数
微弱	溶孔型	微弱透水	<0.01	<0.1
弱	溶隙型	弱透水	0.01~0.1	0.1~0.2
			0.1~1	0.2~0.35
中等	隙洞~洞隙型	透水	1~10	0.35~0.55
强	管道~强洞隙型	强透水	>10	0.55~1.0

③综合考虑各种影响水压力因素

公路、铁路隧道衬砌水压力计算大多采用《水工隧洞设计规范》(NB/T 10391—2020),这并不合理,因为水工隧洞通常不考虑衬砌渗透性,而公路、铁路隧道需要考虑衬砌渗透性。水利部东北勘测设计研究院给出了考虑围岩和衬砌相对渗透系数确定水压力折减系数建议值,见表6-12。

衬砌水压力折减系数建议值(水利部东北勘测设计研究院) 表6-12

围岩渗透系数:衬砌渗透系数	0	1	5~10	50~500	≥500
水压力折减系数	0	0.03~0.08	0.3~0.6	0.86~0.94	1

王建宇通过理论推导,提出折减系数还与隧道半径、衬砌厚度和地下水位有关,以衬砌厚度0.5m、内径为6.0m的隧道为例,设计三种情况,即地下水位比隧道中心分别高500m、100m、50m,给出的水压力折减系数值见表6-13。

衬砌水压力折减系数建议值(王建宇) 表6-13

水压力折减系数		围岩渗透系数:衬砌渗透系数				
		0	1	5~10	50~500	≥500
埋深(m)	50	0	0.032	0.17~0.28	0.66~0.95	0.95~1
	100	0	0.028	0.13~0.23	0.59~0.93	0.93~1
	500	0	0.018	0.08~0.16	0.47~0.90	0.90~1

实际上,影响衬砌外水压力的因素有很多,不仅有围岩与衬砌的相对渗透性,还有隧道尺寸及作用水头等,张有天提出衬砌水压力计算公式为:

$$P_w = \beta_1 \beta_2 \beta_3 \gamma_w h \tag{6-7}$$

式中:P_w——衬砌外水压力(kPa);

β_1——初始渗流场水压力修正系数，取值见表6-14；

β_2——围岩与衬砌渗透性相对关系修正系数，该修正系数考虑注浆影响，取值见表6-15；

β_3——考虑结构措施对衬砌外水压力的修正系数，该修正系数主要考虑排水措施，取值通过分析确定；

γ_w——水的重度（kN/m^3），一般取 $10kN/m^3$；

h——水头高度（m），为地下水位线与隧道中心线之间的高差。

β_1取值建议 表6-14

序号	地质条件	建议折减系数
1	山体雄厚的傍山隧道	0.7～1.0
2	山脊下的隧道	0.5～0.8
3	穿过孤立山体的隧道	0.3～0.6
4	岩溶发育山体中的隧道	0.1～0.5
5	穿过河道或沟谷底部的隧道	1.0～1.25

β_2取值建议 表6-15

序号	地下水活动状态	建议折减系数
1	洞壁干燥或潮湿	0
2	沿结构面有渗水或滴水	0～0.4
3	沿裂隙或软弱结构面有大量滴水、线状流水或喷水	0.25～0.6
4	严重股状流水，沿软弱结构面有小量涌水	0.4～0.8
5	严重滴水或流水，断层等软弱带有大量涌水	0.65～1.0

（3）侧压力

①煤炭行业计算方法

根据《煤矿立井井筒及硐室设计规范》（GB 50384—2016），普通凿井法井壁所受径向荷载标准值计算应符合下列规定：

a.表土层

均匀荷载标准值计算公式为：

$$P_k = 0.013H \tag{6-8}$$

式中：P_k——作用在结构上的均匀荷载标准值（MPa）；

0.013——似重力密度（MN/m^3）；

H——所设计的井壁表土层计算处深度（m）。

不均匀荷载标准值计算公式为：

$$P_{A,k} = P_k \tag{6-9}$$

$$P_{B,k} = P_{A,k}(1+\beta_t) \tag{6-10}$$

$$\beta_t = \frac{\tan^2\left(45° - \dfrac{\varphi - 3°}{2}\right)}{\tan^2\left(45° - \dfrac{\varphi + 3°}{2}\right)} - 1 \tag{6-11}$$

式中：$P_{\mathrm{A},k}$——井壁所受最小荷载标准值（MPa）；

$P_{\mathrm{B},k}$——井壁所受最大荷载标准值（MPa）；

β_{t}——表土层不均匀荷载系数；

φ——土层内摩擦角（°），以井筒检查钻孔资料为准，也可按表6-16选用。

土层物理力学参数　　表6-16

秦氏岩（土）层分类	物理力学参数	
	重度（kN/m^3）	内摩擦角（°）
流砂	—	0～18
松散岩石（砂土类）	15～18	18～26.567
软地层（黏土类）	17～20	26.567～40

b. 基岩段

均匀荷载时，计算公式为：

$$P_{n,k}^{\mathrm{s}}=(\gamma_1 h_1+\gamma_2 h_2+\cdots+\gamma_{n-1}h_{n-1})A_n \tag{6-12}$$

$$P_{n,k}^{\mathrm{x}}=(\gamma_1 h_1+\gamma_2 h_2+\cdots+\gamma_n h_n)A_n \tag{6-13}$$

$$A_n=\tan^2\left(45°-\frac{\varphi_n}{2}\right) \tag{6-14}$$

式中：$P_{n,k}^{\mathrm{s}}$——第 n 层岩层顶板作用井壁上的均匀荷载标准值（MPa）；

$P_{n,k}^{\mathrm{x}}$——第 n 层岩底板作用井壁上的均匀荷载标准值（MPa）；

$\gamma_1,\gamma_2,\cdots,\gamma_n$——各岩层的重度（$MN/m^3$）；

$h_1,h_2,\cdots,h_n$——各岩层厚度（m）；

A_n——岩层水平荷载系数；

φ_n——第 n 层岩层内摩擦角（°），以井筒检查钻孔资料为准，也可按表6-17选用。

岩层物理力学参数和水平荷载系数　　表6-17

秦氏岩（土）层分类	物理力学参数		水平荷载系数
	重度（kN/m^3）	内摩擦角（°）	
弱岩层（软页岩、煤等），$f=1\sim3$	14～24	40～70	0.037～0.217
中硬岩层（页岩、砂岩、石灰岩），$f=4\sim6$	24～26	70～80	0.008～0.031
坚硬岩层（硬砂岩、石灰岩、黄铁矿），$f=8\sim10$	25～28	80～85	0.002～0.008

注：f 为岩石硬度系数（普氏岩石硬度系数）。

不均匀荷载时，计算公式为：

$$P_{\mathrm{A},k}=P_{n,k}^{\mathrm{x}} \tag{6-15}$$

$$P_{\mathrm{B},k}=P_{\mathrm{A},k}(1+\beta_{\mathrm{y}}) \tag{6-16}$$

式中：β_{y}——岩层水平荷载不均匀系数。以井筒检查钻孔资料为准，或当岩石倾角≤55°时取0.2。

岩石破碎均匀带时，计算公式为：

$$P_{n,k}^{\mathrm{s}}=(\gamma_{k+1}h_{k+1}+\gamma_{k+2}h_{k+2}+\cdots+\gamma_{n-1}h_{n-1})A_n \tag{6-17}$$

$$P_{n,k}^{\mathrm{x}}=(\gamma_{k+1}h_{k+1}+\gamma_{k+2}h_{k+2}+\cdots+\gamma_n h_n)A_n \tag{6-18}$$

式中：$\gamma_{k+1},\gamma_{k+2},\cdots,\gamma_n$——破碎带以上各岩层的重度（$MN/m^3$）；

$h_{k+1},h_{k+2},\cdots,h_n$——破碎带以上各岩层厚度（m）；

A_n——岩层水平荷载系数；

k——破碎带以上岩层层数。

②公路行业计算方法

根据《公路隧道设计细则》（JTG/T D70—2010），公路隧道竖井的围岩压力按秦氏修正理论计算。其基本假定为竖井周围每层岩层受破坏时出现滑动棱柱体，将其上的覆盖层视为作用于破坏棱体上的均布荷载，计算公式为：

$$P_n^{上} = (\gamma_1 h_1 + \gamma_2 h_2 + \cdots + \gamma_{n-1} h_{n-1})\lambda_n \tag{6-19}$$

$$P_n^{下} = (\gamma_1 h_1 + \gamma_2 h_2 + \cdots + \gamma_n h_n)\lambda_n \tag{6-20}$$

式中：$P_n^{上}$——第 n 层岩层顶板作用井壁上的侧压力（MPa）；

$P_n^{下}$——第 n 层岩层底板作用井壁上的侧压力（MPa）；

$\gamma_1,\gamma_2,\cdots,\gamma_n$——各岩层的重度（$MN/m^3$）；

$h_1,h_2,\cdots,h_n$——各岩层厚度（m）；

λ_n——岩层的侧压力系数，可按表 6-18 选用，当竖井所穿过的围岩级别变化较大时，局部地段可适当增加不均匀侧压力系数 β 值，侧压力系数为 $\lambda_n+\beta$，不均匀侧压力系数按表 6-19、表 6-20 选用。

秦氏分类岩土层物理力学参数和水平侧压力系数 表 6-18

岩石类别	物理力学参数		水平侧压力系数
	抗压强度（MPa）	内摩擦角（°）	
流砂		0 ~ 18	0.64 ~ 1.0
松散岩石		0 ~ 26.567	0.5 ~ 0.64
软地层		26.567 ~ 50	0.3 ~ 0.5
弱岩层	2 ~ 10	50 ~ 70	0.031 ~ 0.3
中硬岩层	10 ~ 40	70 ~ 80	0.008 ~ 0.031

土层不均匀侧压力系数经验值 表 6-19

竖井施工方法	冻结法	钻爆法	沉井法
不均匀侧压力系数	0.2 ~ 0.3	0.1 ~ 0.15	0.2 ~ 0.3

岩层不均匀侧压力系数经验值 表 6-20

岩层倾角（°）	≤55	55 ~ 65	65 ~ 75	75 ~ 85
不均匀侧压力系数	0.2	0.3	0.4	0.5

（4）其他荷载

①井筒吊挂力

井筒吊挂力计算公式为：

$$N_k = \pi\gamma h(R_1^2 - R^2) - F \tag{6-21}$$

式中：N_k——井筒吊挂力标准值（kN）；

γ——衬砌材料重度(kN/m^3);

h——吊挂段高度(m);

R_1——井筒外半径(m);

R——井筒内半径(m);

F——吊挂衬砌和围岩之间的摩擦力(kN)。

②地震力

对竖井荷载计算时,只考虑7级以上的地震荷载,衬砌横向地震力为:

$$q_k = \alpha k_c Q \tag{6-22}$$

式中:q_k——地震力(kN);

α——根据结构动力性质、地震荷载特性确定的系数,一般取1;

k_c——地震系数,当烈度为7、8、9度时,分别取1/40、1/20、1/10,除此之外,还应考虑地层压力增加值,当烈度为7、8、9度时,内摩擦角分别增减3°、4°、6°;

Q——衬砌结构重力(kN)。

③注浆压力

含水地层井筒施工时,一般需要通过注浆来降低衬砌所承受的水压力,以保证施工安全。由于注浆效果的差异,其背后的注浆压力目前尚不清晰,设计中一般都是大致取值,按照其方向为径向,大小取注浆压力的1/3~1倍。

④地面附加荷载

竖井修建过程中,一般会在井口修建井塔等构筑物。由于地表附近地压不大,而井塔等构筑物却会产生很大地压,导致这部分荷载随井筒影响很大。目前,针对这部分地压的计算,一般都是采用估算,认为压力方向沿45°向下,计算公式为:

$$P_b = \frac{VA_n}{(L + 0.5A + h)(B + 2h)} \tag{6-23}$$

式中:P_b——地面附加荷载(kN);

V——基础传下的总荷载(kN);

A_n——侧压力系数;

L——基础中心到衬砌的距离(m);

A——基础宽度(m);

B——基础长度(m);

h——基础底面到计算点的距离(m)。

6.2.3　荷载计算结果分析

通过查阅大量文献,目前国内学者大多根据《煤矿立井井筒及硐室设计规范》(GB 50384—2016)和《公路隧道设计细则》(JTG/T D70—2010)进行荷载计算,虽然有时计算结果不是很准确,但能够提供一定参考价值。对高黎贡山隧道1号副竖井采用这两种计算理论进行荷载计算分析,水压力按照张有天衬砌水压力公式计算,其中β_1取0.6,β_2取0.5,β_3取0.8。

总压力按围岩压力+水压力计算,计算公式为:

$$P = P_s + P_w \tag{6-24}$$

式中：P——总荷载（总压力）（MPa）；

P_s——围岩荷载（围岩压力）（MPa）；

P_w——水荷载（水压力）（MPa）。

1）按《煤矿立井井筒及硐室设计规范》（GB 50384—2016）计算

（1）0～8m段（表土段）

①顶部

围岩荷载：0；

水荷载：0；

总荷载：0。

②底部

围岩荷载：$0.013 \times 8 = 0.104$MPa；

水荷载：$0.6 \times 0.5 \times 0.8 \times 10 \times 8 \times 0.001 = 0.0192$MPa；

总荷载：0.1232MPa。

（2）8～30m段（第一段弱风化基岩段）

①顶部

围岩荷载：$0.15832 \times 0.017 \times 1.2 = 0.0032$MPa；

水荷载：$0.6 \times 0.5 \times 0.8 \times 10 \times 8 \times 0.001 = 0.0192$MPa；

总荷载：0.0224MPa。

②底部

围岩荷载：$0.75452 \times 0.017 \times 1.2 = 0.0154$MPa；

水荷载：$0.6 \times 0.5 \times 0.8 \times 10 \times 30 \times 0.001 = 0.072$MPa；

总荷载：0.0874MPa。

（3）30～70m段（强风化基岩段）

①顶部

围岩荷载：$0.75452 \times 0.017 \times 1.2 = 0.0154$MPa；

水荷载：$0.6 \times 0.5 \times 0.8 \times 10 \times 30 \times 0.001 = 0.072$MPa；

总荷载：0.0874MPa。

②底部

围岩荷载：$1.78652 \times 0.017 \times 1.2 = 0.0364$MPa；

水荷载：$0.6 \times 0.5 \times 0.8 \times 10 \times 70 \times 0.001 = 0.168$MPa；

总荷载：0.2044MPa。

（4）70～764.74m段（第二段弱风化基岩段）

①顶部

围岩荷载：$1.78652 \times 0.017 \times 1.2 = 0.0364$MPa；

水荷载：$0.6 \times 0.5 \times 0.8 \times 10 \times 70 \times 0.001 = 0.168$MPa；

总荷载：0.2044MPa。

②底部

围岩荷载：$20.89178 \times 0.017 \times 1.2 = 0.4262$MPa；

水荷载:0.6×0.5×0.8×10×764.74×0.001=1.8354MPa;

总荷载:2.2616MPa。

根据计算结果,绘制荷载分布图,如图6-1所示。

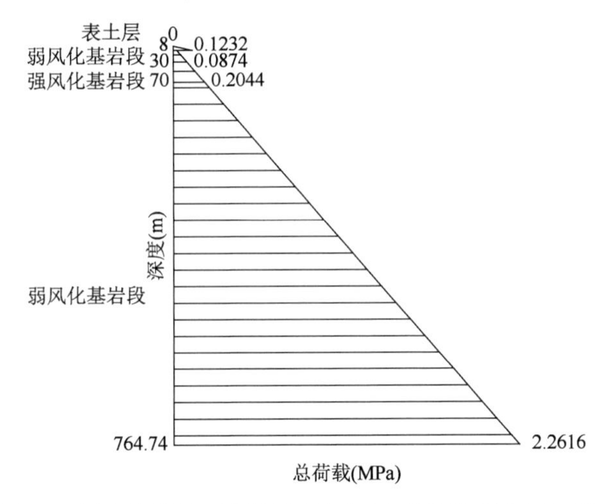

图6-1　高黎贡山隧道1号副竖井荷载分布示意图(按煤矿规范计算)

2)按《公路隧道设计细则》(JTG/T D70—2010)计算

(1)0~8m段(表土段)

①表土段顶部

围岩荷载:0;

水荷载:0;

总荷载:0。

②底部

围岩荷载:0.15832×0.526=0.0833MPa;

水荷载:0.6×0.5×0.8×10×8×0.001=0.0192MPa;

总荷载:0.1025MPa。

(2)8~30m段(第一段弱风化基岩段)

①第一段顶部

围岩荷载:0.15832×0.017×1.15=0.0031MPa;

水荷载:0.6×0.5×0.8×10×8×0.001=0.0192MPa;

总荷载:0.0223MPa。

②第一段底部

围岩荷载:0.75452×0.017×1.15=0.0148MPa;

水荷载:0.6×0.5×0.8×10×30×0.001=0.072MPa;

总荷载:0.0868MPa。

(3)30~70m段(强风化基岩段)

①顶部

围岩荷载:0.75452×0.017×1.15=0.0148MPa;

水荷载:0.6×0.5×0.8×10×30×0.001=0.072MPa;

总荷载:0.0868MPa。

②底部

围岩荷载:1.78652×0.017×1.15=0.0349MPa;

水荷载:0.6×0.5×0.8×10×70×0.001=0.168MPa;

总荷载:0.2029MPa。

(4)70~764.74m段(第二段弱风化基岩段)

①顶部

围岩荷载:1.78652×0.017×1.15=0.0349MPa;

水荷载:0.6×0.5×0.8×10×70×0.001=0.168MPa;

总荷载:0.2029MPa。

②底部

围岩荷载:20.89187×0.017×1.15=0.4084MPa;

水荷载:0.6×0.5×0.8×10×764.74×0.001=1.8354MPa;

总荷载:2.2438MPa。

根据计算结果,绘制荷载分布图,如图6-2所示。

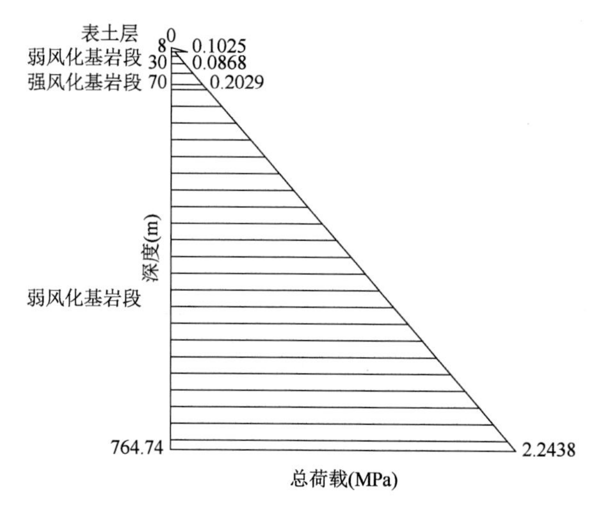

图6-2 高黎贡山隧道1号副竖井荷载分布示意图(按公路规范计算)

从以上计算结果可以看出,竖井衬砌最大荷载发生在底部,两种方法计算结果基本一致,最大荷载计算结果见表6-21。

1号副竖井最大荷载计算结果 表6-21

序号	计算方法	最大围岩荷载(MPa)	最大水荷载(MPa)	最大总荷载(MPa)
1	《煤矿立井井筒及硐室设计规范》(GB 50384—2016)	0.43	1.84	2.26
2	《公路隧道设计细则》(JTG/T D70—2010)	0.41	1.84	2.24

6.3　高黎贡山隧道富水深竖井衬砌受力监测

6.3.1　监测目的

通过监测高黎贡山隧道1号副竖井衬砌结构受力状况，评价竖井结构安全状态，同时为类似竖井的设计与研究提供数据参考。

6.3.2　监测依据

(1)《铁路隧道监控量测技术规程》(Q/CR 9218)
(2)《城市轨道交通工程测量规范》(GB/T 50308)
(3)《地下铁道工程施工质量验收标准》(GB/T 50299)
(4)《建筑变形测量规程》(JGJ 8)
(5)《卫星定位城市测量技术标准》(CJJ/T 73)
(6)《工程测量标准》(GB 50026)
(7)《地铁工程监控量测技术规程》(DB 11/490)

6.3.3　监测设计

1)监测位置

监测点布置在高黎贡山隧道1号副竖井深660m、735m两处。监测位置地层为混合花岗岩，物理力学参数和衬砌结构设计见表6-22。该竖井水头高度距离井口30m。

高黎贡山隧道1号副竖井衬砌结构受力监测位置工程地质及结构设计参数　　表6-22

序号	监测点位置(m)	岩土类型	弹性模量(GPa)	泊松比	重度(kN/m^3)	黏聚力(kPa)	内摩擦角(°)	衬砌结构形式
1	660	混合花岗岩(W2)	62.1	0.181	27.9	47.8	68	C35混凝土，厚度45cm
2	735							C35钢筋混凝土，厚度70cm

2)监测项目及测点布置

监测项目主要有衬砌外水压力、围岩压力、衬砌钢筋应力，监测点布置如图6-3所示。

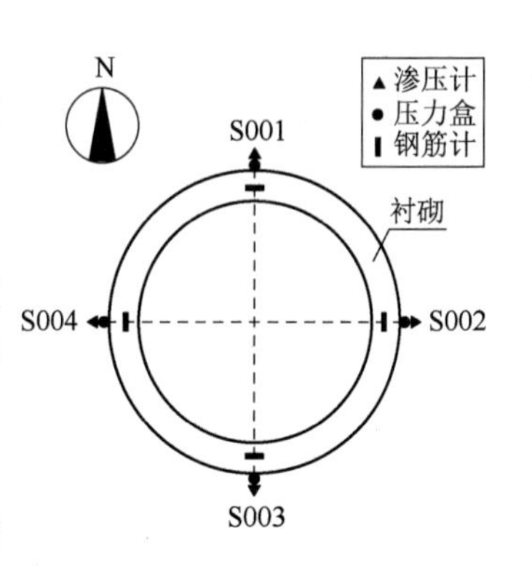

图6-3　监测点布置示意图

(1)衬砌外水压力

测量放线标出监测点位置，采用钻机在衬砌面上钻孔，深度进入围岩30cm，将渗压计安装在钻孔中，采取注浆封孔，将仪器接线通过边墙盲管口或施工缝引出。

(2)围岩压力

压力盒埋设置衬砌与围岩之间，将压力盒焊在衬砌外侧钢筋上，压力盒受压面紧贴围岩，将仪器接线通过边墙盲管口或施工缝引出。

(3)衬砌钢筋应力

将钢筋计连接杆拧上后,搭接焊接在截断后的衬砌纵向受力钢筋上,将仪器接线通过边墙盲管口或施工缝引出。

监测点埋设后,将仪器连接线汇总整理在一起。

3)监测仪器精度和监测频率

监测仪器精度和监测频率见表6-23。

监测仪器精度和监测频率　表6-23

序号	监测项目	方法及工具	测试精度(MPa)	监测频率
1	衬砌外水压力	渗压计	0.001	开挖面距离监测断面 $<2D$ 时:1次/d 开挖面距离监测断面 $2\sim5D$ 时:1次/2d 开挖面距离监测断面 $\geq5D$ 时:1次/周
2	围岩压力	压力盒	0.1	
3	衬砌钢筋应力	钢筋计	0.1	

注:D 为竖井直径。

监测元器件如图6-4所示。现场监测点埋设如图6-5所示。

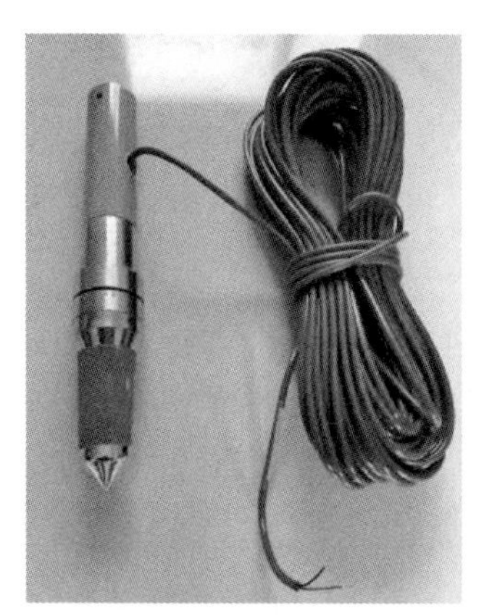

a)渗压计

b)压力盒

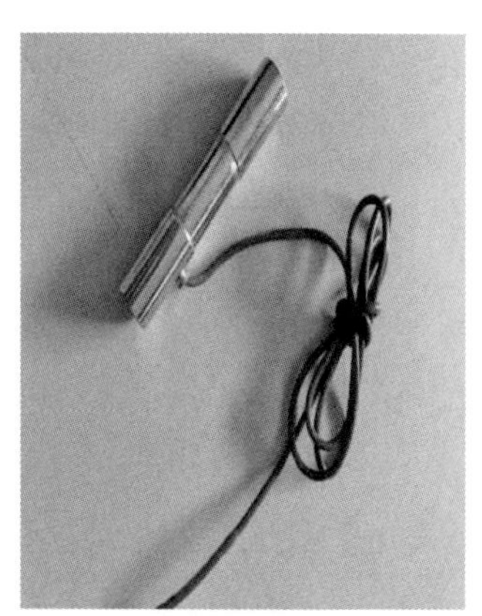

c)钢筋计

图6-4　测试元器件

a)压力盒

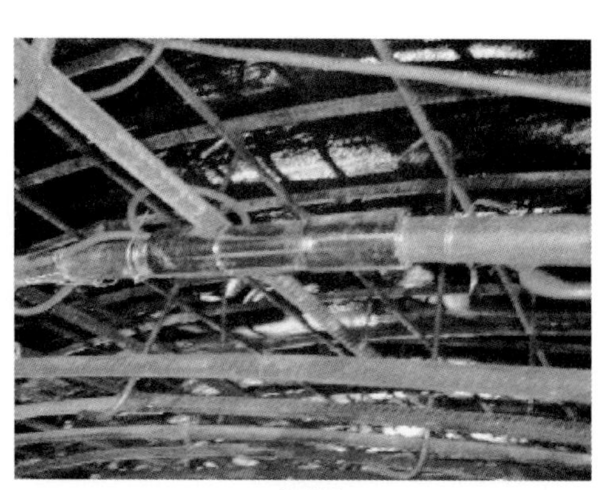

b)钢筋计

图6-5　监测点埋设

4)测点保护

只有监测点保护好才能测得有效数据,因此应特别加强对各监测点的保护工作,完善检查、验收措施。

(1)监测点布置后应进行多次检查,查看元器件是否能够使用,测点位置是否正确,应确保每个元器件都能有效测到数据,发现问题时应及时整改。

(2)元器件埋设前应记录初始值,埋设后应定时到现场进行读数并记录,同时应定期检查。

(3)所有监测元器件应做好保护措施,外露设备设置醒目提示牌,提醒他人注意保护。

6.3.4　监测结果分析

1)混凝土强度

配制C35混凝土,测试不同龄期混凝土强度,测试结果见表6-24。

C35混凝土不同龄期强度表　　表6-24

时间(d)	抗压强度(MPa)	时间(d)	抗压强度(MPa)
0	0	14	31.5
1	9.8	28	38.1
3	19.2	90	39.4
7	26.4		

根据测试结果绘制混凝土强度变化曲线,如图6-6所示。

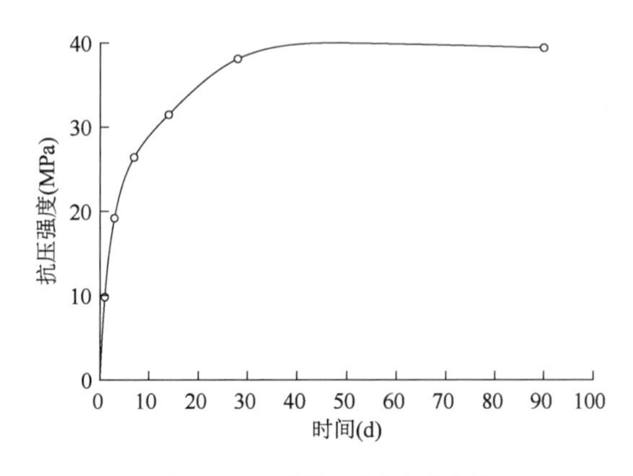

图6-6　C35混凝土强度变化曲线

从图中可以看出:C35混凝土7d强度可以达到25MPa以上,28d强度可以达到35MPa以上。

2)衬砌外水压力

衬砌外水压力监测结果见表6-25。

衬砌外水压力监测结果表　　表 6-25

时间(d)	衬砌外水压力(MPa)							
	660m 处				735m 处			
	S001	S002	S003	S004	S001	S002	S003	S004
0	0	0	0	0	0	0	0	0
1	0.92	1.32	1.19	1.09	1.03	1.47	1.34	1.21
3	1.02	1.49	1.34	1.22	1.15	1.65	1.50	1.35
5	1.12	1.64	1.48	1.34	1.26	1.82	1.66	1.49
7	1.21	1.77	1.50	1.46	1.36	1.97	1.68	1.62
9	1.29	1.94	1.74	1.57	1.45	2.15	1.95	1.74
11	1.37	1.94	1.78	1.66	1.54	2.16	2.00	1.84
13	1.44	1.94	1.79	1.68	1.62	2.15	2.01	1.87
15	1.48	1.94	1.80	1.69	1.66	2.16	2.02	1.88
17	1.47	1.95	1.80	1.67	1.65	2.17	2.02	1.86
19	1.49	1.94	1.80	1.68	1.67	2.16	2.02	1.87
21	1.47	1.94	1.80	1.69	1.65	2.15	2.02	1.88
23	1.48	1.94	1.81	1.67	1.66	2.16	2.03	1.86
25	1.48	1.96	1.81	1.68	1.66	2.18	2.03	1.87
27	1.49	1.95	1.81	1.69	1.67	2.17	2.03	1.88
29	1.49	1.95	1.80	1.67	1.67	2.17	2.02	1.86
31	1.49	1.94	1.71	1.66	1.67	2.17	1.91	1.86

根据监测结果绘制衬砌外水压力变化曲线，如图 6-7 所示。绘制衬砌外水压力分布图，如图 6-8 所示。

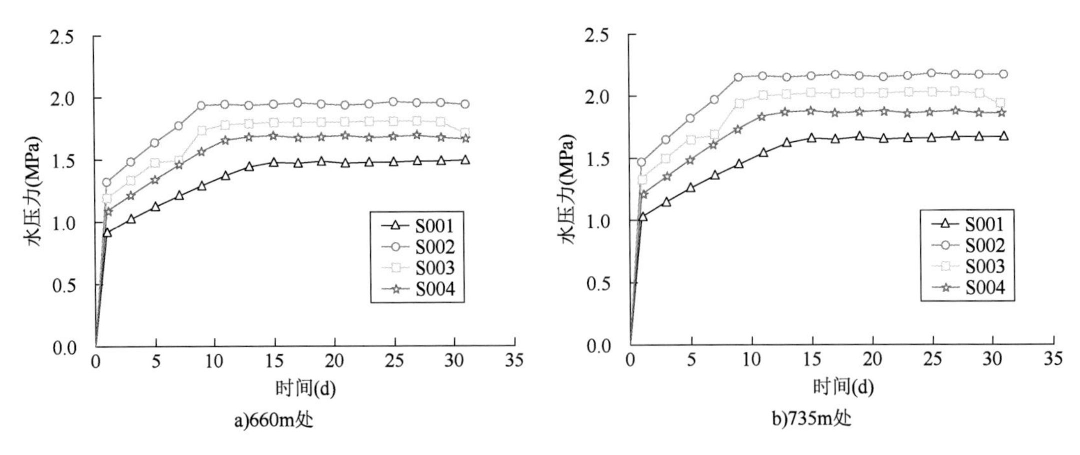

图 6-7　衬砌外水压力变化曲线

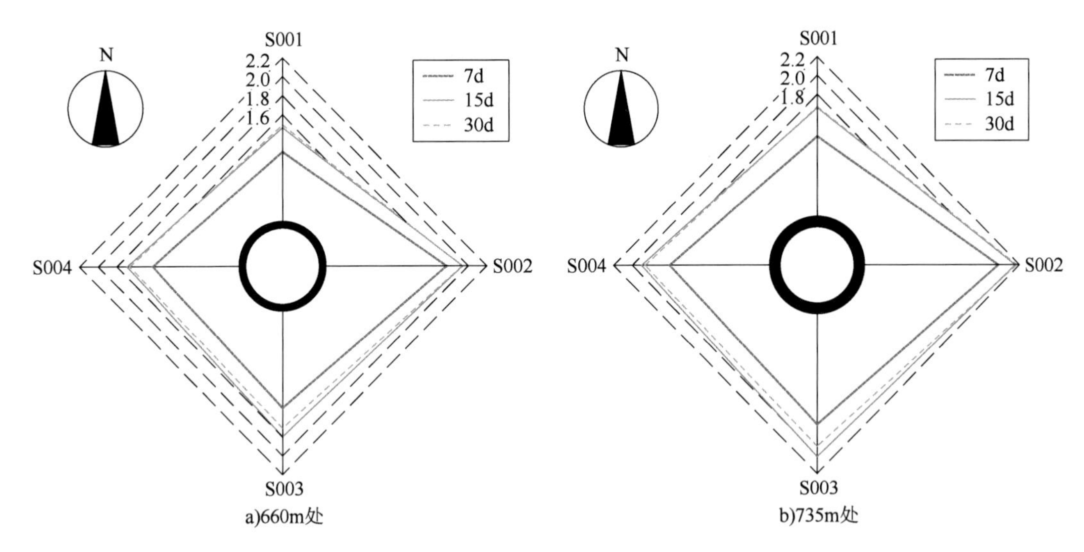

图 6-8　衬砌外水压力分布图(单位:MPa)

从图中可以看出,衬砌外水压力具有以下三个特征:

(1)趋稳性。衬砌外水压力先急剧增长后趋于稳定,从急剧增长到趋于稳定约10d。急剧增长阶段主要是竖井开挖后导致衬砌周围基岩内原来的裂隙连通性破坏,地下水通过排水系统流出,同时更远位置的地下水通过裂隙流入,由于流经监测点的地下水大于流出地下水,导致水压力急剧上升,最终达到一种动态平衡。稳定阶段是经过长时间后流经监测点的地下水与流出的地下水达到一种动态平衡,从而使监测点水压力在某一小范围内波动变化。

(2)不对称性。衬砌外水压力基本呈不对称分布,东西方向水压力大于南北方向水压力,东西方向水压力约为南北方向水压力的1.3倍。分析产生该问题的原因是:高黎贡山隧道1号副竖井地质为垂直张开裂隙,裂隙内充填高压水;对地下水采取注浆封堵后,裂隙内浆液结石体与围岩的渗透系数存在着较大的差异,属于非连续介质,因此不能采用连续介质理论进行考虑。

(3)折减性。监测表明,660m处最大水压约为1.944MPa,735m处最大水压力约为2.170MPa。按静水位进行水压力折减,计算折减系数为0.32。

3)衬砌外围岩压力

衬砌外围岩压力监测结果见表6-26。

衬砌外围岩压力监测结果　　表6-26

时间(d)	衬砌外围岩压力(MPa)							
	660m处				735m处			
	S001	S002	S003	S004	S001	S002	S003	S004
0	0	0	0	0	0	0	0	0
1	0.11	0.14	0.13	0.13	0.12	0.16	0.15	0.14
3	0.18	0.22	0.21	0.19	0.20	0.24	0.23	0.21
5	0.25	0.28	0.27	0.26	0.28	0.31	0.30	0.29

续上表

时间(d)	衬砌外围岩压力(MPa)							
	660m 处				735m 处			
	S001	S002	S003	S004	S001	S002	S003	S004
7	0.31	0.35	0.32	0.33	0.35	0.39	0.36	0.37
9	0.37	0.41	0.38	0.40	0.42	0.46	0.43	0.44
11	0.43	0.47	0.45	0.45	0.48	0.52	0.51	0.50
13	0.48	0.51	0.51	0.50	0.54	0.57	0.57	0.56
15	0.53	0.57	0.53	0.55	0.59	0.63	0.60	0.61
17	0.56	0.60	0.59	0.58	0.63	0.67	0.66	0.64
19	0.58	0.61	0.60	0.59	0.65	0.68	0.67	0.65
21	0.60	0.62	0.61	0.59	0.67	0.69	0.68	0.66
23	0.59	0.61	0.60	0.59	0.66	0.68	0.67	0.66
25	0.60	0.60	0.61	0.60	0.67	0.67	0.68	0.67
27	0.59	0.61	0.60	0.59	0.66	0.68	0.67	0.66
29	0.60	0.62	0.61	0.60	0.67	0.69	0.68	0.67
31	0.60	0.62	0.60	0.60	0.67	0.69	0.66	0.67

根据监测结果绘制衬砌外围岩压力变化曲线,如图 6-9 所示。绘制衬砌外围岩压力分布图,如图 6-10 所示。

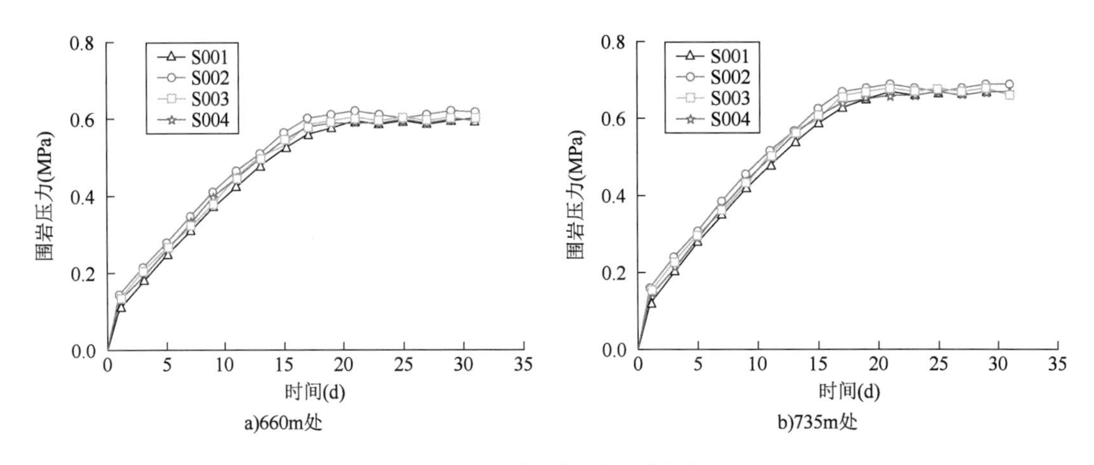

图 6-9 衬砌外围岩压力变化曲线

从图中可以看出:

(1)衬砌外围岩压力变化曲线可划分为三个阶段,即急剧增长阶段、缓慢增长阶段、基本稳定阶段。急剧增长阶段主要发生在二次衬砌完成后 15d 内,该阶段二次衬砌施工刚刚完成,围岩处于应力释放阶段,因而会发生较大变形,快速作用在衬砌上,致使围岩压力快速增加;缓慢增长阶段持续时间约 10d,该阶段为围岩应力调整过程,衬砌变形相对较小;基本稳定阶段是围岩和衬砌相互作用的结果,最终达到一种平衡状态。

(2)衬砌外围岩压力基本呈对称分布,衬砌外 660m、735m 处最大围岩压力分别为0.62MPa、0.69MPa。

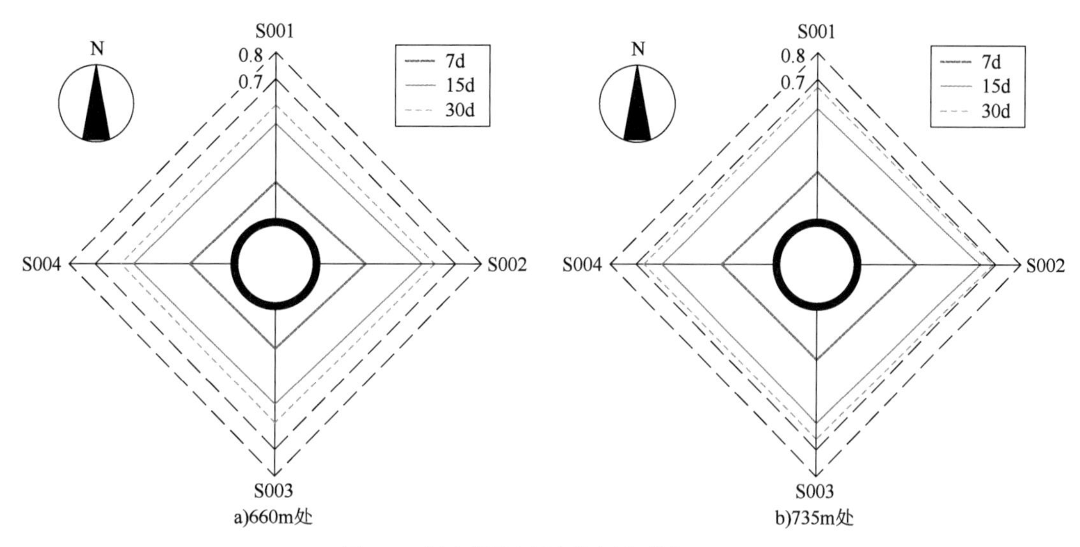

图6-10　衬砌外围岩压力分布图(单位:MPa)

4)衬砌外总压力

衬砌外总压力监测结果见表6-27。

衬砌外总压力监测结果　　表6-27

时间(d)	衬砌外总压力(MPa)							
	660m 处				735m 处			
	S001	S002	S003	S004	S001	S002	S003	S004
0	0	0	0	0	0	0	0	0
1	1.03	1.46	1.32	1.22	1.15	1.63	1.49	1.35
3	1.20	1.71	1.55	1.41	1.35	1.89	1.73	1.56
5	1.37	1.92	1.75	1.60	1.54	2.13	1.96	1.78
7	1.52	2.12	1.82	1.79	1.71	2.36	2.04	1.99
9	1.66	2.35	2.12	1.97	1.87	2.61	2.38	2.18
11	1.80	2.41	2.23	2.11	2.02	2.68	2.51	2.34
13	1.92	2.45	2.30	2.18	2.16	2.72	2.58	2.43
15	2.01	2.51	2.33	2.24	2.25	2.79	2.62	2.49
17	2.03	2.55	2.39	2.25	2.28	2.84	2.68	2.50
19	2.07	2.55	2.40	2.27	2.32	2.84	2.69	2.52
21	2.07	2.56	2.41	2.28	2.32	2.84	2.70	2.54
23	2.07	2.55	2.41	2.26	2.32	2.84	2.70	2.52
25	2.08	2.56	2.42	2.28	2.33	2.85	2.71	2.54
27	2.08	2.56	2.41	2.28	2.33	2.85	2.70	2.54
29	2.09	2.57	2.41	2.27	2.34	2.86	2.70	2.53
31	2.09	2.56	2.31	2.26	2.34	2.86	2.57	2.53

根据监测结果绘制衬砌外总压力变化曲线,如图6-11所示。绘制衬砌外总压力分布图,如图6-12所示。

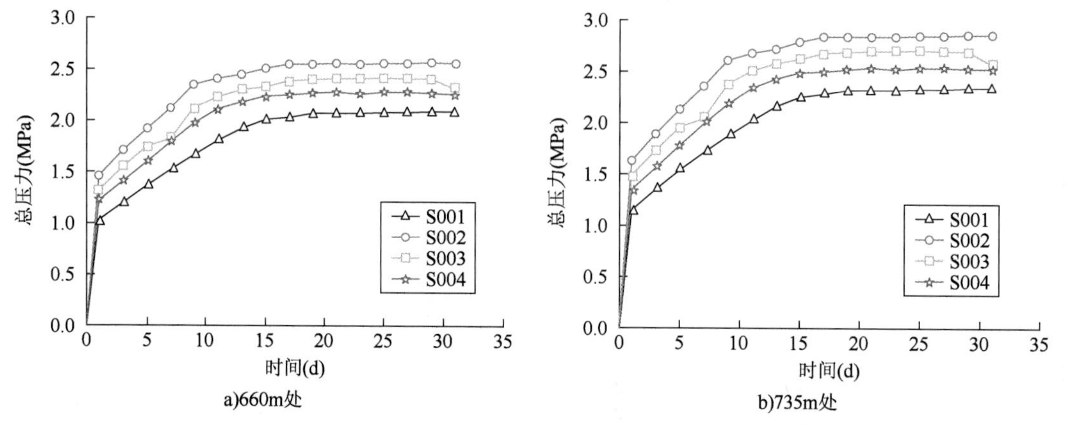

图6-11 衬砌外总压力变化曲线

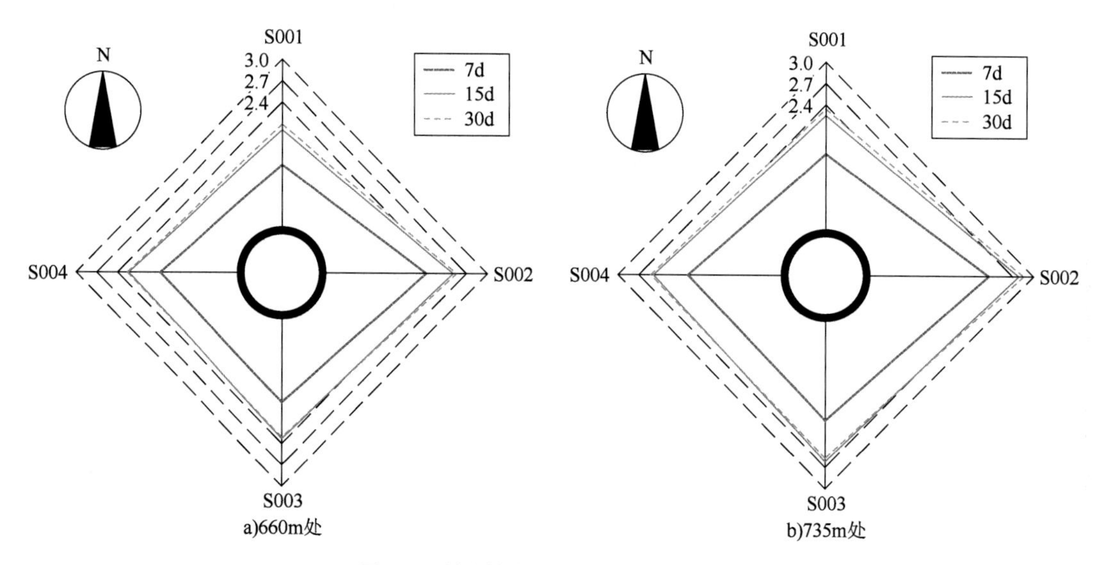

图6-12 衬砌外总压力分布图(单位:MPa)

从图中可以看出:

(1)衬砌外总压力为围岩压力+水压力,总压力变化曲线可划分为三个阶段,即急剧增长阶段、缓慢增长阶段、基本稳定阶段。急剧增长阶段主要发生在二次衬砌完成后15d内,该阶段二次衬砌施工刚刚完成,围岩处于应力释放阶段,同时水压力不断增大,因而造成总压力急剧增长;缓慢增长阶段持续时间约10d,该阶段为围岩应力调整过程,水压力已基本稳定,因而造成总压力缓慢增长;基本稳定阶段是围岩、水和衬砌相互作用的结果,最终达到一种平衡状态。

(2)衬砌外总压力基本呈不对称分布,东西方向总压力大于南北方向总压力,这主要是由于水压力的不对称造成。

(3)衬砌外660m和735m处最大总压力分别为2.57MPa、2.86MPa。结合C35混凝土强度变化曲线，混凝土强度均大于衬砌外总压力，因而混凝土不会发生破坏，衬砌结构是安全的。

6.3.5　监测结果与规范计算值对比

将监测结果与《煤矿立井井筒及硐室设计规范》(GB 50384—2016)、《公路隧道设计细则》(JTG/T D70—2010)计算值进行对比，对比结果见表6-28。

高黎贡山隧道竖井衬砌受力对比结果　　表6-28

竖井深度	规范计算值(MPa)		实际监测值(MPa)	实际监测值与规范计算值相比误差(%)
	《煤矿立井井筒及硐室设计规范》(GB 50384—2016)	《公路隧道设计细则》(JTG/T D70—2010)		
660m处	1.95	1.94	2.57	32
735m处	2.17	2.16	2.86	32

根据结果绘制衬砌受力对比图，如图6-13所示。

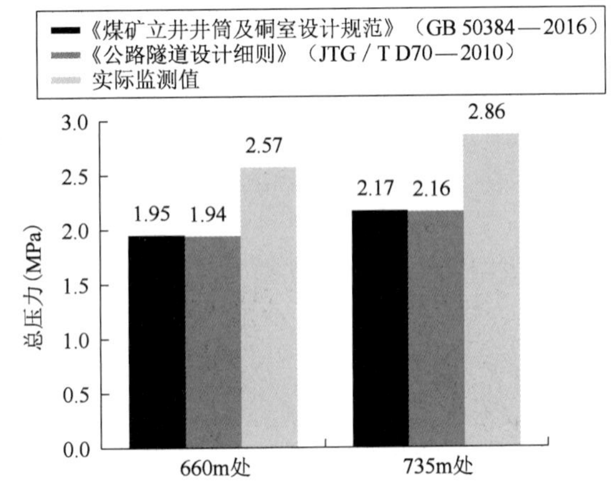

图6-13　衬砌受力对比

从图中可以看出：

(1)采用《煤矿立井井筒及硐室设计规范》(GB 50384—2016)、《公路隧道设计细则》(JTG/T D70—2010)对衬砌总压力进行计算，计算结果比较接近。

(2)衬砌外总压力实际监测结果与规范计算结果相比，约大32%，这主要是由于高黎贡山隧道竖井地质条件为富水型陡倾状裂隙花岗岩地层，衬砌外荷载主要以水压力为主，水压力的折减是多种因素造成的，因此，难以取得准确的计算结果。现场应以实测值为准。

6.4　富水深竖井衬砌破坏机理研究

竖井井壁衬砌破坏主要有纵向受拉破坏、纵向受压破坏和剪切破坏三种形式，不同的设计和施工要求，导致破坏形式不同。通常竖井衬砌受到的侧压力一般是均匀分布的，安全性较高，而对于高黎贡山隧道富水深竖井，由于其周围水压力分布呈非对称性，因而导致竖井衬砌受到的侧压力也呈非对称性,衬砌安全性降低,衬砌可能发生破坏。因此,结合高黎贡山隧道富水深竖井研究竖井衬砌破坏特征具有重要意义。

6.4.1 RFPA 软件

真实破裂过程分析(Realistic Failure Process Analysis,RFPA)是一种模型计算软件,主要是为了模拟材料实际的破坏过程,运用的主要理论有两种,一种是统计损伤理论,另一种是有限元理论。RFPA 运用数学分析方法,将材料的非均匀性、随机性以及缺陷性都表现了出来,同时借助统计学的方法,将材料的这种性质与有限元进行了结合,模拟计算时,当满足给定的强度准则时就认为材料发生破坏。该软件不仅能够模拟材料的裂缝发展、部分变形,直到最终发生破坏,还能分析该过程中的应力、变形、渗流等情况,能够很好地模拟材料真实破坏过程。

RFPA 软件的设计思想是将岩土体按照一定的标准划分为细观单元,称为基元,基元不仅是细观尺寸的最小单元,也是物理力学的最小单元,将起裂、变形、破坏等过程描述为基元活动现象。该软件在岩石裂纹扩张及破裂、岩层移动、震源发展过程等方面得到成功运用,取得了良好的使用效果。

1)基本原理

RFPA 能够模拟真实材料破坏发展过程,其应力分析工具为弹性力学,破坏准则为修正库仑(Coulomb)破坏准则和弹性损伤理论,基于这些建立破坏分析模块的岩石破裂模型,其基本思路如下:

(1)将岩石介质离散化成基元组成的数值模型,并认为基元性质为线弹-脆性或脆-塑性介质。

(2)假设基元性质服从某种统计分布,如均匀分布、韦伯分布、正态分布等。

(3)应变计算器使用弹性有限元,因此分析模型的应力应变状态使用基元线弹性应力应变求解方法。

(4)破坏准则为相变准则、修正 Coulomb 破坏准则、弹性损伤理论,其中修正 Coulomb 破坏准则应用在基元相变临界点。

(5)基元相变前后均为线弹性体,其力学性质是不可逆的。

(6)岩石介质的裂纹发展不是急剧发生的,应看作是准静态过程,不考虑惯性力的影响。

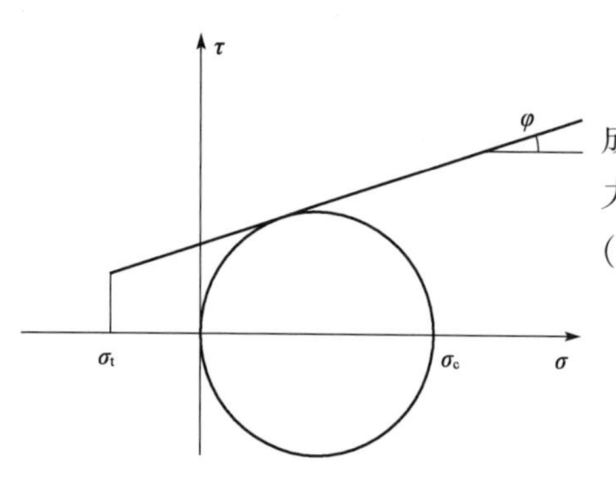

图 6-14 Mohr-Coulomb 破坏准则线

2)有限元计算

RFPA 有限元是工程分析必不可少的工具,目前已成为工程中广泛使用的求解计算工具。它是依靠弹性力学理论进行分析的,其判断破坏准则为莫尔-库仑(Mohr-Coulomb)准则,破坏准则如图 6-14 所示。

RFPA 所使用的破坏条件为:

$$\sigma_1 - k_1\sigma_3 > \sigma_c \tag{6-25}$$

$$\sigma_3 < \frac{-\sigma_c}{k_2} \tag{6-26}$$

$$k_1 = \frac{1 + \sin\varphi}{1 - \sin\varphi} \tag{6-27}$$

$$k_2 = \frac{\sigma_c}{\sigma_t} \tag{6-28}$$

式中：σ_c——材料的单轴抗压强度；

σ_t——材料的单轴抗拉强度；

φ——材料的内摩擦角；

σ_1——最大主应力；

σ_3——最小主应力。

该判据是基于基元进行判断的，材料参数也是基元的材料参数，其参数通过统计分布（如韦伯分布）进行赋值求得的。

3）网格划分

RFPA 软件为了有效分析岩土体，将材料划分为很小的四边形单元。为了保证分析结果足够准确，划分单元必须足够小，同时该单元能够反映实际材料的物理力学形式，因此又要保证其不能太小，为了解决这一难题，引入了基元概念。基元不仅能够描述材料的裂隙、缺陷等，还能保证结果的准确性，虽然会导致计算量大大增加，但是计算机的发展解决了这一问题。了解基元性质后，我们可以清晰得知，任何宏观材料都能描述为基元的集合体，通过分析基元的相互作用来分析宏观材料，虽然每个基元的行为影响微乎其微，但大量基元共同作用的影响是巨大的，RFPA 就是根据这一思想模拟分析材料的。

4）单元参数赋值

由于现实材料都是非均匀的，为了将这一概念应用到有限元分析中，设计了匀质度的想法，将材料的各项参数通过设置不同的匀质度数值来实现不同的均匀性，通常使用韦伯分布来进行赋值。例如对于弹性模量，可以运用韦伯分布函数公式进行赋值，相对于基元集合体，对于每一个基元的平均弹性模量用 e_0 表示，基元的弹性模量分布计算公式为：

$$\Phi(E) = \int_0^{e}\left\{\frac{m}{e_0}\cdot\left(\frac{x}{e_0}\right)^{m-1}\cdot \mathrm{e}^{-\left(\frac{x}{e_0}\right)^m}\right\}d_x = 1 - \mathrm{e}^{-\left(\frac{E}{E_0}\right)^m} \tag{6-29}$$

式中：$\Phi(E)$——某一基元的弹性模量分布；

m——某一基元材料的匀质度大小。

基元集合体可以代表一个空间，均质可以保持相同，但可以通过设置匀质度 m 的不同来实现材料性质的不同，现实表现为材料的结构、空间分布、排列形式不同，即相应的力学性质也会不同。

以韦伯分布为例，研究材料的匀质度实现，如图 6-15所示。图中 u 代表单元密度分布，即代表具备 $\Phi(u)$ 这一力学性质的密度分布，当 m 值越大，代表单元属性越均匀，相应的物理力学参数越相同。

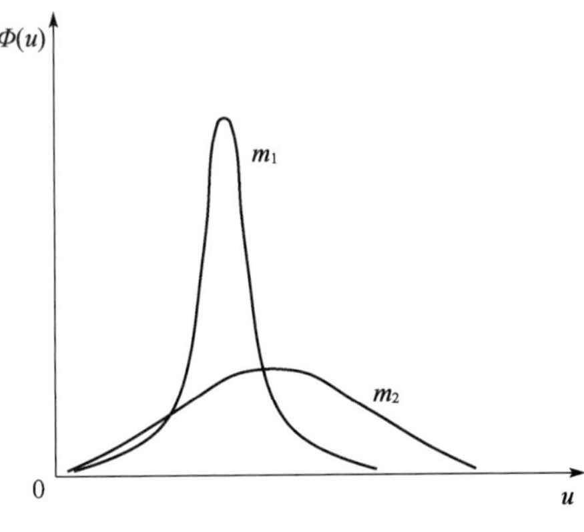

图 6-15　材料匀质度影响关系图

5）工作流程

任何有限元分析都会遵循一定的求解步骤，即先计算某一材料单元的应力应变，然后进行相变计算，根据是否满足判断准则进行不同的运算步骤，最后通过无限迭代完成整体材料的分析。RFPA也遵循这样的过程，其求解步骤分为三部分：

（1）依据工程建立模型，设置合适的网格大小，对材料的物理力学性质赋予相应的初始参数。

（2）进行应力和变形的运算，这部分需要设置合适的边界约束条件以及求解步数，然后求解模型。

（3）基元相变分析。相变分析一般都是根据判断准则来实现的。当进行应力应变分析后，根据运算分析结果与相变准则进行比较，根据是否满足判据执行不同的计算过程，最后无限迭代，直至材料发生破坏或者满足破坏准则。RFPA程序工作流程如图6-16所示。

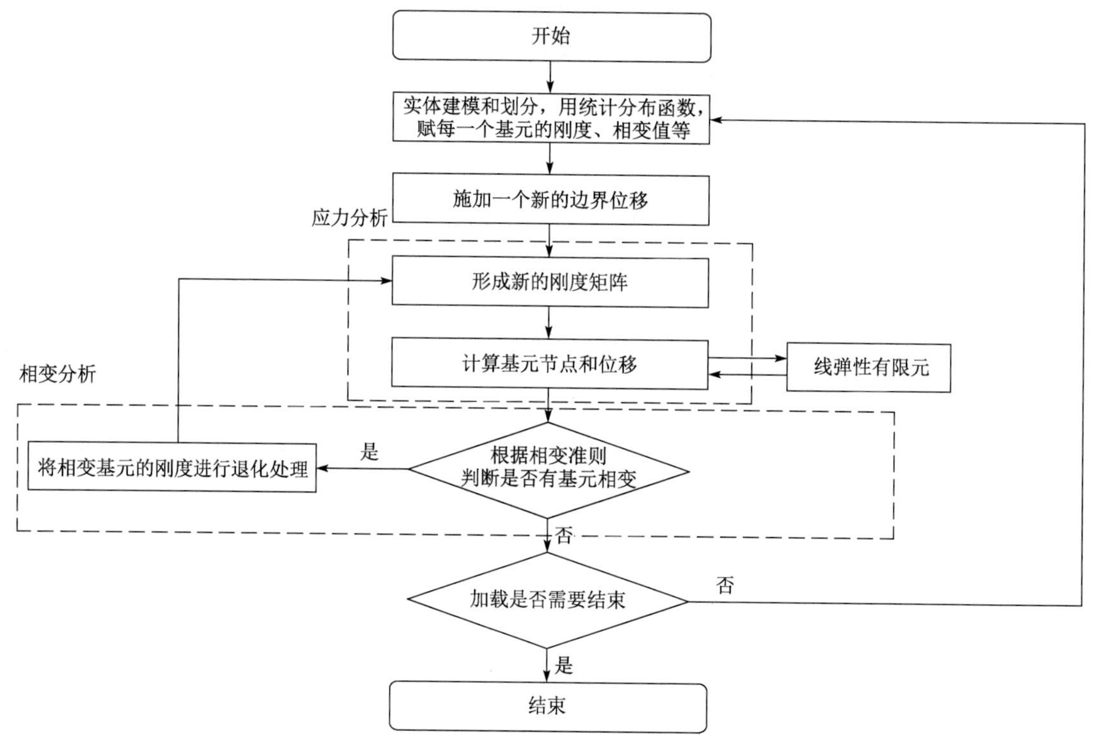

图6-16　RFPA程序工作流程图

6.4.2　竖井衬砌破坏模型建立

1）模型建立

为了模拟竖井衬砌在外荷载下的破坏过程，利用RFPA软件建立二维荷载-结构模型，模型尺寸为7000mm×7000mm，模型划分为700×700个单元，衬砌外侧上下左右4个方向分别设置空洞，通过在空洞内施加水压模拟竖井衬砌受到的实际围压压力+水压力。

空洞中设置初始压力水头，空洞水压以每步0.1MPa不断增大，直到衬砌结构发生破坏，为防止模型整体发生移动,空洞外侧设置反力架,反力架使用弹性模量、抗拉抗压强度很大的材料,反力架与衬砌接触点已做钝化处理。

根据实际工程情况,竖井衬砌破坏发生在衬砌强度达到设计强度之后,因此衬砌材料抗压强度选择混凝土材料的设计强度,具体模型如图6-17所示,材料参数见表6-29。

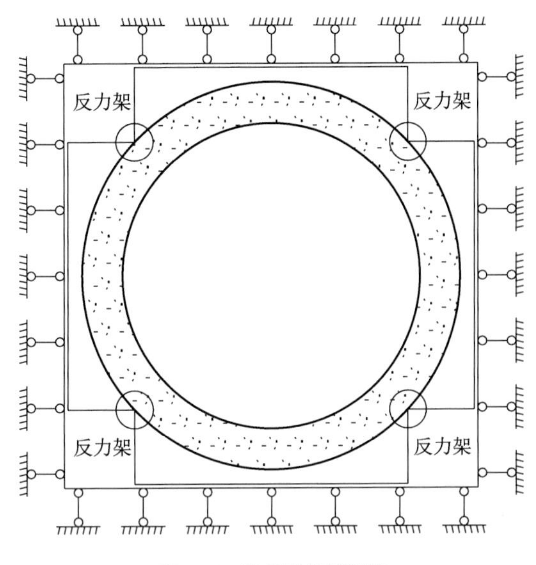

图6-17　数值模拟模型图

模型力学参数　　表6-29

材料名称	弹性模量(GPa)	抗压强度(MPa)	压拉比	残余强度百分(%)	匀质度
钢板	200	100	1	100	100
C35钢筋混凝土	32.5	26	10	10	10

2)模型加载方案

通过对模型上下左右4个空洞分别施加不同的水压,模拟衬砌4个方向受到不同的实际总压力(围岩压力+水压力)。模拟断面选择监测断面735m处,衬砌类型为C35钢筋混凝土,厚度为70cm。监测结果见表6-30。

1号副竖井735m处水压力监测数据　　表6-30

时间(d)	水压力(MPa)				
	S001	S002	S003	S004	平均
30	2.34	2.86	2.64	2.53	2.59

(1)方案一:对称荷载

通过对模型上下左右4个空洞施加相同水压力,模拟对称荷载。根据上表,施加水压力选择4个监测点的平均值2.59MPa,即4个方向的初始荷载P_1、P_2、P_3、P_4均设置为2.59MPa,单步增量为0.1MPa,直至加载破坏,模型方案如图6-18所示。

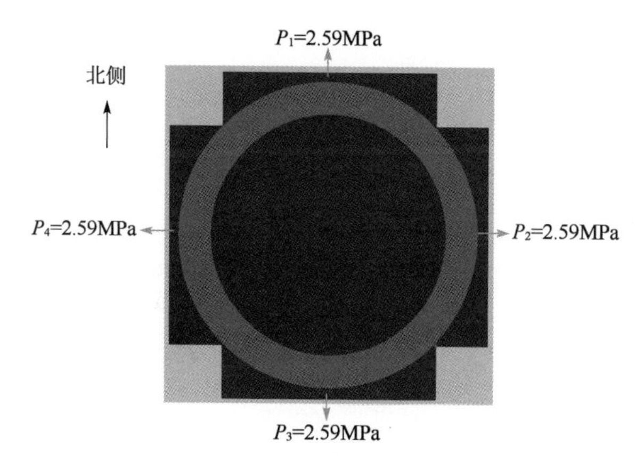

图 6-18　方案一荷载加载图

(2)方案二:非对称荷载

通过对模型上下左右 4 个空洞施加不同水压力,模拟实际受到的非对称荷载。采用上表监测数据作为模型的初始荷载,即 $P_1=2.34$MPa、$P_2=2.86$MPa、$P_3=2.64$MPa、$P_4=2.53$MPa,单步增量为 0.1MPa,直至加载破坏,模型方案如图 6-19 所示。

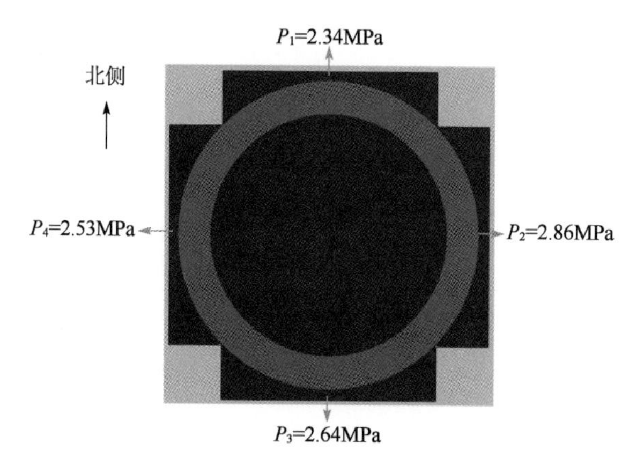

图 6-19　方案二荷载加载图

(3)方案三:大非对称荷载

考虑到方案二周围荷载相差较小,破坏时的现象不好观察,特意设置荷载相差较大的大非对称荷载方案三。

通过对模型上下左右 4 个空洞施加不同水压力,模拟非对称荷载。模型的初始荷载取 $P_1=0.4$MPa、$P_2=2.8$MPa、$P_3=2.0$MPa、$P_4=1.2$MPa,单步增量为 0.1MPa,直至加载破坏,模型方案如图 6-20 所示。

6.4.3　模拟结果分析

1)方案一模拟结果分析

方案一声发射图如图 6-21 所示,最小主应力图如图 6-22 所示。

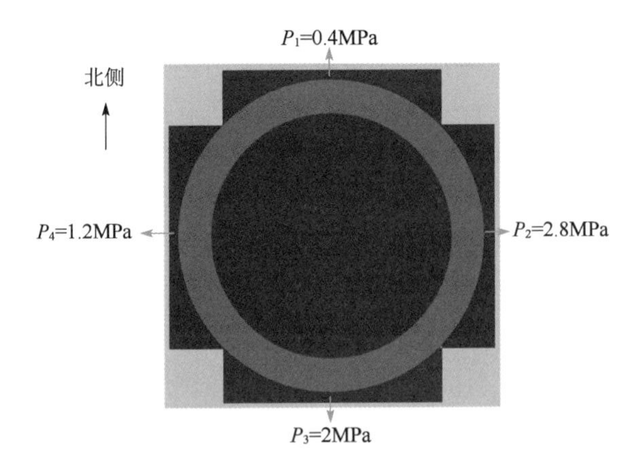

图 6-20　方案三荷载加载图

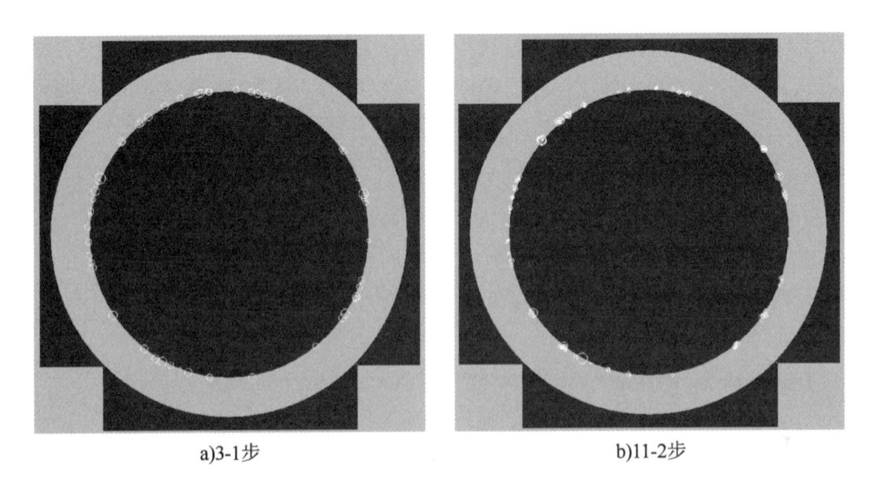

a)3-1步　　b)11-2步

图 6-21　方案一声发射图

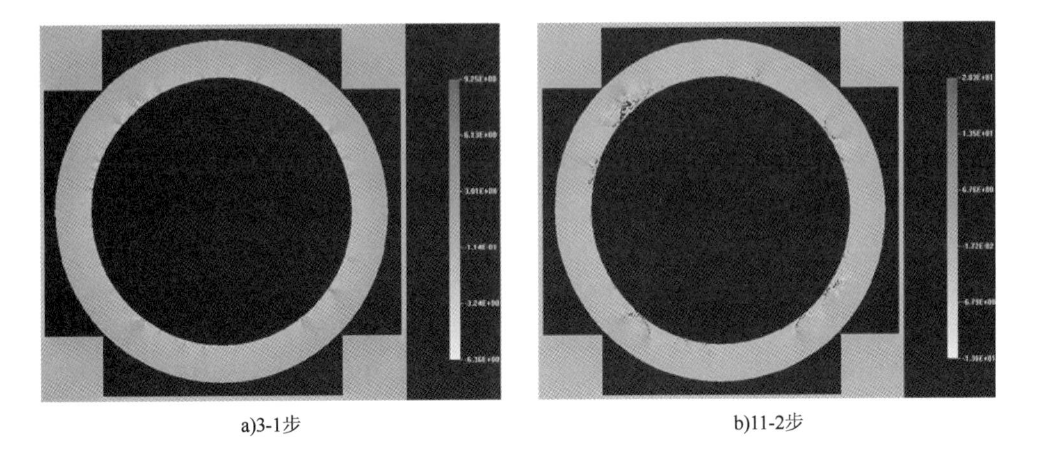

a)3-1步　　b)11-2步

图 6-22　方案一最小主应力图

从图中可以看出：

（1）在对称荷载作用下，当加载到 3-1 步（2.89MPa）时，衬砌内侧的声发射图为衬砌受压。随着荷载逐渐增加，应力也逐渐增加。

（2）当加载到 11-2 步（3.69MPa）时，衬砌发生破坏，此时衬砌内侧的声发射图显示衬砌内侧发生受压破坏，因而对称荷载加载作用下衬砌破坏为受压破坏。

2）方案二模拟结果分析

方案二声发射图如图 6-23 所示，最小主应力图如图 6-24 所示。

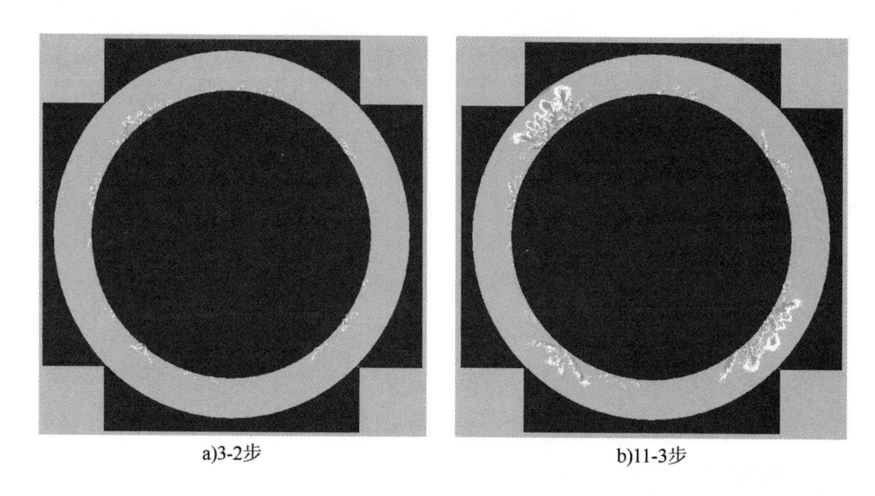

a)3-2步　　b)11-3步

图 6-23　方案二声发射图

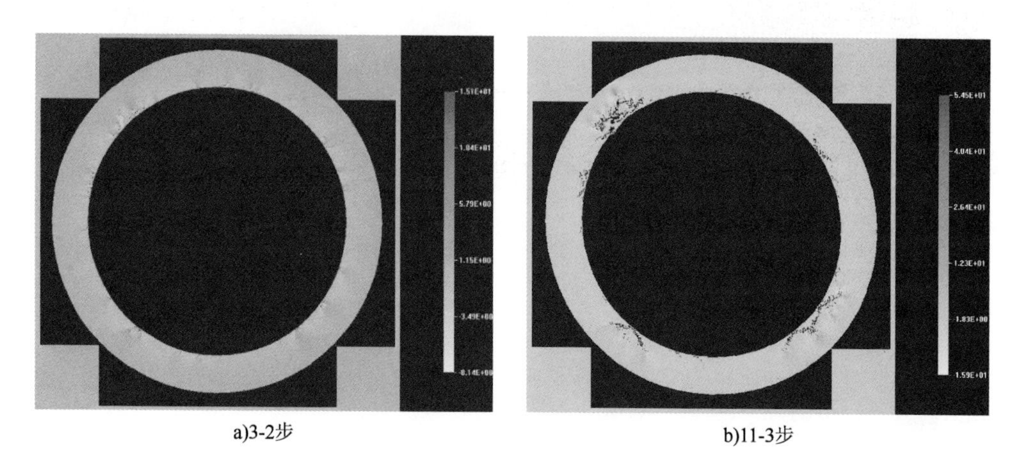

a)3-2步　　b)11-3步

图 6-24　方案二最小主应力图

从图中可以看出：

（1）在非对称荷载作用下，当加载到 3-2 步（P_1 = 2.64MPa、P_2 = 3.16MPa、P_3 = 2.94MPa、P_4 = 2.83MPa）时，衬砌内侧的声发射图由刚开始的受压变为受拉，随着荷载逐渐增加，应力也逐渐增加。

（2）当加载到 11-3 步（P_1 = 3.24MPa、P_2 = 3.76MPa、P_3 = 3.54MPa、P_4 = 3.43MPa）时，衬

砌发生破坏,此时衬砌内侧的声发射图显示衬砌内侧发生受拉破坏,因而非对称荷载加载作用下衬砌破坏为受拉破坏。

3)方案三模拟结果分析

方案三声发射图如图6-25所示,最小主应力图如图6-26所示。

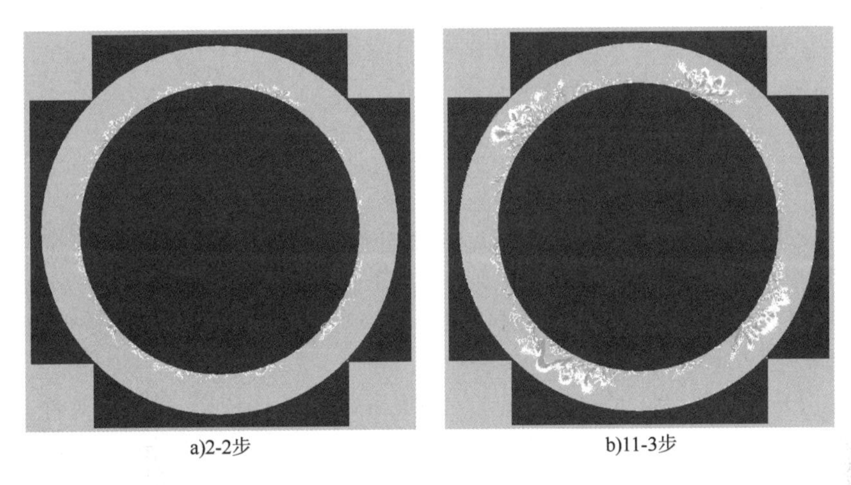

a)2-2步　　b)11-3步

图6-25　方案三声发射图

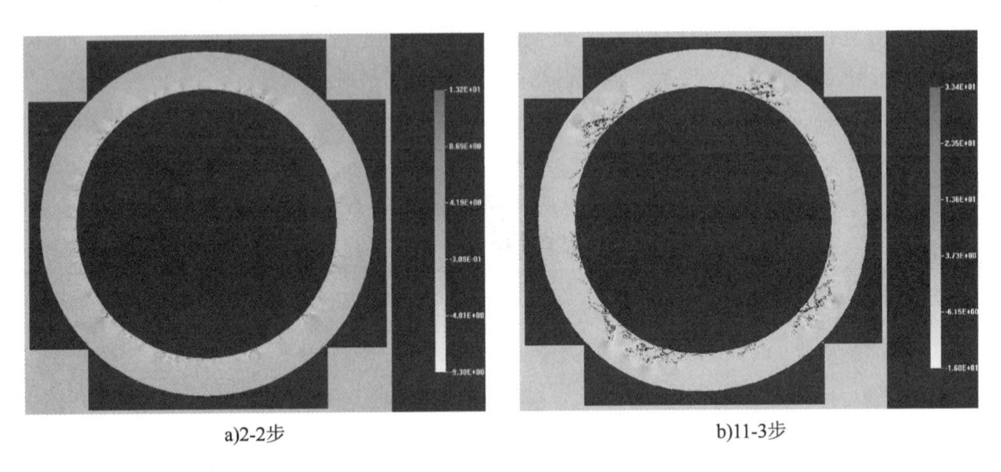

a)2-2步　　b)11-3步

图6-26　方案三最小主应力图

从图中可以看出:

(1)在大非对称荷载作用下,当加载到2-2步($P_1=0.6$MPa、$P_2=3.0$MPa、$P_3=2.2$MPa、$P_4=1.4$MPa)时,衬砌内侧的声发射图由刚开始的受压变为受拉,随着荷载逐渐增加,应力也逐渐增加。

(2)当加载到11-3步($P_1=1.4$MPa、$P_2=3.8$MPa、$P_3=3.0$MPa、$P_4=2.2$MPa)时,衬砌发生破坏,此时衬砌内侧的声发射图显示衬砌内侧发生受拉破坏,因而大非对称荷载加载作用下衬砌破坏为受拉破坏。

4)方案二和方案三模拟结果分析比较

比较方案二和方案三,可以得出结论:

(1)在非对称荷载作用下,竖井衬砌加载初始受压,随着荷载增加,衬砌由受压变为受拉,最后发生受拉破坏,且荷载越不对称,衬砌由受压变为受拉的阶段出现越早,发生受拉破坏越早,且破坏荷载越小。

(2)反力架与衬砌接触点在模型计算中产生影响较小,可以忽略不计,在实际的模型实验中,反力架与衬砌接触点需要做钝角处理。

6.4.4 小结

基于竖井衬砌非对称荷载的分布特征,利用 RFPA 软件建立荷载-结构模型,研究了非对称荷载对于竖井衬砌结构受力的影响,主要结论如下:

(1)基于 RFPA 软件特性,运用监测数据建立竖井衬砌荷载-结构模型,通过分析表明,RFPA 软件能够很好地模拟衬砌的破坏特征。

(2)为了分析竖井衬砌在对称荷载及非对称荷载下的破坏特征,模拟了对称荷载、小非对称荷载、大非对称荷载等 3 组加载方案,模拟结果表明:对称荷载作用下荷载加载到 3.7MPa 时衬砌出现明显裂缝,小非对称荷载作用下衬砌出现明显裂缝时的荷载范围为 3.2 ~ 3.5MPa,大非对称荷载作用下衬砌出现明显裂缝时的荷载范围为 1.4 ~ 3.8MPa。

(3)对称荷载作用下,竖井衬砌从加载初始直到破坏主要受压,最终发生受压破坏;非对称荷载作用下,竖井衬砌加载初始受压,随着荷载增加,衬砌由受压变为受拉,最终发生受拉破坏,且荷载越不对称,衬砌由受压变为受拉的阶段出现越早,发生受拉破坏越早,破坏荷载也越小。

综合分析竖井衬砌在不同荷载方式下的破坏特征见表 6-31。

竖井衬砌在不同荷载方式下的破坏特征 表 6-31

序号	荷载方式	出现裂缝时荷载值(MPa)	破坏特征
1	对称荷载	3.7	受压破坏
2	小非对称荷载	3.2 ~ 3.5	由受压变为受拉,最终发生受拉破坏
3	大非对称荷载	1.4 ~ 3.8	由受压变为受拉,最终发生受拉破坏。荷载越不对称,衬砌由受压变为受拉的阶段出现越早,发生受拉破坏越早,破坏荷载也越小

6.5 高黎贡山隧道 1 号副竖井衬砌破坏突水分析

2018 年 1 月 15 日,高黎贡山隧道 1 号副竖井 SIFK0 + 626.7 ~ SIFK0 + 630.3 段在施工完成 1 个多月时(衬砌已达到设计强度),左侧井壁出现一个如“碗口”大小破裂口,衬砌外侧的地下水从破裂口急剧流出,导致井内水位急剧上升,监测水位显示涌水量能达到 314m^3/h。

衬砌破坏处结构类型为FJD型衬砌,即C35混凝土,厚度45cm。

6.5.1 地质条件

根据井筒钻探结果可知:突水处地层主要为混合状花岗岩,岩石整体较为密实,局部为闭合状破裂结构,含有少量裂隙,呈微张状,局部裂隙呈垂直状,局部裂面可见填充砂泥质,或可见黄褐色铁锰质侵染,地层物理力学参数见表6-32。分析钻探结果,可以得知有2个含水层对该处突水影响较大,第1处位置为SIFK0+495.45~SIFK0+498.90,最大涌水量为4.17m^3/h,厚度为3.45m;第2处位置为SIFK0+693.50~SIFK0+694.75,最大涌水量为117.58m^3/h,厚度为1.24m。

高黎贡山隧道1号副竖井突水处地层物理力学参数 表6-32

岩土类型	厚度(m)	弹性模量(GPa)	泊松比	重度(kN/m^3)	黏聚力(kPa)	内摩擦角(°)
混合花岗岩(W2)	5	58.5	0.181	27.5	47.5	66

6.5.2 破坏原因分析

1)数值模拟分析

破坏模型使用RFPA软件,为二维荷载-结构模型。

破坏处竖井深度约为630m,根据监测断面660m、735m处的监测结果,采用线性插值法估算施加的初始荷载,见表6-33。

破坏处总压力初始值表 表6-33

测点编号	S001	S002	S003	S004
总压力(MPa)	1.996	2.440	2.192	2.158

通过对模型上下左右4个空洞施加不同水压,模拟非对称荷载。模型的初始荷载设置为:$P_1=1.996$MPa、$P_2=2.440$MPa、$P_3=2.192$MPa、$P_4=2.158$MPa,单步增量为0.1MPa,直至加载破坏,模型方案如图6-27所示。

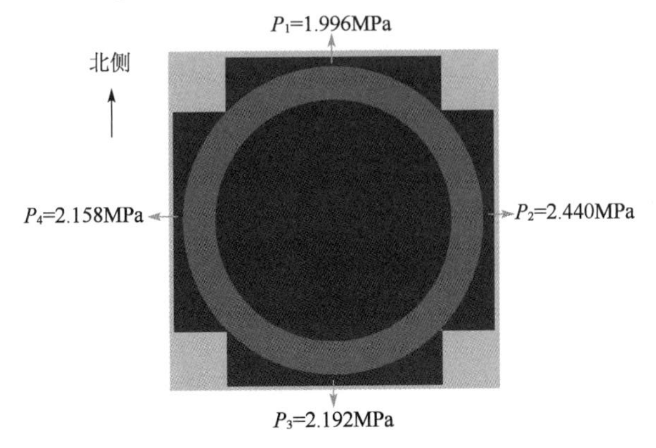

图6-27 破坏处荷载加载模型图

破坏处模拟得到的发射图如图 6-28 所示，最小主应力图如图 6-29 所示。

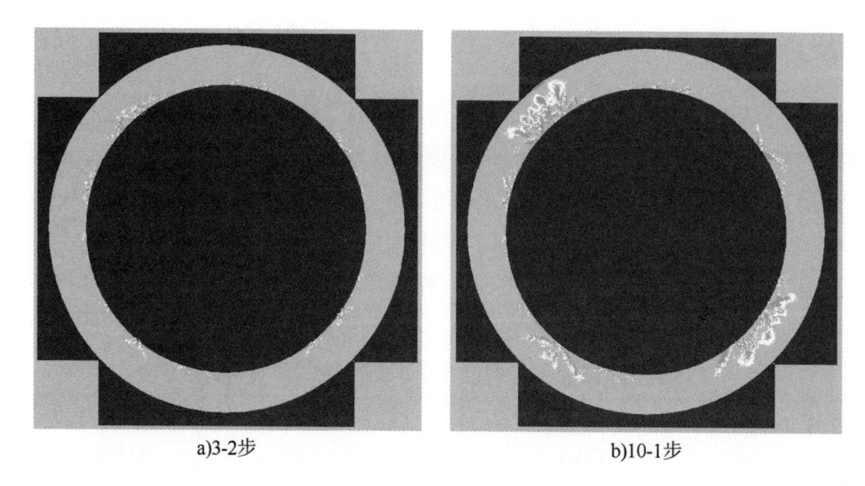

a)3-2步　　b)10-1步

图 6-28　破坏处模拟的声发射图

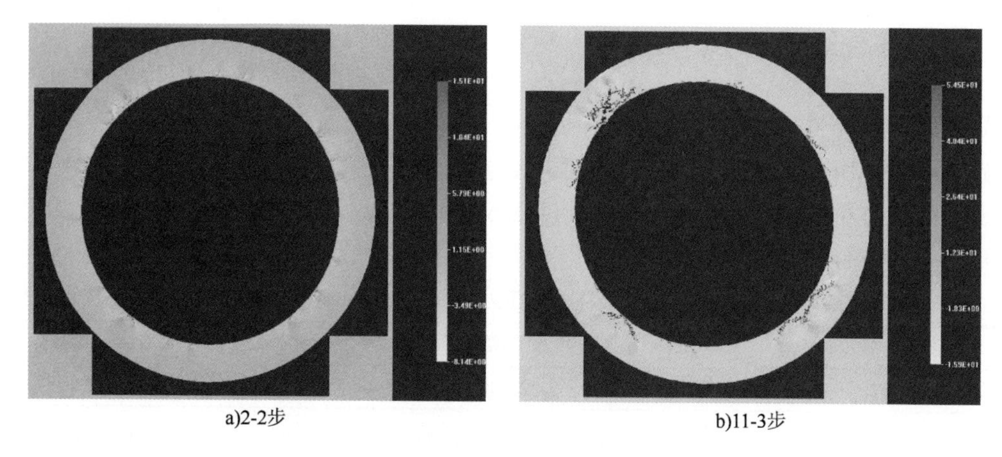

a)2-2步　　b)11-3步

图 6-29　破坏处模拟的最小主应力图

从图中可以看出：

（1）当加载到 3-2 步（$P_1 = 2.296\text{MPa}$、$P_2 = 2.740\text{MPa}$、$P_3 = 2.492\text{MPa}$、$P_4 = 2.458\text{MPa}$）时，衬砌内侧的声发射图由刚开始的受压变为受拉，随着荷载逐渐增加，应力也逐渐增加。

（2）当加载到 10-3 步（$P_1 = 2.996\text{MPa}$、$P_2 = 3.440\text{MPa}$、$P_3 = 3.192\text{MPa}$、$P_4 = 3.158\text{MPa}$）时，衬砌发生破坏，此时衬砌内侧的声发射图显示衬砌内侧发生受拉破坏，因而衬砌破坏为受拉破坏。

2）地质原因分析

结合 1 号竖井钻探结果，以及实际的水文地质条件，突涌水位置处的地质条件不好，围岩中存在软弱夹层，围岩裂隙节理发育，且局部有承压含水层，这些会导致在地层中会形成导水通道，附近的地下水会源源不断地流到破坏处的井壁外侧，加上施工的客观条件导致井壁形成薄弱部位，地下水作用此处会使井壁发生破坏。

6.6　富水深竖井衬砌安全性评价方法研究

铁路隧道竖井的安全性评价目前尚没有明确的规范，一般借鉴矿井建设规范进行设计和评价，如大多数学者按照《煤矿立井井筒及硐室设计规范》(GB 50384—2016)计算隧道竖井的安全性，因此，依托高黎贡山隧道竖井，开展衬砌安全系数计算方法研究十分必要，对完善铁路隧道竖井的设计和评价具有重要的意义。

6.6.1　安全性评价方法

1)竖井衬砌受力计算

竖井衬砌可能发生抗压和抗拉两种破坏形式，计算时按均匀压力作用和不均匀压力作用下分别计算混凝土井壁圆环截面承载力。

(1)均匀压力作用

均匀压力作用下井壁圆环截面承载力计算公式为：

$$N_u = 0.85\varphi_1 t f_c \tag{6-30}$$

式中：N_u——正常使用的极限状态承载力(MPa)；

φ_1——混凝土构件稳定系数；

t——井壁厚度(m)；

f_c——混凝土轴心抗压强度设计值(MPa)。

(2)不均匀压力作用

不均匀压力作用下井壁圆环截面承载力根据偏心距与井壁厚度的关系进行计算。偏心距计算公式为：

$$e_0 = \frac{M_A}{N_A}或\frac{M_B}{N_B} \tag{6-31}$$

式中：e_0——轴向力作用点至合力点之间的距离(mm)；

M_A、M_B——A、B 截面的弯矩计算值(MN·m)；

N_A、N_B——A、B 截面的轴力计算值(MN)。

①当偏心距 $e_0 < 0.225t$ 时，计算公式为：

$$N_u = 0.85\varphi_1 f_c b_n (t - 2e_0) \tag{6-32}$$

式中：b_n——井壁截面计算宽度(m)，取 1m。

②当偏心距 $e_0 \geqslant 0.225t$ 时，计算公式为：

$$N_u = \varphi_1 \frac{0.8525 f_t b_n t}{\dfrac{6e_0}{t} - 1} \tag{6-33}$$

式中：f_t——混凝土抗拉强度设计值（MPa）。

2）矿井衬砌安全系数计算

矿井衬砌安全系数可以根据《煤矿立井井筒及硐室设计规范》（GB 50384—2016），先计算出衬砌的正常使用极限状态承载力，然后基于衬砌断面监测数据，使用 MIDAS-GTS 建立模型计算出衬砌承受的实际内力。若衬砌承受的实际内力超过正常使用的极限状态承载力，就可以判断衬砌已破坏；若不超过，则可以将正常使用极限状态承载力与衬砌承受的实际内力相比较，得出截面的抗压（或抗拉）强度安全系数，即：

$$K=\frac{N_u}{N} \tag{6-34}$$

式中：K——截面的抗压（或抗拉）强度安全系数；

N——衬砌承受的实际内力（MPa）。

3）铁路隧道竖井衬砌安全系数计算

利用 RFPA 软件对衬砌进行建模分析，将衬砌周围现场监测荷载作为实际荷载和初始荷载，设置单步增量为 0.1MPa 进行模拟。衬砌出现明显裂缝时的荷载，定义为正常使用极限状态荷载。

安全系数定义为正常使用的极限状态荷载与实际荷载的比值，即：

$$K=\frac{P_f}{P_a} \tag{6-35}$$

式中：P_f——正常使用的极限状态荷载（MPa）；

P_a——实际荷载（MPa）。

在均匀压力作用下井筒衬砌安全系数为 1.35，不均匀压力作用下井筒衬砌安全系数为 1.1。

6.6.2 安全性评价数值模拟

1）方法 1：基于 MIDAS-GTS 软件

（1）模型建立

基于衬砌断面监测数据，使用 MIDAS-GTS 软件建立荷载-结构，模拟计算衬砌受到的轴力和弯矩，然后根据《煤矿立井井筒及硐室设计规范》（GB 50384—2016）计算正常使用极限状态承载力，最后将两者相比得到竖井衬砌的安全系数。

模型尺寸为内径 5m，衬砌使用梁单元模拟，衬砌厚度分别为 45cm、60cm、70cm，边界使用曲面弹簧约束。

（2）荷载加载方案

取强风化基岩段埋深 70m 处、弱风化基岩段埋深 660m 处、马头门段埋深 735m 处进行模拟。模型荷载加载方案根据现场监测数据确定，如图 6-30 ~ 图 6-32 所示。

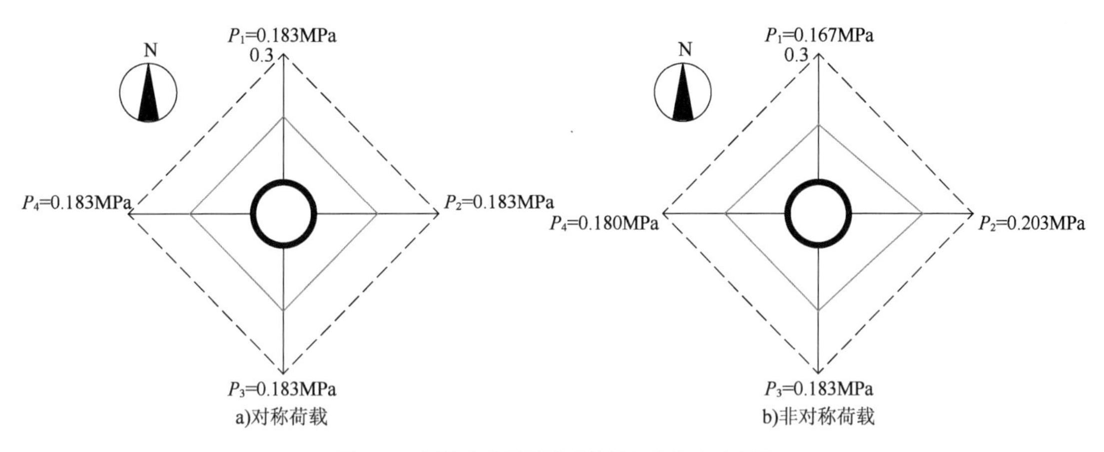

图6-30　强风化基岩段模型荷载加载方案示意图

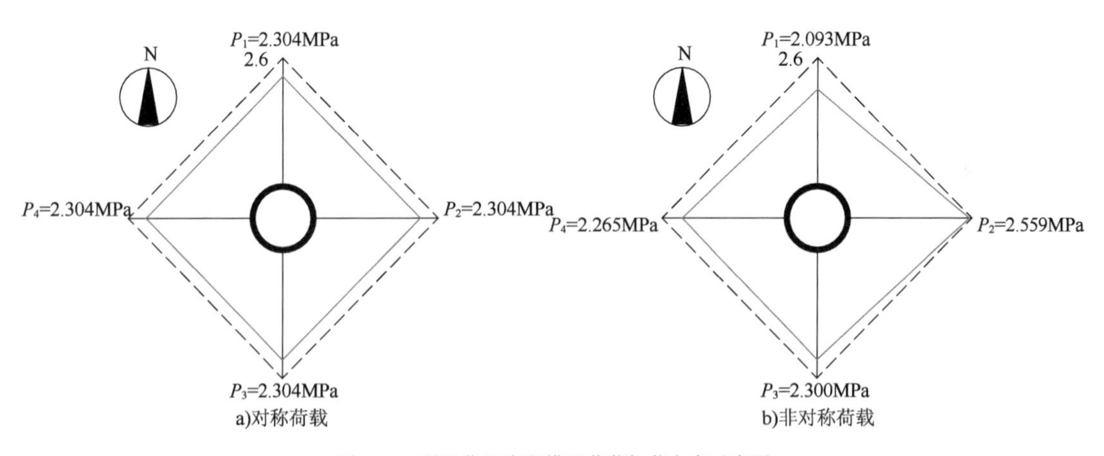

图6-31　弱风化基岩段模型荷载加载方案示意图

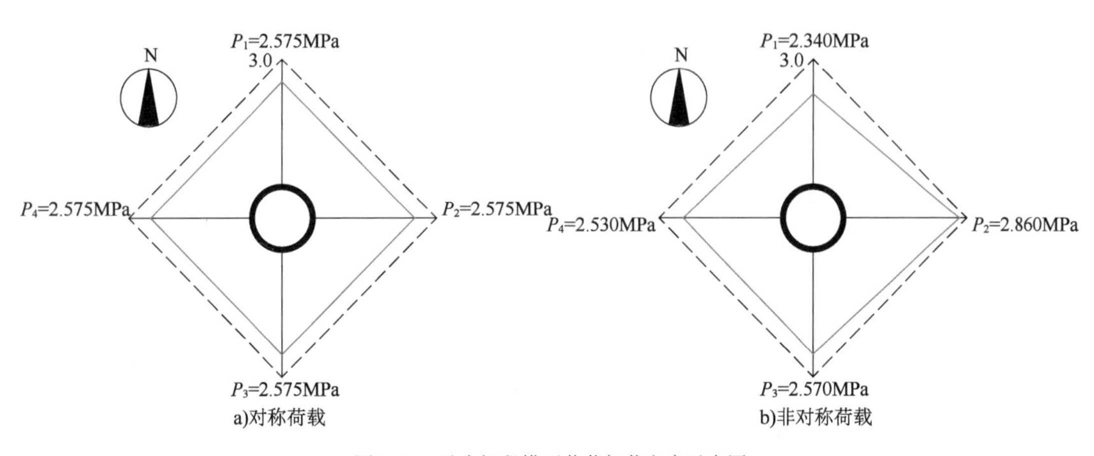

图6-32　马头门段模型荷载加载方案示意图

(3)安全系数计算

①强风化基岩段

强风化基岩段压力监测值见表6-34,模型参数见表6-35。

强风化基岩段压力监测值 表 6-34

测点编号	P_1	P_2	P_3	P_4
围岩压力(MPa)	0.016	0.017	0.016	0.015
水压力(MPa)	0.151	0.169	0.167	0.165
总压力(MPa)	0.167	0.186	0.183	0.180

强风化基岩段模型参数 表 6-35

材料名称	C35	属性名称	衬砌
本构模型	弹性	单元类型	1D 梁单元
弹性模量(GPa)	33.5	材料	C35 混凝土
泊松比	0.2	截面形状	实心矩形
重度(kN/m^3)	24	截面尺寸	$H=0.6m$、$B=1.0m$

注:B-矩形梁单元高度;H-矩形梁单位宽度。

使用 MIDAS-GTS 荷载结构法,模拟衬砌在总压力作用下的轴力和弯矩,模拟计算结果如图 6-33 所示。

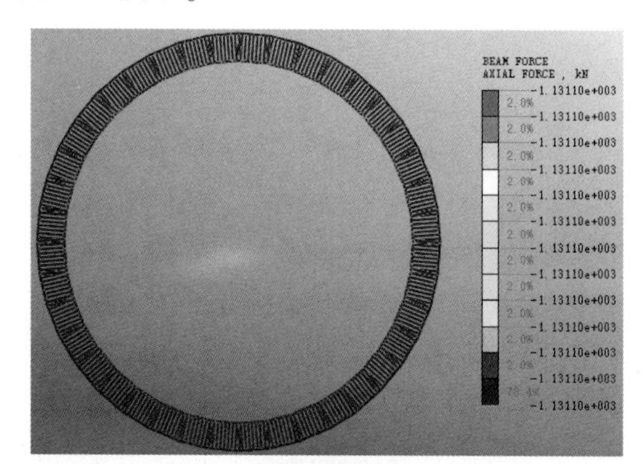

a)对称荷载轴力图

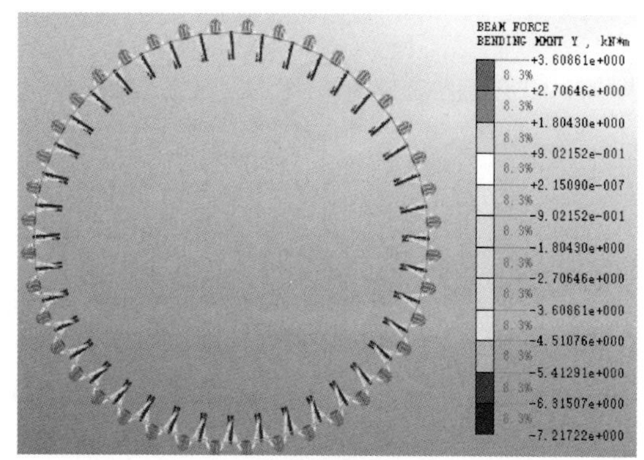

b)对称荷载弯矩图

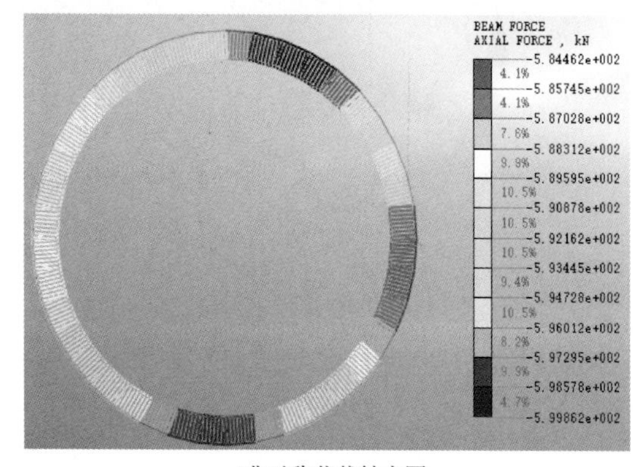

c)非对称荷载轴力图

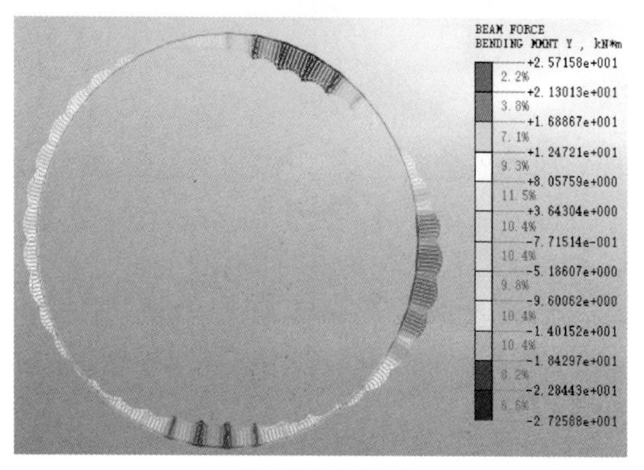

d)非对称荷载弯矩图

图 6-33 强风化基岩段应力图

从图中可以看出:

a. 在对称压力作用下,衬砌最大弯矩为 90.2kN·m,最大轴力为 1131kN。

b. 在非对称压力作用下，衬砌最大弯矩为 77.2kN·m，最大轴力为 592kN。

计算衬砌结构安全系数，见表 6-36。

强风化基岩段衬砌安全系数　　表 6-36

参数名称		对称荷载	非对称荷载
弯矩(kN·m)		90.2	77.2
轴力(kN)		1131	592
安全系数	计算值	3.1	2.6
	规范值	1.35	1.1

从表中可以看出，竖井衬砌安全系数均大于《煤矿立井井筒及硐室设计规范》(GB 50384—2016)规定值，说明该处衬砌设计满足安全要求。

②弱风化基岩段

弱风化基岩段压力监测值见表 6-37，模型参数见表 6-38。

弱风化基岩段监测压力值　　表 6-37

测点	P_1	P_2	P_3	P_4
围岩压力(MPa)	0.602	0.619	0.593	0.602
水压力(MPa)	1.493	1.940	1.707	1.663
总压力(MPa)	2.093	2.559	2.300	2.265

弱风化基岩段模型参数　　表 6-38

材料名称	C35 混凝土	属性名称	衬砌
本构模型	弹性	单元类型	1D 梁单元
弹性模量(GPa)	32.5	材料	C35
泊松比	0.2	截面形状	实心矩形
重度(kN/m^3)	24	截面尺寸	H=0.45m、B=1.0m

使用 MIDAS-GTS 荷载结构法，模拟衬砌在总压力作用下的轴力和弯矩，模拟计算结果如图 6-34 所示。

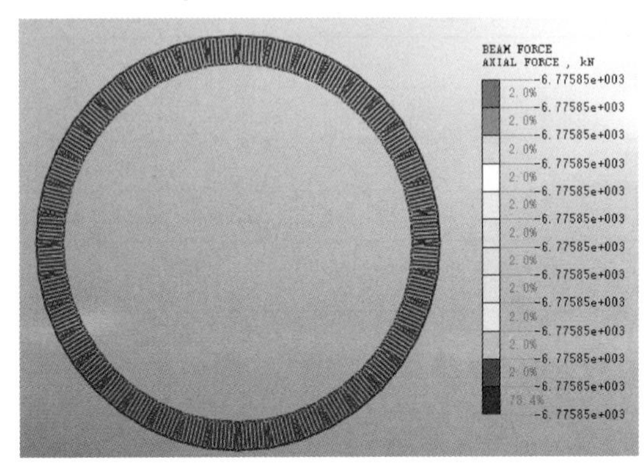

a)对称荷载轴力图

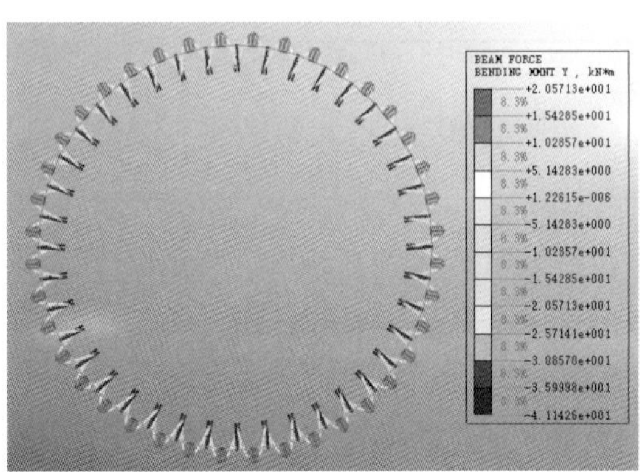

b)对称荷载弯矩图

图　6-34

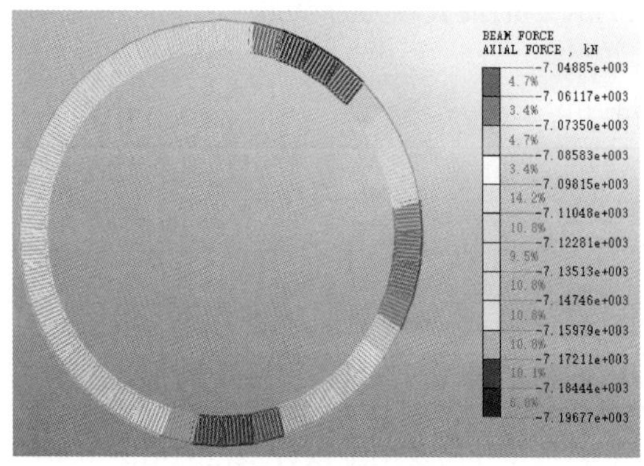

c)非对称荷载轴力图

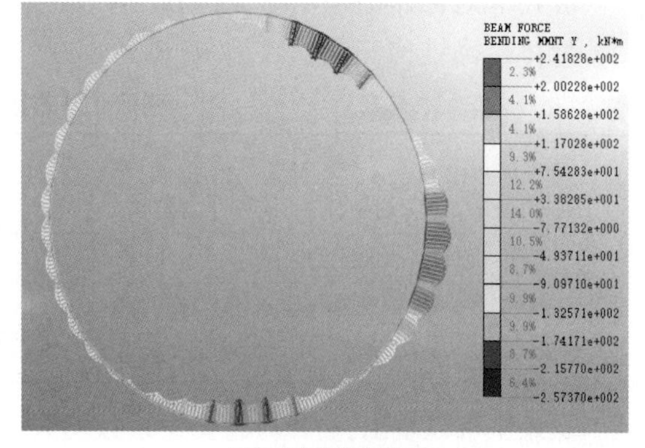

d)非对称荷载弯矩图

图 6-34 弱风化基岩段应力图

从图中可以看出：

a. 在对称压力作用下，衬砌最大弯矩为 41.2kN·m，最大轴力为 6775kN。

b. 在非对称压力作用下，衬砌最大弯矩为 257.4kN·m，最大轴力为 7198kN。

计算衬砌结构安全系数，计算结果见表 6-39。

弱风化基岩段衬砌安全系数 表 6-39

参数名称		对称荷载	非对称荷载
弯矩(kN·m)		41.2	257.4
轴力(kN)		6775	7198
安全系数	计算值	2.1	1.9
	规范值	1.35	1.1

从表中可以看出，竖井衬砌安全系数均大于《煤矿立井井筒及硐室设计规范》(GB 50384—2016)规定值，说明该处衬砌设计满足安全要求。

③马头门段

马头门段压力监测值见表 6-40，模型参数见表 6-41。

马头门段压力监测值 表 6-40

测点编号	P_1	P_2	P_3	P_4
围岩压力(MPa)	0.67	0.69	0.66	0.67
水压力(MPa)	1.67	2.17	1.91	1.86
总压力(MPa)	2.34	2.86	2.57	2.53

马头门段模型参数 表 6-41

材料名称	C35 混凝土	属性名称	衬砌
本构模型	弹性	单元类型	1D 梁单元
弹性模量(GPa)	32.5	材料	C35
泊松比	0.2	截面形状	实心矩形
重度(kN/m^3)	24	截面尺寸	$H=0.7$m、$B=1.0$m

使用MIDAS-GTS荷载结构法,模拟衬砌在总压力作用下的轴力和弯矩,模拟计算结果如图6-35所示。

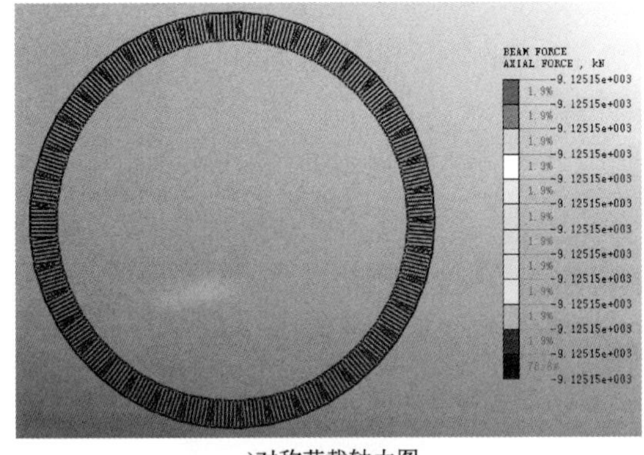

a)对称荷载轴力图

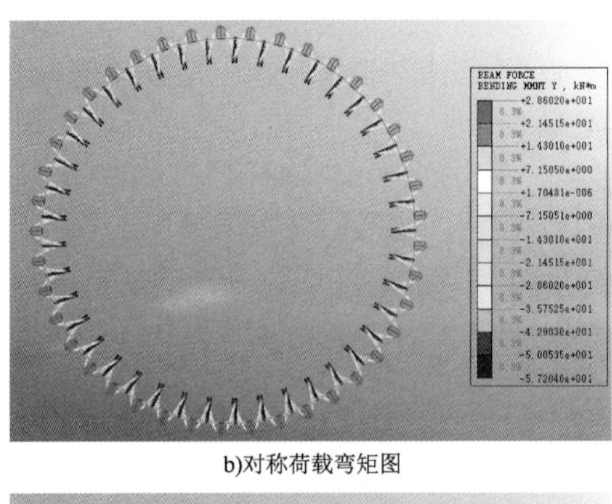

b)对称荷载弯矩图

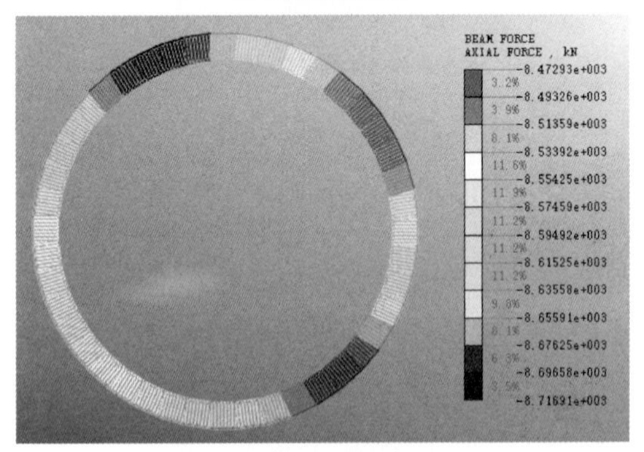

c)非对称荷载轴力图

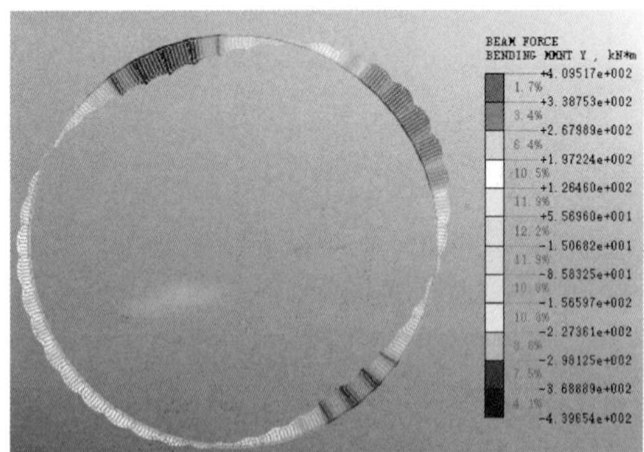

d)非对称荷载弯矩图

图6-35　马头门段应力图

从图中可以看出:

a. 在对称压力作用下,衬砌最大弯矩为57.2kN·m,最大轴力为9125kN。

b. 在非对称压力作用下,衬砌最大弯矩为439.7kN·m,最大轴力为8717kN。

计算衬砌结构安全系数,见表6-42。

马头门段衬砌安全系数　　表6-42

参数名称		对称荷载	非对称荷载
弯矩(kN·m)		57.2	439.7
轴力(kN)		9125	8717
安全系数	计算值	2.0	1.6
	规范值	1.35	1.1

从表中可以看出,竖井衬砌安全系数均大于《煤矿立井井筒及硐室设计规范》(GB 50384—2016)规定值,说明该处衬砌设计满足安全要求。

2)方法2:基于RFPA软件

(1)模型建立

将衬砌周围现场监测荷载作为实际荷载,将该荷载设置为RFPA软件模拟的初始荷载,单步增量为0.1MPa。根据衬砌发生破坏时运行的总步数,计算正常使用极限状态荷载,然后其安全系数等于正常使用极限状态荷载和实际荷载的比值。

(2)荷载加载方案

取强风化基岩段埋深70m处、弱风化基岩段埋深660m处、马头门段埋深735m处进行模拟。模型荷载加载方案如图6-36～图6-38所示。

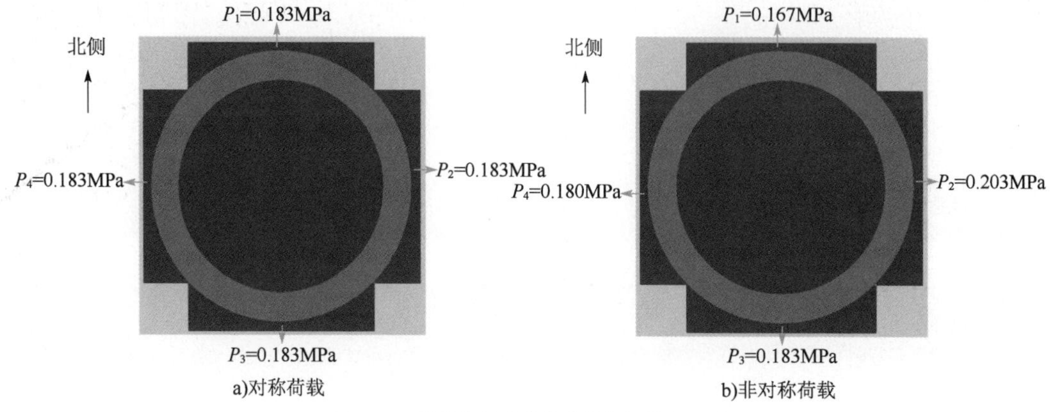

图6-36 强风化基岩段模型荷载加载方案图

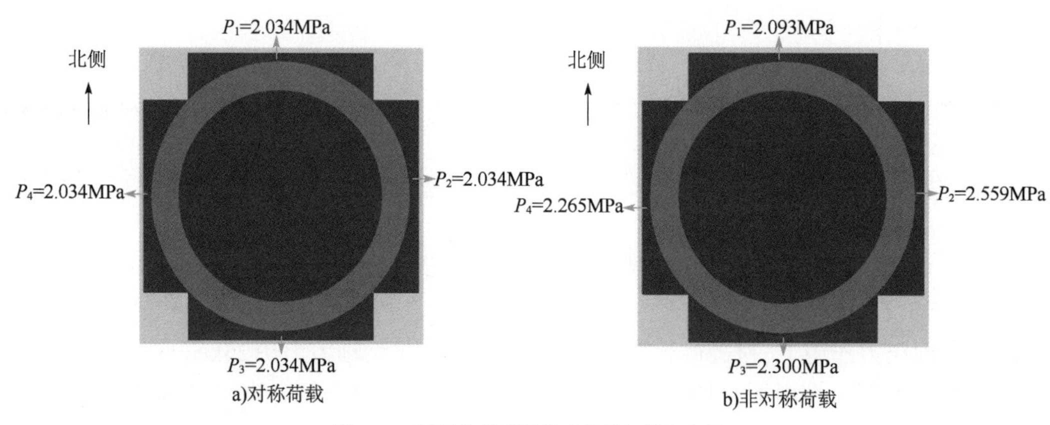

图6-37 弱风化基岩段模型荷载加载方案图

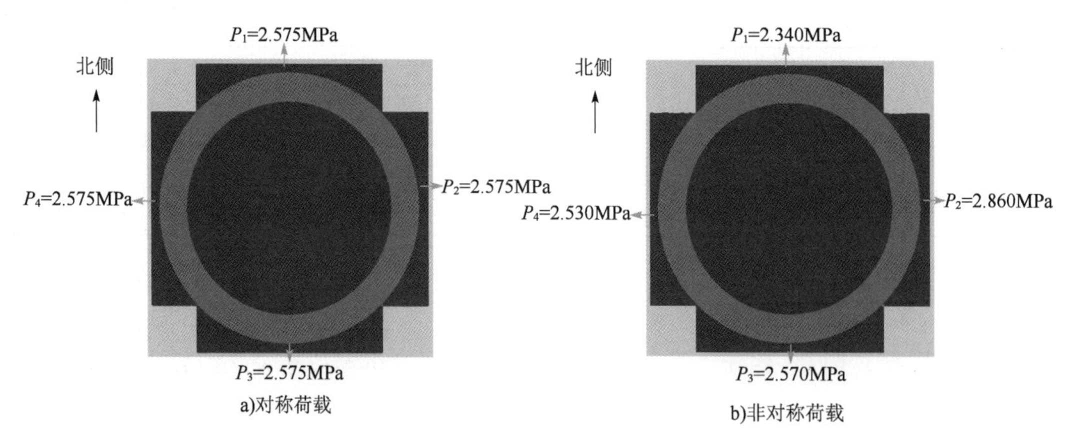

图6-38 马头门段模型荷载加载方案图

(3)安全系数计算

①强风化基岩段

使用RFPA软件计算强风化基岩段衬砌破坏时受到的压力,单步增量0.1MPa,通过运行步数,计算正常使用极限状态荷载,计算结果如图6-39所示。

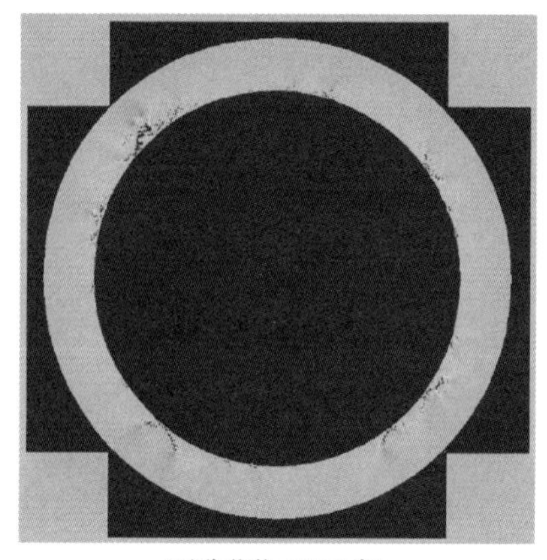

a)对称荷载(17-1步)

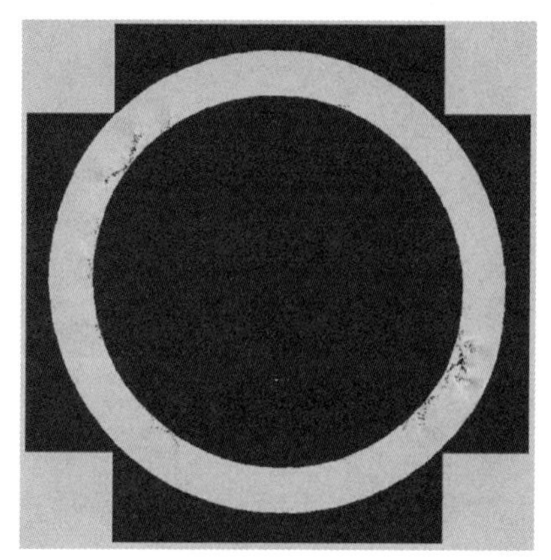

b)非对称荷载(20-2步)

图6-39　强风化基岩段衬砌破坏图

计算衬砌结构安全系数,见表6-43。

强风化基岩段衬砌安全系数　表6-43

参数名称		对称荷载	非对称荷载
实际荷载(MPa)		0.183	0.203
正常使用极限状态荷载(MPa)		2.183	2.003
安全系数	计算值	2.9	2.4
	规范值	1.35	1.1

从表中可以看出,竖井衬砌安全系数均大于《煤矿立井井筒及硐室设计规范》(GB 50384—2016)规定值,说明该处衬砌设计满足安全要求。

②弱风化基岩段

使用RFPA软件计算弱风化基岩段衬砌破坏时受到的压力,单步增量0.1MPa,通过运行步数,计算正常使用极限状态荷载,计算结果如图6-40所示。

计算衬砌结构安全系数,见表6-44。

弱风化基岩段衬砌安全系数　表6-44

参数名称		对称荷载	非对称荷载
实际荷载(MPa)		2.304	2.093
正常使用极限状态荷载(MPa)		3.834	3.593
安全系数	计算值	1.9	1.7
	规范值	1.35	1.1

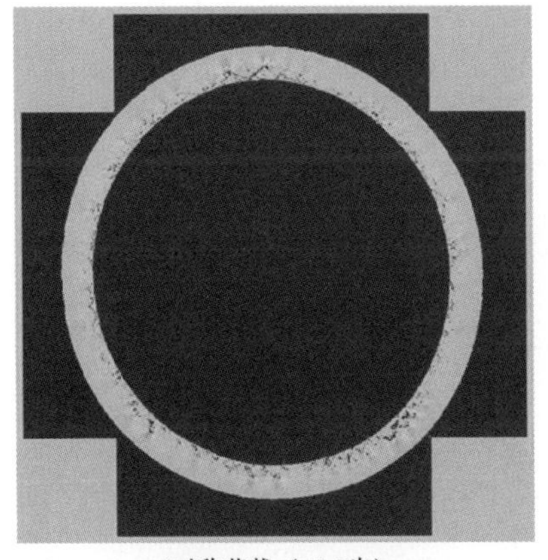

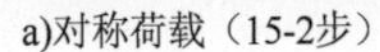

a)对称荷载（15-2步）

b)非对称荷载（17-1步）

图 6-40　弱风化基岩段衬砌破坏图

从表中可以看出，竖井衬砌安全系数均大于《煤矿立井井筒及硐室设计规范》(GB 50384—2016)规定值，说明该处衬砌设计满足安全要求。

③马头门段

使用 RFPA 软件计算马头门段衬砌破坏时受到的压力，单步增量 0.1MPa，通过运行步数，计算正常使用极限状态荷载，计算结果如图 6-41 所示。

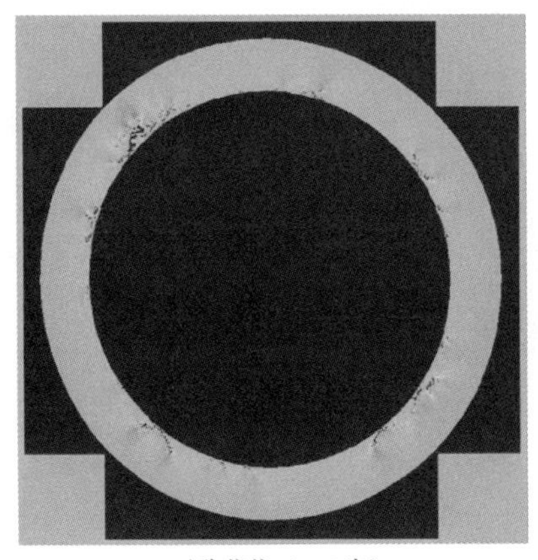

a)对称荷载（11-2步）

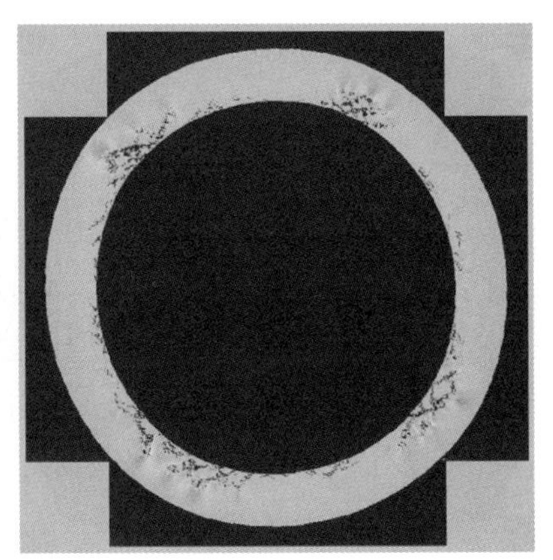

b)非对称荷载（13-1步）

图 6-41　马头门段衬砌破坏图

计算衬砌结构安全系数，见表 6-45。

马头门段衬砌安全系数　　表 6-45

参数名称		对称荷载	非对称荷载
实际荷载(MPa)		2.570	2.530
正常使用极限状态荷载(MPa)		3.870	3.630
安全系数	计算值	1.5	1.4
	规范值	1.35	1.1

从表中可以看出,竖井衬砌安全系数均大于《煤矿立井井筒及硐室设计规范》(GB 50384—2016)规定值,说明该处衬砌设计满足安全要求。

6.6.3 两种方法安全性评价结果对比

汇总上述研究成果,两种方法安全性评价结果对比见表6-46。

两种方法安全性评价结果对比　　表6-46

参数名称		对称荷载			非对称荷载		
		MIDAS-GTS 软件	RFPA 软件	规范值	MIDAS-GTS 软件	RFPA 软件	规范值
衬砌安全系数	强风化基岩段(70m处)	3.1	2.9	1.35	2.6	2.4	1.1
	弱风化基岩段(660m处)	2.1	1.9		1.9	1.7	
	马头门段(735m处)	2.0	1.5		1.6	1.4	

根据计算结果,绘制两种方法安全性评价结果对比图,如图6-42所示。

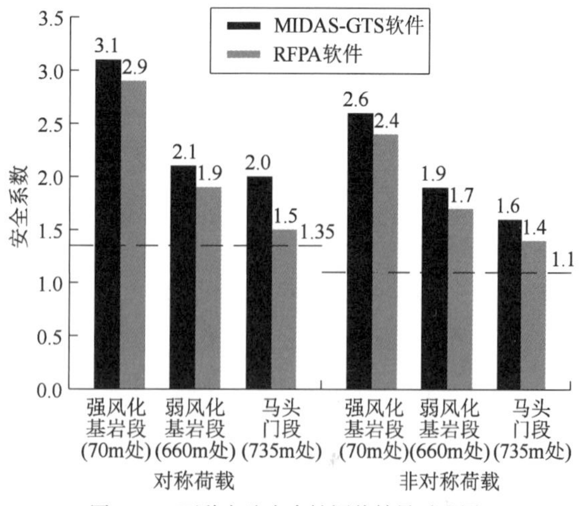

图6-42　两种方法安全性评价结果对比图

从图中可以看出:

(1)安全性。两种方法计算所取得的安全系数均大于规范要求值,因此衬砌结构是安全的。

(2)趋减性。随着竖井深度的增加,两种方法计算结果均表明安全系数有所降低,但均大于规范要求值。

(3)可靠性。RFPA软件与MIDAS-GTS软件相比,计算结果要小一些,特别是随着竖井深度的增加,差值越大,因此采用RFPA软件计算结果更趋于安全,计算结果相对更加可靠。

6.6.4 监测数据验证分析

高黎贡山隧道1号副竖井处于富水裂隙花岗岩地层,对竖井衬砌内的钢筋应力进行了监测分析。由于竖井深度660m处衬砌采用素混凝土,735m处衬砌采用钢筋混凝土,因此仅监测735m处钢筋应力。

1)钢筋应力与衬砌结构轴力换算方法

钢筋应力换算为衬砌结构轴力的基本原理为:钢筋应力为拉压力,将其换算为单位长度构件(衬砌为每延米)的轴力时,钢筋、混凝土、衬砌(钢筋+混凝土)三者的变形协调关系为变形量(应变)相同。

监测元件采用频率式钢筋计,实际观测值为钢弦的频率,根据钢筋计的出厂标定结果,可转换为钢筋应力,计算公式为:

$$N_s = K(f_i^2 - f_0^2) + b(T_i - T_0) \tag{6-36}$$

式中:N_s——计算的钢筋力(kN);

f_i——钢筋计实测频率(Hz);

f_0——钢筋计初始频率(Hz);

K——钢筋计系数(kN/Hz^2);

b——温度系数(kN/℃);

T_i——温度实测值(℃);

T_0——温度初始值(℃)。

在实际测量中若考虑温度对钢筋计的影响,可加装测温配件。若不考虑温度影响,温度修正项可省略。

对于钢筋混凝土构件,其内力通常是通过测定构件受力钢筋的应力或混凝土的应变,然后根据钢筋与混凝土共同作用、变形协调条件关系反算得到,即:总变形量 = 钢筋变形量 = 混凝土变形量,其换算公式为:

$$\varepsilon = \varepsilon_s = \varepsilon_c \tag{6-37}$$

$$\varepsilon_s = \frac{N_s}{A_s E_s} \tag{6-38}$$

$$\varepsilon_c = \frac{N_c}{A_c E_c} \tag{6-39}$$

$$A = A_s + A_c \tag{6-40}$$

$$N = N_s + N_c \tag{6-41}$$

式中:ε、ε_s、ε_c——分别代表结构总应变、钢筋应变、混凝土应变;

N、N_s、N_c——分别代表结构总轴力(kN)、钢筋轴力(kN)、混凝土轴力(kN);

A、A_s、A_c——分别代表结构截面总面积(mm^2)、钢筋截面面积(mm^2)、混凝土截面面积(mm^2);

E_s、E_c——分别代表钢筋弹性模量(N/mm^2)、混凝土弹性模量(N/mm^2)。

2)衬砌轴力计算结果分析

衬砌轴力计算结果见表6-47。

735m 处衬砌轴力计算结果 表6-47

时间(d)	衬砌轴力(kN)			
	S001	S002	S003	S004
0	0	0	0	0
1	-3920	-4584	-4029	-4511
3	-4416	-5019	-4528	-5016
5	-4954	-5564	-5035	-5532
7	-5423	-6032	-5524	-6052
9	-5951	-6567	-6012	-6553
11	-6387	-6958	-6453	-6942
13	-6659	-7257	-6706	-7231
15	-6808	-7469	-6918	-7426

续上表

时间(d)	衬砌轴力(kN)			
	S001	S002	S003	S004
17	-6921	-7584	-7009	-7539
19	-7064	-7674	-7111	-7648
21	-7126	-7787	-7204	-7751
23	-7199	-7840	-7261	-7800
25	-7202	-7845	-7271	-7807
27	-7198	-7831	-7561	-7799
29	-7200	-7840	-7568	-7804
31	-7202	-7845	-7271	-7807

根据计算结果,绘制衬砌轴力变化曲线,如图6-43所示。

从图中可以看出:

(1)衬砌轴力变化趋势是先快速增长,然后缓慢增长,最后基本趋于稳定。根据变化趋势可划分为三个阶段,即急剧增长阶段、缓慢增长阶段、基本稳定阶段。735m处衬砌轴力范围为-7202~-7845kN。

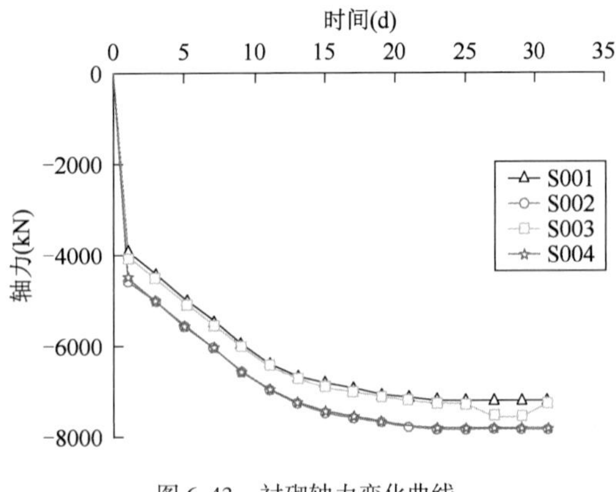

图6-43　衬砌轴力变化曲线

(2)快速增长阶段主要发生在衬砌完成后15d内,该阶段由于外荷载(围岩压力和水压力)的急剧增加导致衬砌受力,其轴力也急剧增加。缓慢增长阶段持续时间约10d,该阶段衬砌所受外荷载(围岩压力和水压力)缓慢增加,导致衬砌轴力也缓慢增加,随着时间推移,外荷载增加越来越慢,其衬砌轴力增加也越来越慢。基本稳定阶段主要是由于衬砌外荷载基本趋于稳定,衬砌轴力也趋于稳定。

3)衬砌安全性验证分析

将衬砌轴力监测计算结果与RFPA软件数值模拟结果进行对比,验证衬砌安全系数模拟计算的合理性与安全性,对比结果见表6-48。

735m处衬砌轴力监测计算结果与数值模拟结果对比　　表6-48

测点编号	数值模拟结果(kN)	监测计算结果(kN)	误差(%)
S001	8473	7202	15
S002	8717	7845	10
S003	8454	7271	14
S004	8676	7808	10

根据对比结果,绘制对比图,如图6-44所示。

从上述图表中可以看出:

(1)衬砌轴力数值模拟结果为8454~8717kN,监测计算结果为7202~7845kN,误差为

10% ~15% ,因此,数值模拟结果基本可信。

(2)数值模拟结果大于监测计算结果,表明数值模拟结果偏于安全,衬砌安全系数能够满足安全需要。

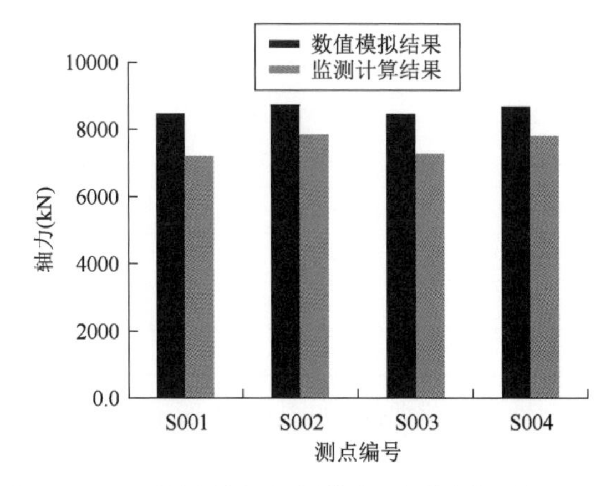

图 6-44　735m 处衬砌轴力监测计算结果与数值模拟结果对比图

6.7　本章小结

本章采用现场监测和数值模拟相结合的方法,针对高水压深竖井衬砌荷载分布特征、衬砌破坏机理、支护技术以及衬砌安全性评价等方面进行了研究,主要得出以下结论:

(1)通过现场监测数据得出,在水平方向上,竖井衬砌受到的水压力呈不对称分布,最大差值为 0.44MPa。水压力分布不对称原因:由于围岩中大裂隙的存在,导致不同区域围岩注浆后形成的结石体渗透系数不同,当注浆圈外的静水压穿过各方向渗透系数不同的注浆圈到达衬砌外侧时,衬砌外侧不同方向上的渗透压大小不同。水压力主要来源于围岩的裂隙水及孔隙水,是影响衬砌安全性的主要压力。

(2)利用 RFPA 软件建立荷载 - 结构模型,研究了非对称荷载以及对称荷载对于竖井衬砌结构受力的影响,研究结果表明:对称荷载作用下,竖井衬砌从加载初始直到破坏主要受压,最终发生受压破坏;非对称荷载作用下,竖井衬砌加载初始受压,随着荷载增加,衬砌由受压变为受拉,最后发生受拉破坏,且荷载越不对称,衬砌由受压变为受拉的阶段出现越早,发生受拉破坏越早,且破坏荷载越小。

(3)为了研究非对称荷载下竖井衬砌的安全性,定义衬砌正常使用极限状态荷载与实际荷载的比值作为衬砌安全系数,正常使用极限状态荷载为利用 RFPA 软件模拟衬砌在外荷载作用下出现明显裂缝时的荷载,实际荷载为监测荷载,利用该方法计算非对称荷载作用下强风化基岩段、弱风化基岩段、马头门段的竖井衬砌安全系数,分别为 2.4、1.72、1.43,根据《煤矿立井井筒及硐室设计规范》(GB 50384—2016)计算的非对称荷载作用下强风化基岩段、弱风化基岩段、马头门段的竖井衬砌安全系数分别为 2.6、1.9、1.6,由计算结果可知,各段衬砌安全系数均大于煤矿立井规范规定的 1.35,故衬砌设计满足安全要求。

(4)通过比较两种方法的计算结果可知,在相同条件下,按照新定义的衬砌安全系数计算方法计算的结果均小于按照《煤矿立井井筒及硐室设计规范》(GB 50384—2016)计算的结果,但两种方法对于衬砌安全性的判断结果一致,说明新定义方法用于计算竖井衬砌的安全系数是比较合理的。

(5)衬砌监测轴力值均小于衬砌模拟轴力值,其误差范围在10%～15%之间,计算的安全系数均大于矿井建设规范规定的井筒筒体结构安全系数,表明衬砌设计满足安要求。

(6)对于高黎贡山1号副井所处的混合状花岗岩地层,在深度 $h=70\text{m}$ 的强风化基岩段,可以不注浆;在深度 $h=660\text{m}$ 的弱风化基岩段,采用脲醛树脂浆液注浆,注浆圈厚度取3m为宜;在深度 $h=735\text{m}$ 的马头门基岩段,采用脲醛树脂浆液注浆,注浆圈厚度取5m为宜。

参考文献

[1] 董国贤. 水下公路隧道[M]. 北京:人民交通出版社,1984.

[2] 刘招伟,张民庆. 岩溶隧道灾变预测与处治技术[M]. 北京:科学出版社,2007.

[3] 张民庆,彭峰. 地下工程注浆技术[M]. 北京:地质出版社,2008.

[4] 张梅. 宜万铁路岩溶断层隧道修建技术[M]. 北京:科学出版社,2010.

[5] 陈育民. FLAC/FLAC3D 基础与工程实例[M]. 北京:中国水利水电出版社,2013.

[6] 王涛. FLAC3D 数值模拟方法及工程应用[M]. 北京:中国建筑工业出版社,2015.

[7] 张民庆,吕刚,刘建友,等. 京张高铁八达岭地下车站修建技术[M]. 北京:人民交通出版社股份有限公司,2021.

[8] 张民庆,吕刚,岳岭,等. 高张高铁重难点隧道修建关键技术[M]. 北京:人民交通出版社股份有限公司,2021.

[9] 中华人民共和国住房和城乡建设部,中华人民共和国国家质量监督检验检疫总局. 地铁设计规范:GB 50157—2013[S]. 北京:中国建筑工业出版社,2014.

[10] 中国铁路总公司. 高速铁路隧道工程施工技术规程:Q/CR 9604—2015[S]. 北京:中国铁道出版社,2015.

[11] 中国铁路总公司. 客货共线铁路隧道工程施工技术规程:Q/CR 9653—2017[S]. 北京:中国铁道出版社,2017.

[12] 国家铁路局. 铁路隧道设计规范:TB 10003—2016[S]. 北京:中国铁道出版社,2017.

[13] 中华人民共和国交通运输部. 公路隧道设计规范　第一册　土建工程:JTG 3370. 1—2018[S]. 北京:人民交通出版社股份有限公司,2019.

[14] 中华人民共和国水利部. 水工隧洞设计规范:SL 279—2016[S]. 北京:中国水利水电出版社,2019.

[15] 陈红江. 裂隙岩体应力—损伤—渗流耦合理论、试验及工程应用研究[D]. 长沙:中南大学,2010.

[16] 信春雷. 不同防排水模式对山岭隧道衬砌水压力影响关系研究[D]. 成都:西南交通大学,2011.

[17] 唐超. 填砂裂隙岩体渗流—传热模型实验与数值模拟研究[D]. 北京:北京交通大学,2011.

[18] 周奎. 含三维裂隙的脆性岩体破坏机理的试验与数值分析研究[D]. 济南:山东大学,2011.

[19] 任耀谱. 高压富水山岭隧道衬砌水压力折减系数相关研究[D]. 北京:北京交通大学,2012.
[20] 宋建平. 复杂地质长大隧道快速施工技术研究:以乌鞘岭隧道快速施工为例[D]. 成都:西南交通大学,2012.
[21] 马栋. 深埋岩溶对隧道安全影响分析及处治技术研究[D]. 北京:北京交通大学,2012.
[22] 项吕. 渗流影响下裂隙岩体损伤断裂机制的数值分析研究[D]. 济南:山东大学,2012.
[23] 吴剑秋. 软弱围岩水下隧道渗流场分布规律及衬砌水压力特征研究[D]. 北京:北京交通大学,2013.
[24] 薛伟强. 裂隙水压力影响下节理岩体破裂发展的分析及其应用[D]. 济南:山东大学,2014.
[25] 柏东良. 孔隙含水岩石中地下结构的水力荷载[D]. 北京:中国矿业大学,2015.
[26] 王森. 城市轨道交通富水岩溶隧道衬砌外水压力及结构受力研究[D]. 重庆:重庆大学,2015.
[27] 郭思良. 盾构施工煤矿斜井涌水量预测与衬砌泄水压问题研究[D]. 成都:西南交通大学,2015.
[28] 李铮. 矿山法城市隧道渗流场演变及防排水问题研究[D]. 成都:西南交通大学,2016.
[29] 谭阳. 高水压山岭隧道衬砌水压力计算方法及应用研究[D]. 成都:西南石油大学,2017.
[30] 张亚东. 基于应变软化模型的岩体裂隙压缩扩展数值模拟研究[D]. 北京:中国地质大学,2017.
[31] 李广健. 公路隧道大口径深竖井施工技术及支护参数研究[D]. 西安:长安大学,2017.
[32] 杨海朋. 大直径竖井井壁受力特性及安全性评价方法研究[D]. 北京:北京交通大学,2018.
[33] 宋金良. 金属空心球结构力学性能及其在桥墩防护中的试验研究[D]. 哈尔滨:东北林业大学,2018.
[34] 张渤. 基于二维离散裂隙网络模型的瓦斯流动规律及抽采研究[D]. 重庆:重庆大学,2019.
[35] 曾祥茜. 渗流—应力耦合作用下临库竖井开挖稳定性分析[D]. 兰州:兰州交通大学,2019.
[36] 段会玲. 渗流—应力耦合作用下岩石三维裂隙损伤扩展特性研究[D]. 济南:山东科技大学,2020.
[37] 裴峰. 纱岭金矿深部地层岩体力学性能与深竖井围岩稳定性分析及控制[D]. 北京:北京科技大学,2020.
[38] 刘亮. 北山花岗岩断裂力学行为及声发射特征研究[D]. 福州:东南大学,2020.
[39] 姚夏壹. 高水压深竖井衬砌受力特征及支护技术研究[D]. 北京:北京交通大学,2020.
[40] 马苧. 海底隧道复合式衬砌水压力分布规律及结构受力特征研究[D]. 北京:北京交通大学,2021.
[41] 黄庭威. 裂隙岩体 REV 尺寸及等效渗透系数影响因素研究[D]. 合肥:合肥工业大学, 2021.

[42] 刘向阳. 煤矿深部岩层劈裂注浆扩散机理研究[D]. 合肥:合肥工业大学,2021.

[43] 陈刚. 基于多尺度三维空间裂隙分布的粗糙岩体裂隙渗透性研究[D]. 昆明:昆明理工大学,2021.

[44] 刘腊腊. 贵阳市地铁2号线北京西路站主体隧洞二衬结构承受水压力分析[C]//土木工程新材料、新技术及其工程应用交流会论文集(下册). 北京:工业建筑杂志社,2019.

[45] 史永忠. 金星岭竖井施工中用地面预注浆法堵塞裂隙涌水和加固岩层[J]. 工业建筑,1964,(10):21-29.

[46] NOTTROT R, SADEE C. Ankuhlung homogenen isotropen gesteins um eineyl indresche strecke durch weterv on konstanter temperature [J]. Gluckauf Forschungshefte, 1966 (27):193.

[47] SHERRATAFC. Calculation of thermal constants of rocks from temperature data[J]. Colliery Guardian,1967(214):668-672.

[48] LONG J C S,et al. Porous media equivalents for networks of discontinuous fractures[J]. Water ResourResear,1982(3):32-37.

[49] 顾孟寒. 立井井壁破坏特征与治理的探讨[J]. 煤炭科学技术,1991(6):145-151.

[50] 崔广心,程锡禄. 徐淮地区井壁破坏原因的初步研究[J]. 煤炭科学技术,1991(8):46-50.

[51] 颜承越. 混凝土渗透系数与抗渗标号的换算[J]. 混凝土,1993(3):18-20.

[52] 蒋斌松. 地面基础荷载作用下井壁侧压力计算[J]. 山东矿业学院学报,1994(1):51-55.

[53] 李文平,于双忠. 深厚表土中煤矿立井非采动破裂的研究[J]. 工程地质学报,1995(1):45-55.

[54] 程桦,孙文若,邓昕,等. 煤矿钻井井壁长期外荷载灰色模型的建立与预测[J]. 淮南矿业学院学报,1996,(2):32-36.

[55] 邹成杰,李景阳,曹素元. 贵州某水库坝址岩溶洞穴预测研究[J]. 贵州地质,1996(2):187-189.

[56] 张有天. 隧洞及压力管道设计中的外水压力修正系数[J]. 水力发电,1996(12):30-34.

[57] 毕思文,王思敬,杨志法. 煤矿竖井变形破坏三维数值模拟分析[J]. 建井技术,1997(4):36-38,16.

[58] 潘国营,武强. 焦作矿区双重介质裂隙网络渗流与渗流模型研究[J]. 中国岩溶,1998(4),363-369.

[59] 王恩志,王洪涛,孙役. 双重裂隙系统渗流模型研究[J]. 岩石力学与工程学报,1998(4):400-406.

[60] 杨栋,赵阳升,段康廉. 广义双重介质岩体水力学模型及有限元模拟[J]. 岩石力学与工程学报,2000(2):182-185.

[61] 张国鑫. 立井井壁结构承载能力的试验荷载值[J]. 煤炭科学技术,2000(12):25-28.

[62] 杜广林,周维垣. 裂隙介质中的多重裂隙网络渗流模型[J]. 岩石力学与工程学报,2000(19):1014-1018.

[63] 经来盛. 表土沉降对井壁破裂的影响及防破裂措施的研究[J]. 煤炭学报,2001(1):

49-53.
[64] 潘欢迎,梁杏,万军伟,等.利用压水试验构建裂隙网络系统的方法探讨:以溪洛渡水电站坝区玄武岩为例[J].地质科技情报,2002(1):22-26.
[65] RUTQVIST J, WU Y S, TSANG C F, et al. A modeling approach for analysis of coupled multiphase fluid flow, heat transfer, and deformation in fractured porous rock[J]. International Journal of Rock Mechanics and Mining Sciences, 2002(4):429-442.
[66] 张发明,何传永,贯志欣,等.基于三维裂隙网络模拟的随机楔体稳定分析[J].水力发电,2002(7):15-18.
[67] 王建秀,杨立中,何静.深埋隧道衬砌水荷载计算的基本理论[J].岩石力学与工程学报,2002(9):1339-1343.
[68] 陈剑平,卢波,王良奎,等.复杂不稳定块体的自动搜索及其失稳方式判断:基于随机不连续面的三维网络模型[J].岩石力学与工程学报,2003(7):1126-1131.
[69] In-Mo Lee, Seok-Woo Nam. Effect of tunnel advance rate on seepage forces acting on the underwatertunnelface[J]. Tunneling and Underground Space Technology, 2004(19):273-281.
[70] 谷拴成,朱彬.注浆封堵在渗漏涌水治理中应用[J].矿山压力与顶板管理,2005(1):99-101.
[71] YOO C. Interaction between tunneling and groundwater-numerical investigation using three dimensional stress-pore pressure coupled analysis [J]. Journal of geotechnical and geoenvironmental engineering, 2005(2):240-250.
[72] 夏安琳.软弱地质深竖井施工[J].现代隧道技术,2005(4):55-59.
[73] 赵红亮,陈剑平.裂隙岩体三维网络流的渗透路径搜索[J].岩石力学与工程学报,2005(4):622-627.
[74] 蒋忠信.深埋岩溶隧道水压力的预测与防治[J].铁道工程学报,2005(6):37-40.
[75] SHIN J H, POTTS D M, ZDRAVKOVIC L. The effect of pore-water pressure on NATM tunnel lingings in decomposed granite soil[J]. Canadian Geotechnical Journal, 2005(42):1585-1599.
[76] 张祉道.隧道涌水量及水压计算公式半理论推导及防排水应用建议[J].现代隧道技术,2006(1):1-6,11.
[77] 张勇,聂德新,张斌.基于裂隙网络模拟的岩质边坡潜在滑在搜索方法[J].水土保持研究,2006(3):83-84.
[78] 姜安龙,郭云英.隧道衬砌外水压力计算方法研究[J].南昌航空工业学院学报(自然科学版),2006(4):28-32,51.
[79] 李运强,程五一,南玮超.基于BP网络的矿井安全状况综合评价的研究[J].中国矿业,2006(7):80-83.
[80] NAM S W, BOBET A. Liner stresses in deep tunnels below the water table[J]. Tunnelling and Underground Space Technology, 2006(21):626-635.
[81] 何杨,柴军瑞,唐志立,等.三维裂隙网络非稳定渗流数值分析[J].水动力学研究与进展:A辑,2007(3):338-344.
[82] 刘耀儒,杨强,黄岩松,等.基于双重孔隙介质模型的渗流—应力耦合并行数值分析[J].

岩石力学与工程学报,2007(4):705-711.

[83] 仝洪昌. 立井井筒突水淹井事故的快速处理[J]. 建井技术,2008(1):3-5,15.

[84] 王建宇. 隧道围岩渗流和衬砌水压力荷载[J]. 铁道建筑技术,2008(2):1-6.

[85] 翟学东. 乌鞘岭隧道大台竖井井筒衬砌安全快速施工[J]. 隧道建设,2008(3):339-343.

[86] 陈林杰,蒋树屏,丁浩. 公路隧道外水压力折减规律研究[J]. 重庆交通大学学报(自然科学版),2008(3):383-386,404.

[87] 王旭,霍德利. 模糊综合评价法在煤矿安全评价中的应用[J]. 中国矿业,2008(5):75-78.

[88] 郭力,齐善忠,杨超. 不均匀侧压力对井筒受力的影响分析[J]. 煤炭工程,2008(11):64-67.

[89] 杨官涛,李夕兵,刘希灵. 竖井围岩-支护系统稳定性分析的最小安全系数法[J]. 煤炭学报,2009(2):175-179.

[90] 王喜林. 注浆封水技术在井筒过含水层时的应用[J]. 煤炭技术,2009(4):136-138.

[91] 张永双,熊探宇,杜宇本,等. 高黎贡山深埋隧道地应力特征及岩爆模拟试验[J]. 岩石力学与工程学报,2009(11):2286-2294.

[92] 谭忠盛,李健,薛斌,等. 岩溶隧道衬砌水压力分布规律研究[J]. 中国工程科学,2009(12):87-92.

[93] 李红辉,权勇. 措施竖井工作面预注浆施工技术及经验[J]. 金属矿山,2009(增刊):386-388.

[94] 李治国,周明发,王海,等. 天津海河共同沟隧道盾构始发井注浆堵水加固技术[J]. 地下工程与隧道,2009(S1):72-75.

[95] 李湘权,代立新. 发电引水隧洞高地温洞段施工降温技术[J]. 水利水电技术,2011(2):36-41.

[96] 周忠科,王立杰. 基于BP神经网络的煤矿安全预警评估机制研究[J]. 中国安全生产科学技术,2011(4):134-138.

[97] 刘洋,李世海,刘晓宇. 基于连续介质离散元的双重介质渗流应力耦合模型[J]. 岩石力学与工程学报,2011(5):951-959.

[98] 路威,项彦勇,唐超. 填砂裂隙岩体渗流传热模型试验与数值模拟[J]. 岩土力学,2011(11):3448-3454.

[99] 杨力,陆红娟,张鑫,等. 多类支持向量机在煤矿安全评价中的应用研究[J]. 中国安全生产科学技术,2012(4):111-115.

[100] 陈丽娟,李英,朱小青,等. 矿山竖井涌水治理技术研究[J]. 有色金属,2012(5):88-90,94.

[101] 谭春,陈剑平,阙金声,等. 基于三维裂隙网络模拟和灰色理论的岩体表征单元体研[J]. 水利学报,2012(6):709-716.

[102] 孟令玲,冯新刚. 层次分析法和模糊综合评价法在煤矿安全生产评价中的应用研究[J]. 煤炭工程,2012(8):114-116.

[103] 周福军,陈剑平,徐黎明. 基于岩体不连续面三维分形维岩体质量评价研究[J]. 岩土力学,2012(33):2315-2321.

[104] 张文,陈剑平,牛岑岑,等. 基于H维裂隙网RQD的确定及最佳测线数量的研究[J]. 岩土工程学报,2013(2):321-327.

[105] 柏东良,杨维好,杨志江,等.基于接触面孔隙率的含水基岩井壁外荷载研究[J].煤炭学报,2013(4):600-603.

[106] 刘金龙,陈陆望,王吉利.深厚表土段井壁径向荷载的规范计算方法探讨[J].水电能源科学,2013(5):113-116.

[107] 孟立波.基于极限平衡理论的井壁荷载设计研究[J].山西建筑,2013(6):37-38.

[108] 张向东,张建俊.深立井突水淹井治理及恢复技术研究[J].煤炭学报,2013(12):2189-2195.

[109] 冯辛,向安德,周毅,等.顶板岩溶裂隙补给矿井突水特征判别及开采预控对策[J].矿业安全与环保,2014(2):76-78.

[110] 鲁治城,宋选民,李宏斌,等.姚家山矿千米立井围岩稳定及井壁支护厚度的理论预测研究[J].太原理工大学学报,2014(6):807-812.

[111] 朱斌,高峰,杨建文,等.深部薄层煤岩体裂隙-孔隙双渗流模拟研究[J].中国矿业大学学报,2014(6):987-994.

[112] 王秀英,谭忠盛.水下隧道复合式衬砌水压特征研究[J].现代隧道技术,2015(1):89-97.

[113] 姜裕超.杏花矿立井折返式井底车场设计的合理性及其能力验算[J].煤矿安全,2015(3):97-99.

[114] 朱家龙,吴东,李锦峰.壁后注浆技术在老厂铅矿深部资源主探矿竖井工程堵水施工中的应用[J].云南冶金,2015(4):6-9.

[115] 郭瑞,何川.盾构隧道管片衬砌结构稳定性研究[J].中国公路学报,2015(6):74-81.

[116] 贾宝山,尹彬,王翰钊,等.AHP耦合TOPSIS的煤矿安全评价模型及其应用[J].中国安全科学学报,2015(8):99-105.

[117] 马银,赵兴东,姬祥,等.思山岭铁矿深井工作面预注浆技术[J].现代矿业,2015(10):30-32.

[118] 汪刘凯,孟祥瑞,何叶荣.基于CA-SEM的煤矿安全事故风险因素结构模型[J].中国安全生产科学技术,2015(12):150-156.

[119] 柴敬,袁强,王帅,等.白垩系含水地层立井突水淹井治理技术[J].煤炭学报,2016(2):338-344.

[120] 柏东良,杨维好,韩涛,等.孔隙含水基岩中单层井壁外荷载实测与分析[J].地下空间与工程学报,2016(2):450-455.

[121] 杨秀竹,康镜,刘正夫,等.裂隙岩质边坡非饱和降雨入渗特征分析[J].水土保持通报,2016(4):143-147.

[122] 王晋丽,陈喜,张志才,等.基于离散裂隙网络模型的裂隙水渗流计算[J].中国岩溶,2016(4):363-371.

[123] 郑翠敏,李川,侯德臣,等.复杂地质条件下副井施工防治水技术和工艺实践[J].采矿工程,2016(7):40-43.

[124] 张民庆.由新圣哥达隧道思考高黎贡山隧道的修建[J].铁道工程学报,2016(7):36-40.

[125] 刘卫群，王冬妮，苏强.基于页岩储层各向异性的双重介质模型和渗流模拟[J].天然气地球科学,2016(8):1374-1379.
[126] 岳攀,钟登华,吴含,等.基于 LHS 的坝基岩体三维裂隙网络模拟[J].水力发电学报,2016(10):93-102.
[127] 刘波,金爱兵,高永涛,等.基于分形几何理论的 DFN 模型构建方法研究[J].岩土力学,2016(增刊1):625-630,638.
[128] 熊木辉.工作面预注浆在竖井井筒施工中的应用[J].采矿技术,2017(1):20-21.
[129] 邹德均,周诗建,宫良伟.风险矩阵评估法在矿井安全生产中的应用[J].煤矿安全,2017(2):234-236.
[130] 王磊.浅谈 S2 深竖井地下水防治措施[J].甘肃水利水电技术,2017(5):57-59.
[131] 张驰,韩涛,杨志江,等.凿井期基岩冻结壁对井壁的径向荷载及其影响因素[J].采矿与安全工程学报,2017(5):972-980.
[132] 司景钊.亚洲铁路第一长隧:大瑞铁路高黎贡山隧道[J].隧道建设,2017(7):912-915.
[133] 肖明清.隧道衬砌水压力计算与控制方法探讨[J].铁道工程学报,2017(8):78-82.
[134] 谢伟华.超前探水注浆堵水技术在深竖井施工中的运用与改进[J].世界有色金属,2017(21):226-228.
[135] 敖雪菲,王晓玲,赵梦琦,等.坝基裂隙岩体三维灌浆数值模拟[J].水利学报,2017(增刊):1-10.
[136] 唐锐,王俊,安俊吉.围岩空洞对公路隧道渗流力学特征的影响分析[J].路基工程,2018(6):161-166.
[137] 张连振,张庆松,刘人太,等.基于浆液-岩体耦合效应的微裂隙岩体注浆理论研究[J].岩土工程学报,2018(11):2003-2011.
[138] 孙祥惠.竖井突涌水淹井处理技术研究与应用[J].隧道建设,2018(增刊2):330-336.
[139] 高广义,司景钊,贾建波,等.高黎贡山隧道1#竖井(副井)突水淹井封堵施工技术[J].隧道建设,2019(2):275-280.
[140] 程桦,林键,姚直书,等.我国西部地区孔隙型含水基岩段立井单层井壁外荷载研究[J].岩石力学与工程学报,2019(3):542-550.
[141] 程德荣,李德,袁东锋,等.黔南地区巨厚灯影组富水白云岩井筒防治水方案比选研究[J].建井技术,2019(4):9-12,52.
[142] 潘晓庆,宋来明,牛涛,等.花岗岩潜山双重孔隙介质油藏地质建模方法[J].西南石油大学学报(自然科学版),2019(4):33-44.
[143] 高俊义,项彦勇,雷海波,等.稀疏非正交填充裂隙岩体水流—传热—应力模型与离散元模拟[J].高校地质学报,2019(4):502-511.
[144] 卓越,高广义.大瑞铁路高黎贡山隧道施工挑战与对策[J].隧道建设,2019(5):810-819.
[145] 邓凡阔,陈洁.深竖井高压涌水治理技术[J].东北水利水电,2019(11):23-25,71.
[146] 何忱,姚池,杨建华,等.基于等效离散裂隙网络的三维裂隙岩体渗流模型[J].岩石力学与工程学报,2019(增刊1):2748-2759.

[147] 陈维占,杨玉中.基于综合赋权与集对分析的煤炭企业安全评价[J].矿业安全与环保,2020(1):105-109.
[148] 黄波林,王健,殷跃平,等.基于裂隙网络的消落带岩体劣化区域分布研究[J].地下空间与工程学报,2020(6):1901-1908.
[149] 周晓敏,徐衍,刘书杰,等.金矿超深立井围岩注浆加固的应力场和渗流场研究[J].岩石力学与工程学报,2020(8):1611-1621.
[150] 王建锋.立井井筒相互关系对地面总平面布置和井底车场设计的影响研究[J].煤炭工程,2020(9):13-17.
[151] 宋国忠,张辉,赵琦.深井煤矿井底车场优化设计[J].山东煤炭科技,2020(9):75-77.
[152] 张民庆,贾大鹏.高黎贡山隧道工程建设与技术创新[J].中国铁路,2020(12):97-110.
[153] 高广义.富水风化花岗岩铁路深大竖井涌水治理施工技术:以大理至瑞丽铁路高黎贡山隧道1#竖井为例[J].隧道建设,2020(S1):358-363.
[154] 刘黎,张平,王唤龙,等.高黎贡山隧道1号竖井设计及分析[J].隧道建设,2020(增刊2):188-195.
[155] 年庚乾,陈忠辉,周子涵.基于双重介质模型的裂隙岩质边坡渗流及稳定性分析[J].煤炭学报,2020(增刊2):736-746.
[156] 卫守峰.黄土地区地铁竖井转横通暗挖施工稳定性分析[J].西安建筑科技大学学报(自然科学版), 2020, 52 (03): 366-375.
[157] 阮杰,张金龙,张成辉,等.离散裂隙网络对岩体力学特性影响数值模拟研究[J].河北工程大学学报(自然科学版),2021(1):40-46.
[158] 王唤龙,刘建兵,杨昌宇,等.花岗岩地区铁路深大竖井治水案例及治水效率分析[J].隧道建设,2021(3):402-410.
[159] 刘建兵,杨昌宇,王唤龙,等.铁路隧道深大竖井井位选择工程实践及主控因素分析[J].隧道建设,2021(3):411-418.
[160] 冉海军,张文俊,高广义,等.高黎贡山隧道1号竖井工作面预注浆循环段高分析与应用[J].隧道建设,2021(3):427-432.
[161] 陈凯,葛颖,张全,等.基于离散元模拟的巨厚煤层分层开采覆岩裂隙演化分形特征[J].工程地质学报,2021(4):1113-1120.
[162] 谭杰,刘志强,宋朝阳,等.我国矿山竖井凿井技术现状与发展趋势[J].金属矿山,2021(5):13-24.
[163] 李克利,宋晓康,张昌锁.裂隙岩体几何和力学表征单元体尺寸的颗粒流分析[J].山东科技大学学报(自然科学版),2021(5):59-68.
[164] 熊开治,任志远,赵亚龙,等.基于无人机航测的丹霞地貌区危岩结构面识别与三维裂隙网络模型:以重庆四面山景区为例[J].中国地质灾害与防治学报,2021(5):62-69.
[165] 郭忠华.基于裂隙几何特征的岩体渗透率预测[J].煤炭工程,2021(5):156-161.
[166] 张亦弛,吕明明,关涛,等.基于改进自回归流模型的坝基三维裂隙网络多参数模拟[J].水利学报,2021(5):565-577.
[167] 黄娜,蒋宇静,程远方,等.基于3D打印技术的复杂三维粗糙裂隙网络渗流特性试验及

数值模拟研究[J]. 岩土力学,2021(6):1659-1668,1680.

[168] 何忱,姚池,邵玉龙,等. 低裂隙密度条件下三维裂隙岩体的有效渗透性[J]. 清华大学学报(自然科学版),2021(8):827-832.

[169] 崔溦,王利新,江志安,等. 基于修正立方定律的岩体粗糙裂隙网络注浆过程模拟研究[J]. 岩土力学,2021(8):2250-2258.

[170] 胡秋嘉,刘世奇,毛崇昊,等. 基于 X-ray CT 与 FIB-SEM 的无烟煤孔裂隙发育特征[J]. 煤矿安全,2021(9):10-15,21.

[171] 郭辉,吴斌平,王佳俊,等. 考虑变压变浆的三维精细裂隙网络灌浆数值模拟[J]. 水利水电技术(中英文),2021(11):108-119.

[172] 宋晓康,张昌锁,王天琦. 离散裂隙网络的几何参数对裂隙岩体力学参数的影响研究[J]. 中国矿业,2021(12):160-169.

[173] 张俊,张亮,姚晖. 黏土水泥浆在高黎贡山隧道深竖井施工中的应用[J]. 隧道建设,2021(增刊 1):420-424.

[174] 武渊皓. 矿井通风安全现代化管理[J]. 矿业装备,2022(1):110-111.

[175] 张明聚,韩忆萱,李鹏飞,等. 圆形竖井钢波纹板-模袋混凝土支护结构现场试验研究[J]. 隧道建设(中英文),2022,42(07):1146-1155.

[176] 宗露丹,王卫东,徐中华,等. 软土地区 56m 超深圆形竖井基坑支护结构力学分析[J]. 隧道建设(中英文),2022,42(07):1248-1256.

[177] 王胜开,朱志根,余一松,等. 深部高应力竖井井壁稳定性分析及支护优化[J]. 矿业研究与开发,2022,42(04):38-44.

[178] 濮奇浩,骆晓锋,徐磊,等. 复杂支护结构软弱地层深竖井施工过程仿真分析[J]. 人民黄河,2022,44(03):144-148,159.

[179] 卫守峰. 黄土地区地铁竖井转横通暗挖施工稳定性分析[J]. 西安建筑科技大学学报(自然科学版),2020,52(03):366-375.

[180] 张明聚,韩忆萱,李鹏飞,等. 圆形竖井钢波纹板-模袋混凝土支护结构现场试验研究[J]. 隧道建设(中英文),2022,42(07):1146-1155.

[181] 宗露丹,王卫东,徐中华,等. 软土地区 56m 超深圆形竖井基坑支护结构力学分析[J]. 隧道建设(中英文),2022,42(07):1248-1256.

[182] 王胜开,朱志根,余一松,等. 深部高应力竖井井壁稳定性分析及支护优化[J]. 矿业研究与开发,2022,42(04):38-44.

[183] 濮奇浩,骆晓锋,徐磊,等. 复杂支护结构软弱地层深竖井施工过程仿真分析[J]. 人民黄河, 2022, 44 (03):144-148,159.

[184] 刘超,祁赟朴,宋章伦,等. 基于组合赋权法和响应面法的竖井支护参数优化研究[J]. 矿冶工程, 2023,43(02):16-20,25.